Dreamweaver
CS5中文版标准教程

新编21世纪数字媒体艺术类精品规划教材

胡崧 李海 刘芬芬 - 主编

中国青年出版社
CHINA YOUTH PRESS

中青雄狮

图书在版编目（CIP）数据

Dreamweaver CS5中文版标准教程 / 胡崧，李海，刘芬芬主编.—北京：中国青年出版社，2010.12
ISBN 978-7-5006-9723-7

I.①D… Ⅱ.①胡…②李…③刘… Ⅲ.①主页制作－图形软件，Dreamweaver CS5－教材 Ⅳ.①TP393.092

中国版本图书馆CIP数据核字（2010）第239717号

Dreamweaver CS5中文版标准教程

胡 崧　李 海　刘芬芬　主编

出版发行：🐼中国青年出版社

地　　址：北京市东四十二条21号

邮政编码：100708

电　　话：（010）59521188 / 59521189

传　　真：（010）59521111

企　　划：中青雄狮数码传媒科技有限公司

责任编辑：肖 辉　张 鹏　康文艳

封面制作：邱 宏

印　　刷：中国农业出版社印刷厂

开　　本：787×1092 1/16

印　　张：18.5

版　　次：2011年1月北京第1版

印　　次：2016年3月第4次印刷

书　　号：ISBN 978-7-5006-9723-7

定　　价：36.00元（附赠1DVD，含视频教学）

本书如有印装质量等问题，请与本社联系　电话：（010）59521188 / 59521189

读者来信：reader@cypmedia.com

如有其他问题请访问我们的网站：www.21books.com

"北京北大方正电子有限公司"授权本书使用如下方正字体：

封面用字包括：方正兰亭黑系列字体

■ Dreamweaver软件简介

Adobe公司的Dreamweaver CS5最大的优点在于"所见即所得"与源代码编辑的完美结合，极大提高了网页制作效率。它采用了多种先进技术，能够快速高效地创建极具表现力和动态效果的网页，使网页设计变得更加简单。用户可以快速、轻松地设计、开发与维护网站。

■ 本书内容特色

(1) 专业：遵循Adobe Dreamweaver授课大纲与授权认证考试规定进行编写，涵盖Dreamweaver CS5的新特性、站点构建与管理、HTML代码和基本知识、创建基本页面、表单和行为的使用，以及站点的维护和上传等内容。

(2) 实战：在准备大量经典实用范例的同时，还提供了Adobe Dreamweaver网页设计师（Web Designer）认证考试模拟试题，帮助读者练习、实践和检验所学的内容。

(3) 系统：结构安排从易到难，使读者在了解理论知识的同时，动手能力也得到提高。

■ 内容纲要

章 节	内 容
第1章	详解网页设计的基础知识，包括网页的发展过程、网站的种类、网页的基本构成元素、网页设计的基本流程等
第2-3章	详解Dreamweaver的基本特点与工作环境，以及在Dreamweaver CS5中处理源代码的方法
第4章	详解新建站点、导入已有站点、多站点管理等操作
第5章	详解如何通过文字、图片、多媒体的插入制作图文混排页面
第6章	详解使用表格排版的页面在不同平台、不同分辨率的浏览器里进行排版布局
第7-8章	详解在页面文件之间建立超级链接的方法，以及表单元素的插入与设置方法
第9-10章	详解在Dreamweaver CS5中CSS样式、模板和库项目的使用方法
第11章	详解如何创建、保存框架网页，以及设置框架网页的方法
第12-14章	详解Dreamweaver CS5中相关的Div元素、行为应用，以及站点的上传及维护工作
第15-18章	通过4个实际网页设计制作案例，综合讲解了Dreamweaver软件在实际工作中的整体应用

■ 语音视频教学光盘内容

(1) 含全书范例近6000个素材文件，1120个练习素材文件，使学习更容易。

(2) 含8大类近30000种网页制作素材，使网页制作更得心应手，赠PPT电子教案。

(3) 赠240分钟语音视频教学录像，像看电影一样轻松掌握Dreamweaver操作技术。

■ 适用读者群

(1) Dreamweaver初、中级用户，行业软件培训班学员

(2) 大专院校相关专业师生，相关领域的设计制作人员

(3) 想快速掌握Dreamweaver软件并应用于实际网页设计的读者朋友

编 者

目 录

Chapter 01

网页制作相关知识

课题概述 本章主要介绍网页设计的基础知识，包括网页的发展过程、网站的种类、网页的基本构成元素、网页设计的基本流程等。

教学目标 通过学习本章，读者要了解网站设计的基本流程，以及版式与色彩在网站中的应用，要能够体会和吸取优秀网站在各方面的特色与优势。

★ **宣节重点**

★★★☆☆ | 网站的种类
★★★★☆ | 网站设计制作的基本流程
★★★★☆ | 网页的基本构成元素
★★★★★ | 版式布局与色彩搭配

★ **光盘路径**

上机实践：无
课后练习：无
电子教案：PPT电子教案\DW_lesson1.ppt

1.1 网页设计的基础知识

Internet 在许多领域扮演着越来越重要的角色，它正在飞速改变着我们的生活，充分参与到通讯、娱乐、商业贸易、办公等各个领域。互联网离不开网页，网页也离不开互联网。

1.1.1 关于网页

网页是全球广域网上的基本文档，用 HTML（超文本标记语言）书写。网页可以是站点的一部分，也可以独立存在。网页被称为 HTML 文件，一个 HTML 网页包含了 HTML 标记符，这些标记符是一些嵌入式命令，提供网页的结构、外观和内容等信息。网页是由一些基本元素组成的，下面就来介绍这些元素。

文本：网页中的信息主要是以文本为主，在网页中可以通过字体、大小、颜色、底纹、边框等来设置文本的属性，如图 1-1 所示。

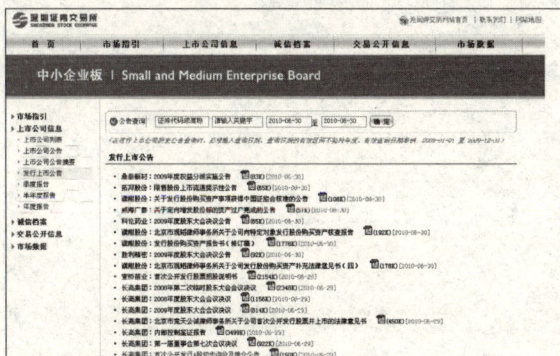

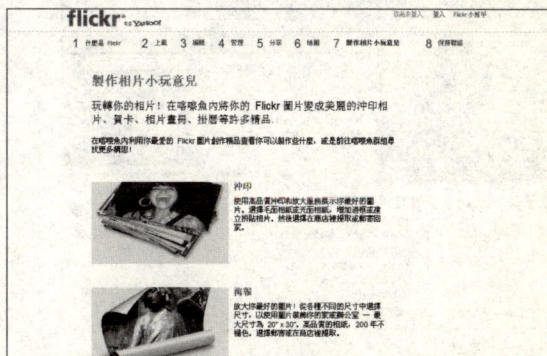

图 1-1 文本页面

图像：今天能看到丰富多彩的网页，是因为有了图像元素的加入，可见图像在网页中非常重要。用于网页上的图片一般为JPG和GIF格式的，即以.jpg（或.jpeg）和.gif为后缀的文件，图像页面如图1-2所示。

图1-2 图像页面

超级链接：它是网站的灵魂，能实现从一个网页指向另一个目的端的链接。例如指向另一个网页或者相同网页上的不同位置。这个目的端通常是另一个网页，但也可以是一幅图片、一个电子邮件地址、一个文件、一个程序，也可以是本页中的其他位置。超链接的对象可以是文本或图片，如图1-3所示。

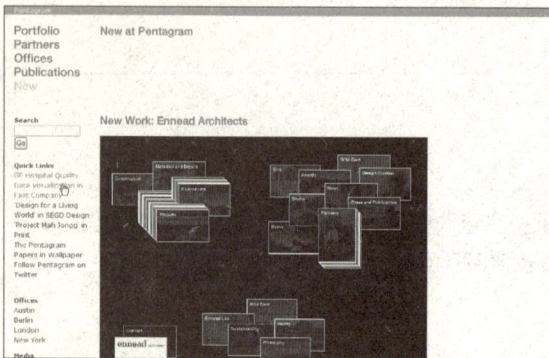

图1-3 超级链接

表格：表格是网页排版的灵魂。使用表格排版是现在网页的主要制作形式。通过表格可以精确地控制各网页元素在网页中的位置，如图1-4所示。

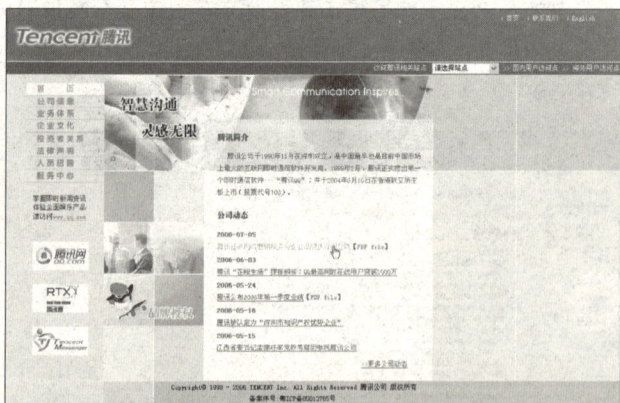

图1-4 表格

表单：表单是用来收集站点访问者信息的域集。站点访问者填表单的方式是输入文本、单击单选按钮与复选框以及从下拉菜单中选择选项。在填好表单之后，站点访问者便送出所输入的数据，该数据就会根据您所设置的表单处理程序，以各种不同的方式进行处理，如图1-5所示。

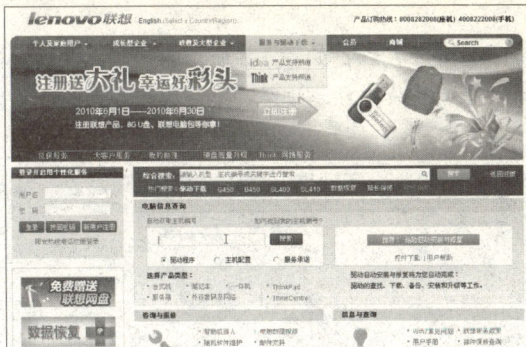

图1-5 表单页面

动画：动画是网页上最活跃的元素，通常认为制作优秀、创意出众的动画是吸引浏览者的最有效方法。不过现在的网页往往不是缺乏动画，而是太多动画使你眼花缭乱，无心细看，这就对动画制作的水准提出了更高的要求。常见的有GIF动画和Flash动画，Flash动画如图1-6所示。

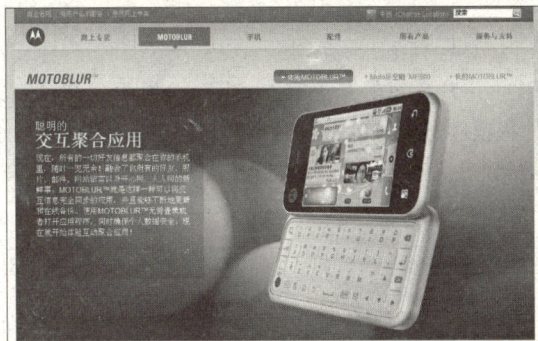

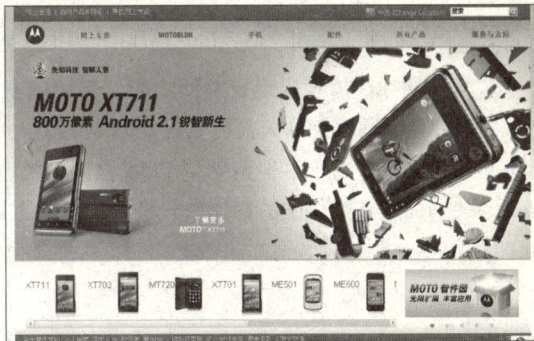

图1-6 Flash 动画

1.1.2 网站的种类

网站的种类相当繁多，从不同的角度可以将网站分成不同的类别。例如个人网站、商业网站（从是否盈利出发）；娱乐网站、游戏网站、软件下载网站（从内容出发）。不同类别的网站往往使用了不同的技术。这里从技术角度出发，将网站分成三大类：静态网站、纯Flash网站、动态网站。

1. 静态网站

这类网站的目的主要是传播信息，不接受或有限接受用户的反馈信息。所以它们一般不使用程序或使用很简单的程序，不含有 Flash 或只以 Flash 作为辅助。利用 Photoshop 制作设计稿，然后在 Dreamweaver 中排版、制作链接从而完成网站的制作。很多企业、公司的网站就属于这一类网站，如图 1-7 所示。

图 1-7 静态网站

3

2. 纯 Flash 网站

这类网站完全在 Flash 中制作，基本上不使用 Dreamweaver 制作，如图 1-8 所示的页面。使用这种技术的目的往往是为了漂亮的视觉效果，还有一些是为了实现复杂的互动效果。不过这些复杂的互动效果需要在 Flash 中编写 ActionScript 代码。

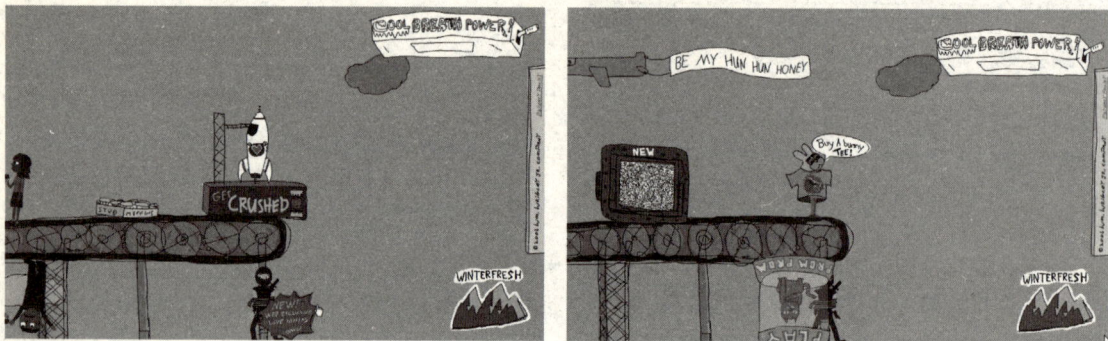

图 1-8 纯 Flash 网站

3. 动态网站

这类网站往往需要实现复杂的功能，例如网上购物、用户信息的交流等，如图 1-9 所示。在程序员编写好程序后，网页制作人员需要根据网站的设计稿件将程序做一定的修改（指非功能部分），以达到设计稿的视觉效果。由于这些网站以 Web 程序为核心，所以在大多情况下网页制作人员需要去修改代码。Dreamweaver 在此类网站的制作中只是一个辅助工具。

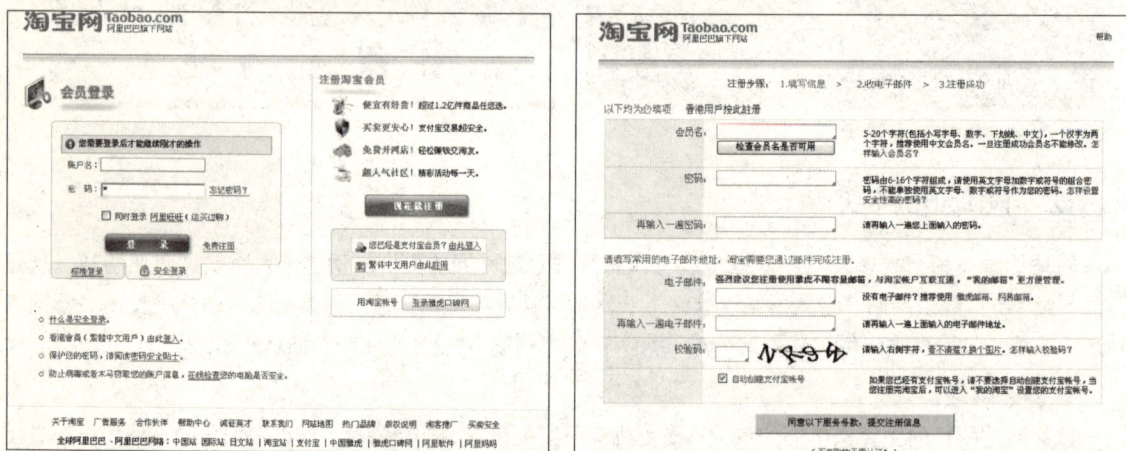

图 1-9 动态网站

1.2 网站设计制作的基本流程

虽然每个 Web 站点在内容、规模、功能等方面都各有不同，但是有一个基本设计流程可以遵循。首先是前期策划，然后是定义站点结构，再创建界面，接下来是技术实现，最后是站点的发布与维护。

目前网页设计已经由早期的"网页编写时代"进入"网页设计时代"。在网页编写时代强调的是网页制作的简易性，并不重视网页的设计感及互动。而目前网页制作已不是问题，强调"网页画面的设计"、"网页互动的设计"，甚至是更进阶的"多媒体网页设计"。所以专业的网页设计师，必须要有在影像处理软件内完成完整网页画面设计的能力，再使用网页编写软件进行最后的工作。

1.2.1 前期策划

要进行网站的整体设计，用户分析是第一步。我们必须了解各类用户的习性、技能、知识和经验，以便预测不同类别的用户对网站界面有什么不同的需求，为最终的设计提供依据和参考，使设计出的网站能适合各类用户的使用。最初就进行合适的计划和组织是建立一个有效站点最重要的工作步骤。

然后要确定一个大致的风格走向，比如经济类、娱乐类、医药类等，各自的风格肯定是不尽相同的。接着必须了解所需制作网页的功能和大致内容，比如主要的栏目安排，是属于代表网站总体形象的页面，还是一张用户信息的提交表单等。图 1-10 所示的是一个以女性美容与服饰为主题的网站。

图 1-10 以女性美容与服饰为主题的网站

1.2.2 网页图像设计输出

在网页内容的规划设计、网站架构规划已经完成后，真正的网页设计流程一定是由网页画面的设计开始。所以网页设计师一定可以先得到一个网页画面架构的雏形、基本网页内容及网页的层级架构。网页设计师必须针对网站的内容、企业识别标志、产品的平面设计来进行网页画面的设计。

以平面设计的流程来说，一定是由 Adobe Photoshop 来进行图像的处理。Photoshop 利用自身在图像处理上的优势，整合 ImageReady 后，实现多方面网络应用。利用图像软件可视化操作程度比较高的优势，进行网页的视觉设计、排版布局，并创建为页面的 HTML 文件。它能够完成网站中各种类型的 Web 图像设计和制作，还包括图像为适于网络发布进行的各项图像优化工作。在 Photoshop 中，软件本身的技术操作更加简单，效果变化更丰富，同时提供了提高工作效率的解决办法。图 1-11 所示的是使用 Photoshop 软件设计网页图像的情况。

图 1-11 使用 Photoshop 软件设计网页图像

　　图像设计完以后，如果要符合网页对图像的要求，需要在 Photoshop 中对其进行整合处理。在 Fireworks 或 Photoshop 中进行后期的处理及导出，画面最后要切割并转存成网页可接受的 GIF 或 JPEG 位图格式。

1.2.3　网页动画设计

　　一个优秀的网站必然离不开动画。无论是动画 logo 还是 banner，或者网站宣传动画等，都需要使用动画制作软件——Flash 来完成所有的操作。作为一款占据霸主地位的动画制作软件，Flash 使用的矢量技术可以使动画在实现出色效果的同时，只占据极少的数据量，使网站可以兼顾效果与速度。

　　Flash 是矢量化的 Web 交互式动画制作工具，它用于在 Web 上发布交互式的动画。迄今为止，已有超过 50 亿的设计人员和开发者使用 Flash 编辑环境来向网络发送他们的内容。Flash 动画制作技术已成为交互式网络矢量图形动画制作的标准。图 1-12 所示的界面就是正在使用 Flash 制作动画的情况。

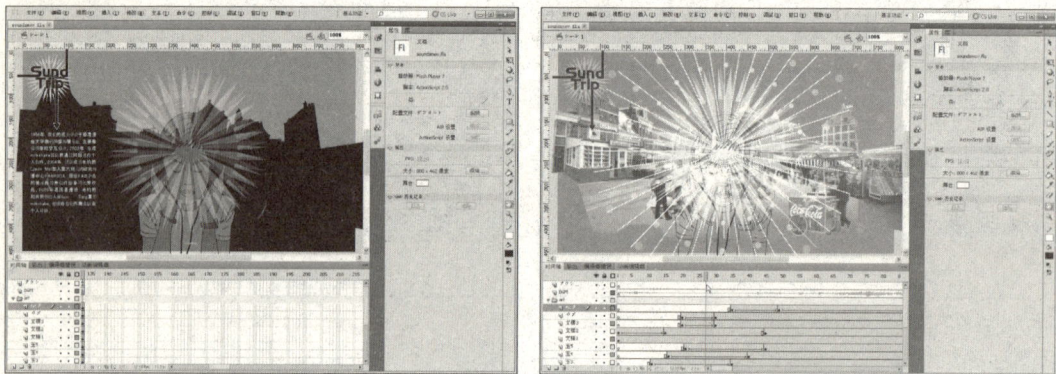

图 1-12　使用 Flash 软件制作动画

1.2.4　网页制作与发布

　　在网站所有的文字、图像、动画准备完毕之后，真正实现网页的版面效果，还需要使用 Dreamweaver 进行网页排版。Dreamweaver 出色的排版功能，可以应用处理好的图片，完整表现出网页的设计效果，完成网页的制作。

　　Dreamweaver是最专业的网页编辑器，用于对Web站点、Web页和Web应用程序进行设计、编码和开发。无论用户愿意享受手工编写HTML代码时的驾驭感还是偏爱在可视化编辑环境中工作，Dreamweaver 都会为用户提供有用的工具，使用户拥有更加完美的Web创作体验。图1-13所示是正在使用Dreamweaver 编辑页面的情况。

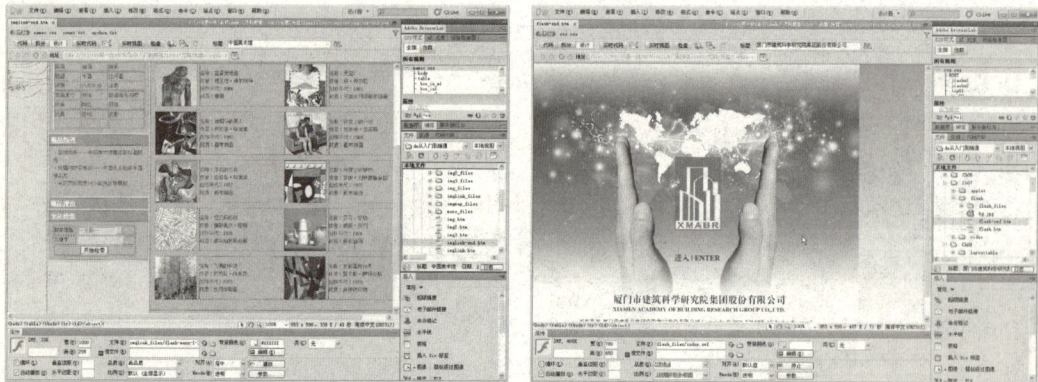

图 1-13　使用 Dreamweaver 软件编辑网页页面

在最后一个阶段，可以使用专业的网站上传软件，在用户获得了网站空间的用户名、密码、网站目录等基本信息后，可以使用FTP软件完成发布网站的工作，例如CuteFTP就是一款著名的FTP客户端软件，它支持断点续传，目前多数用户都使用它来上传文件。它支持下载或上传整个目录的文件，上传时可以进行整个目录覆盖和删除等特殊操作，并提供队列操作方式来实现一定程度的自动化处理。

1.3 版式与色彩在网站中的应用

网页设计也是一门艺术。可能大多数人会认为网页设计只有文字、图片和少数的动态画面，完全没有艺术的感觉，但事实上，一个版式与色彩配合协调的网站才能够更好地体现出客户的要求和设计者的风格。当然更能让访问者方便、愉悦地浏览网页。

1.3.1 版式空间

根据页面的整体内容在浏览器中的位置，我们可以将版式空间划分成以下4种类型：左侧（右侧）空间、垂直居中空间、水平居中空间、满空间，如图1-14所示。当然，这4种只是常见类型，如果设计师希望制作更加个性的页面，可以突破这种一般模式的划分，需注意的是，使页面让用户更容易接受是惟一的目的。

左侧（右侧）空间

垂直居中空间

水平居中空间

满空间

图 1-14 版式空间

在版式中，通常是多种元素组合在一起。如何将这些元素有效地组织起来，与很多因素有关。

1. 元素大小

元素大小是一个相对的概念，它与自身的形状、色彩等都有着密切的关系，一般来说，元素放大表明它的重要性，浏览者的视线会集中到面积较大的元素上，如图 1-15 所示，将希望浏览者很快辨识出的元素放大。

元素没有明确的主次关系，自由的排列可以使浏览者的视线没有稳定的重心，可以产生轻松活泼的心理感受，如图 1-16 所示，不清晰的元素主次关系使视线游离于多个元素之间。

2. 元素数量

元素数量多，页面显得丰满、热闹，但也容易产生杂乱无章的感觉。这时，可以使用线条或色块进行分组。图 1-17 所示的门户网站，依靠大量的元素提供丰富的信息，使用线条划分多个区域，便于用户阅读。

图 1-15 视线集中到面积较大的元素上

图 1-16 不清晰的元素主次关系

数量较少的元素，形式变化也比较少，整个画面对于稳定浏览者心理感受起了一定的作用，显得安静而平和，如图 1-18 所示。

图 1-17 大量的元素提供丰富的信息

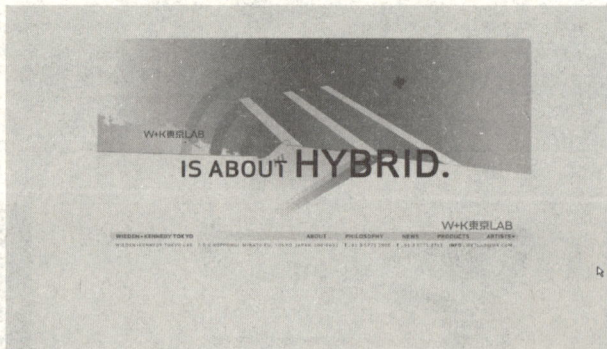
图 1-18 元素较少的画面

3. 散布的元素

元素没有严格的位置限制，自由地排列在整个空间。每个元素主体的面积较小，排列组合时根据位置、疏密等关系可以产生不同的韵律节奏。

图片以点状排列在页面的零散位置，高低错落产生如打击乐一样的节奏感，如图 1-19 所示。自由轻松的元素排布，也可以构成画面中突出的视觉元素，如图 1-20 所示。

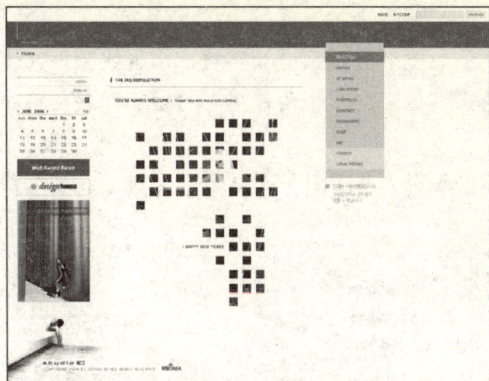

图 1-19 图片以点状排列

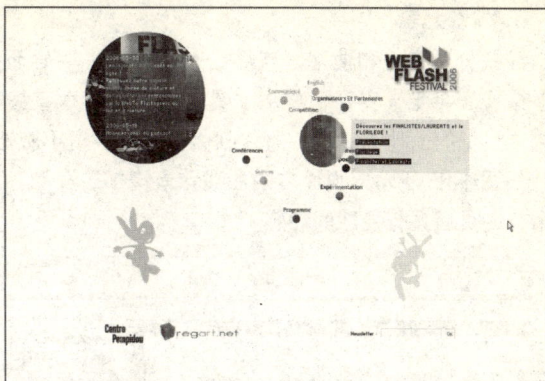

图 1-20 自由轻松的元素排布

4. 元素的质感

通过不同的表现手法，在页面中表现出各种物体所具有的特质，如丝绸、肌肤、水、石等物体的轻重、软硬、糙滑等不同特征，给人以真实感和美感。

如图1-21所示，发黄旧金属质感的页面体现了古朴、另类的感觉；如图1-22所示，背景的材质突出了页面的主题。

图 1-21 发黄旧金属质感

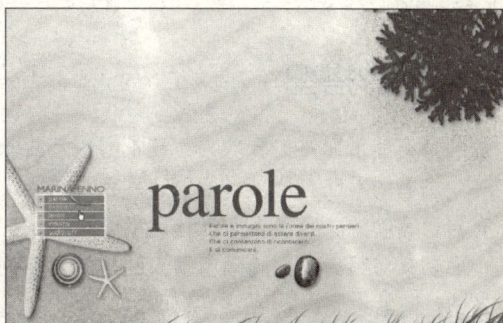

图 1-22 背景的材质

5. 元素的节奏感

优秀的网页里面包含音乐的韵律和节奏：画面里的元素可以进行高高低低的排列，就好像一个个音符，规则又不失灵活，组成了一篇美好的乐章。这些元素呈现一种或近或远、或高或低的形式。将这些元素放入画面，使之呈现出一种由静态物体所表达出来的动感，也就是所谓的节奏感、韵律感。

如图 1-23 所示，在画面中由左至右的呈直线型的排列使得画面有了一种节奏感。而如图 1-24 所示，利用不同位置相似元素的重复形成欢快轻松的节奏感。

图 1-23 直线型的排列

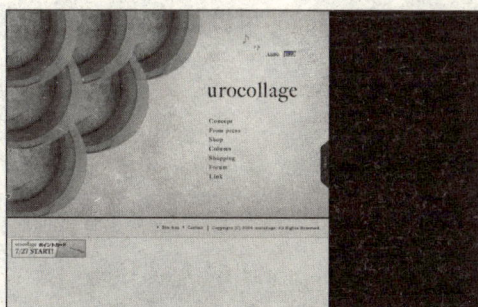

图 1-24 相似元素的重复

6. 线条元素

线条分为直线和曲线。直线给人以速度、明确而锐利的感觉。直线又分为斜线、水平线及垂直线。水平线代表平稳、安定、广阔，具有踏实感；垂直线则有强烈的上升及下落趋势，可增加动感；斜线容易造成视觉的一种不安定；曲线则优美轻快，富于旋律。

如图 1-25 所示，页面中的曲线元素增加了柔和、活跃的感觉；而如图 1-26 所示，直线与曲线元素的对比，使页面具有强烈的动感。

图 1-25 页面中的曲线元素

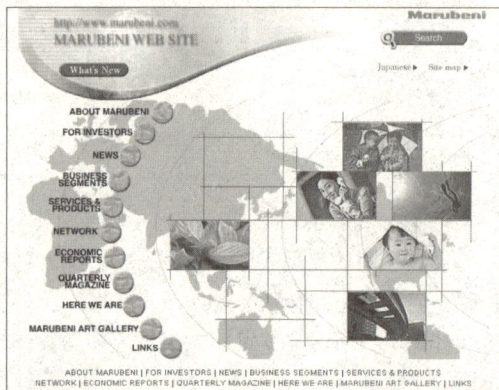

图 1-26 直线与曲线元素的对比

1.3.2 色彩搭配

色彩具有非常微妙的表现力，它们可以产生一种刺激人们大脑中对某种形式存在的物体的共鸣，展现出对生活新的看法与态度。合理使用色彩扩大了我们创作的想象空间，赋予了创作新的不定性。每个人都有自己喜欢的颜色，因此在选用网站配色的时候，难免会受到个人偏好的影响。但是在选用色彩的时候也要注意，因为不同的颜色给人的感觉是不同的。本节将通过对各种颜色的分析，帮助读者掌握使用色彩定位网站的技巧。

1. 红色

红色是强有力的色彩，是热烈、冲动的色彩，如图1-27所示。约翰·伊顿教授描绘了在不同颜色背景下红色的表现力。他是这样描述的：在深红的背景下，红色平静下来，热度在熄灭着；在蓝绿色背景下，红色就像炽烈燃烧的火焰；在黄绿色背景下，红色变成一种冒失、莽撞的闯入者，激烈而又寻常；在橙色的背景下，红色似乎被郁积着，暗淡而无生命，好像焦干了似的。

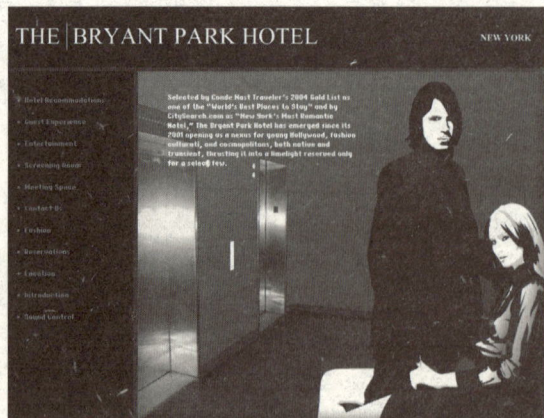

图 1-27 红色页面

2. 橙色

橙色的波长仅次于红色，因此它也具有长波长共同的特征：使脉搏加速，并有温度升高的感受。橙色是十分活泼的光辉色彩，是暖色系中最温暖的色彩，它使我们联想到金色的秋天、丰硕的果实，因此是一种富足、快乐而幸福的色彩，如图 1-28 所示。橙色稍稍加入黑色或白色，会成为一种稳重、含蓄又明快的暖色；混入较多的黑色后，就成为一种烧焦的颜色；橙色中加入较多的白色会带有一种甜腻的味道；橙色与蓝色的搭配，构成了最响亮、最欢快的色彩。

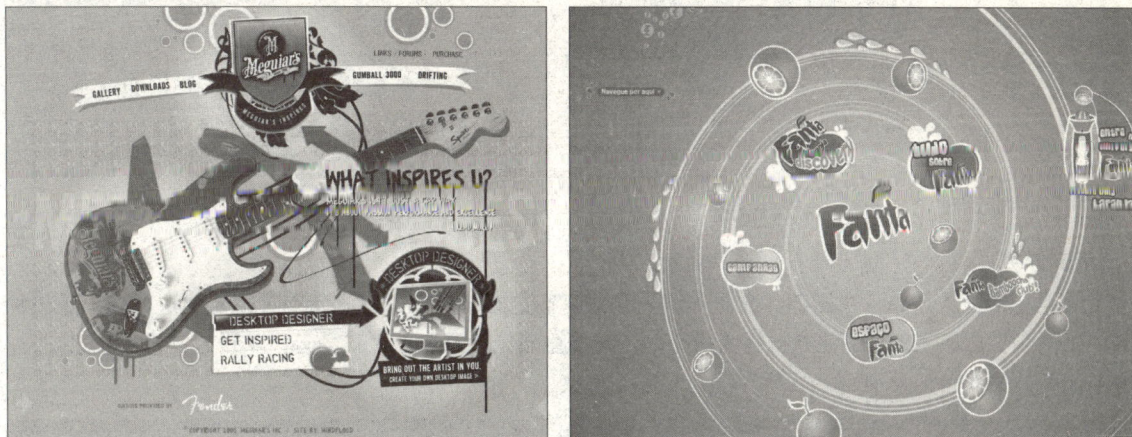

图 1-28 橙色网页

3. 黄色

黄色是亮度最高的颜色，在高明度下能够保持很强的纯度。黄色有着太阳般的光辉，因此象征着照亮黑暗的智慧之光，黄色有着金色的光芒，因此又象征着财富和权利，它是骄傲的色彩，如图1-29所示。黑色或紫色的衬托可以使黄色达到力量无限扩大的强度；白色是吞没黄色的色彩；淡淡的粉红色也可以像美丽的少女一样将黄色这骄傲的王子征服；黄色最不能承受黑色或白色的侵蚀，这两种颜色只要稍微渗入，黄色即刻失去光辉。

图 1-29 黄色网页

4. 绿色

绿色代表着美丽、优雅，特别是用现代技术创造的纯绿色，是很漂亮的颜色，绿色网页如图 1-30 所示。绿色宽容、大度，无论蓝色还是黄色搭配，均能保持美丽。黄绿色单纯、年轻，蓝绿色则清秀、豁达，含灰的绿色是一种宁静、平和的色彩，就像暮色中的森林或晨雾中的田野一样。

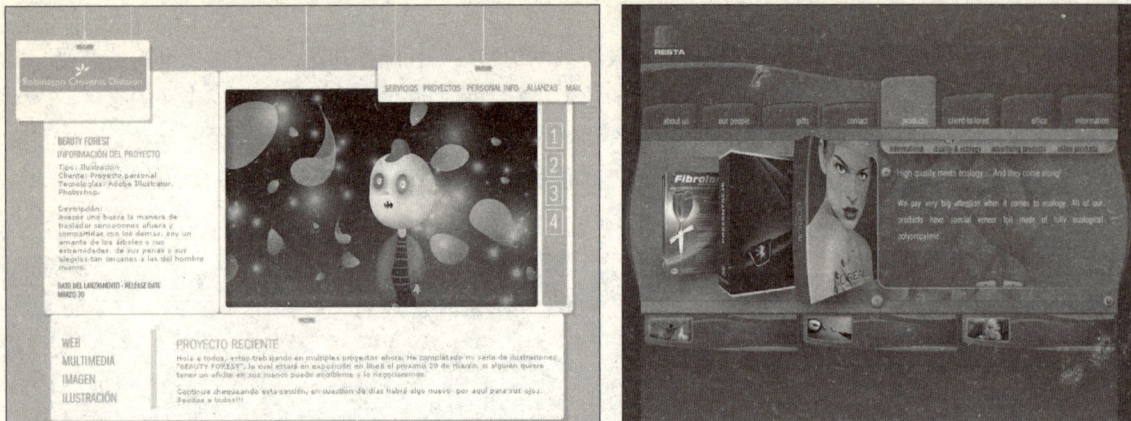

图 1-30 绿色网页

5. 青色

青色是西方人所指的中国蓝，它是一种振荡频率高的短波颜色。它的特点是能量穿透力强，是一种冷静、内观、清明、笃定的能量，因为内心的宁静而生出大智慧。在古代的五行学说中，青色代表东方。青色网页效果如图 1-31 所示。

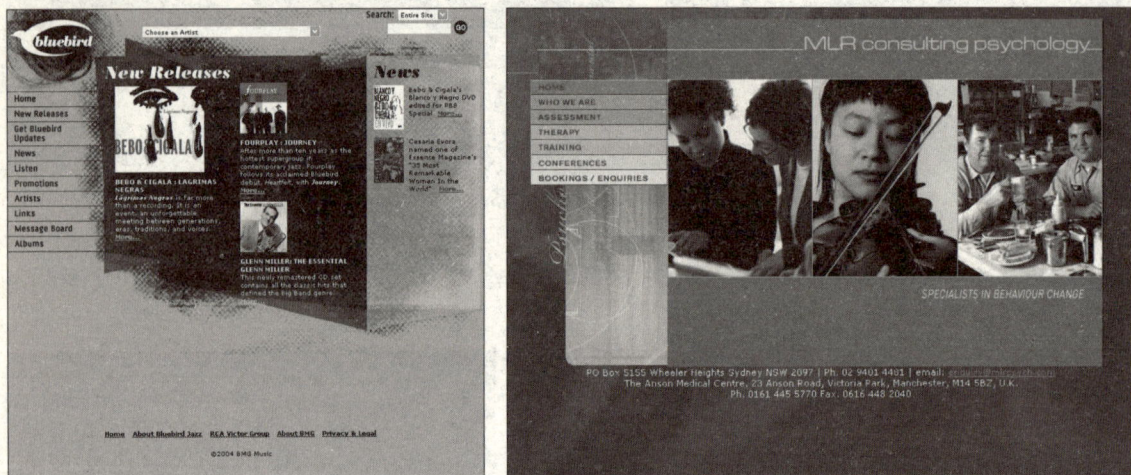

图 1-31 青色网页

6. 蓝色

蓝色是海洋和天空的颜色，蓝色散发着清爽、幽静、和平、理性、稳定、冰冷的特性，蓝色网页效果如图 1-32 所示。蓝色是色环中惟一被称为"寒色系"的颜色，它与暖色系的红色形成鲜明对比，红色是物质的，而蓝色是精神的。蓝色是沟通和交流的颜色，有助于画家、文学家、音乐家去捕捉天启的灵感。

7. 紫色

紫色是红色和蓝色的结合色，是不冷不热的中性色。当紫色偏红时，属于暖色，偏蓝时则属于冷色，紫色网页效果如图 1-33 所示。红蓝搭配成紫色，代表相反的两个极端相互吸引而结合时，散发出神秘和高贵的色彩，所以在西方，紫色是象征国王的颜色。紫色是彩虹光谱中最后的颜色，具有最短波长和最快的振动频率，因此它同青色一样神圣宁静。

图 1-32 蓝色网页

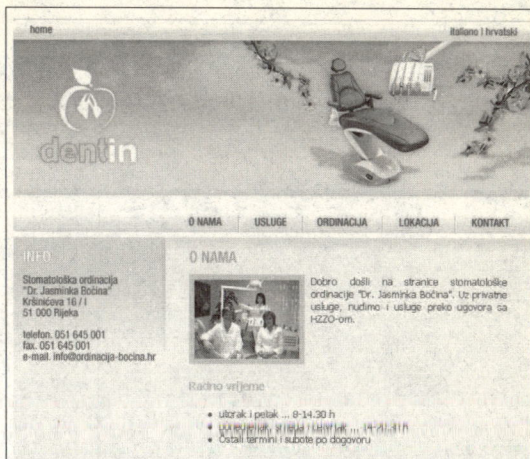

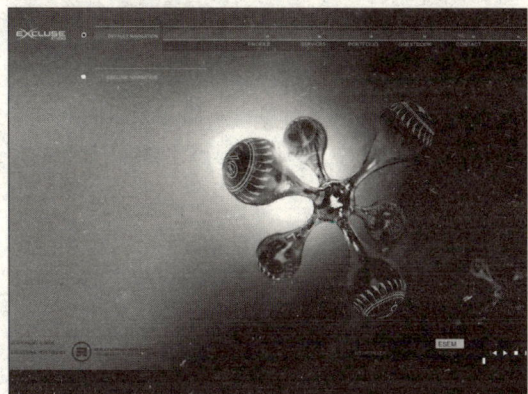

图 1-33 紫色网页

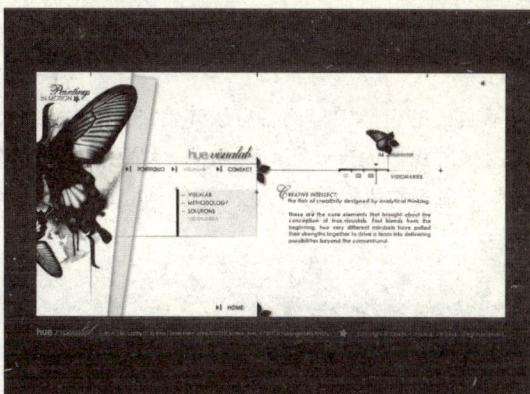

8. 黑\白色

黑色与白色代表色彩世界的阴极和阳极，太极图案就是通过黑白两色的循环形式来表现宇宙永恒运动的。黑白具有的抽象表现力以及神秘感，能超越任何色彩。黑白两色是极端对立的颜色，然而有时候又令我们感到它们之间有着令人难以言状的共性。白色与黑色都可以表达对死亡的恐惧和悲哀，都具有不可超越的虚幻和无限的精神，黑白又总是以对方的存在显示自身的力量，它们似乎是整个色彩世界的主宰。黑\白色搭配的网页效果如图 1-34 所示。

图 1-34 黑\白色网页

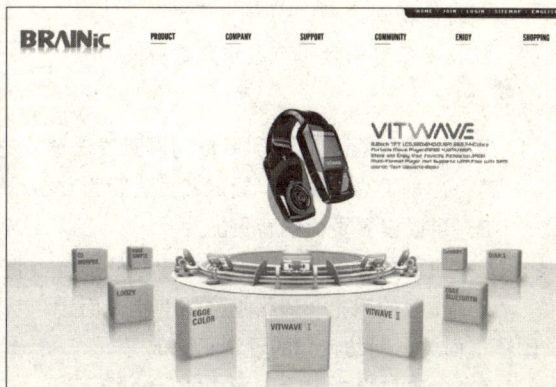

9. 灰色

灰色是彻底的中性色，依邻近的色彩获得生命，灰色一旦接近鲜艳的暖色，就会显出冷静的品格；若接近冷色，则变为温和的暖灰色。灰色网页效果如图 1-35 所示。

图 1-35 灰色网页

从上面的讲解中，读者可以体会到赤、橙、黄、绿、青、蓝、紫包含着多少奥秘和天机呢？神奇的色彩凝聚着深厚的文化与心理内涵：红色的激情勃发、绿色的祥和安宁、蓝色的幽深婉转、黄色的灵动跳跃……每一种色彩都会带给人不同的心理感受。

思考与练习

网页设计的基础知识包括网页的基本构成元素、网站的种类等，在网页设计制作的基本流程中，首先是前期策划，然后是定义站点结构，再创建界面，接下来是技术实现。思考与练习的知识点还包括了对网站用户界面的版式色彩要求。

1. 填空题

(1) 网页上的图片最好采用_____和_____两种格式，它们体积小、压缩比例较高，方便网络传输。

(2) _____可以体现网站特色和内涵，一般放在主页上，可以是英文字母，也可以是图案或者其他特殊符号。

(3) 从技术角度出发，可以将网站分成_____、_____、_____三大类。

2. 选择题

(1) 下面关于页面的背景和风格的设置说法错误的是（   ）。

　　A．在页面的属性中一般定义页边距为 0

　　B．可以设置页面的背景图片

　　C．页面的背景图片一般选择显眼的图像，特别是大型网站

　　D．页面的风格一般根据网站的主体而定

(2) 下面关于网站策划的说法正确的是（   ）。

　　A．向来总是内容决定形式的

B．信息的种类与多少会影响网站的表现力

C．制作网站的第一步是确定主题

D．对于网站策划来说，最重要的还是网站的整体风格

(3) 在网页设计中，（　　）是所有页面中的重中之重，是一个网站的灵魂所在。

A．引导页　　　　　　　　　　B．脚本页面

C．导航栏　　　　　　　　　　D．主页面

3. 上机操作题

(1) 请上网浏览下面介绍的网站，并分析其在基本构成元素方面的特点。

● Designiskinky：http:\\www.designiskinky.com（英文）

这是一个老牌的站点。它的首页风格几年来一直保持不变，但仍吸引着众多的浏览者。很多人都有每天访问该网站的习惯，原因是它每天推荐的独具风格的新锐站点非常吸引人，如图1-36所示。

图 1-36　designiskinky

(2) 请上网浏览并分析国内主要门户网站的版式布局。

(3) 请上网浏览并分析国内主要财经网站的色彩搭配。

Chapter

02

Dreamweaver CS5简介

课题概述 Dreamweaver 易学、易用，只要掌握了初步的知识，即使是初学者也可以快速上手。本章将介绍 Dreamweaver CS5 的基本特点与工作环境。

教学目标 通过本章的学习，用户可以熟练地掌握 Dreamweaver CS5 的基本操作，以及如何显示面板和使用面板。

★ 章节重点

★★★★☆ | Dreamweaver 的核心功能
★★★★☆ | Dreamweaver CS5 的界面
★★★★☆ | Dreamweaver CS5 的面板
★★★★★ | Dreamweaver CS5 新特性

★ 光盘路径

上机实践：无
课后练习：无
电子教案：PPT电子教案\DW_lesson2.ppt

2.1 Dreamweaver的核心功能

Dreamweaver 的可视化编辑软件能够使用户快速创建富有艺术气息的页面，同时，它所集成的源代码编辑功能为编程人员提供了面向细节的工具。Dreamweaver CS5 把现实世界的概念进一步扩展到工作区中，如模板之类的功能使得大型 Web 站点的创建和维护更加简洁有效。Dreamweaver 从 Div 到表格的先进特性使得在设计阶段快速定位内容成为可能，站点发布后，还能保证页面与落后的浏览器相兼容。

1. 不熟悉 HTML 标签也可以轻松制作网页

作为所见即所得编辑器之一的Dreamweaver，即使不熟悉HTML标签，用户也可以很容易地在Dreamweaver中制作网页。例如，在Dreamweaver操作界面的"资源"面板中选择所需的图像或Flash动画后，拖动到文件窗口中，就可以很轻松地把它插入到网页中。除此以外，其他各种要素也都可以通过鼠标拖动来插入或修改，因此即使是初学者也可以很轻松地制作出网页文件，如图2-1所示。

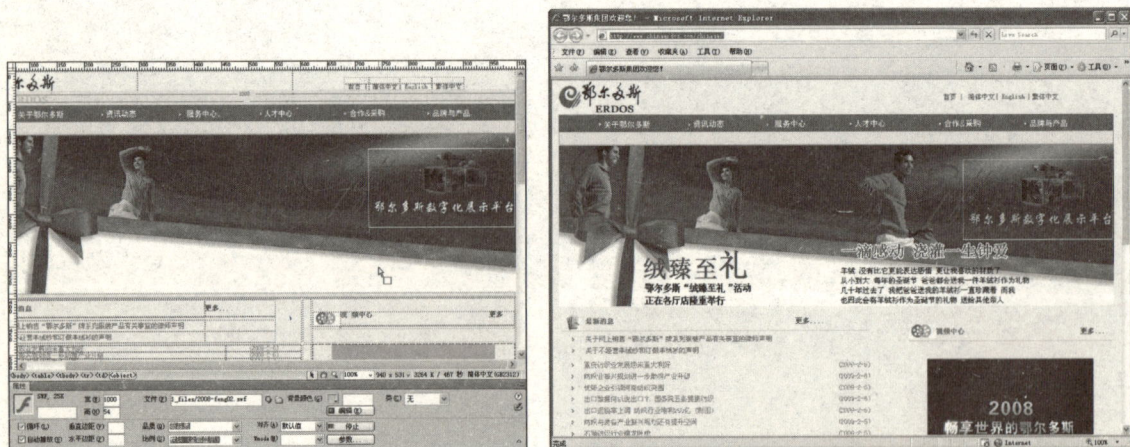

图 2-1 轻松制作网页

2. 可以完美地与 Flash 软件结合

Dreamweaver 和 Flash 都是 Adobe 公司的产品，因此在 Dreamweaver 中完全可以控制 Flash 动画，如图 2-2 所示。Dreamweaver 对 Flash 视频提供了完美的支持，在属性窗口中单击"编辑"按钮，还可以直接转移到 Flash 软件中编辑文件。

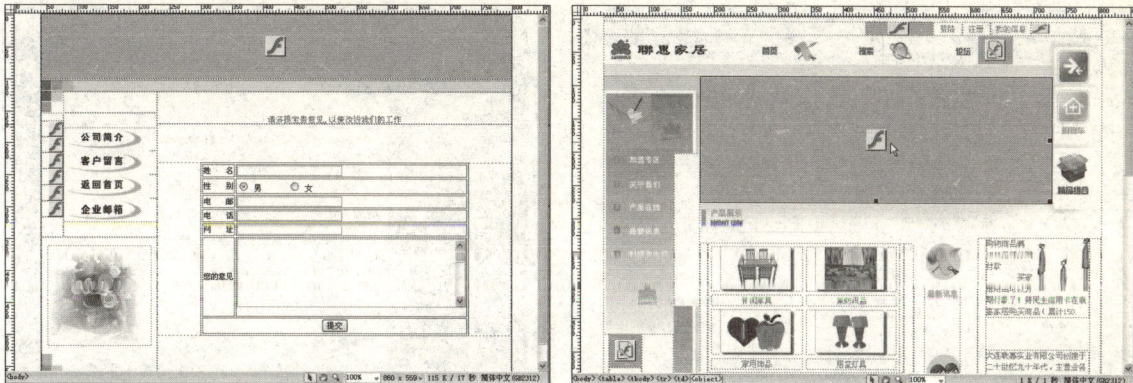

图 2-2　完全控制 Flash

3. 可以使用动态 HTML

动态HTML（Dynamic HTML，DHTML）像Flash一样，即使没有另外的插件程序也可以使静态HTML变得更富有动态感。下面我们一起浏览下利用动态HTML制作的主页，从中了解一些动态HTML的相关效果。

下面网页中的广告在浏览器中呈现漂浮效果，当鼠标光标指向广告上方时，广告图片停止漂浮，这是利用动态 HTML 的效果，如图 2-3 所示。

图 2-3　页面中的广告漂浮

Dreamweaver 软件刚上市时，最引人瞩目的特点便是"跨浏览器动态 HTML 专用编辑器"。动态 HTML 编辑器这一点就已经倍受瞩目，再加上制作的主页在 Internet Explorer 或其他浏览器中均能运行，这种编辑器怎能不受用户拥戴呢？

4. 用 CSS 功能支持版面布局

在只有HTML的时代，只能实现简单的网页效果。有了CSS样式后，网页排版有了翻天覆地的变化，过去只有在印刷中才能够实现的一些排版效果，现在都能实现了，Dreamweaver CS5简化了CSS过程，如图2-4所示。Dreamweaver是由帮助更容易制作主页的各种面板组成的，用户可以选择预先制作好的CSS版面布局，从而更加快速地设计出主页。

17

5. 支持 Div 元素控制

Dreamweaver 支持 Div 元素控制，如图 2-5 所示，使用 Div 的方法跟使用其他标记的方法一样，其承载的是结构；采用 CSS 技术可以有效地对页面的布局、文字等方面实现更精确的控制，其承载的是表现。结构和表现的分离对于所见即所得的传统表格编辑方式是一个很大冲击。

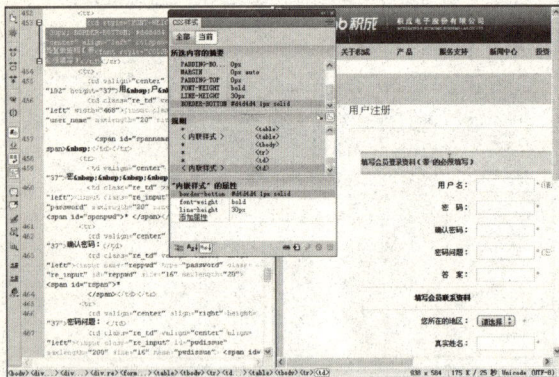

图 2-4 简化 CSS 过程

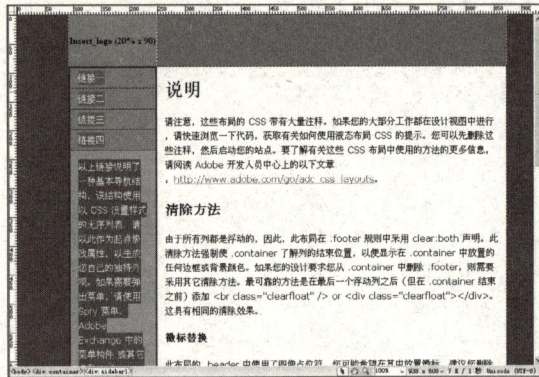

图 2-5 Div 元素控制

6. 用 Dreamweaver 插件可以扩展功能

Dreamweaver软件的功能并不是固定不变的，用户随时可以下载Adobe公司的开发组或普通开发者制作的新添功能，从而扩展软件的功能，从而能够更充分地在主页中应用高级功能。Dreamweaver插件可以在Adobe主页的Dreamweaver Exchange网页中下载到，然后利用插件管理器来安装，如图2-6所示。

7. 内置站点管理工具

在 Dreamweaver 中，站点管理工具和站点创建工具对于一个 Web 站点创作程序来说是同样重要的。Dreamweaver 提供了一个 FTP 发布器，用以简化站点发布操作，更重要的是，Dreamweaver 可以只用一条命令就能让远程站点与本地站点同步，如图 2-7 所示。

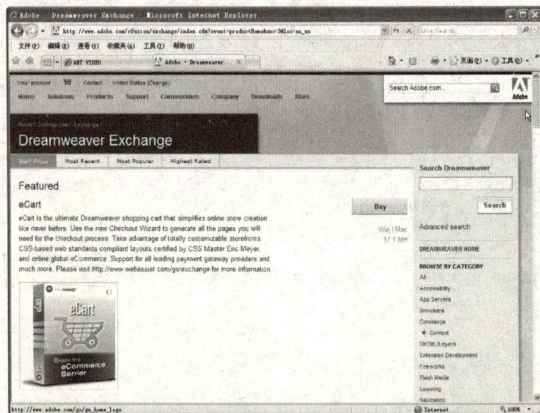

图 2-6 Adobe 主页的 Dreamweaver Exchange 网页

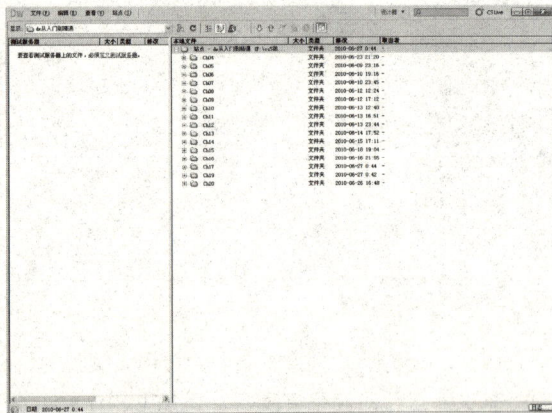

图 2-7 站点管理

2.2 Dreamweaver CS5的工作环境

创建 Web 页时，网站管理员总是不断地重复两件事情：插入元素和修改元素。在这个过程中，Dreamweaver 的优越性是显而易见的，Dreamweaver 的工作区将一系列窗口、选项面板结合起来，使整个创建过程更富流动性，从而提高网站管理员的工作效率。

2.2.1　Dreamweaver CS5的界面

Dreamweaver 应用程序的外观同其异常灵活的功能特性是分不开的，对于不同级别、不同经验的用户来说，都能够从这种应用程序外观上获得显著提升的工作效率。

Dreamweaver CS5 应用程序的操作环境包括以下几个部分，如图 2-8 所示。

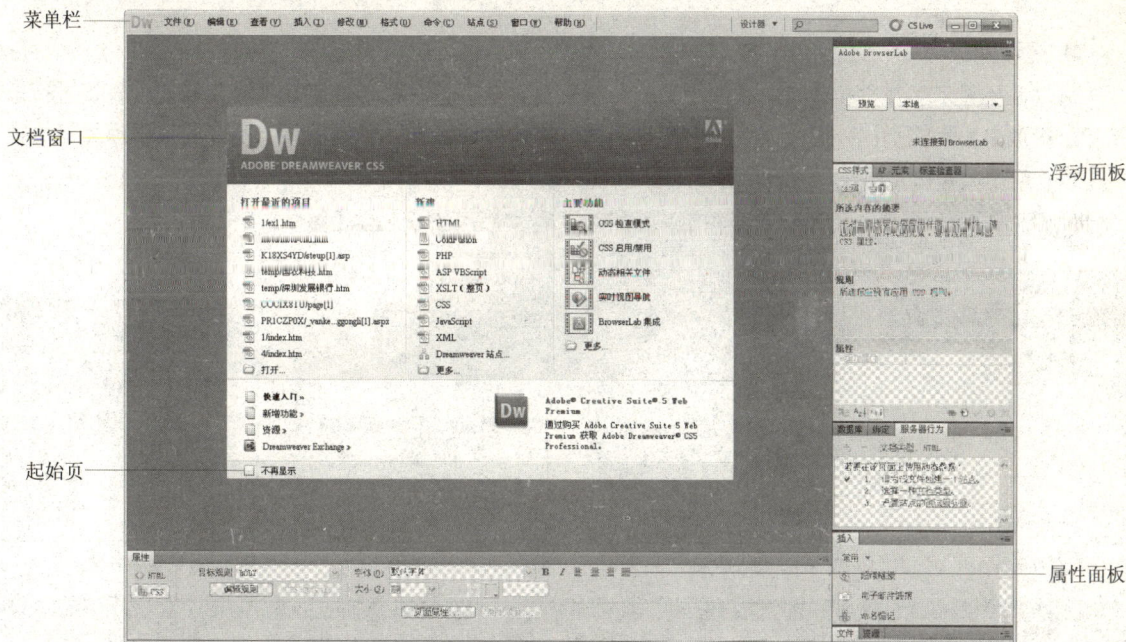

菜单栏 ——

文档窗口 ——

起始页 ——

—— 浮动面板

—— 属性面板

图 2-8 Dreamweaver CS5 应用程序的操作环境

- **菜单栏**：所有的工作将通过执行菜单命令来完成，虽然利用浮动面板可以减少操作时间，但可能会因为需要更大的屏幕空间而将浮动面板关闭，此时菜单栏就显得很重要了。
- **文档窗口**：文档窗口显示当前所创建和编辑的 HTML 文档内容。
- **起始页**：集合了一些 Dreamweaver CS5 启动时的常用功能及快捷操作。
- **浮动面板**：Dreamweaver CS5 以其功能全面的工具集而著称，如文件、行为、层等。为方便用户使用，每个工具都需要自己的窗口和选项面板。但是，使用的工具越多，工作区就会变得越杂乱。为了减少单个窗口的占用空间而又能保持它们的功能，Dreamweaver CS5 采用了可停放的浮动面板。浮动面板是完全自定义化的，可以使用户实现对工作流程最大限度的控制。
- **属性面板**：属性面板显示了在文档窗口中所选中元素的属性，并允许用户在属性面板中对元素属性直接进行修改。选中元素不同，属性面板的内容也不同。如果选择了一幅图片，那么属性面板上将出现这幅图片的相应属性；如果选择的是表格，它就会变成表格的相应属性。在默认情况下，属性面板中显示的是文字属性。

2.2.2　Dreamweaver CS5的面板

面板包括浮动面板和属性面板，利用面板来控制页面的编写，而不是利用繁琐的对话框，这是用 Dreamweaver 编辑网页时最令人称道的特性。在一些其他的网页编辑器，例如 FrontPage 中，经常需要打开一个对话框来设置各种属性，在关闭对话框后才能看到设置的结果，而在 Dreamweaver 中的浮动面板中设置，就可以直接在文档窗口中看到结果，避免了中间过程，从而提高了工作效率。

1. 浮动面板

Dreamweaver 以其功能全面的工具集而著称，如文件、行为、层等。每个工具都有自己的窗口和选项面板。但是，使用的工具越多，工作区就会变得越杂乱。为了减少单个窗口占用的空间而又能保持它们的功能，Dreamweaver 采用了可停放的浮动面板。浮动面板是完全自定义化的，可以使用户实现对工作流程最大限度的控制。图 2-9 至图 2-12 所示的是 Dreamweaver 中的几个常用面板。

2. 属性面板

属性面板显示了在文档窗口中所选中元素的属性，并允许用户在属性面板中对元素属性直接进行修改。随着选中元素的不同，属性面板的内容也不同。比如我们选择了一幅图片，那么属性面板上将出现这幅图片的相应属性，如果选择的是表格，它就会变成表格的相应属性，如图 2-13 所示。

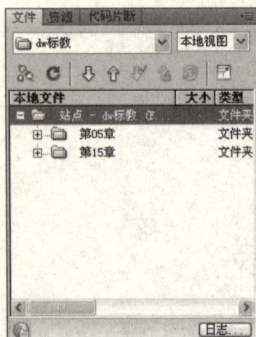

图 2-9 文件面板　　　图 2-10 插入面板　　　图 2-11 代码面板组　　　图 2-12 数据库面板

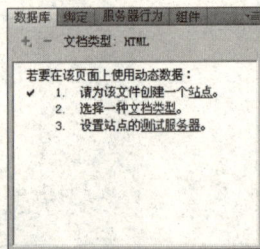

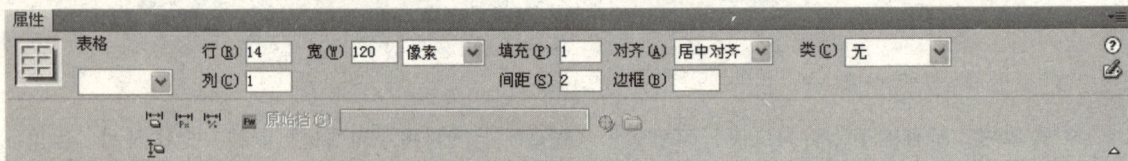

图 2-13 属性面板

2.3　Dreamweaver CS5新特性

借助Dreamweaver CS5 软件，可以快速、轻松地完成设计、开发、维护网站和 Web 应用程序的全过程。Dreamweaver CS5是为设计人员和开发人员而构建的，它给用户提供了一个选择：是在直观的可视布局界面中工作，还是在简化的编码环境中工作。

2.3.1　新增功能

1. Adobe BrowserLab

Dreamweaver CS5 集成了 Adobe BrowserLab（一种新的 CS Live 在线服务），该服务为跨浏览器兼容性测试提供快速而准确的解决方案。通过 BrowserLab，可以使用多种查看和比较工具来预览 Web 页和本地内容，可以生成网站在不同浏览器下的网页快照，从而便捷地测试网站的兼容性。

图 2-14 所示的 Adobe BrowserLab 支持 Windows XP 和 MAC OS X 上的绝大多数主流浏览器，目前支持 Windows 平台的 IE 6、7、8，Firefox 3.0、3.5，Chrome 3.0；Mac 平台上的 Firefox 2.0、3.0、3.5，以及 Safari 3.0、4:0 等。

Adobe BrowserLab 提供了水平两栏对比和洋葱皮（onion skin）对比，可以在不同网页渲染模式下将结果重叠在一起，以便查看网页的什么地方在不同浏览器下是有区别的，如图 2-15 所示。

图 2-14 Adobe BrowserLab

图 2-15 对比网页在不同浏览器下的区别

除此之外，Adobe BrowserLab 还提供了如下功能。

- **支持标尺和标线**：这样就能够很精确定位到页面在不同浏览器中的有差别的位置。
- **支持快捷键**：方便用户操作。
- **截屏延迟**：这样就可以让页面完全渲染之后再截图。
- **保存到本地**：在网页截图上单击右键就可以看到 Save Locally 的选项，单击即可保存到本地。

2. CSS 新增功能

- **CSS 禁用 \ 启用**：允许用户直接从 CSS 样式面板禁用和重新启用 CSS 属性。禁用 CSS 属性只会取消指定属性的注释，而不会实际删除该属性，如图 2-16 所示。
- **CSS 检查**：检查模式允许用户以可视化方式详细显示 CSS 模型属性，包括填充、边框和边距，无需读取代码，也不需要独立的第三方实用程序（如 Firebug），如图 2-17 所示。
- **CSS 起始布局**：Dreamweaver CS5 包含更新和简化的 CSS 起始布局。Dreamweaver CS4 布局中复杂的子代选择器已被删除，并替换为简化和易于理解的类，如图 2-18 所示。

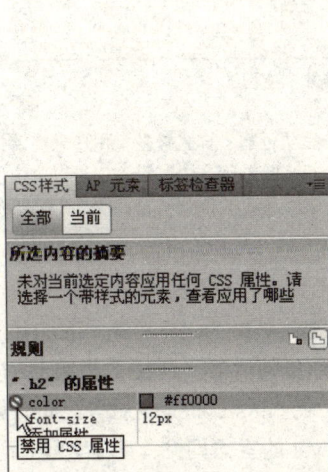

图 2-16 CSS 禁用 \ 启用

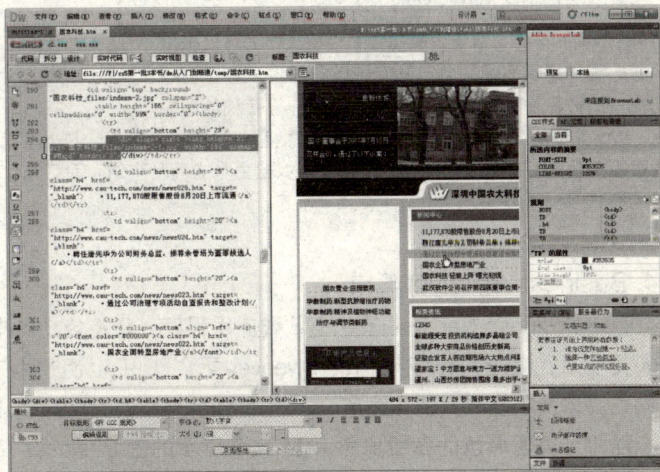

图 2-17 CSS 检查

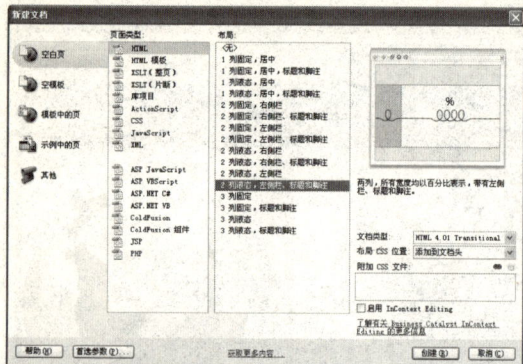

图 2-18 CSS 起始布局

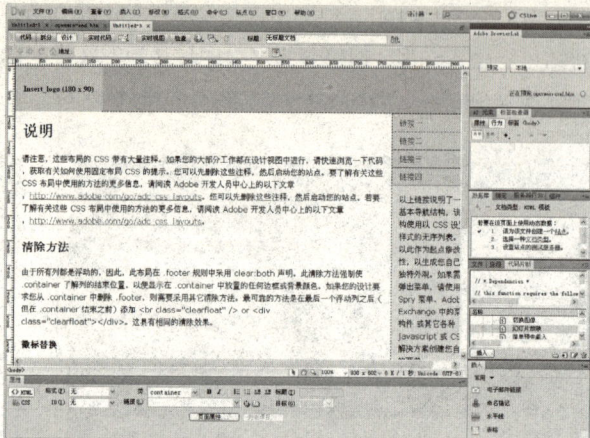

3. 动态相关文件

"动态相关文件"功能允许用户搜索所有必要的外部文件和脚本，以组合基于 PHP 的内容管理系统（CMS）页面，以及在"相关文件"工具栏中显示其文件名。默认情况下，Dreamweaver 支持 WordPress、Drupal 和 Joomla! CMS 框架的文件发现。

教学提示　关于WordPress

WordPress是一种使用PHP语言开发的博客平台，用户可以在支持PHP和MySQL数据库的服务器上架设自己的Blog，也可以把WordPress当作一个内容管理系统（CMS）来使用。WordPress可以说是世界上最先进的Weblog程序，目前开发的程序大多都是根据它仿造的。

WordPress的原版是英文版的，UTF-8编码，最新版本为2010年6月18日发布的3.0。为满足日益庞大的中文用户需求，WordPress开辟了中文官方站点且提供中文版程序下载，还有爱好者开发了中文语言包，使其可以支持中文。由于使用的编码原因，中文字符截断时会出现乱码，不过桑葚网友制作的中文WordPress工具箱插件可以解决这个问题。图2-19所示的是WordPress的中文官网。

WordPress拥有世界上最强大的插件和模板，个人可以根据它的核心程序提供的规则自己开发模板和插件。它可以瞬间把用户的博客改变成 cms、forums、门户等各种类型的

图 2-19 Wordpress 中文官网

站点。WordPress Theme风格模板是世界上的程序中应用最多的，其类型复杂、品质可嘉、样式繁多，用户只需要把不同的模板文件放到空间的Theme目录下就可以自由地在后台变幻，而且无论用户安装的是什么语言包，均可以自由使用这些风格。

4. Business Catalyst 集成

Adobe Business Catalyst 是一个承载应用程序，它将传统的桌面工具替换为一个中央平台，供 Web 设计人员使用。该应用程序与 Dreamweaver 配合使用，允许用户构建任何内容，包括数据驱动的基本 Web 站点，以及功能强大的在线商店。利用 Dreamweaver 与 Adobe Business Catalyst 服务之间的集成，无需编程即可实现卓越的在线业务。图 2-20 所示的是 Business Catalyst 的官方网站，图 2-21 所示的是 Business Catalyst 的案例客户网站 http:\\shopbellavita.com\。

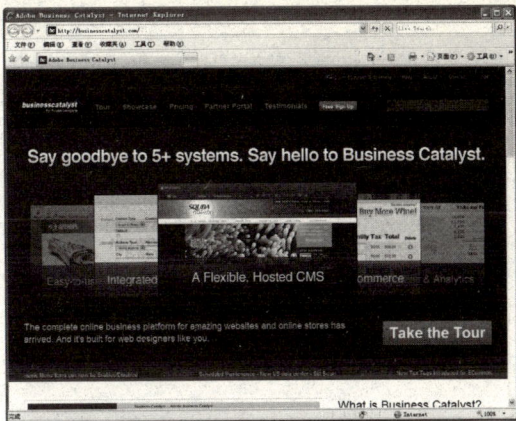

图 2-20 Business Catalyst 官方网站

图 2-21 Business Catalyst 的案例客户网站

5. PHP 自定义类代码提示

PHP 自定义类代码提示显示 PHP 函数、对象和常量的正确语法，有助于用户键入更准确的代码。代码提示还使用用户自定义的函数和类，以及第三方框架（如 Zend 框架），如图 2-22 所示。

6. 站点特定的代码提示

站点特定的代码提示功能允许用户在使用第三方 PHP 库和 CMS 框架（如 WordPress、Drupal、Joomla! 或其他框架）时自定义编码环境。可以将博客的主题文件以及其他自定义 PHP 文件和目录包含或排除作为代码提示的源，如图 2-23 所示。

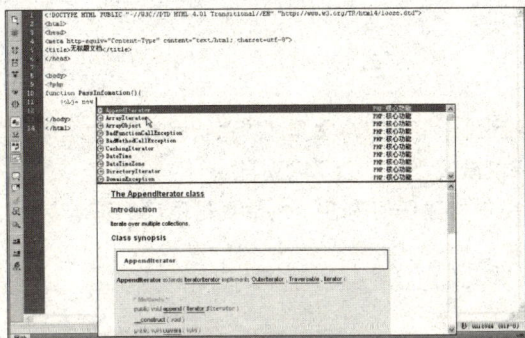

图 2-22 PHP 自定义类代码提示

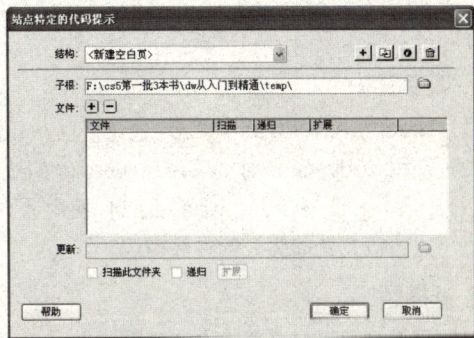

图 2-23 站点特定的代码提示

2.3.2　增强功能

Dreamweaver 可以连接到使用 Subversion(SVN) 的服务器，Dreamweaver CS5 扩展了对 Subversion 的支持，使用户可以在本地移动、复制和删除文件，然后将更改与远程 SVN 存储库同步。新的还原命令允许用户快速更正树冲突或回退到以前版本的文件。此外，新扩展允许用户指定要在给定项目中使用的 Subversion 版本，如图 2-24 所示。

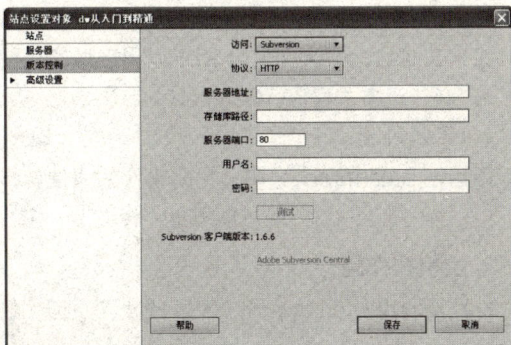

图 2-24 增强了对 Subversion 的支持

使用 Subversion 作为 Dreamweaver 的版本控制系统之前，必须建立与 SVN 服务器的连接。SVN 服务器是一个文件存储库，可供用户与其他用户获取和提交文件。它与 Dreamweaver 中通常使用的远程服务器不同，如图 2-25 所示。

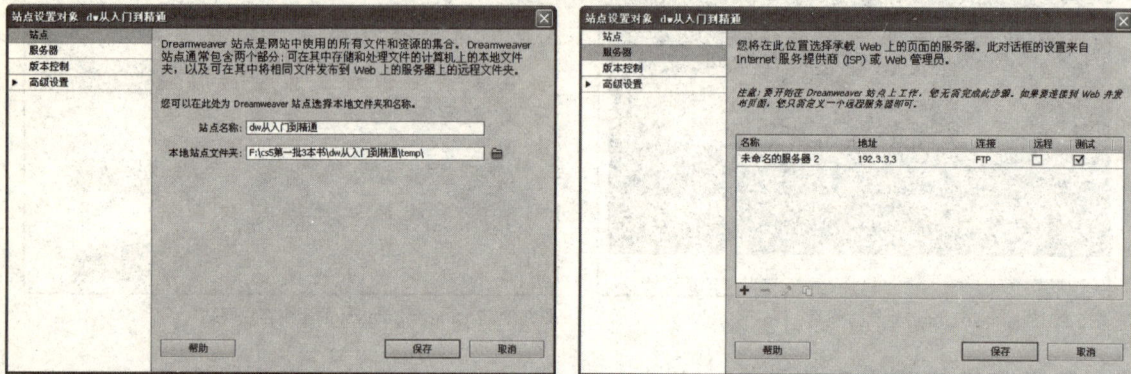

图 2-25 站点设置对话框与服务器设置

思考与练习

Dreamweaver CS5 的基础知识可以使用户对文件窗口、浮动面板、属性面板等有一个基本的认识。思考与练习要求用户可以熟练地掌握 Dreamweaver CS5 的基本操作，以及如何显示面板、如何使用面板等操作。

1. 填空题

（1）Dreamweaver CS5 集成了_____，该服务为跨浏览器兼容性测试提供快速准确的方案。

（2）使用 Subversion 作为 Dreamweaver 的版本控制系统之前，必须建立与_____的连接。

（3）_____与Dreamweaver配合使用，允许用户构建任何内容，包括数据驱动的基本Web站点，以及功能强大的在线商店。

2. 选择题

（1）下面关于素材准备的说法错误的是（   ）。

    A．是网站制作中的重要一环

    B．在 Dreamweaver 中自带有准备素材的功能

    C．Adobe 公司的 Fireworks 可以和 Dreamweaver 很好地结合使用

    D．网站徽标的设计对于制作网站来说比较重要

（2）在 Dreamweaver 中下面可以用来做代码编辑器的是（   ）。

    A．记事本程序（Notepad）   B．Photoshop

    C．Flash   D．以上都不可以

（3）在 Dreamweaver 中，关闭软件的快捷键是（   ）。

    A．Alt+F4   B．Ctrl+W   C．Ctrl+Shift+W   D．Ctrl+F4

3. 上机操作题

（1）请利用 Dreamweaver CS5 的入门页面，制作一个简单的站点。

（2）请在 Dreamweaver CS5 中进行不同界面的切换，如图 2-26 所示。

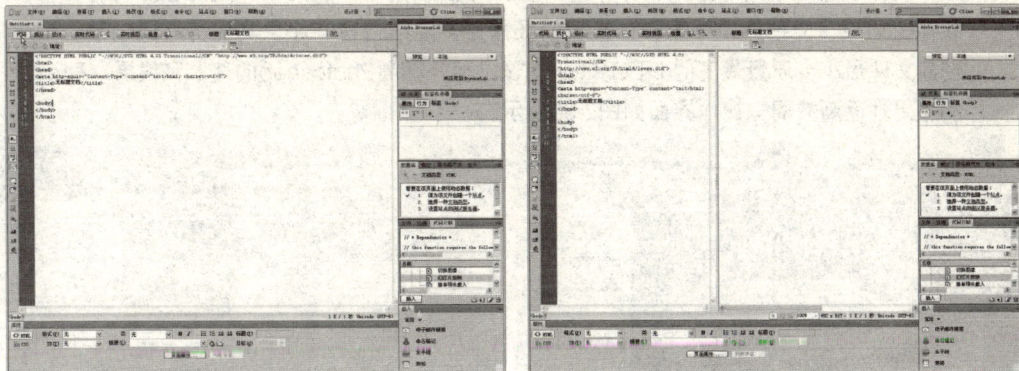

图 2-26　Dreamweaver 的不同界面

（3）请练习 Dreamweaver CS5 面板的打开与关闭操作。

🔊 知识延展　网页设计的常用软件

　　若想设计出精美的网页，可以为网页添加图像、按钮和动画等元素，但只用 Dreamweaver 软件很难把这一切准备得当。读者如果想认真学习页面设计，就应该学会下面所讲述的几种软件。在掌握这些软件的基础上若能再学习三维软件和网页程序设计语言，就可谓是"锦上添花"了。

- Flash：是制作动态网页必不可少的一个软件，有些网页会全部用 Flash 来制作，有些网页只有在菜单或值得强调的部分才使用 Flash 制作，操作界面如图 2-27 所示。
- Photoshop：是可以对网页的版面布局和图像进行编辑的软件。一般情况下并不会在该软件中直接画图，而是在现有的图像上应用多种效果或编辑多个图像来制作出新的图像，操作界面如图 2-28 所示。

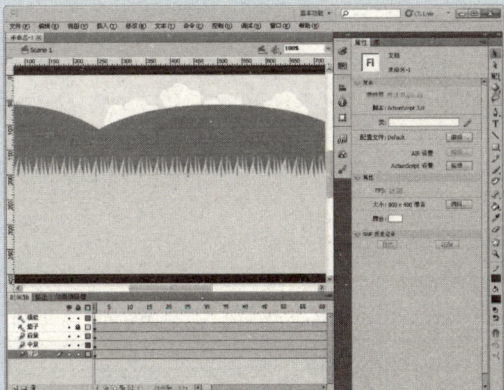

图 2-27　Flash CS5 的操作画面

图 2-28　Photoshop CS5 的操作画面

- Dreamweaver：是所见即所得的网页制作软件，可以把其他软件中制作的图像或动画、文本等合并到一起构成一个网页文件，是目前最受网页制作人员欢迎的软件。如果熟悉 HTML 标签，也可以使用记事本来代替 Dreamweaver，操作界面如图 2-29 所示。

● **Fireworks**：是专门针对网络图形设计的软件，它既可以编辑网页图像，又可以编辑网页动画、制作按钮形状的导航条、菜单等，甚至可以直接制作出网页。同时它还具有多种图形软件的功能，能把处理位图和矢量图的操作完美地结合在一起，其优势是通过最少的步骤创建文件最小、质量最高的JPEG和GIF图像。但是随着Photoshop的普及和发展，Fireworks的应用性逐渐减弱，操作界面如图2-30所示。

图 2-29 Dreamweaver CS5 的操作画面

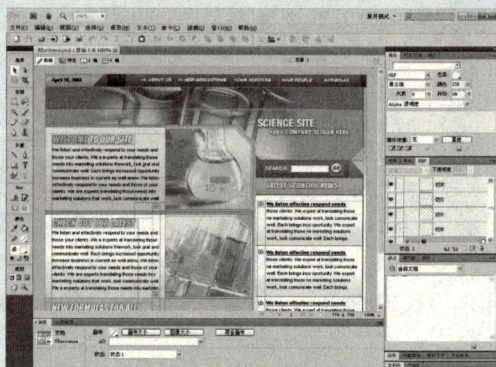

图 2-30 Fireworks CS5 的操作画面

Chapter 03

Dreamweaver中的源代码

课题概述 Dreamweaver 提供了强大的源代码控制功能，通过独有的特性，利用源代码检视器和快速标签编辑器这两个强大的工具，可实现对可视化操作和源代码的双重管理。

教学目标 对于一个网页设计者而言，代码的有关知识是必须掌握的。因此在学习 Dreamweaver 之前先了解一下相关的语言还是有必要的。在实际工作中，每个网页制作人员都要多少懂一些 HTML 语言，它才是网页制作的基础。在可视化环境中遇到无法修改的内容时，就要转移到代码视图中进行修改。希望读者能熟练掌握 Dreamweaver CS5 中处理源代码的方法。

★ 章节重点

★★★★★ ｜ 使用代码视图
★★★★☆ ｜ 使用快速标签编辑器
★★★★☆ ｜ 使用代码片段面板
★★★☆☆ ｜ 优化 HTML 代码

★ 光盘路径

上机实践：无
课后练习：Exercise\第03章\最终文件
电子教案：PPT电子教案\DW_lesson3.ppt

3.1　源代码的基础知识

从技术角度来划分，网页可以分为静态页面和动态页面两种，涉及的源代码包括 HTML 语言、CSS 样式表和 JavaScript 脚本语言；涉及的技术包括 ASP、PHP、JSP 等。

3.1.1　静态技术源代码

网络充满了变化，新技术、新应用层出不穷，在这些技术的背后，有三项技术是任何高级网页制作技术的核心与基础，即 HTML 语言、CSS 样式表和 JavaScript 脚本语言。

1. HTML 语言

HTML 语言（Hypertext Markup Language，中文通常称作超文本置标语言，或超文本标记语言）是一种文本类、解释执行的标记语言，它是互联网上用于编写网页的主要语言。用 HTML 编写的超文本文件称为 HTML 文件。

编写页面的 HTML 代码是一套指令，这些指令将为读者所使用的浏览器如何显示附加的文本和图像提出建议。浏览器可以识别页面的类别，它是基于页面中的起始标签 <html> 和结束标签 <\html> 来执行上述操作的。绝大多数的 HTML 标签都是成对出现的，在这些标签对中，结束标签一般是用左斜线加关键字表示。

页面的 HTML 代码可以分为两个主要的分段：head 和 body。所有有关整个文档的信息都包含在 head 分段中，如标题、描述、关键字；可以调用的任何语言的子程序包含在 body 分段中，网页中的内容也放置在 body 分段中。所有的文本、图形、嵌入的动画、Java 小程序和其他页面元素都位于起始 <body> 标签和结束 <\body> 标签之间。

27

从下面代码中，可以看到一个标准 HTML 文件的基本语法结构。编写 HTML 文件的时候，必须遵循 HTML 的语法规则。一个完整的 HTML 文件由标题、段落、列表、表格、单词及嵌入的各种对象组成。这些逻辑上统一的对象我们称为元素，HTML 使用标签来分割并描述这些元素。实际上整个 HTML 文件就是由元素与标签组成的。

```
<html>              → HTML 页面开始
<head>              →头部开始
...
<\head>             →头部结束
<body>              →主体开始
...
<\body>             →主体结束
<\html>             → HTML 页面结束
```

2. CSS 层叠样式表

HTML 主要重视内容而不是形式，它鼓励用户注重提供高质量的信息，而把表达方式方面的问题留给浏览器去处理。最初的 HTML 用户都可以理解样式和可读性之间的相互作用。样式表则用多种额外的效果扩展了表现形式，其中包括颜色、字体方面更广泛的选择，甚至加入了声音，这样用户就可以更好地区分文档中的元素。但最重要的是，CSS 层叠样式表允许用户独自控制文档中所有标签的表现属性——不论是单个网页还是整个网站的表现形式。

CSS 是 Cascading Style Sheets 的缩写，一般译为层叠样式表。CSS 最早于 1997 年推出，弥补了编写网页的 HTML 语言的很多不足，使网页格式更容易得到控制。到目前为止，基本上每个站点都用上了 CSS。

简单地说，样式是一个规则，告诉浏览器如何表现特定的 HTML 标签中的内容。每个标签都有一系列相关的样式属性，它们的值决定了浏览器将如何显示这个标签。一条规则定义了标签中一个或几个属性的特定值。表达一个样式表的基本写法有三种：内联样式表、文档级样式表或外部样式表。在文档中可以使用一种或者多种样式表，浏览器会将每种样式的定义合并在一起或者重新定义标签内容的样式特性。

用户可以利用 CSS 精确地控制页面中每一个元素的字体样式、背景、排列方式、区域尺寸、四周是否加入边框等。例如可以用 CSS 设置链接文字未单击时呈黑色显示，当鼠标光标移上去后字变成红色且有下划线。使用 CSS 还能够简化网页的格式代码，加快载入网页的速度，外部链接式 CSS 还可以同时定义多个页面，大大减少了重复性劳动。

3. JavaScript 脚本

JavaScript 是一种脚本编程语言，支持网页应用程序的客户机和服务器方构件的开发。在客户机中，它可用于编写网页浏览器在网页页面中执行的程序；在服务器中，它可用于编写用于处理网页浏览器提交的信息并相应地更新浏览器显示的网页服务器程序。

综合来看，JavaScript 是一种基于对象和事件驱动并具有安全性能的脚本语言，使用它的目的是与 HTML 一起实现在一个网页中与客户交互的作用，是通过嵌入或调入在标准的 HTML 语言中实现的，弥补了 HTML 语言的缺陷。JavaScript 是一种比较简单的编程语言，使用方法是向网页页面的 HTML 文件增加一个脚本，无需单独编译解释，当一个支持 JavaScript 的浏览器打开这个页面时，它会读出这个脚本并执行其指令，因此 JavaScript 适用于比较简单的应用。

3.1.2　动态技术源代码

在网络中除了有以 .htm 或 .htm 为扩展名的文档以外，还会遇到一些 ASP、JSP 或 PHP 形式的网页。这些网页就是利用动态编程技术来完成的。

1. ASP

传统"静态"站点的页面内容由静态 HTML 构成，无法根据用户的需求和实际情况作出相应的变化。当浏览器通过 Internet 的 HTTP 协议向站点的网站服务器申请页面时，站点服务器就会将已设计好的静态 HTML 文件传送给浏览器。若要更新页面的内容，只能用非在线的手动方式更新 HTML 的文件数据，这种传统方式对于即时信息和互动信息无能为力。ASP 解决的问题是通过网页访问后台数据库信息，所有应用程序都被分割为页面的形式，用户的交互操作是以提交表单等方式来实现的，这样网站站点就具有很强的动态数据发布能力。

ASP（Active Server Pages）是服务器端脚本编写环境，使用它可以创建和运行动态、交互的网站服务器应用程序。使用 ASP 可以组合 HTML 页、脚本命令和 ActiveX 组件以创建交互的网页和基于网站功能强大的应用程序。

ASP 是服务器端的脚本编写环境，用户可用它来创建动态网页或生成功能强大的网页应用程序。ASP 页可调用 ActiveX 组件来执行任务，例如连接到数据库或进行运算等。通过 ASP 可为网页添加交互内容或用 HTML 页构成整个网页应用程序，这些应用程序使用 HTML 页面作为客户的界面。

利用 ASP 设计的是动态网页，可接收用户提交的信息并作出反应，数据可随实际情况变化，无须人工参与网页文件的更新即可满足应用需要，当在浏览器上填好表单并提交 HTTP 请求时，在站点服务器上执行一个表单所设定的应用程序，而不仅仅是一个简单的 HTML 文件，该应用程序可以分析表单的输入数据，根据不同的数据内容将相应的执行结果或查询数据库的结果集，以 HTML 的格式传送给浏览器。

2. PHP

PHP（Hypertext Preprocessor，超文本预处理器）是一种被广泛应用的开放源代码的多用途脚本语言，它可嵌入到HTML 中，尤其适合网页开发。

PHP 主要是用于服务端的脚本程序，可以用 PHP 来完成任何其他的 CGI 程序能够完成的工作，例如：收集表单数据、生成动态网页或者发送 \ 接收 Cookies。但 PHP 的功能远不局限于此，它是一个基于服务端来创建动态网站的脚本语言，可以用 PHP 和 HTML 生成网站页面。当访问者浏览页面时，服务端便执行 PHP 的命令并将执行结果发送至访问者的浏览器中，工作机制类似于 ASP 和 ColdFusion，PHP 和它们的不同之处在于，PHP 是开放源码且可跨越平台，PHP 可以运行在 Windows 和多种版本的 UNIX 及其他操作系统中。

使用 PHP 可以自由地选择操作系统和网站服务器，同时还可以在开发时选择使用面对过程和面对对象或者两者混合的方式来开发。PHP 并不局限于输出 HTML，它还能用来动态输出图像、PDF 文件甚至 Flash 动画，还能够非常简便地输出文本，例如 XHTML 以及任何其他形式的 XML 文件。PHP 能够自动生成这些文件，在服务端开辟出一块动态内容的缓存，可以直接把它们打印出来，或者将它们存储到文件系统中。

3. JSP

JSP（Java Server Pages）是由 Sun Microsystems 公司倡导，许多公司参与建立的一种动态网页技术标准。该技术为创建显示动态生成内容的网页页面提供了一个简捷而快速的方法。

JSP 技术的设计目的是使得构造基于网页的应用程序更加简捷，而这些应用程序能够与各种网站服务器、应用服务器、浏览器和开发工具共同工作。JSP 规范是网站服务器、应用服务器、交易系统以及开发工具供应商间广泛合作的结果。在传统的网页 HTML 文件（*htm、*.htm）中加入 Java 程序片段（Scriptlet）和 JSP 标记（tag），就构成了 JSP 网页（*.jsp）。网站服务器在遇到访问 JSP 网页的请求时，首先执行其中的程序片段，然后将执行结果以 HTML 形式返回给访问者。程序片段可以操作数据库、重新定向网页以及发送 E-mail 等，这就是建立动态网站所需要的功能。所有程序操作都在服务器端执行，网络上传送给客户端的仅是得到的结果，对访问者的浏览器要求最低，可以实现无 Plugin、无 ActiveX、无 Java Applet，甚至无 Frame。

3.2 编辑代码

使用 Dreamweaver 创建网页是一个使用可视化设计工具和使用 HTML 进行编码的特殊混合。

3.2.1 使用代码视图

启动 Dreamweaver CS5 后，在最上面的位置单击编辑状态切换按钮中的"代码"按钮，即可启动源代码的编辑窗口，如图 3-1 所示。

Dreamweaver CS5 为用户提供了两种源码编辑窗口显示方式。单击"代码"按钮，则在整个窗体显示代码窗口；单击"拆分"按钮，就会使窗体分为左右两个界面，左侧是代码窗口，右侧是设计窗口，这样可以看到当前编辑文档的源代码，用户可以像使用其他文本编辑器那样使用它。

代码视图会以不同的颜色显示 HTML 代码，以帮助用户区分各种标签，同时用户也可以自己指定标签或代码的显示颜色。Dreamweaver CS5 的代码工具栏沿编码面一侧排列，其中包含常用编码操作，如图 3-2 所示。

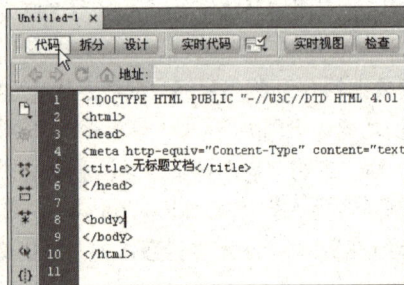

图 3-1 启动源代码编辑窗口

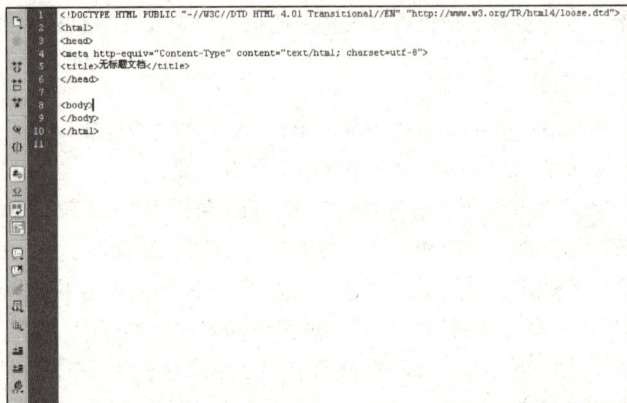

图 3-2 代码工具栏

工具栏中的按钮由上至下依次讲解如下。

- **打开文档**：在弹出菜单中列出已打开的文档。选择了一个文档后，它将立即显示在文档窗口中。
- **显示代码浏览器**：代码导航器可显示与页面上选定内容相关的代码源列表。
- **折叠整个标签**：折叠位于一组开始和结束标签之间的内容（例如，位于 <table> 和 <\table> 之间的内容）。必须将插入点放置在开始或结束标签中，然后单击该按钮即可折叠目标标签。
- **折叠所选**：折叠选中的代码或代码段。
- **扩展全部**：可还原所有折叠的代码。
- **选择父标签**：可选中放置了插入点的那一行的内容及其两侧的开始和结束标签。如果反复单击此按钮且标签是对称的，则 Dreamweaver 最终将选中最外面的 <html> 和 <\html> 标签。

- **选取当前代码段**：选中放置了插入点的那一行的内容及其两侧的圆括号、大括弧或方括号。如果反复单击此按钮且两侧的符号是对称的，则 Dreamweaver 最终将选择该文档最外面的大括弧、圆括号或方括号。
- **行号**：可以在每个代码行的行首隐藏或显示号码。
- **高亮显示无效代码**：将以黄色高亮显示无效的代码。
- **自动换行**：设置代码达到行尾时自动换行。
- **信息栏中的语法错误警告**：启用或禁用页面顶部提示出现语法错误的信息栏。
- **应用注释**：可以在所选代码两侧添加注释标签或打开新的注释标签。
- **删除注释**：删除所选代码的注释标签。如果所选内容包含嵌套注释，则只会删除外部注释标签。
- **环绕标签**：在所选代码两侧添加选自快速标签编辑器的标签。
- **最近的代码片断**：可以从"代码片断"面板中插入最近使用过的代码片断。
- **移动或转换 CSS**：可以转换 CSS 行内样式，或移动 CSS 规则。
- **缩进代码**：将插入点所在的代码行向右移动。
- **凸出代码**：将插入点所在的代码行向左移动。
- **格式化源代码**：将先前指定的代码格式应用于所选代码，如果未选择代码块，则应用于整个页面。也可以通过从该按钮中选择"代码格式设置"来快速设置代码格式首选参数，或通过选择"编辑标签库"来编辑标签库。

3.2.2 使用快速标签编辑器

如果只是要对一个对象的标签进行一些简单的修改，启动 HTML 源代码编辑窗口就显得没必要了，这时就可以使用代码快速编辑器。

首先选中要编辑的对象，在下面的属性面板中单击"快速标签编辑器"按钮，如图3-3所示，即可弹出如图3-4所示的快速标签编辑器。

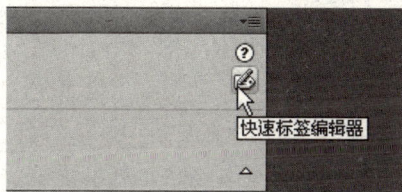

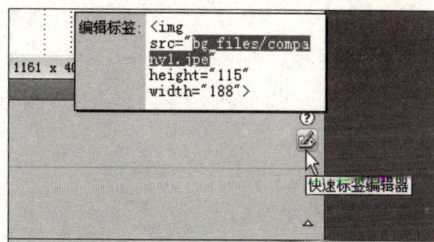

图 3-3 单击"快速标签编辑器"按钮   图 3-4 快速标签编辑器

3.2.3 使用"代码片断"面板

选择"窗口>代码片断"命令，打开"代码片断"面板，利用它可以减小代码编写的工作量。在"代码片断"面板里可以存储HTML、JavaScript、CFML、ASP、JSP的代码片断，这样当需要重复使用这些代码时，就可以很方便地重用这些代码，或者创建并存储新的代码片段，如图3-5所示。

在面板中选择希望插入的代码片断，然后直接单击面板上的"插入"按钮，即可将代码片断插入至页面。

使用Dreamweaver CS5预先存储的代码片断，可以快速创建一些页面元素。例如，我们希望在页面插入一个关闭页面的按钮，则可以选定"代码片断"面板中的"表单元素\关闭窗口按钮"，在文档中定位插入点，然后在"代码片断"面板中双击"关闭窗口按钮"或直接拖动它到文档中，结果如图3-6所示。

图3-5 "代码片断"面板

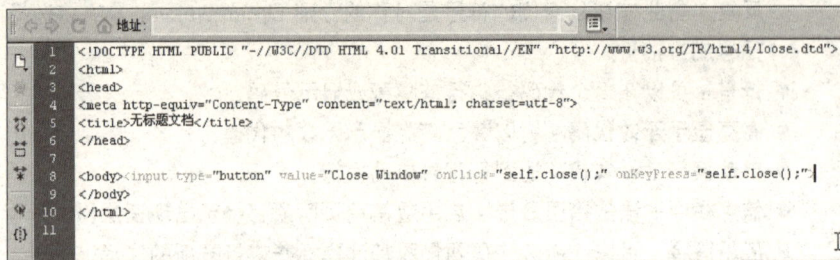

图3-6 插入到页面中的代码片断内容

打开代码窗口，可以看到文档中插入了下面的 HTML 代码：

```
<input type="button" value="Close Window" type=button onClick="self.close();" ohkeyPress="
self.close();">
```

在浏览器中预览时，单击按钮即可关闭窗口，这样，一个关闭窗口的按钮就很方便地创建出来了。

1. 创建自己的代码片断

如果用户自己编写了一段代码，并希望在其他页面中重复使用，那么，在我们学习使用"代码片断"面板前，可能需要多次复制、粘贴操作。现在，通过使用"代码片断"面板创建自己的代码片断，则可以轻松实现代码的重复使用。操作方法如下：

Step 01 在该面板中单击"新建代码片断创建文件夹"按钮 📁，创建一个名为 user 的文件夹，然后单击"新建代码片断"按钮 🗐，如图 3-7 所示。

Step 02 在"代码片断"对话框中填写好各选项，单击"确定"按钮，就可以把创建的代码片断添加到"代码片断"面板。这样，就可以在设计任一网页时随时取用，方便快捷，如图 3-8 所示。

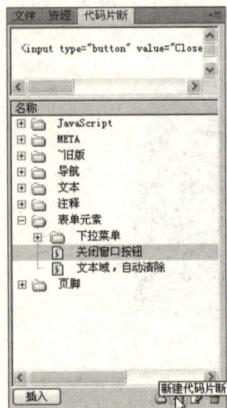

图3-7 创建新代码片断

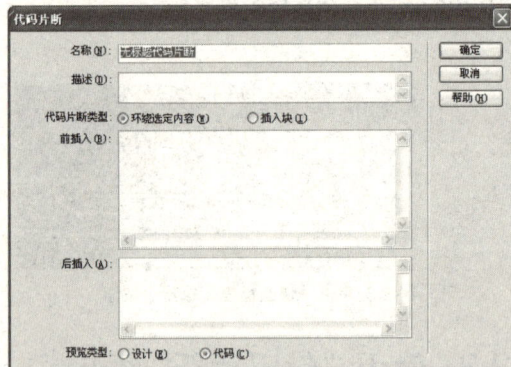

图3-8 "代码片断"对话框

"代码片断"对话框中的各选项讲解如下。

- **名称**：输入名称。
- **描述**：对这段代码进行简单描述。
- **代码片断类型**：代码插入方式，有"环绕选定内容"和"插入块"两种类型。
- **前插入**："环绕选定内容"模式下，插入位置在选定对象之前的代码。
- **后插入**："环绕选定内容"模式下，插入位置在选定对象之后的代码。
- **插入代码**："插入块"模式下要插入的代码内容。
- **预览类型**：可选择"设计"和"代码"两种类型。

2. 编辑和删除代码片断

编辑和删除"代码片断"面板中代码片断的操作方法如下。

在"代码片断"面板中，选择要编辑或删除的代码片断，然后单击该面板下部的"编辑代码片断"或"删除"按钮，或在选定的代码片断上右击，从弹出的快捷菜单中选择"编辑"或"删除"命令。如果选择的是"编辑"命令，则会弹出"代码片断"对话框，在此就可以编辑原来的代码了。

3.2.4 使用标签选择器和标签编辑器

使用标签选择器，可以在网页代码中插入新的标签。如果要在 HTML 代码中插入新的标签，首先要从设计窗口切换到代码窗口。在代码窗口中定位插入点，然后右击鼠标，从弹出的快捷菜单中选择"插入标签"命令，弹出"标签选择器"对话框，在该对话框左侧的标签类别列表中双击（或单击＋号）展开标签类别文件夹，从中选择一个子类，然后在右边窗格中选择要插入的标签，如图3-9所示。

在"标签选择器"对话框中分别有 ASP、PHP、ASP.NET、XML 等各种标签可以选择使用。有了标签选择器，就可以对网页中使用的各种语言标签，包括 HTML、CFML、ASP、ASP.NET、JSP、PHP 等进行全面浏览，轻松选择即可，英语不熟练的用户既无需费心去记标签名，也不用担心输入错误。

使用标签编辑器，可以对网页代码中的标签进行编辑，添加标签的属性或修改属性值。在"标签选择器"对话框中选定的标签上双击，或单击对话框中的"插入"按钮，便会弹出"标签编辑器"对话框。

在"标签编辑器"对话框中，左侧显示的是标签的属性类别，右边是属性名和对应的输入框或下拉列表，供用户输入或选择属性。不同的标签属性也不同，例如，对于〈body〉标签而言，可以在"常规"选项面板中单击"背景图像"文本框右侧的"浏览"按钮选择图像文件，如图3-10所示。

图 3-9 "标签选择器"对话框　　　　图 3-10 "标签编辑器"对话框

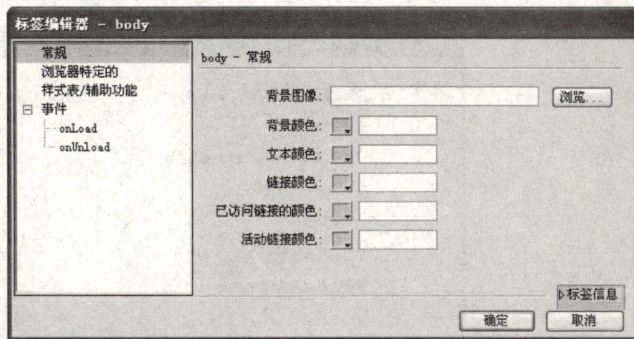

设置好属性后，单击该对话的"确定"按钮可关闭标签编辑器，选定的标签及其属性即可插入代码窗口。单击"标签选择器"对话框的"关闭"按钮关闭该窗口，返回到代码窗口，用户就可以看到代码。

如果要修改代码中已有的标签，可以在代码窗口中选定要编辑的标签并右击，从快捷菜单中选择"编辑标签"命令，即可对已有的标签进行编辑。有了标签编辑器，每种标签具有哪些属性可以一览无遗，编辑起来非常方便。

3.3 优化代码

由于经常需要从 Word 或其他文本编辑器中复制一些文字，或者复制一些其他格式的文件，这些文件中会携带许多垃圾代码和一些 Dreamweaver 不可识别的错误代码。这不仅会增加文档的大小，延长页面

33

加载时间，甚至还有可能会发生错误。优化 HTML 代码，不仅可以从文档中删除这些垃圾代码，还可以修复错误代码。使用 Dreamweaver 可以最大程度上对这些代码进行优化，提高代码质量。

3.3.1 优化HTML代码

执行"命令 > 清理 XHTML"菜单命令，打开如图 3-11 所示的对话框，提示用户选择优化方式。对话框中的各选项介绍如下。

- **空标签区块**：例如 <FONT COLOR="FF0000"><\FONT> 就是一个空标签，勾选该复选框后，类似的标签会被删除。
- **多余的嵌套标签**：例如代码<i>HTML语言在<i>短短的几年<\i>时间里，已经有了飞快的发展。<\i>中就含有多余的嵌套标签，勾选该复选框后，这段代码中的内层<i>与<\i>标签将会被删除。
- **不属于Dreamweaver的HTML注解**：勾选该复选框后，<!--begin body text-->这种类型的注释将被删除，而像<!-- #BeginEditable "main" -->这种注释则不会被删除，因为它是由Dreamweaver生成的。
- **Dreamweaver 特殊标记**：与上面一项正好相反，该选项只清理 Dreamweaver 生成的注释，可以预见到，模板与库页面都将会变为普通页面。
- **指定的标签**：在该选项后面的文本框中输入需要删除的标签，并勾选该选项的复选框即可。
- **尽可能合并嵌套的 <font> 标签**：选择该选项后，Dreamweaver 将可以合并的 <font> 标签进行合并，一般可以合并的 <font> 标签都是控制一段相同文本的，例如：<font size="6">< font color="#0000FF ">HTML 语言 <\font><\font> 代码中的 <font> 标签就可以合并。
- **完成时显示动作记录**：单击"确定"按钮后，Dreamweaver 会用一段时间进行处理，如果选择该选项后，处理结束时会弹出一个提示框，详细总结出修改的内容，如图 3-12 所示。

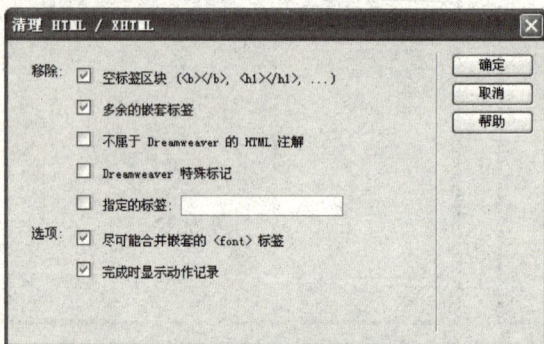

图 3-11 清理 HTML

图 3-12 清理完成结果

3.3.2 优化Word HTML代码

Word 是最常用的文本编辑软件，因此常接触到的文本文件多为 Word 格式。我们经常会将一些 Word 文档中的文字复制到 Dreamweaver 中，运用到网页里，因此不可避免地会生成一些错误代码、无用的样式代码和其他垃圾代码。

执行"命令 > 清理 Word 生成的 HTML"命令，打开如图 3-13 所示的对话框。Dreamweaver 会自动判断用于创建该文档的 Word 版本。此步骤可最大限度地优化 Word 生成的 HTML 代码。

"清理 Word 生成的 HTML"对话框由"基本"和"详细"两个选项卡组成。"基本"选项卡用来进行基本设置，"详细"选项卡用来对清理 Word 特定标记和 CSS 进行具体的设置，具体选项讲解如下。

- **清理的HTML来自**：如果这个Word HTML文件是由Microsoft Word 97或Microsoft Word 98生成的，

则在下拉列表中选择"Word 97\98"选项；如果这个Word HTML文件是由Microsoft Word 2000或更高版本生成的，则在下拉列表中选择"Word 2000及更高版本"选项。

- **删除所有 Word 特定的标记**：将清除 Word 生成的所有特定标记。如果需要有保留地清除，可以在"详细"选项卡中进行设置。
- **清理 CSS**：尽可能地清除 Word 生成的 CSS 样式。如果需要有保留地清除，可以在"详细"选项卡中进行设置。
- **清理 \<font\> 标签**：清除掉 Word HTML 文件的 \<font\> 语句。
- **修正无效的嵌套标签**：修正 Word 生成的一些无效的 HTML 嵌套标签。
- **应用源格式**：将按照 Dreamweaver 默认的格式整理这个 Word HTML 文件的源代码。这样，该文件的源代码结构会更清晰，可读性更高。
- **完成时显示动作记录**：将在清理代码结束后显示完成了哪些清理动作。

下面将介绍"详细"选项卡的设置。在如图 3-14 所示的"详细"选项卡中，同"基本"选项卡一样，也有"清理的 HTML 来自"下拉列表，具体设置这里不再赘述。

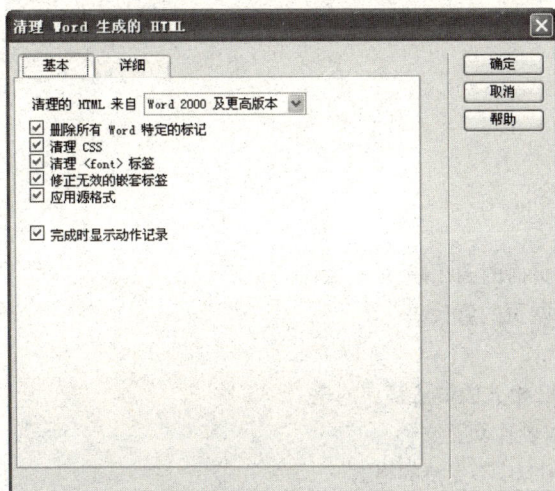

图 3-13　清理 Word 生成的 HTML

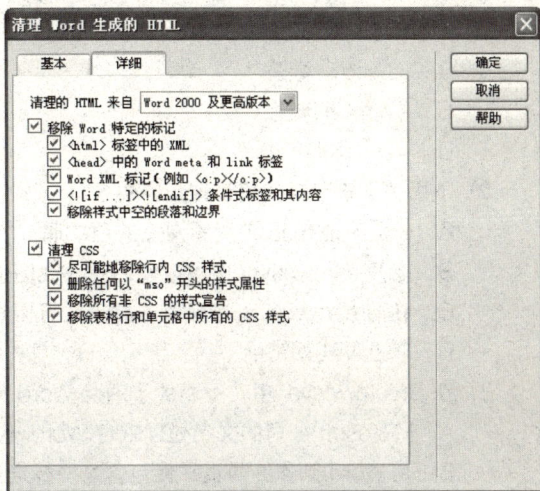

图 3-14　"详细"选项卡

- **移除Word特定的标记**：它和紧跟在下面的5个复选框一起，用来对清理Word特定标记进行具体的设置。这5个复选框包括 "\<html\>标签中的XML"、 "\<head\>中的Word meta和link标签"、 "Word XML标记（例如\<o:p\>\<\o:p\>）"、 "\<！[if...] \> \<！[endif] \>条件式标签和其内容"以及"移除样式中空的段落和边界"。
- **清理CSS**：它和紧跟在下面的4个复选框一起，用来对清理CSS而进行具体的设置。这4个复选框包括"尽可能地移除行内CSS样式"、 "删除任何以'mso'开头的样式属性"、 "移除所有非CSS的样式宣告"、 "移除表格行和单元格中所有的CSS样式"。

一般情况下，对"清理Word生成的HTML"对话框的设置都采用默认设置。设置完毕后，单击"确定"按钮，开始清理过程。清理完毕，如果此前在"清理Word生成的HTML"对话框上勾选了"完成时显示动作记录"复选框，这时将弹出显示清理Word HTML结果的对话框，如图3-15所示，显示完成了哪些清理动作。

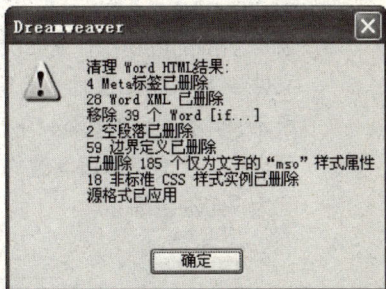

图 3-15　清理 Word HTML 结果

思考与练习

本章介绍了有关 Dreamweaver CS5 的 HTML 的功能。考虑到有些用户刚开始学习网页的制作，对 HTML 语言不熟悉，因此思考与练习包含的知识点主要是 HTML 语言的基础知识。

1. 填空题

(1) _____是一种脚本编程语言，支持网页应用程序的客户机和服务器方构件的开发。

(2) 除以 .html 或 .htm 为扩展名的文档外，还会遇到_____形式的网页，这些网页是利用动态编程技术来完成的。

(3) Dreamweaver 的_____面板可以储存 HTML、JavaScript 等代码。

2. 选择题

(1) 网页的主体内容将写在（　　）标签内部。

    A．<body> 标签

    B．<head> 标签

    C．<html> 标签

    D．<p> 标签

(2) 下面关于查看源代码说法正确的是（　　）。

    A．一般不能在 IE 中查看网页的源代码

    B．在 Dreamweaver 中可以使用代码视图查看页面的源代码

    C．在 Dreamweaver 中只有一种方法可以查看网页的源代码

    D．以上说法都错误

(3) 在 Dreamweaver 中，下面关于清除 Word HTML 格式的说法错误的是（　　）。

    A．Microsoft 公司的文字处理软件 Word 也可以制作网页文件

    B．用 Word 制作的网页文件包含某些标准的 HTML 不支持的格式

    C．我们可以通过执行 Dreamweaver 中的"命令>清理 Word 生成的 HTML"命令来优化利用 Word 制作的网页文件

    D．Dreamweaver 不会自动侦测当前打开的文件是使用哪个版本的 Word 生成的

3. 上机操作题

(1) 请使用 Dreamweaver 编写一个最基本的 HTML 页面。

(2) 请练习使用 Dreamweaver CS5 代码折叠的功能。

(3) 请参考附书光盘中的"Exercise\第03章\最终文件\练习1.htm"文件，编写一个如图3-16所示的具有文字内容的HTML网页。

要求：文字有基本段落结构，并且定义文字大小与颜色等。

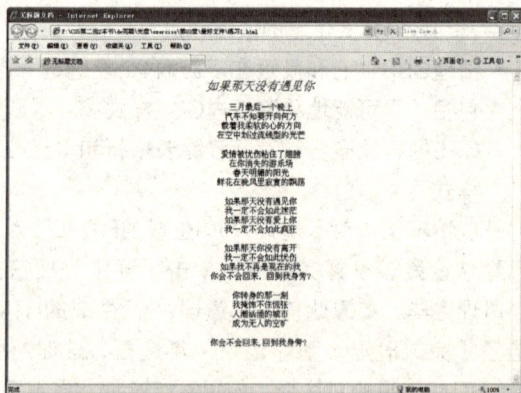

图 3-16 页面最终效果预览

◀)) 知识延展　HTML5语言的新特点

HTML5 草案的前身名为 Web Applications 1.0，于 2004 年由 WHATWG 提出，2007 年被 W3C 接纳，并成立了新的 HTML 工作团队。2008 年第一份正式草案公布，预计将在 2012 年正式向公众推荐。

1. 新标签

HTML5 提供了一些新的元素和属性，例如 <nav>（网站导航块）和 <footer>。这种标签将有利于搜索引擎的索引整理，同时更好地帮助小屏幕装置和视障人士使用，除此之外，还为其他浏览要素提供了新的功能，如 <audio> 和 <video> 标签。

HTML5 吸取了 XHTML 2 的一些优点，包括一些用来改善文档结构的功能，如新的 HTML 标签〈header〉、〈footer〉、〈dialog〉、〈aside〉、〈fugure〉等的使用，将使内容创作者更加容易创建文档，之前的开发者在这些场合是一律使用〈div〉的。

HTML5 还具有将内容和展示分离的能力，开发者们也许会惊讶，〈b〉和〈i〉标签依然存在，但它们的意义已经和之前有所不同，这些标签的意义只是为了将一段文字标记出来，而不是为了设置粗体或斜体样式。〈u〉、〈font〉、〈center〉、〈strike〉这些标签则被完全去掉了。

新标准使用了一些全新的表单输入对象，包括日期、URL、E-mail 地址，其他对象则增加了对非拉丁字符的支持。HTML5 还引入了微数据，一种机器可以自动识别的标注内容的方法，使语义 Web 的处理更为简单。总的来说，这些与结构有关的改进使内容创建者可以创建更干净、更容易管理的网页。

一些过时的 HTML4 标签将被取消，其中包括纯粹显示效果的标签，如 <font> 和 <center>，它们已经被 CSS 所取代。

2. 新特点

HTML5 有两大特点：首先，强化了 Web 网页的表现性能，除了可描绘二维图形外，还准备了用于播放视频和音频的标签；其次，追加了本地数据库等 Web 应用的功能。

HTML5 是近十年来 Web 标准巨大的飞跃。和以前的版本不同，HTML5 并非仅仅用来表示 Web 内容，它的使命是将 Web 带入一个成熟的应用平台，在这个平台上，视频、音频、图像、动画以及同电脑的交互都被标准化。尽管 HTML5 的实现还有很长的路要走，但 HTML5 正在改变 Web。

HTML5 将带来什么？以下是 HTML5 草案中最激动人心的部分。

- **全新的、更合理的 Tag**：多媒体对象将不再全部绑定在 object 或 embed Tag 中，而是视频有视频的 Tag，音频有音频的 Tag。
- **本地数据库**：这个功能将内嵌一个本地的 SQL 数据库，以加速交互式搜索、缓存以及索引功能。同时，那些离线 Web 程序也将因此获益匪浅。
- **Canvas 对象**：将给浏览器带来直接在上面绘制矢量图的能力，这意味着我们可以脱离 Flash 和 Silverlight，直接在浏览器中显示图形或动画。一些最新的浏览器，除了 IE，已经开始支持 Canvas。
- **浏览器中的真正程序**：将提供 API 实现浏览器内的编辑、拖放以及各种图形用户界面的能力。
- **去除了修饰和纯粹显示效果的标签**：内容修饰 Tag 将被剔除，而使用 CSS。

理论上讲，HTML5 是培育新 Web 标准的土壤，让各种设想在它的组织者之间成为现实。

Chapter 04 搭建本地站点与设置页面

课题概述 在利用 Dreamweaver CS5 制作网页之前，应该先在本地计算机的磁盘上建立一个本地站点，以便控制站点结构和系统管理站点中的每个文件。其次，还要了解页面属性，包括网页的标题、文字的解码方式、正文中各个元素的颜色等内容。正确设置页面属性是成功编写网页的必要前提。

教学目标 通过本章的学习，新建站点、导入已有站点、多站点管理是开始操作之前必须掌握的。此外，读者还应掌握页面基本属性的设置，做好网页制作的准备工作。

★ 章节重点

★★★★★ 新建站点与设置
★★★★☆ 站点文件管理
★★★★★ 设置页面属性
★★★☆☆ 设置页面头部内容

★ 光盘路径

上机实践：Sample\第04章\
课后练习：Exercise\第04章\最终文件
电子教案：PPT电子教案\DW_lesson4.ppt

4.1 站点管理

创建本地站点的目的是在本地文件与 Dreamweaver 之间创建联系，这样可以通过 Dreamweaver 管理站点文件。启动 Dreamweaver CS5 后，默认在右边会显示"文件"面板。定义本地站点后，在网页文件中插入图像、多媒体文件或者保存、导入文件时，都会出现本地站点文件夹。

4.1.1 新建站点与设置

通常情况下，用户把完成的网页文件上传到网页服务器后，访问者即可通过相关网址来访问该网页，在上传文件的过程中如果弄错文件夹或文件的位置，网页就不能正常显示。为了防止这种情况的发生，最好使计算机的操作文件夹结构和上传到网页服务器的网页结构一致，然后再进行操作。用户可以在自己的计算机上创建一个与上传到网页服务器上的网页结构完全相同的文件夹，这种本地站点功能在 Dreamweaver CS5 中是予以支持的。定义本地站点，不仅可以方便地创建或修改文件，而且也有助于管理文件中插入的图像或其他元素。

1. 新建站点

创建本地站点的方法十分简单。输入本地站点的名称后，只要指定保存网页文件的文件夹即可。要创建本地站点，先执行"站点>管理站点"命令，打开如图4-1所示的"管理站点"对话框，单击"新建"按钮，在"站点设置对象"对话框中指定本地站点的名称和本地站点文件夹、基本图像文件夹等，即可创建新的本地站点。

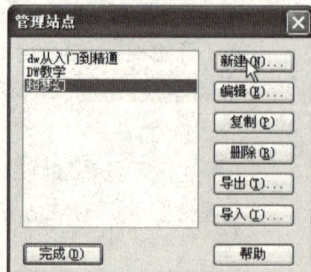

图 4-1 "管理站点"对话框

2. 设置站点

按照前面介绍的步骤，打开"站点设置对象"对话框，如图4-2所示。"站点设置对象"对话框中主要需要设置以下选项。

- **站点**：定义本地站点信息。
  - ◆ **站点名称**：在文本框中输入站点的名称。
  - ◆ **本地站点文件夹**：输入完整的路径名称，或者单击文件夹图标，在打开的对话框中选择具体位置，单击"选择"按钮。
- **服务器**：进行远程服务器的相关设置，如图 4-3 所示。

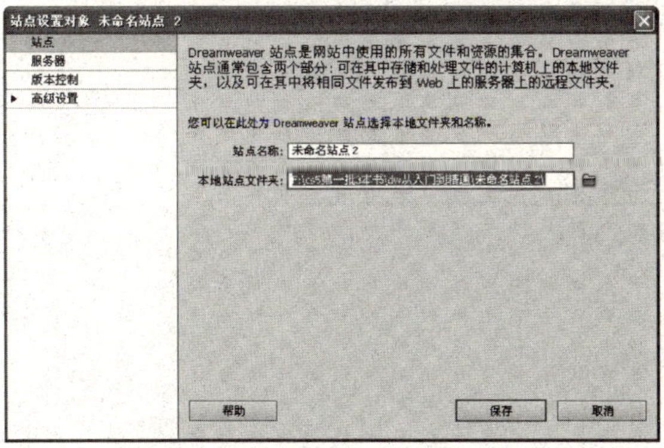

图 4-2　站点设置 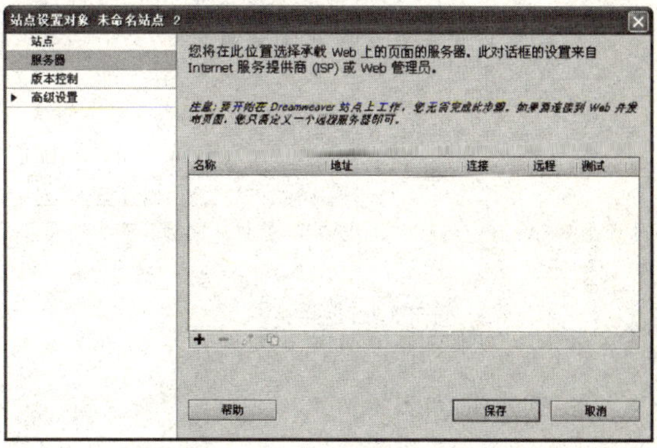　　　　　　　　　　图 4-3　服务器设置

- **版本控制**：如图 4-4 所示，使用 Subversion 获取和存回文件，读者可参考 Adobe 网站相关文档。
- **高级设置**：设置如遮盖、设计备注、文件视图列等多项内容，如图 4-5 所示。

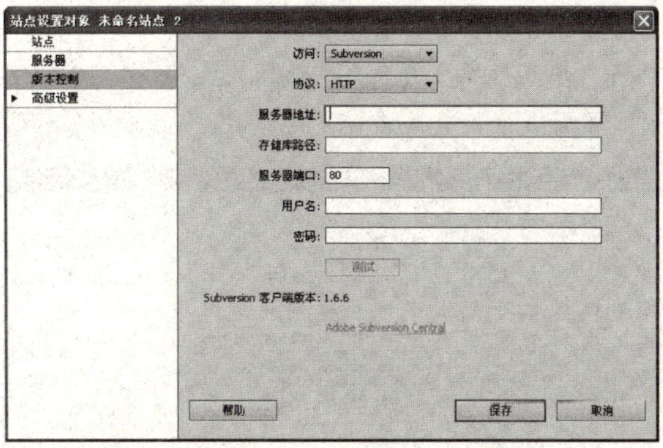

图 4-4　版本控制 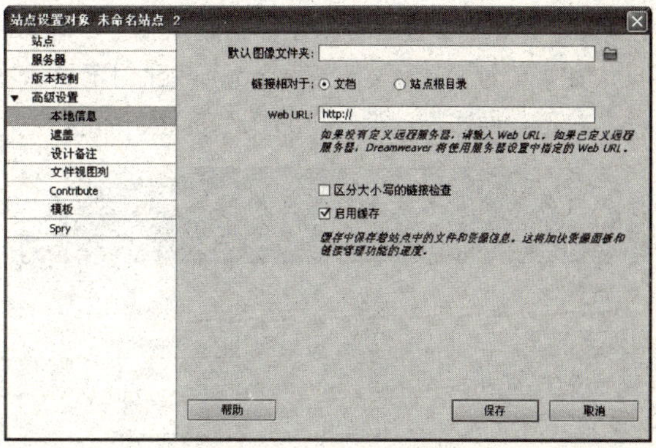　　　　　　　　　　图 4-5　高级设置

3. 编辑站点

站点设置完成后，"文件"面板中会显示本地站点的文件和文件夹，现在就可以用Dreamweaver对站点进行文件管理了，如图4-6所示。

对一个已经创建好的站点，还可以重新规划站点，对站点的属性进行编辑，也可以将站点从列表中删除；若需要创建多个结构相同或类似的站点，还可以利用站点的复制功能。

执行"站点>管理站点"命令，打开如图4-7所示的"管理站点"对话框，从列表中选择要编辑的站点，然后单击"编辑"按钮即可。

在列表中选择要删除的站点，单击"删除"按钮，在弹出的提示框中单击"是"按钮即可删除站点。删除站点后返回到"管理站点"对话框中，单击"完成"按钮即可完成操作。

学习注意 删除站点并非物理删除

上文讲解的操作仅仅删除了站点文件与Dreamweaver的关联，并没有真正删除站点文件，站点文件仍然存在于本地磁盘中。

在列表中选择要复制的站点，单击"复制"按钮，即可复制该站点，新复制的站点名称将会出现在站点列表中。

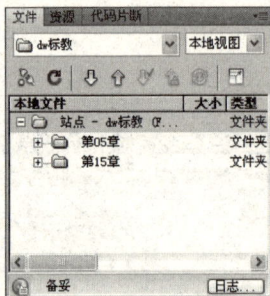

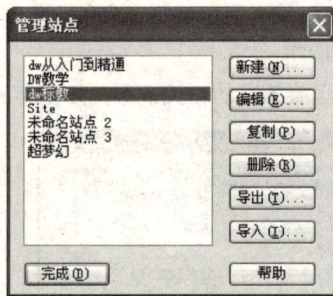

图 4-6 "文件"面板　　图 4-7 "管理站点"对话框

4.1.2 站点文件管理

1. 创建新文件

打开"管理站点"对话框，选中需要创建新文件的文件夹，在文件夹上右击，在弹出的快捷菜单中选择"新建文件"命令即可。创建新文件夹的方法与此类似。刚刚创建的新文件，其名称是处于可编辑状态的，此时可进行文件的命名。

另外，当 Dreamweaver CS5 启动的时候，默认会显示欢迎界面，可以在欢迎界面的"新建"选项组中单击 HTML，如图 4-8 所示，创建一个空白的 HTML 页面。

如果已经设置了启动 Dreamweaver 时不显示欢迎界面，则可执行"文件 > 新建"命令，在"新建文档"对话框中选择创建一个 HTML 页面，如图 4-9 所示。

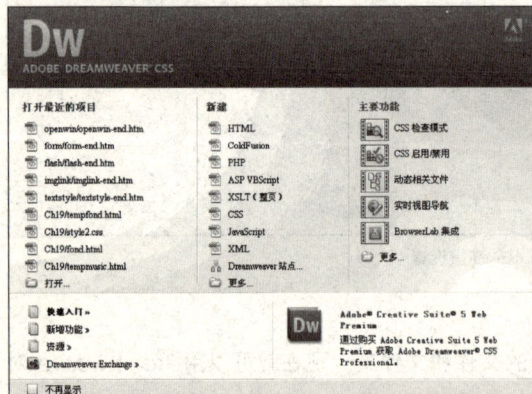

图 4-8 从欢迎界面创建空白页面　　图 4-9 "新建文档"对话框

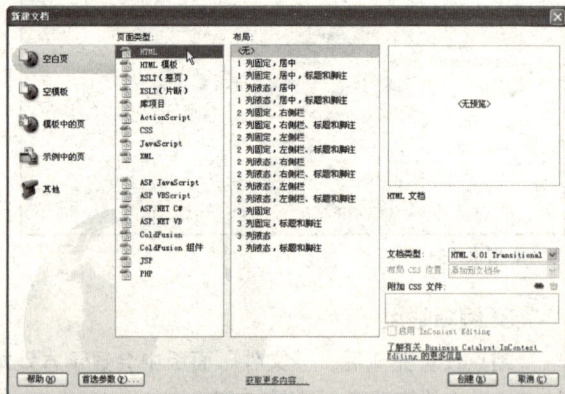

学习注意 创建新页面应在本地站点中进行

无论采用哪种方式创建新页面，应该先将页面保存到本地站点，这样页面中的元素才能正常显示。

（1）新建空白页

在"新建文档"对话框中选择"空白页"选项，可以新建静态页面、动态页面和网页相关文件，包括HTML网页、库项目文件、CSS文件、JavaScript文件、XML文件、ASP JavaScript页面、ASP VBScript

页面、ASP.NET C#页面、ASP.NET VB页面、ColdFusion页面、ColdFusion组件、JSP页面和PHP页面等。

（2）新建空模板

选择"空模板"选项，可以新建模板文件，包括 ASP JavaScript 模板、ASP VBScript 模板、ASP.NET C# 模板、ASP.NET VB 模板、ColdFusion 模板、HTML 模板、JSP 模板和 PHP 模板等，如图 4-10 所示。

（3）新建模板中的页

选择"模板中的页"选项，将可以选择不同站点下的模板，建立基于模板的页面，如图 4-11 所示。

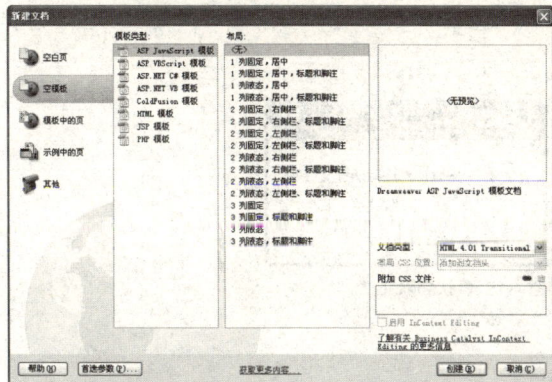

图 4-10　新建空模板

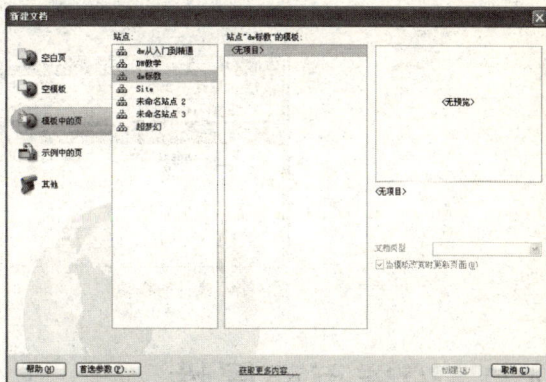

图 4-11　新建模板中的页

（4）新建示例中的页

选择"示例中的页"选项，将可以从 CSS 样式表、框架页文件夹中选择不同的方案建立页面，用户可以根据需要选择预先设计好的网页，然后在此基础上进行更改，如图 4-12 所示。

（5）新建其他

选择"其他"选项，可以新建各种网页相关文件，包括ActionScript远程文件、ActionScript通信文件、C#文件、EDML文件、Java文件、TLD文件、VB文件、VBScript文件、WML文件和文本文件，如图4-13所示。

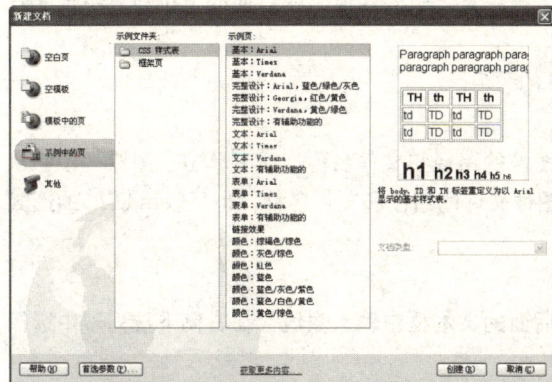

图 4-12　新建示例中的页

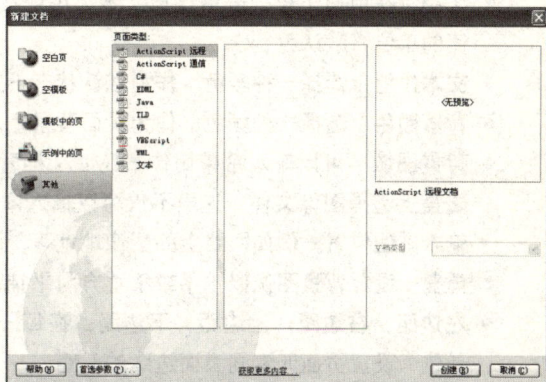

图 4-13　新建其他

2. 文件移动、复制和删除

和大多数的文件管理器一样，可以利用剪切、复制和粘贴操作来实现文件或文件夹的移动和复制。从文件列表中选择要移动或复制的文件（或文件夹），右击该文件，在快捷菜单中选择"编辑"命令下的"剪切"或"复制"命令。然后执行"编辑>粘贴"命令，文件或文件夹就被移动或复制到相应的文件夹中。

也可以用鼠标拖动文件，实现文件或文件夹的移动操作。先在本地站点文件列表中选中要移动或复制的文件（或文件夹），再用鼠标直接拖动到目标文件夹中，释放鼠标即可，如图4-14所示。

要删除本地站点中的文件，可以先选中要删除的文件或文件夹并右击，在弹出的快捷菜单中执行"编辑>删除"命令，或者直接按下键盘上的Delete键。这时系统会弹出提示对话框，询问是否要真正删除文件或文件夹，单击"是"按钮即可将文件或文件夹从本地站点中删除，如图4-15所示。

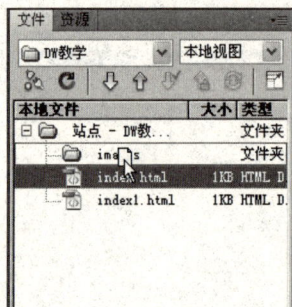

图 4-14 文件的移动　　　　图 4-15 确认删除文件

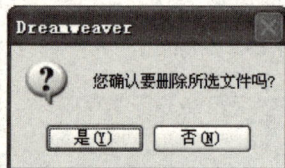

4.2 设置页面属性

执行"修改>页面属性"命令，即可打开"页面属性"对话框，在这里用户可以设置文档页面的整体属性。

4.2.1 设置外观

Dreamweaver CS5 将页面属性设置分为多种类别，其中"外观（CSS）"属性以 CSS 层叠样式表的形式设置页面的一些基本属性，如图 4-16 所示，具体内容及设置如下。

- **页面字体**：在字体列表中定义页面中的文本字体。
- **大小**：在前面下拉列表中选择文本大小或在文本框中直接输入数值，在后面的下拉列表中定义数值的单位（默认为 px）。
- **文本颜色**：选择一种颜色，作为默认状态下文本的颜色。
- **背景颜色**：选择一种颜色，作为页面背景色。
- **背景图像**：可以输入希望用作 HTML 文档背景图像的路径和文件名称，或者单击"浏览"按钮从磁盘上选择图像文件。这里不仅可以输入本地图像文件的路径和文件名称，也可以用 URL 的形式输入其他位置，例如网络上的图像地址等。
- **重复**：设置背景图像以水平或垂直方向平铺。
- **左边距、右边距、上边距、下边距**：在每一项后面的文本框中输入数值，在右侧下拉列表中选择单位，设置页面元素同页面边缘的间距。

定义完毕后，便可进行其他选项的设置。

"外观（HTML）"属性以传统的 HTML 语言的形式设置页面的基本属性，如图 4-17 所示，具体内容及设置如下。

- **背景图像**：可以输入希望用作 HTML 文档背景图像的路径和文件名称，或者单击"浏览"按钮，选择磁盘上的图像文件。
- **背景**：选择一种颜色，作为页面背景色。
- **文本**：设置页面默认的文字颜色。
- **链接**：选择一种颜色，定义超链接文本默认状态下的字体颜色。

- **已访问链接**：可定义访问过的链接的颜色。
- **活动链接**：定义活动链接的颜色。
- **左边距、上边距**：在每一项后面的文本框中直接输入数字，设置页面元素同页面边缘的间距。
- **边距宽度、边距高度**：针对 Netscape 浏览器设置页面元素同页面边缘的间距。

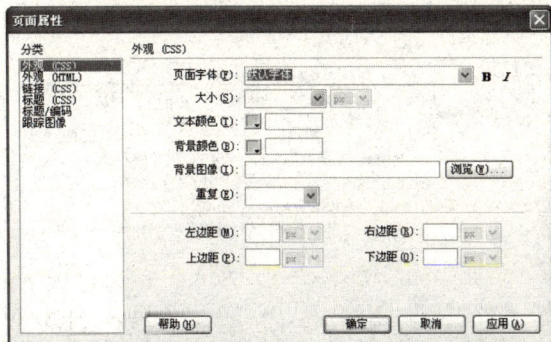

图 4-16 "外观（CSS）"属性

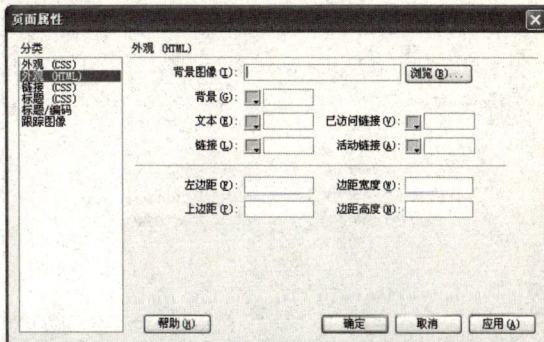

图 4-17 "外观（HTML）"属性

4.2.2　设置链接

"链接（CSS）"属性是使用 CSS 方式进行的
与页面的链接效果有关的设置，如图 4-18 所示，
具体内容如下。

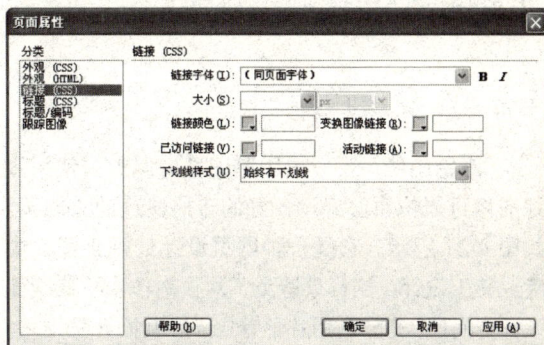

- **链接字体**：可从下拉列表中选择合适的字
  体组合，定义页面超链接文本在默认状态
  下的字体。
- **大小**：在下拉列表中选择文本的大小或直接
  输入一个数值，在后面定义数值的单位（默
  认为 px），定义超链接文本的字体大小。
- **链接颜色**：定义超链接文本默认状态下的字
  体颜色。

图 4-18 "链接（CSS）"属性

- **变换图像链接**：选择一种颜色，作为鼠标光标指向链接时文本的颜色。设置"变换图像链接"可
  为链接增加动态的效果。
- **已访问链接**：可定义访问过的链接的颜色。
- **活动链接**：定义活动链接的颜色。
- **下划线样式**：可定义链接的下划线样式。

4.2.3　设置标题和编码

"标题（CSS）"属性是以 CSS 的方式设置标题文字的一些属性，如图 4-19 所示，具体内容如下。
- **标题字体**：定义标题文字的字体类型及样式。
- **标题 1~ 标题 6**：分别定义一级标题到六级标题文字的字号和颜色。

"标题 \ 编码"属性用于设置网页标题与文字编码，如图 4-20 所示，具体内容如下。
- **标题**：定义页面标题。

- **文档类型**：设置页面的 DTD 文档类型。
- **编码**：定义页面使用的字符集编码。
- **Unicode 标准化表单**：设置表单的标准化类型，若希望表单标准化类型中包括 Unicode 签名，则勾选"包括 Unicode 签名"复选框。

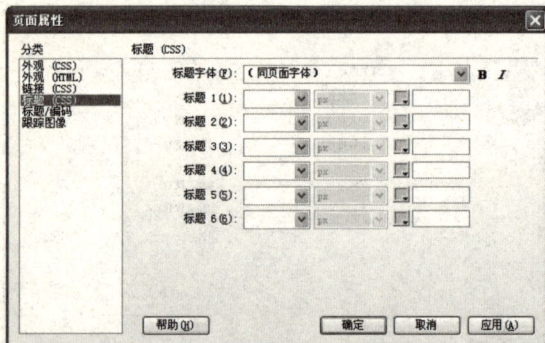

图 4-19 "标题（CSS）"属性

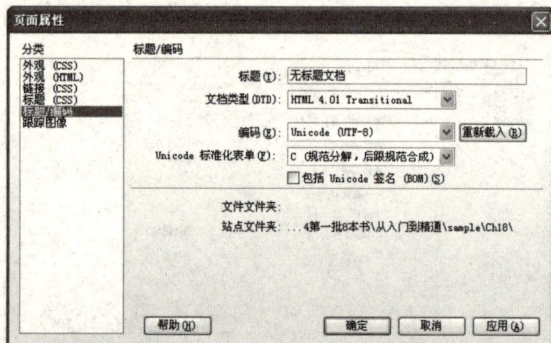

图 4-20 "标题\编码"属性

学习注意 理解HTML标题的含义

HTML的标题一共有6个级别，可以调整文档的结构使其变得更容易阅读与管理，这6个标题标签分别表示标题在文档中从最高到最低的优先顺序。

4.2.4 设置跟踪图像

"跟踪图像"是设置跟踪图像的属性，使用跟踪图像可以依照已经设计好的布局快速建立网页，如图 4-21 所示。它是一种网页设计的规划图，由专业美工设计，这样就避免了网页制作中不懂版面设计的问题，充分利用各种专业人才共同开发网站。

- **跟踪图像**：可以为当前制作的网页添加跟踪图像，单击"浏览"按钮可以打开"选择图像源文件"对话框，选择跟踪图像源文件。
- **透明度**：调节跟踪图像的透明度，可以通过拖动滑块来实现。

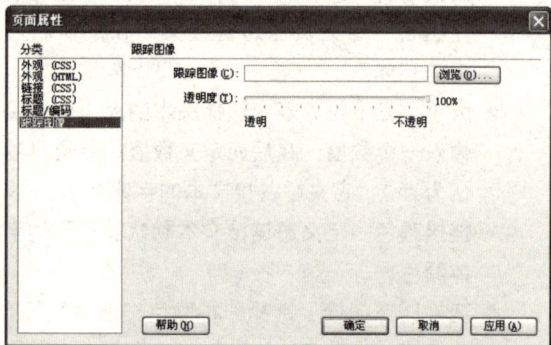

图 4-21 "跟踪图像"属性

4.3 设置页面头部内容

一个 HTML 文件，通常由包括在 <head> 和 <\head> 标签间的头部内容，以及包括在 <body> 和 <\body> 标签间的主体两个部分组成。文档的标题信息就存储在 HTML 的头部位置，在浏览页面时，它会显示在浏览器的标题栏上；将页面放入浏览器的收藏夹时，文档的标题又会作为收藏夹中项目的名称。除了标题之外，头部还可以包括很多非常重要的信息，例如作者信息以及针对搜索引擎的关键字和内容指示符等。

下面学习如何给文档的头部添加信息。如果界面中没有显示头部内容设置区域，执行"查看 > 文件头内容"命令即可显示文档的头部内容。在"插入"面板中，利用下拉菜单中的"文件头"选项可以设置同 HTML 头部内容相关的对象。

要插入某种头部元素，可以选择相应的内容，这时会出现一个对话框，输入需要的信息，确认操作，即可向文档的头部添加数据。如果希望编辑头部信息，可以单击文档窗口的头部内容设置区域中的相应图标，然后在"属性"面板中修改。

4.3.1　插入元数据

利用 Dreamweaver CS5 可以很方便地插入任意类型的元数据，步骤如下。

Step 01 在"插入"面板"常用"分类中，单击"文件头"下拉按钮，在弹出的下拉列表中选择META选项，打开如图4-22所示的对话框。

- **属性**：在该下拉列表中，可以选择两种属性：名称和 HTTP-equivalent。
- **值**：在该文本框中，可以输入属性值。
- **内容**：在该文本框中，可以输入属性内容。

Step 02 设置完毕后，单击"确定"按钮，确认操作。

如果希望编辑插入的元数据，可以首先显示文档的头部内容设置区域，然后单击元数据图标，即可在"属性"面板中进行编辑，如图 4-23 所示。

图 4-22 META 对话框

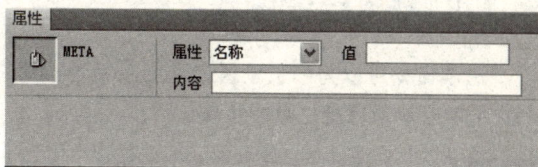

图 4-23 META 属性面板

4.3.2　插入关键字

关键字信息仍然属于元数据的范畴，但是由于它经常被使用，所以 Dreamweaver 就额外定义了相应的插入命令，允许直接插入关键字属性，具体步骤如下。

Step 01 在"插入"面板"常用"分类中，单击"文件头"下拉按钮，在弹出的下拉列表中选择"关键字"选项。

Step 02 打开如图 4-24 所示的对话框，用户可输入关键字信息。

Step 03 输入相应的关键字信息，多个关键字之间可以使用英文逗号隔开。

Step 04 单击"确定"按钮，确认操作。

要编辑关键字信息，可以在文档的头部内容设置区域中单击关键字图标，然后在"属性"面板中更改，如图4-25所示。

图 4-24 "关键字"对话框

图 4-25 关键字属性面板

4.3.3 插入说明

说明文字可供搜索引擎寻找网页，可以存储在搜索引擎的服务器中在浏览者搜索时随时调用，还可以在检索到网页时作为检索结果反馈给浏览者。搜索引擎同样限制说明文字的字数，所以内容应尽量简明扼要。说明信息也属于元数据的范畴，Dreamweaver 单独提供了插入说明信息的方法，插入步骤如下。

Step 01 在"插入"面板"常用"分类中单击"文件头"下拉按钮，在弹出的下拉列表中选择"说明"选项。

Step 02 弹出"说明"对话框，提示输入说明信息，如图 4-26 所示。

Step 03 在文本框内输入说明信息。

Step 04 单击"确定"按钮，确认操作。

同样，如果要编辑说明信息，可在文档的头部内容设置区域中单击说明图标，然后在"属性"面板中修改，如图 4-27 所示。

图 4-26 "说明"对话框

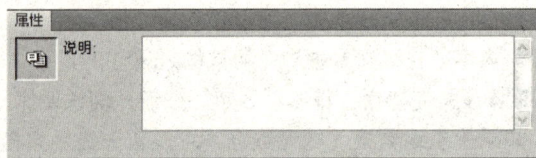

图 4-27 说明属性面板

4.3.4　插入自动刷新

这项命令可以为网页设置自动刷新特性，让它在被浏览器显示时，相隔一段指定的时间就跳转到某个页面或是刷新自身，具体步骤如下。

Step 01 同前面讲解过的方法，在"文件头"下拉列表中选择"刷新"命令，弹出如图4-28所示的对话框。

Step 02 在"延迟：…秒"文本框中，输入网页刷新的间隔时间。

Step 03 在"操作"选项区域设置刷新的动作。用户可以选择在到达指定的时间间隔之后，是跳转到某个页面，还是仅仅刷新自身。

Step 04 设置完毕，单击"确定"按钮，确认操作。

自动刷新特性目前已经被越来越多的网页所使用。例如我们可以首先在一个页面上显示欢迎信息，经过一段时间，自动跳转到指定的网页上。这个功能的应用之一就是如果网站的网址迁移，可以首先在原先网址的主页上显示新的网址信息，以通知访问旧网址的用户。然后经过一段很短的时间，自动跳转到新网址上。

要编辑自动刷新设置，可以从文档的头部内容设置区域中单击刷新图标，然后在"属性"面板中修改，如图4-29所示。

图 4-28 "刷新"对话框

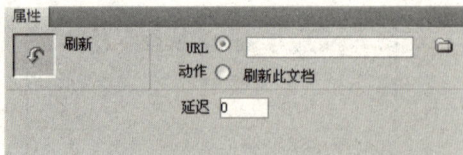

图 4-29 刷新属性面板

4.3.5　插入基础URL地址

如果想在文档中的 URL 中设置基础 URL 地址，可按如下步骤操作。

Step 01 在"插入"面板"文件头"下拉列表中选择"基础"命令，打开如图 4-30 所示的对话框。

- HREF：输入基础 URL 地址，或者单击"浏览"按钮，选择基础地址路径。
- 目标：可以选择链接文档在哪个框架集中被打开。

Step 02 设置完毕，单击"确定"按钮，确认操作。

要编辑基础URL地址，可以从文档的头部窗格中选中基础标记，然后在"属性"面板中修改，如图4-31所示。

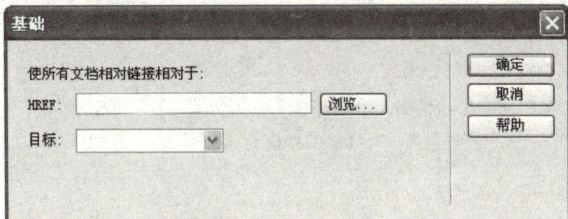

图 4-30 "基础"对话框

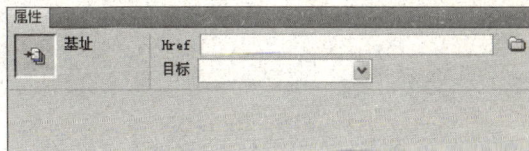

图 4-31 基础属性面板

4.3.6 插入文档间链接关系

使用 <link> 标记可以定义文档和引用资源之间的链接关系。

Step 01 在"插入"面板"文件头"下拉列表中选择"链接"命令，打开如图 4-32 所示的对话框。

- HREF：输入链接资源所在的 URL 地址，或单击"浏览"按钮从磁盘或网络上选择。
- ID：输入 ID 值。
- 标题：输入对该链接的描述。
- Rel、Rev：输入文档同链接资源的链接关系。

Step 02 设置完毕，单击"确定"按钮，确认操作。

要编辑链接关系，可以从文档的头部内容设置区域中单击链接图标，然后在"属性"面板中修改，如图 4-33 所示。

图 4-32 "链接"对话框

图 4-33 链接属性面板

教学提示 设置头部其他内容

1. 网页标题

网页标题可以是中文、英文或符号，显示在浏览器的标题栏。当网页被加入收藏夹时，网页标题又作为网页的名字出现在收藏夹中。

编辑网页的标题可以直接在设计窗口上方的"标题"栏内进行，如图4-34所示。

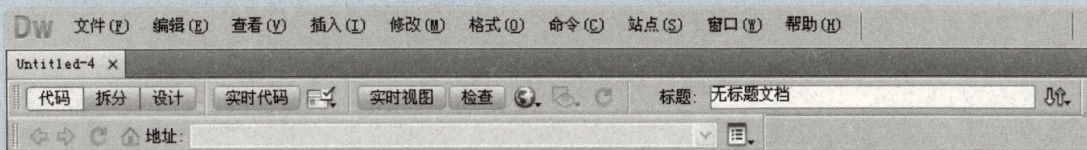

图 4-34 编辑网页标题

编辑完毕后单击视图的其他位置确认。打开代码视图，可以发现更改页面标题实际上更改的是网页头部内容中<title></\title>标签中的内容。

2. 网页样式

网页的样式表也是在网页的头部定义的，它们或者是作为代码，位于头部内容的<style></\style>标签中，或者是链接外部的样式表文件。<link>标签将为当前文档和网页上的某个其他文档建立一种联系。用于指定样式表的<link>及其必需的href和type属性，必须都出现在文档的<head>标签中。关于层叠样式表（CSS）的内容，将在后面的章节中详细介绍。

3. JavaScript代码

网页中的JavaScript特效也有部分代码是位于网页头部的，因此，头部内容也有辅助完成JavaScript特效的作用。

在<script>和<\script>之间的任何内容都被浏览器当作可执行的Javascript语句和数据处理。可以在一个文档中包含不只一个<script>标签，位于<head>或者<body>之内均可，支持Javascript的浏览器会按顺序执行这些语句。

上机实践 | 设置 "中友百货" 页面属性

原始文件：Sample\第04章\原始文件\4.4.1page\page.htm
最终文件：Sample\第04章\最终文件\4.4.1page\page-end.htm
实训目的：学会设置页面相关属性
应用范围：网页设计制作

下面来通过实例掌握如何设置页面属性和页面头部内容。

本实例主要进行设置页面整体属性的操作，包括背景颜色、背景图像、文字颜色、链接颜色与样式、页面边距、页面标题与字符集等，原始页面和最终页面的效果如图 4-35 所示。

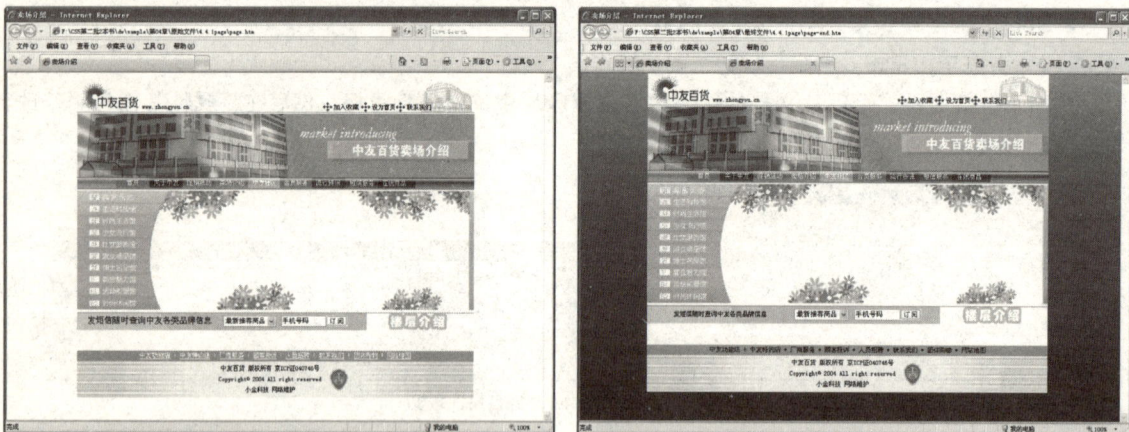

图 4-35 原始页面和最终页面

Step 01 打开附书光盘中的 "Sample\ 第 04 章 \ 原始文件 \4.4.1page\page.htm" 页面，将插入点置于原始页面的空白位置，如图 4-36 所示。

Step 02 执行 "修改 > 页面属性" 命令，打开 "页面属性" 对话框。在 "背景图像" 文本框中可输入网页背景图像的路径，这里单击 "浏览" 按钮，在打开对话框中设置背景图片为 images_files\bg.png，如图 4-37 所示。

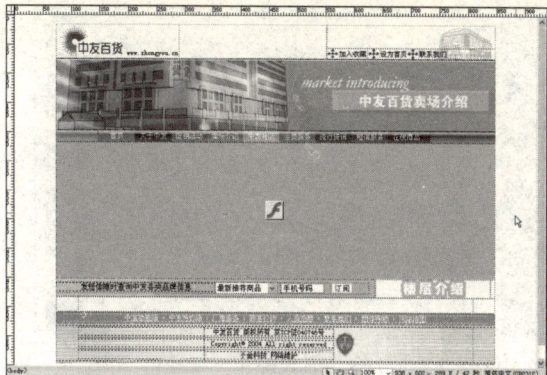

图 4-36 定位插入点

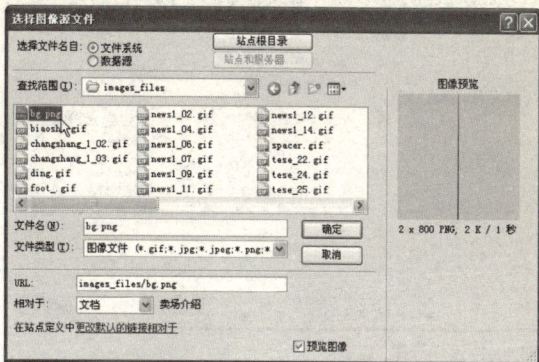

图 4-37 选择背景图像源文件

Step 03 在"重复"下拉列表中选择背景图像的重复方式，这里设置为repeat-x（横向重复），如图4-38所示。

Step 04 在"左边距"、"上边距"文本框中设置边距为 0px，如图 4-39 所示。

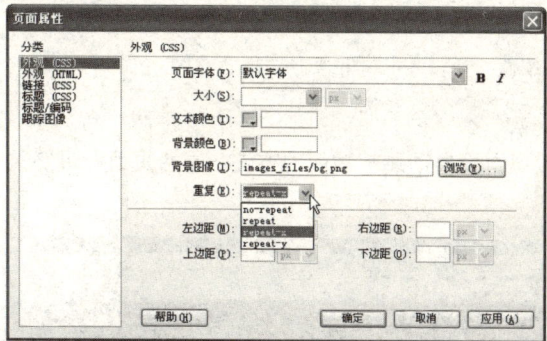

图 4-38 设置重复方式

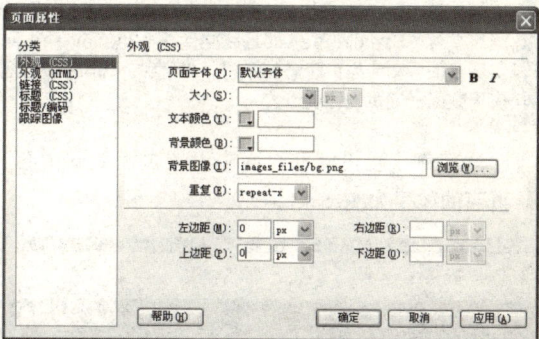

图 4-39 设置边距

Step 05 切换至"链接（CSS）"分类面板，在"链接字体"下拉列表框中定义页面超链接文本在默认状态下的字体为"宋体"；在"大小"文本框中定义字体大小为 9pt；在"链接颜色"文本框中设置超链接颜色为 #000000。在"已访问链接"文本框中设置颜色为 #000000；在"活动链接"文本框中设置颜色为 #FF0000；在"变换图像链接"文本框中设置鼠标上滚的超链接颜色为 #001EFF；在"下划线样式"下拉列表中设置鼠标上滚时"始终无下划线"，如图 4-40 所示。

Step 06 选择"标题\编码"分类选项，在"标题"文本框中输入"中友百货"，将"编码"设置为"简体中文（GB2312）"，如图4-41所示。

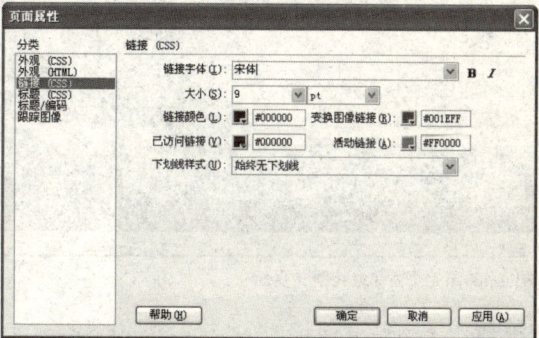

图 4-40 设置链接

Step 07 单击"确定"按钮后，可以看到页面在背景图像、页面边距、链接样式、标题等各方面都发生了变化，如图 4-42 所示。

Dreamweaver CS5中文版标准教程

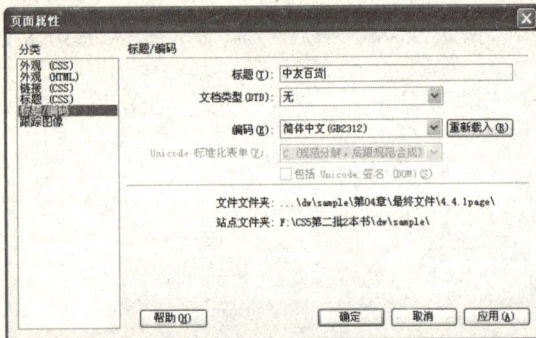

图 4-41 设置标题\编码

图 4-42 更改了页面属性后的效果

Step 08 按下 F12 快捷键预览页面，可以看到设置后的整体页面效果。

上机实践 | 设置"金六福"页面头部内容

原始文件：Sample\第04章\原始文件\4.4.2head\head.htm
最终文件：Sample\第04章\最终文件\4.4.2head\head-end.htm
实训目的：学会为页面添加标题、关键字、说明和刷新等头部内容
应用范围：网页设计制作

本实例主要讲解在页面中设置页面头部内容，并实现页面自动跳转功能的方法，原始页面和最终跳转页面的效果如图 4-43 所示。

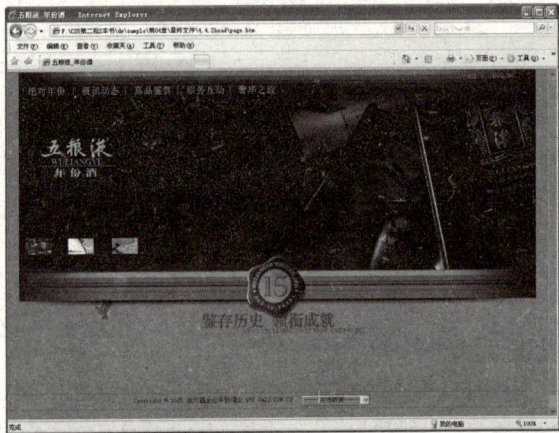

图 4-43 原始页面和最终跳转页面

Step 01 打开附书光盘中的"Sample\ 第 04 章 \ 原始文件 \4.4.2head\head.htm"页面，执行"查看 > 文件头内容"命令，此时可以看到页面头部内容的设置窗口显示在文档窗口的上边，如图 4-44 所示。

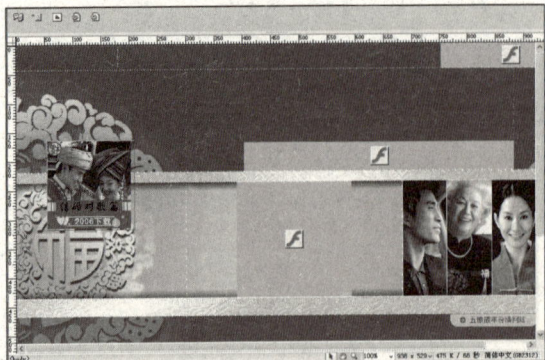

图 4-44 显示文件头内容

Step 02 在文档窗口上方的"标题"文本框中可以直接修改标题。这里将标题修改为":::金六福欢迎您的光临:::",如图4-45所示。也可以单击头部内容设置窗口中的第2个图标,再在"属性"面板中设置标题。

Step 03 在"插入"面板"常用"分类的"文件头"下拉列表中选择"关键字"选项。在打开的"关键字"对话框的文本框中输入关键字,不同关键字之间用逗号分隔,这里输入"酒业,白酒",单击"确定"按钮,关键字的信息就设置完成了,如图4-46所示。通过以上设置,当有浏览者通过网络上的搜索引擎搜索"白酒"或"酒业"时,这个网页的网址就能被搜索到。

图 4-45 设置标题

图 4-46 设置关键字

Step 04 在"插入"面板"常用"分类的"文件头"下拉列表中选择META选项,打开META对话框。以定义作者信息为例,在"属性"列表中选择"名称"选项,在"值"文本框中输入author,在"内容"文本框中输入"胡崧",如图4-47所示。

Step 05 在"插入"面板"常用"分类的"文件头"下拉列表中选择"说明"选项。在弹出的"说明"对话框的文本框中输入"金六福酒网站",如图4-48所示。

图 4-47 设置META

图 4-48 设置说明

Step 06 在"插入"面板"常用"分类的"文件头"下拉列表中选择"刷新"选项,打开"刷新"对话框。设置"延迟"时间为8秒。选择操作方式为"转到URL",然后输入page.htm,如图4-49所示。

Step 07 按下F12快捷键预览页面,虽然关键字和说明信息都无法预览到,但可以看到页面的标题已经更改,如图4-50所示。等待8秒后,可以看到刷新的效果,页面自动跳转到了page.htm。

图 4-49 设置刷新

图 4-50 更改的标题

思考与练习

　　页面属性包括网页的标题、文字的解码方式、正文中各个元素的颜色等内容，正确设置页面属性是成功编写网页的必要前提。HTML 文件由两个主要部分组成：head 部分和 body 部分。body 是文档的主要部分，也是包含文本和图像等的可见部分。

1. 填空题

（1）如果软件没有显示头部内容，就在文档窗口中执行＿＿＿＿＿＿命令，显示文档的头部内容。

（2）设置页面属性时，可以设置 4 种类型的链接颜色，分别是＿＿＿＿＿、＿＿＿＿＿、＿＿＿＿＿、＿＿＿＿＿。

（3）可以设置的头部内容包括＿＿＿＿＿。

2. 选择题

（1）在 Dreamweaver 中，使用（　　）组合键可以弹出"页面属性设置"对话框。

　　A．Ctrl+J　　　　　　B．Ctrl+I　　　　　　C．Alt+J　　　　　　D．Alt+I

（2）Dreamweaver 中 <body> 标签的属性可以通过页面属性窗口设置的是（　　）。

　　A．背景图像　　　　　　　　　　B．背景颜色

　　C．文字颜色　　　　　　　　　　D．跟踪图像

（3）在 Dreamweaver 中，查看站点地图可以（　　）。

　　A．查看链接关系　　　　　　　　B．查看导航关系

　　C．查看文件是否冗余　　　　　　D．以上都可以

3. 上机操作题

（1）参考附书光盘中的"Exercise\第 04 章\最终文件\1\练习 1.htm"文件，为如图 4-51 所示的"凤凰网"页面设置页面属性。

　　要求：设置页面的背景颜色、背景图像、文字颜色、链接颜色与样式、页面边距、页面标题与字符等。

（2）参考附书光盘中的"Exercise\第04章\最终文件\2\练习2.htm"文件，为如图4-52所示的"三元集团"页面设定头部内容。

　　要求：为页面添加标题、关键字和说明信息。

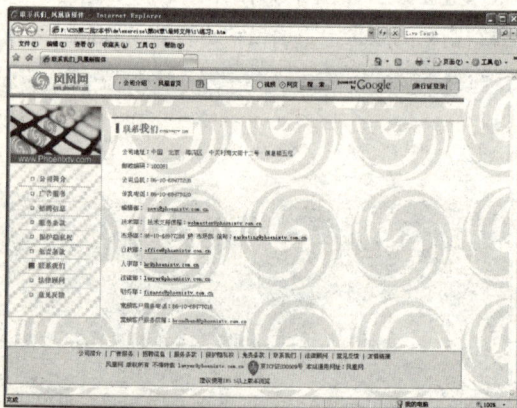

图 4-51　"凤凰网"页面

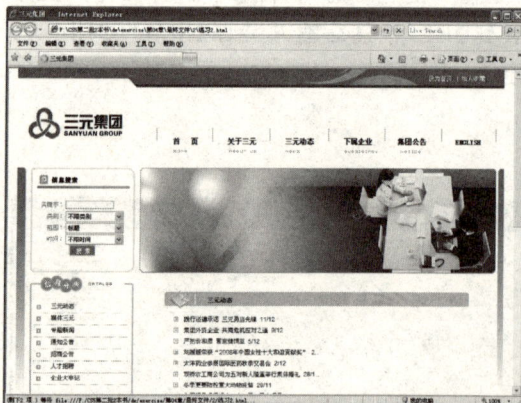

图 4-52　"三元集团"页面

◀))) 知识延展 如何规划站点结构

　　创建站点的第一步便是对站点进行规划，也就是说，必须明确用户的站点准备向哪个方向发展，提供什么服务。首先，需要有清晰的思路，制作哪种类型的网站，同时对站点规模、栏目设置应该有详细规划。一个良好的构思比实际的技术显得更为重要，因为它直接决定站点的吸引力，也决定了网站即将获得的访问量。

　　第二步是按照思路创建站点的基本结构。利用 Dreamweaver 可以在本地计算机上构建出整个站点的框架，对放置文档的文件夹进行合理分类。如果已经构建了自己的站点，也可以利用 Dreamweaver 来编辑和更新现有的站点。

　　第三步便可以开始具体的网页创作过程。一旦创建了本地站点，就可以在其中组织文档和数据。一般来说，文档就是在访问站点时可以浏览的网页，文档中可能包含其他类型的数据，例如文本、图像、声音、动画和超链接等，这个过程可以先使用图像设计软件（例如Fireworks）绘制出站点的效果图，再按照效果图进行页面的排版设计。

　　最后一步，在站点编辑完成后，需要将本地站点同位于 Internet 服务器上的远端站点，然后定期更新。

　　规划站点要注意以下原则：

　　(1) 不要将所有文件都存放在根目录下

　　有人习惯将所有文件都放在根目录下，这样做的缺点是：导致文件管理混乱和上传速度慢。服务器一般都会为根目录建立一个文件索引，当所有文件都放根目录下时，即使只上传更新一个文件，服务器也需要将所有文件再检索一遍，建立新的索引文件。很明显，文件量越大，等待的时间也将越长。

　　将不同的文件进行分类，分别放置于不同的文件夹中以便管理。首先为站点创建一个根文件夹（即所谓的根目录），然后创建多个子文件夹，这样可以将站点的文件分类存储到相应的文件夹中。

　　子目录的建立，首先按主菜单栏目建立，网页教程类站点可以根据技术类别分别建立相应的目录，如Flash、DHTML、JavaScript等；企业站点可以根据产品介绍、价格、在线定单、反馈联系等建立相应目录。其他的次要栏目，如友情链接等内容较多、需要经常更新的栏目可以建立独立的子目录。而一些相关性强、不需要经常更新的栏目，如关于本站、关于站长、站点经历等可以合并放在一个统一目录下。所有程序一般都存放在特定目录下，如CGI程序放在egi-bin目录下，便于维护管理。所有需要下载的内容也最好放在一个目录下。

　　默认的一个站点根目录下都有一个images目录，这是最方便管理的。而根目录下的images目录只是用来放首页和一些次要栏目的图片。

　　(2) 在对文件或文件夹进行命名时需要注意以下事项

- 使用英文或汉语拼音作为文件或文件夹的名字。
- 名字中不能包含空格等非法字符。
- 命名应有一定规律，以便日后的管理。
- 文件名应该容易理解，看了就可以知道文件的内容。由于某些操作系统是区分文件名大小写的，因此建议在构建站点时，全部使用小写的文件名称。

　　(3) 目录的层次不要太深

　　目录的层次建议不要超过３层，原因很简单，便于维护管理。

Chapter 05

创建多媒体图文页面

课题概述 当完成创建站点、搭建本地站点结构与创建文件操作之后，便可以开始页面的制作了。本课重点介绍如何通过文字、图片、多媒体的插入来制作图文混排页面。

教学目标 通过学习本章，读者要掌握在网页中使用文字、图像、多媒体文件的方法，能够制作具有这三种元素的基础网页页面。

★ 章节重点

★★★★★ | 设置文字属性
★★★★☆ | 插入图像
★★★★★ | 插入鼠标经过图像
★★★☆☆ | 插入 Flash 和 Shockwave 动画

★ 光盘路径

上机实践：Sample\第05章\
课后练习：Exercise\第05章\最终文件
电子教案：PPT电子教案\DW_lesson5.ppt

5.1 制作文字页面

作为一个网页设计者，用户在设置文本时，经常需要花费与将文本输入到 Web 页同样多的时间。Dreamweaver CS5 为方便用户完成这项工作，提供了许多工具。

■ **课堂范例：** Sample\第05章\原始文件\5.1text\text.htm
　　　　　　Sample\第05章\最终文件\5.1text\text-end.htm

5.1.1 插入特殊字符

使用 Dreamweaver 可以很方便地插入各种特殊符号，具体操作方法如下。

Step 01 打开附书光盘中的"Sample\ 第 05 章 \ 原始文件 \5.1text\text.htm"页面，将光标插入点置于要插入特殊字符的位置，在"插入"面板"文本"分类中单击"字符"按钮，如图 5-1 所示。

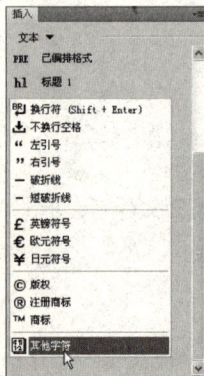

Step 02 在列表中选中要插入的符号，如果需要的符号没有在列表中显示，可以选择"其他字符"选项，打开"插入其他字符"对话框，如图5-2所示。

图 5-1 插入特殊字符

图 5-2 "插入其他字符"对话框

Step 03 在此对话框中选择需要插入的特殊符号，然后单击"确定"按钮，符号便被插入页面中，如图 5-3 所示。

图 5-3 插入特殊符号

5.1.2 插入日期和时间

网上信息瞬息万变，随时跟踪更新过时的内容就显得至关重要。Dreamweaver 不仅能使用户在网页中插入当天的日期，而且对日期的格式没有任何限制。用户甚至可以设置自动更新日期的功能。一旦网页被保存，插入的日期就能自动更新。换句话说，在用户对网页的每一次改动和保存中，当前的日期就会自动添加。除此之外，用户可以选择添加日期的名称和时间。插入当前日期的具体步骤如下。

Step 01 打开附书光盘中的"Samplo\第 05 章\原始文件\5.1text\text.htm"页面，将光标插入点移至要插入日期的位置，单击"插入"面板"常用"分类中的"日期"按钮，如图 5-4 所示。

Step 02 这时会打开如图 5-5 所示的"插入日期"对话框，提示用户选择日期格式。

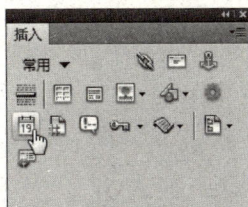
图 5-4 单击"日期"按钮

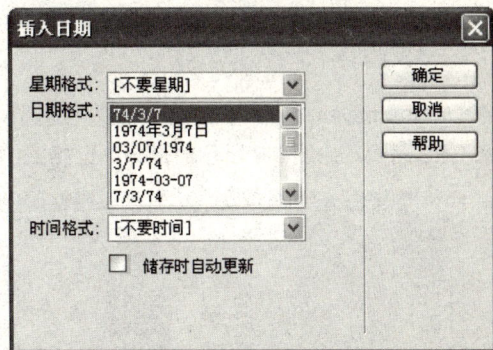
图 5-5 "插入日期"对话框

- **星期格式**：选择星期的格式，包括星期的简写方式、星期的完整显示方式或是不显示星期。
- **日期格式**：选择日期的格式。
- **时间格式**：选择时间的格式，包括 12 小时或 24 小时制时间格式。
- **储存时自动更新**：每当存储文档时，都自动更新文档中插入的日期信息，该特性可以用来记录文档的最后生成日期。如果用户希望插入的日期是普通的文本且将来不再变化，则应该取消勾选该复选框。

Step 03 设置完毕后，单击"确定"按钮，即可将日期插入到文档中，如图 5-6 所示。

图 5-6 插入日期后的效果

5.1.3 插入水平线

水平线可以用于将文本和对象分开。在进行页面设计时，使用一条或多条水平线，可以使页面元素的安排更加井井有条。除此之外，水平线还可以为标题和其他元素添加下划线，以起到强调作用。在页面中插入水平线的具体方法如下。

Step 01 在设计视图中将插入点置于要插入水平线的位置，单击"插入"面板"常用"分类中的"水平线"按钮 ▬，如图 5-7 所示，即可在插入点插入一条水平线。

图 5-7 单击"水平线"按钮

Step 02 在文档窗口中选中该水平线，在它的"属性"面板中修改其属性，如图 5-8 所示。

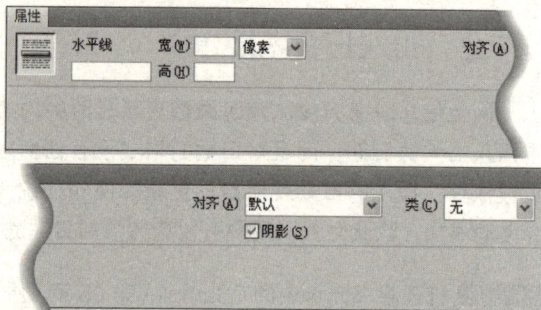

- **宽、高**：分别是水平线的宽和高。
- **对齐**：指定水平线的对齐排列方式。
- **类**：设定水平线的样式。
- **阴影**：指定水平线是否要添加阴影。

图 5-8 水平线属性面板

5.1.4 设置文字属性

在 Dreamweaver 中，大多数文本格式化的选项都通过"属性"面板来提供，"属性"面板分为 HTML 格式和 CSS 格式，如图 5-9 所示的是 HTML 格式的"属性"面板。

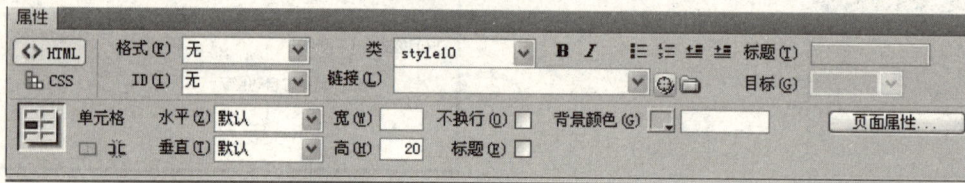

图 5-9 HTML 格式的文本"属性"面板

- **格式**：考虑到字体大小和粗细等事先定义了经常使用的字体样式，在这里的格式将应用在插入点所在的整个段落中，因此不需要另外选择文字。其中，标题字用来分隔和介绍文档的重要部分，就像报纸上使用标题来宣告一个素材，使用子标题来讲述细节一样。HTML 包含 6 级标题字，标题字标签的语法为 <hn>，其中 n 代表数字 1 ~ 6，最大的标题为 <h1>，最小的是 <h6>。HTML 中的段落使用 <p> 和 <\p> 标签对来注明，浏览器将位于两个标签之间的所有内容都格式化为一个段落，并且提交它来匹配用户的屏幕。Dreamweaver 使用 Enter 键产生段落。
- **无序列表、有序列表**：为文本建立无序列表或有序列表。没有顺序的排列方式称为无序列表，赋予编号来进行排列的方式称为有序列表。
- **减少右缩进、增加右缩进**：设置文本减少右缩进或增加右缩进。

更多的文字样式在如图 5-10 所示的 CSS 格式的"属性"面板中设置。

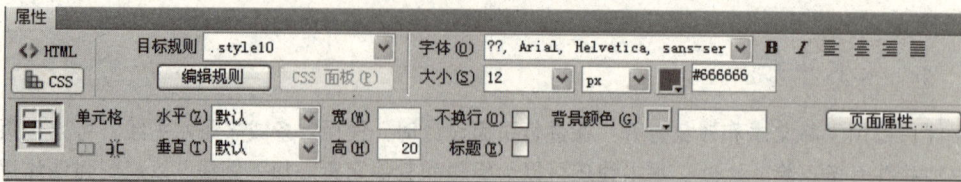

图 5-10 CSS 格式的文本"属性"面板

- **字体**：指定文本字体。
- **大小**：指定字体的大小。根据需要可以使用键盘上的 + 或 - 键来更改字体大小。使用 CSS 的时候，可以用 px 或 pt 来指定字体大小。
- **字体颜色**：指定字体颜色。可以利用颜色选择器或吸管选择，也可以直接输入颜色代码。
- **B**：将文本字体设置为粗体。
- **I**：将文本字体设置为斜体。
- **对齐**：文字的对齐方式可以选择左对齐、居中对齐、右对齐、两端对齐等不同方式。

在现有的字体以外，也可以添加新的字体，添加新字体的步骤如下。

Step 01 在"属性"面板中，选择"字体"下拉列表中的"编辑字体列表"选项，如图 5-11 所示。

Step 02 打开"编辑字体列表"对话框，如图 5-12 所示。例如，在"可用字体"列表框中选择 Fixedsys，并单击"箭头"按钮 ，即可添加到左侧列表中，然后再选择"幼圆"。

Step 03 此时在"选择的字体"列表框中新添了"Fixedsys"和"幼圆"，单击"确定"按钮，字体将被添加到"属性"面板的"字体"下拉列表中。

图 5-11 编辑字体列表

图 5-12 "编辑字体列表"对话框

5.1.5 检查拼写

打字错误往往会留给用户深刻的教训，没有什么比在为客户展示一个新的Web站点时，让客户指出拼写错误更为尴尬的事情了。Dreamweaver包含了一个易于使用的检查拼写，通过执行如图5-13所示的"命令>检查拼写"命令，打开"检查拼写"对话框，如图5-14所示。

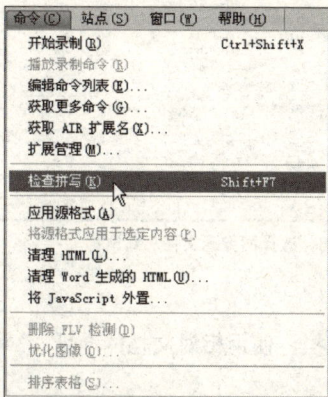

图 5-13 "检查拼写"命令

图 5-14 "检查拼写"对话框

一旦用户打开了"检查拼写"对话框，Dreamweaver 就开始搜寻用户文本中的错误。作为一个一般的规则，在用户开始拼写检查之前，应该将插入点定位于 Web 页的顶部。当搜寻到页面的底部时，Dreamweaver 会询问用户是否希望从文档的顶部开始继续进行检查。当从顶部开始时，用户就会知道已经检查完全部的文档了。

- **添加到私人**：选择该按钮，可以将高亮显示的字词保存到用户的个人字典中，并避免 Dreamweaver 在以后将之标记为错误。
- **忽略**：当用户希望 Dreamweaver 不要理会当前高亮显示的字词，并继续搜索文本时，单击该按钮。
- **全部忽略**：当用户希望 Dreamweaver 忽略当前文档中所有发生的事情时，单击该按钮。
- **更改**：如果用户在建议列表中看到了正确的替代字词，高亮显示它，并单击"更改"按钮。如果没有提供建议，用户可以输入正确的字词到"更改为"文本框中，并单击该按钮。
- **全部更改**：单击该按钮可以使当前字词的所有实例都被"更改为"文本框中的字词所替换。

5.2 制作图像页面

图像元素也是网页不可或缺的重要组成部分。设计精美的网页，常常会使用大量的图片。而图片的运用，可以令网页更加生动多彩，更加吸引浏览者的眼球，其影响比千言万语还要丰富。俗话说："百闻不如一见"，无形的文字和声音，远远不如有形的图像含义丰富。因此，利用好图片，也是网页设计的关键。

5.2.1 插入图像

在页面中可以插入多种格式的图像，如 GIF，JPEG 等，另外，将 Photoshop 图像（PSD 文件）插入页面时，Dreamweaver 将创建智能对象。智能对象是可用于 Web 的图像，可保持与原始 Photoshop 图像的实时连接。

> ■ **课堂范例**：Sample\第05章\原始文件\5.2.1img\img.htm
> Sample\第05章\最终文件\5.2.1img\img-end.htm

Step 01 打开附书光盘中的 "Sample\第05章\原始文件\5.2.1 img\img.htm" 页面，单击"插入"面板"常用"分类中的"图像"按钮，如图5-15所示。

Step 02 弹出如图 5-16 所示的"选择图像源文件"对话框，用户可以选择文件夹中的图片。

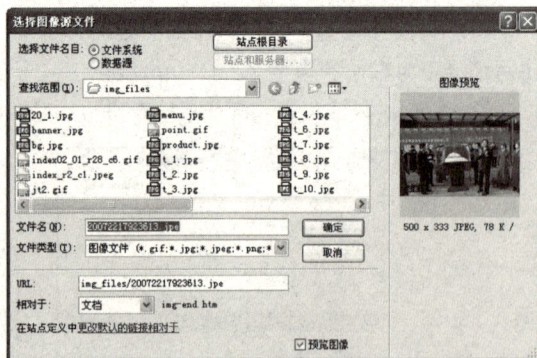

图 5-15 单击"图像"按钮

图 5-16 "选择图像源文件"对话框

- **URL**：显示当前选中文件的 URL 地址。
- **相对于**：可以选择文件 URL 地址的类型。其中，"文档"使用相对文档的地址；"站点根目录"使用基于站点根目录的地址。
- **图像预览**：可以在对话框右边"图像预览"区域预览图像。

Step 03 选定 img_files\20072217923613.jpe 图像文件后，单击"确定"按钮，此时，如果选定的图像不是位于站点根文件夹下，则会弹出如图 5-17 所示的对话框，询问用户是否将图像拷贝到站点根文件夹下。在这里单击"是"按钮，否则站点上传到服务器之后可能会无法正常浏览。

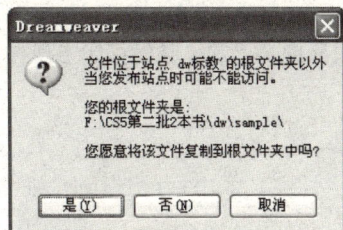

Step 04 与此同时，会弹出一个让用户选择图像保存位置的对话框。选择合适的位置并确定之后，弹出如图 5-18 所示的"图像标签辅助功能属性"对话框。在该对话框中可设置图像的替换文本和详细说明。设置完毕后，单击"确定"按钮关闭对话框。

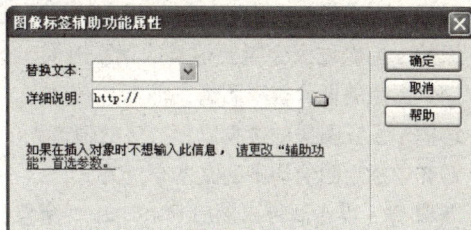

图 5-17 询问对话框

图 5-18 "图像标签辅助功能属性"对话框

Step 05 这时，在文档窗口中将会显示出插入的图像，默认状态下，该图像会以原始大小显示出来，如图 5-19 所示。

Step 06 按下 F12 键预览页面，可以看到如图 5-20 所示的图片效果。

图 5-19 插入的图像

图 5-20 图片效果

5.2.2 设置与编辑图像

当用户在 Dreamweaver 中插入图像后，图像标签 <img> 也会插入到 HTML 代码中。<img> 标签所有的属性都能显示在"属性"面板中，如图 5-21 所示。

图 5-21 图像"属性"面板

- **ID**：只插入图像的时候可以不输入图像名称。但在图像中应用动态 HTML 效果或利用脚本的时候，应该用英文来输入图像名称。不可以使用特殊字符，而且在输入时别出现空格。
- **宽、高**：调节图像的宽度和高度。
- **源文件**：显示图像文件的路径。若想选择其他图像，则可以单击文件夹图标，在打开的对话框中选择新图像。

- **链接**：设置单击图像后就会链接到的文件路径。
- **替换**：在浏览器上不显示图像时，在图像位置上输入简单文本，它可以作为图像的设计提示文本。
- **类**：选择用户定义的类形式应用到图像中。
- **地图**：用于制作映射图。
- **垂直边距、水平边距**：给图像的上下和左右指定边距。例如，将上下左右的边距指定为 20 的时候，就会在图像的上下和左右应用 20 像素的空白。
- **目标**：在图像中应用链接时，指定链接文档显示的位置。
- **原始**：图像过大会需要很长的读取时间。这种情况下，在全部读取原图像之前，临时指定出现在浏览器中的低分辨率图像文件。
- **边框**：设置图像的边框厚度。该数值越大，边框越粗。
- **对齐**：指定图像周围的文本布置方式。
- **编辑** 🖾：单击后可以调出 Photoshop 窗口，进行图像的编辑工作。
- **优化** 🔧：打开"图像预览"对话框，进行图像的优化，如图 5-22 所示。具体的优化方法可以参考 Fireworks 软件的使用。
- **更新** 🖼：从源文件更新，仅适合于页面中的 Photoshop 智能对象。
- **裁切** ◫：使用内置的裁切工具进行图像的裁切，如图 5-23 所示。

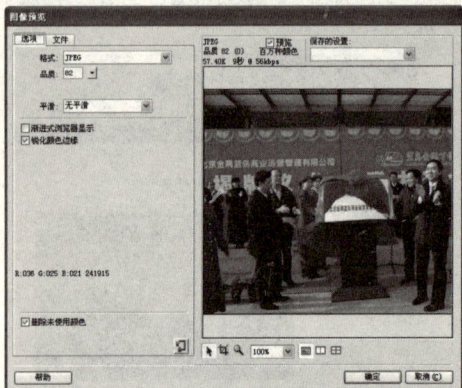

图 5-22 使用 Fireworks 优化图像

图 5-23 裁切图像

- **重新取样** 🖾：单击按钮后，如果把图像宽度和高度变小后，可以重新取样图像，使图像本身文件尺寸变小，该功能对于希望将图像缩小的用户来讲，不用再次切换回图像软件，方便了用户的操作，如图 5-24 所示为图像重新取样前后图像尺寸的对比。

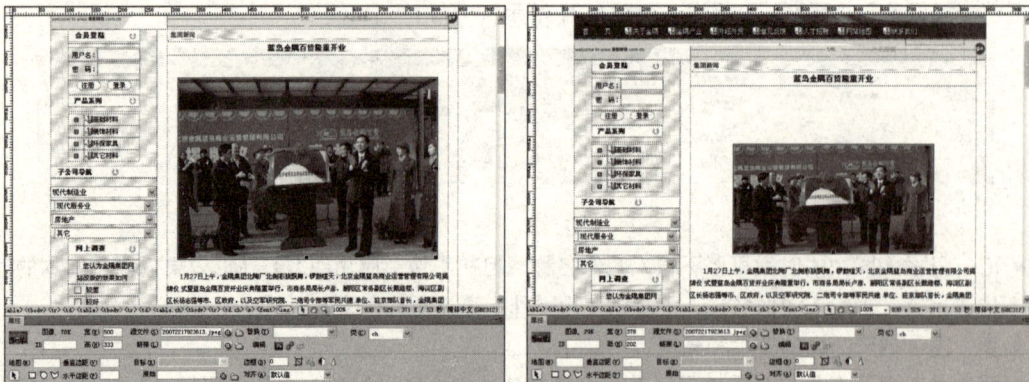

图 5-24 图像重新取样前后对比

- **亮度和对比度** 🔆：单击该按钮，弹出如图 5-25 所示的对话框，拖动滑块即可调整图像的亮度和对比度。

- **锐化** △：单击该按钮，弹出如图 5-26 所示的对话框，拖动滑块即可进行图像锐化的设置。

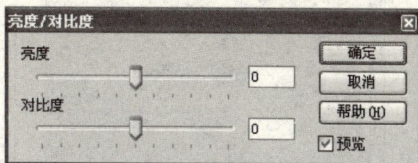

图 5-25　调整亮度和对比度　　　　　　图 5-26　锐化图像

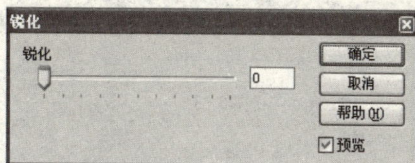

教学提示　使用外部图像编辑器编辑图像

Dreamweaver CS5提供了简单的图像编辑功能。如果需要进行复杂的编辑，则可在Dreamweaver中选中图像后，调出外部图像编辑器作进一步的修改。同时，在外部图像编辑器中修改完毕后，返回Dreamweaver中，图像会自动更新。

用户可以对外部的图像编辑器进行设定。执行"编辑>使用外部编辑器编辑"命令，打开"首选参数"对话框，如图5-27所示，从左侧列表中单击"文件类型/编辑器"选项，即可在右侧选区中针对不同的图像类型，分别指定不同的外部图像编辑器。

要启动外部图像编辑器，也可在文档窗口中的图像上右击，从弹出的快捷菜单中选择"编辑以"命令，在下级菜单中选择相应的启动外部图像编辑器的命令即可，如图5-28所示。

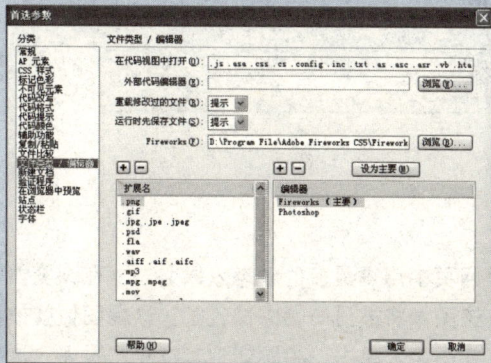

图 5-27　"首选参数"对话框　　　　　　图 5-28　启动外部图像编辑器

5.2.3　插入图像占位符

在网页文件的制作过程中，有时需要插入尚未准备的图像。这种情况下，可以利用图像占位符功能来创建插入图像的位置，最后再插入图像即可。

Step 01 将插入点移动到插入图像的位置。单击"插入"面板"常用"分类中"图像"下拉列表中的"图像占位符"选项。

Step 02 打开如图5-29所示的"图像占位符"对话框，输入需要插入的图像预测尺寸，单击"确定"按钮。

- **名称**：输入要插入图片的名称。
- **宽度、高度**：输入图片高度和宽度的数值。
- **颜色**：设置占位符的颜色。
- **替换文本**：输入图片的替代文字。

Step 03 在 Dreamweaver 的文档窗口中会出现表示图像大小的灰色图像占位符区域，如图 5-30 所示。当然，在浏览器上预览时只出现位置而不会显示图像。

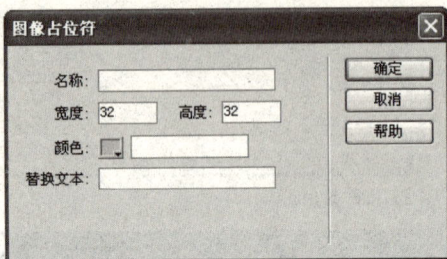

图 5-29 "图像占位符" 对话框

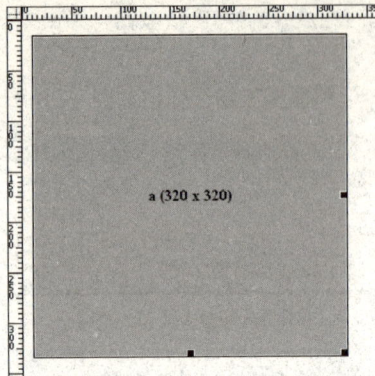

图 5-30 图像占位符

Step 04 图像占位符其实是和图像属性面板中只空下 "源文件" 项目的状态相同。最后完成图像后，操作画面中单击图像占位符区域后，在 "属性" 面板的 "源文件" 文本框中输入完成图像文件的路径，这样就可以在图像占位符区域上插入图像，如图 5-31 所示。

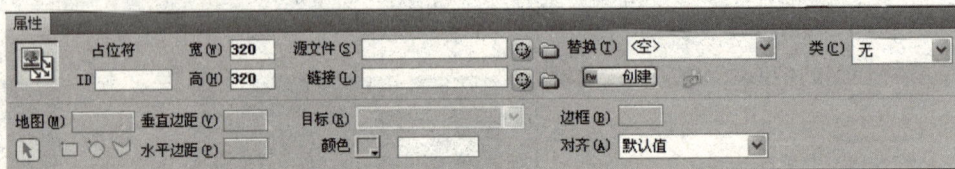

图 5-31 图像占位符属性面板

5.2.4　插入鼠标经过图像

鼠标经过图像就是网页制作中使用的动态按钮，也是网页中用得最多的动态效果之一。在浏览器中预览轮替图的效果是，当鼠标指针移动到某一图像上时，该图像将被另一幅图像代替，这幅图像就被称作鼠标经过图像，当鼠标指针离开时，原来的图像恢复；在图像上单击，将跳转到其链接的页面。这种动态效果能使网页变得非常活泼，其技术基础是 JavaScript。要在网页中实现鼠标经过图像效果，可以按照如下步骤进行操作。

学习注意 正确使用原始图像和鼠标经过图像

图像的轮替效果实际上是由两幅图像完成的，一幅图像是鼠标没有指向图像区域时显示的图像，我们称作原始图像；另一幅图像是鼠标指向图像区域时显示的图像，称作鼠标经过图像。为了美观，应该使两幅图像中相同的内容保持在相对一致的位置上，且两幅图像差别不要太大。

在下面的范例中，首先利用图像处理工具制作、处理两幅图像，一幅是原始图像，另一幅是鼠标经过图像，这里提供了 wenhua.jpg 和 wenhua2.jpg 两张图片，位于附书光盘的 "Sample\ 第 05 章 \ 原始文件 \5.2.4rollover\rollover_files" 文件夹。

■ **课堂范例：** Sample\第05章\原始文件\5.2.4rollover\rollover.htm
　　　　　　Sample\第05章\最终文件\5.2.4rollover\rollover-end.htm

Step 01 打开附书光盘的 "Sample\第05章\原始文件\5.2.4rollover\rollover.htm" 页面，单击 "插入" 面板 "常用" 分类中 "图像" 下拉列表的 "鼠标经过图像" 选项，如图5-32所示。

Step 02 打开 "插入鼠标经过图像" 对话框，提示用户输入原始图像和鼠标经过图像的 URL 地址，如图 5-33 所示。

图 5-32 "鼠标经过图像"选项

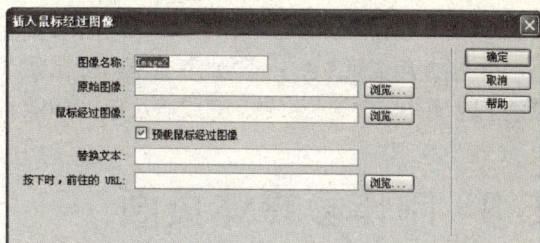

图 5-33 "插入鼠标经过图像"对话框

- **图像名称**：输入图像的名称，以便在脚本程序（例如 JavaScript 或 VB Script）中引用图像。
- **原始图像**：输入原始图像的 URL 地址，也可以通过单击"浏览"按钮从磁盘上选择图像文件。
- **鼠标经过图像**：输入鼠标经过图像的 URL 地址，也可以通过单击"浏览"按钮从磁盘上选择图像文件。
- **预载鼠标经过图像**：无论是否通过用鼠标指向原始图像来显示鼠标经过图像，浏览器都会将鼠标经过图像下载到本地的缓存中，以便加快网页浏览速度。如果没有选中该复选框，则只有在浏览器中用鼠标指向原始图像，显示鼠标经过图像之后，鼠标经过图像才会被浏览器存放到缓存中。
- **替换文本**：设置替换图片的文本。
- **按下时，前往的 URL**：可以输入单击图像时跳转到哪个 URL 地址中，这实际上是将图像制作成一个超链接。

Step 03 设置完毕，单击"确定"按钮确认操作，即可在文档中插入图像的轮替效果。在文档窗口中无法测试图像的轮替效果，要测试轮替效果，可以执行"文件 > 在浏览器中预览"命令或直接按下F12 键，启动浏览器，预览当前文档的效果，并对鼠标经过图像进行测试，其效果如图 5-34 所示。

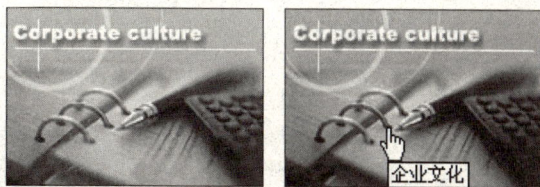

图 5-34 在浏览器中预览效果

5.2.5 插入Fireworks HTML

Dreamweaver 中整合了很多 Fireworks 的功能，用户可以轻松插入 Fireworks 制作的 HTML 文档。

Step 01 单击"插入"面板"常用"分类中"图像"下拉列表中的"Fireworks HTML"选项，如图 5-35所示。

Step 02 打开"插入 Fireworks HTML"对话框，提示用户输入 Fireworks HTML 文件的路径，如图5-36 所示。

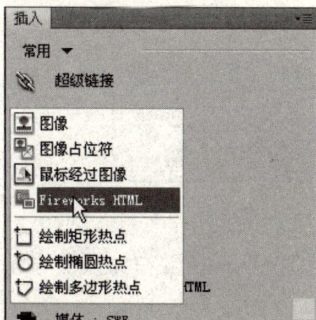

图 5-35 插入 Fireworks HTML

图 5-36 "插入 Fireworks HTML"对话框

63

- **Fireworks HTML文件：**在文本框中可以输入要插入Fireworks HTML文档的地址，或者单击"浏览"按钮直接选择一个Fireworks HTML文档，使其插入到Dreamweaver中。
- **插入后删除文件：**勾选此复选框即可在操作完成后将原始的 Fireworks HTML 文件删除。

Step 03 单击"确定"按钮，完成插入 Fireworks HTML 的操作。

5.3 制作多媒体页面

由于网络带宽的限制，在主页上放置过大的文件是不现实的，但是由于互联网发展迅猛，枯燥无味的静态页面很难再引起用户的兴趣，制作人员都希望能使用引人入胜的动态多媒体效果来吸引用户的注意，激发参与的热情。于是，多媒体网页便应运而生了。网页设计者可以在网页中插入 Flash 动画、Java 小程序和一些音频及视频对象，Dreamweaver 在嵌入动态内容和多媒体内容方面独具特色。我们可以使用 Dreamweaver 轻松地给页面添加 Java Applet、Shockwave 动画、Flash 电影、ActiveX 控件或者各种类型的音频及视频文件。

5.3.1 插入Flash和Shockwave动画

Flash 动画是一种高质量的矢量动画，它由 Adobe 的 Flash 动画制作软件所创建，目前已成为 Internet 上矢量动画的标准。要在浏览器中观看 Flash 动画，必须在浏览器中集成 Flash 播放器，高版本的 Netscape Navigator 和 Internet Explorer 中都已内置了 Flash 动画播放器，而在较低版本的浏览器中要观看这类动画则需下载一些插件。

1. 插入 Flash 动画

■ **课堂范例：** Sample\第05章\原始文件\5.3.1flash\flash.htm
Sample\第05章\最终文件\5.3.1flash\flash-end.htm

Step 01 打开附书光盘中的"Sample\第05章\原始文件\5.3.1flash\flash.htm"网页，将插入点移至要插入flash动画的位置，单击"插入"面板"常用"分类中"媒体"下拉列表的SWF选项，如图5-37所示。

Step 02 在弹出的"选择 SWF 文件"对话框中选择插入文件 head.swf，或在 URL 文本框中直接输入文件路径，如图 5-38 所示。

图 5-37 插入 SWF

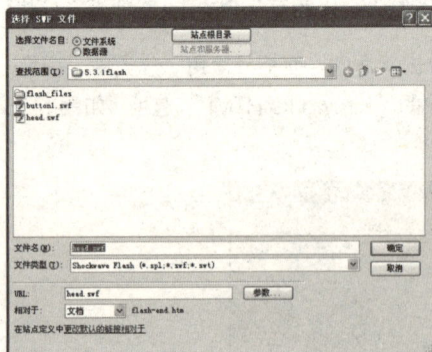

图 5-38 选择 SWF 文件

Step 03 单击"确定"按钮，即可将选定Flash动画插入到文档中，如图5-39所示。与插入图片类似，如果文件不在站点根文件夹中，将会提示是否将文件拷贝到站点文件夹中。

Step 04 保存文档后，按下 F12 键在浏览器中预览动画效果，如图 5-40 所示。

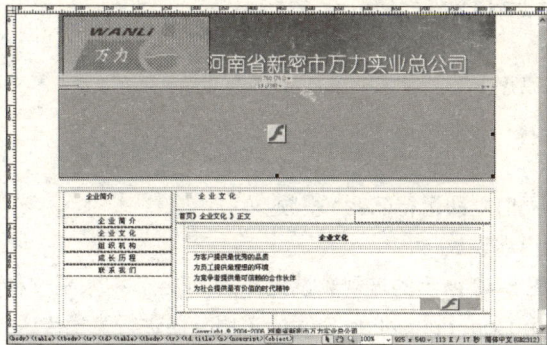

图 5-39 插入到文档中的 Flash 动画

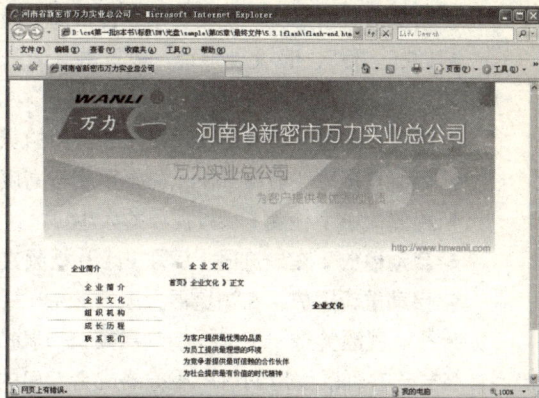

图 5-40 观看动画效果

Step 05 在文档窗口中选择 Flash 动画对象，在"属性"面板中，可设置其相关属性，如图 5-41 所示。

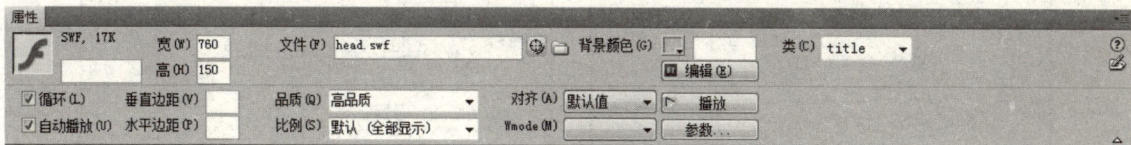

图 5-41 Flash"属性"面板

- **SWF**：在该文本框中可输入 Flash 对象的名称，以便于以后脚本识别、引用。
- **宽、高**：在该文本框中可设定对象的宽度和高度，默认单位为像素。
- **文件**：在该文本框中可设定对象的 URL 路径，可以直接输入，也可以通过单击右侧的文件夹图标选择。
- **源文件**：设定源文件（.fla）的路径（如果有的话，本案例无此选项）。
- **循环**：勾选此复选框，可无限循环播放对象。
- **自动播放**：勾选此复选框，可当页面载入时自动播放对象。
- **垂直边距、水平边距**：可以设置 SWF 对象垂直方向或水平方向同其他内容的间距，单位是像素。
- **品质**：在下拉列表中可选择播放对象的质量。
- **对齐**：设定对象的对齐方式。
- **背景颜色**：设定对象的背景颜色。
- **编辑**：可启动 Flash 软件编辑 Flash 动画。
- **播放**：单击可观看播放效果，单击后该按钮自动变为"停止"按钮，可用于停止播放。
- **参数**：用于设定对象的其他参数。
- **Wmode**：设置 Flash 的透明方式，选择"透明"选项可以在页面中透明显示。
- **类**：可以选择已经定义好的样式定义该动画。

2. 插入 Flash 视频

使用 Dreamweaver CS5 和 Flash 视频可以快速将视频内容放置到网页上，将 Flash 视频拖放到 Dreamweaver 中就可以将视频快速地融入网站和应用程序。插入 Flash 视频文件的步骤如下。

Step 01 将插入点放在要插入 Flash 视频的位置。
Step 02 单击"插入"面板"常用"分类中"媒体"下拉列表中的 FLV 选项。
Step 03 在如图 5-42 所示的"插入 FLV"对话框中设置各选项。

- **视频类型**：如果将"视频类型"设置为"累进式下载视频"，可以设置如下内容。
  - ◆ **URL**：输入 .flv 文件地址，或单击"浏览"按钮选择文件。
  - ◆ **外观**：选择一种外观。
  - ◆ **宽度、高度**：设置 Flash 视频的占用的宽度与高度。
  - ◆ **限制宽高比**：保持 Flash 视频宽度与高度的比例。
  - ◆ **检测大小**：检测 Flash 视频的大小。
  - ◆ **自动播放**：在浏览器上读取 Flash 视频文件的同时立即运行 Flash 视频。
  - ◆ **自动重新播放**：在浏览器上运行 Flash 视频后自动重放。

如果在"视频类型"中选择"流视频"，则进入如图 5-43 所示的流视频设置界面。Flash 视频是一种流媒体格式，它可以使用 HTTP 服务器或者专门的 Flash Communication Server 流服务器进行流式传送。设置和前面讲解内容差不多，多出的设置讲解如下。

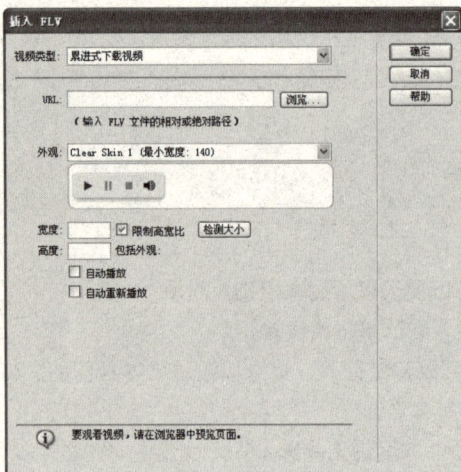

图 5-42 累进式下载视频

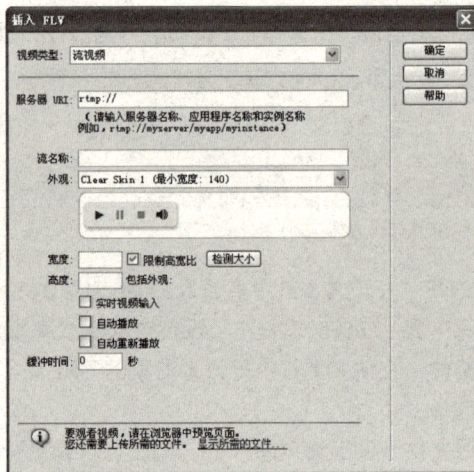

图 5-43 流视频

- **服务器 URI**：输入流媒体文件的地址。
- **流名称**：定义流媒体文件的名称。
- **实时视频输入**：流媒体文件的实时输入。
- **缓冲时间**：设置流媒体文件的缓冲时间，以秒为单位。

Step 04 设置完成后单击"确定"按钮，Flash 视频文件被插入到了页面中。

3. 插入 Shockwave 动画

Shockwave 是 Adobe 公司的网上交互多媒体的标准。它是一种压缩了的媒体格式，在绝大多数浏览器中都可以快速下载并播放。向网页中插入 Shockwave 的操作步骤如下。

Step 01 单击"插入"面板"常用"分类中"媒体"下拉列表中的 Shockwave 选项，如图 5-44 所示。

图 5-44 插入 Shockwave

Step 02 弹出如图5-45所示的 "选择文件" 对话框，选择要插入的文件，单击 "确定" 按钮，Shock-wave文件就被插入到网页中了。

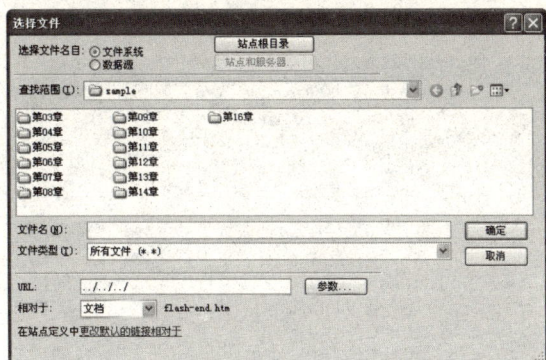

图 5-45 "选择文件" 对话框

Step 03 在 "属性" 面板中对 Shockwave 文件进行相关设置，如图 5-46 所示。

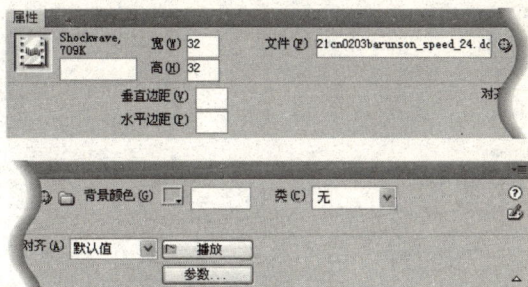

图 5-46 Shockwave "属性" 面板

- **Shockwave**：在该文本框中可输入 Shockwave 对象的名称，以便于以后脚本识别、引用。
- **宽、高**：在该文本框中可设定对象的宽度和高度，默认单位为像素。
- **文件**：在该文本框中可设定对象的URL路径，可以直接输入，也可以通过单击右侧的文件夹图标选择。
- **对齐**：设定对象的对齐方式。
- **背景颜色**：设定对象的背景颜色。
- **播放**：单击可观看播放效果。单击后该按钮自动变为 "停止" 按钮，可用于停止播放。
- **垂直边距、水平边距**：可以设置 Shockwave 对象垂直方向或水平方向同其他内容的间距，单位是像素。
- **参数**：用于设定对象的其他参数。
- **类**：可以选择已经定义好的样式定义该动画。

5.3.2 插入Java Applet对象和ActiveX控件

Java 是用于制作基于因特网的可执行应用程序的语言，最近常常应用于动画、网络游戏和聊天室等领域。而 Java Applet 是将 Java 的源代码文件（*.class）保存到服务器之后，通过连接 HIML 文档和 Java 源代码文件运行的。

ActiveX 控件技术很多是用于插入网页页面，提供了网页页面不受浏览器限制及能进行交互的能力。ActiveX 由微软提出，被 Internet Explore 浏览器所支持，其他种类的浏览器对其支持度不高。

1. 插入 Java Applet 对象

插入 Java Applet 对象的步骤如下。

Step 01 单击 "插入" 面板 "常用" 分类中 "媒体" 下拉列表中的 APPLET 选项，如图 5-47 所示。

图 5-47 插入 Applet

Step 02 在弹出的如图5-48所示的"选择文件"对话框中选择要插入的Java Applet文件,单击"确定"按钮。

Step 03 通过如图 5-49 所示的"属性"面板,可以对 Java Applet 作进一步的设置。

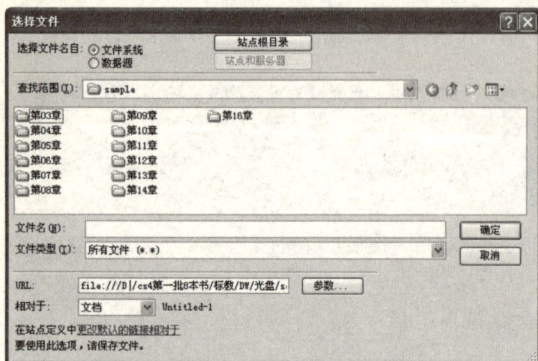

图 5-48 "选择文件"对话框

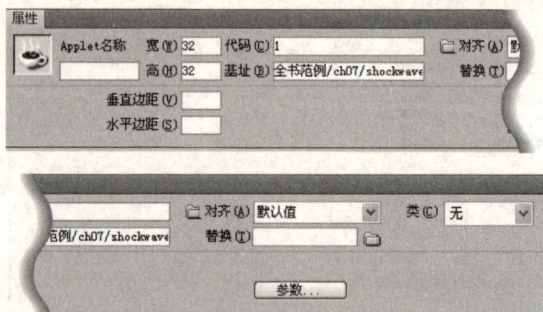

图 5-49 Applet "属性"面板

- **Applet 名称**:输入小程序的名称,这主要用于实现文档中各小程序之间的相互定位和通信。
- **宽**:可以设置 Java Applet 程序运行时显示区域的宽度,默认单位是像素,也可以采用如下的单位: pc, pt, in, mm, cm 或者 %。
- **高**:设置 Java Applet 程序运行时显示区域的高度,默认单位是像素,同对象的宽度值一样,也可以采用其他的单位。
- **代码**:输入 Applet 程序对应的文件名称,可以直接在文本框中输入路径,也可以单击文件夹图标,从磁盘上选择程序文件。
- **基址**:可以输入 Applet 程序文件所在的文件夹路径。它同"代码"中输入的内容一起构成小程序文件的 URL 地址。
- **对齐**:可以选择 Applet 程序对象在文档窗口中水平方向上的对齐方式,可用的选项同处理图像对象时的选项一样。
- **类**:从已经定义好的样式中选择样式来定义插入的控件。
- **替换**:可以输入 Applet 程序对象的替换内容。当浏览器不能运行小程序时,则会显示这里的内容,以获取良好的网页兼容性。
- **垂直边距、水平边距**:可以设置 Applet 程序对象垂直方向或水平方向同其他内容的间距,单位是像素。
- **参数**:单击此按钮,可以提示用户输入其他在"属性"面板上无法输入的参数。

2. 插入 ActiveX 控件

插入 ActiveX 控件的具体步骤如下。

Step 01 单击"插入"面板"常用"分类中"媒体"下拉列表中的 ActiveX 选项,如图 5-50 所示。

图 5-50 插入 ActiveX

Dreamweaver CS5中文版标准教程

Step 02 在网页编辑窗口将出现如图 5-51 所示的 ActiveX 占位符，它将标记出 ActiveX 控件将在 IE 浏览器中出现的位置。

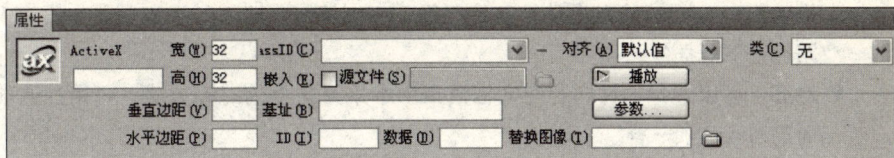

Step 03 接下来就要进行设置 ActiveX 的操作，观察 ActiveX 的"属性"面板，如图 5-52 所示。

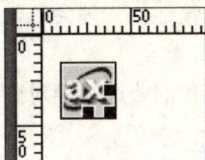

图 5-51 ActiveX 占位符　　　图 5-52 ActiveX "属性"面板

- **ActiveX**：设置 ActiveX 控件的名称。
- **宽度**：设置控件宽度。默认单位是像素，也可以采用如下的单位：pc，pt，in，mm，cm或者%。
- **高度**：设置控件高度。默认单位是像素，也可以采用如下的单位：pc，pt，in，mm，cm或者%。
- **Class ID**：供浏览器载入页面时辨别 ActiveX 的身份。
- **基址**：指示浏览器如果没有安装控件，就到这个网址去寻找控件。
- **嵌入**：同时插入 Embed 标签。如果有与 ActiveX 控件相同的 Netscape 插件，Embed 标签会激活该插件。
- **源文件**：在使用 Embed 标签时，定义用于 Netscape Navigator 的数据文件。
- **对齐**：定义对象的排列方式。
- **替换图像**：当不使用 Embed 标签时，设置替换控件的图像文件位置。
- **ID**：定义 ActiveX 控件的 ID 号。
- **数据**：设置 ActiveX 控件载入的数据文件。
- **播放**：在文档窗口中播放 ActiveX。
- **参数**：单击此按钮，提示用户输入其他在"属性"面板上无法输入的参数。
- **垂直边距、水平边距**：可以设置 ActiveX 对象垂直方向或水平方向同其他内容的间距，单位是像素。
- **类**：从已经定义好的样式中选择样式来定义插入的控件。

5.3.3　插入插件

插件是浏览器应用程序接口部分的动态编程模块，浏览器通过插件允许第三方开发者将它们的产品完全并入网页页面。典型的插件包括 RealPlayer 和 QuickTime，而一些内容文件本身包括 MP3 和 QuickTime 影片等。Dreamweaver 用一般的插件对象将音频或视频嵌入到 Web 页中。该对象一般需要三个参数：音频文件的源文件名、对象的宽度和高度。如果用 Dreamweaver 在 Web 页中嵌入音频或视频文件，可以使用下面介绍的方法。

Step 01 将插入点定位到页面上要放置音频或视频文件的位置。

Step 02 单击"插入"面板"常用"分类中"媒体"下拉列表的"插件"选项，插入"插件"对象，如图 5-53 所示。

Step 03 在"选择文件"对话框中选择文件，然后单击"确定"按钮。当插入"插件"对象时，Dreamweaver 会显示一个通用的占位符，如图 5-54 所示。

Step 04 在如图 5-55 所示的"属性"面板中设置如下参数。

- **插件**：可以输入用于播放媒体对象的插件名称，使该名称可以被脚本所引用。
- **宽**：可以设置对象的宽度，默认单位是像素，也可以采用如下的单位：Pc，Pt，in，mm，cm或者%。

- **高**：可以设置对象的高度，默认单位是像素，同对象的宽度值一样，也可以采用其他的单位。
- **源文件**：设置插件内容的URL地址，可以直接输入地址，也可以单击文件夹图标，从磁盘上选择文件。
- **插件 URL**：可以输入插件所在的路径。在浏览网页时，如果浏览器中没有安装该插件，则会从此路径上下载插件。
- **对齐**：可以选择插件内容在文档窗口中水平方向上的对齐方式，可用的选项同我们处理图像对象时的对齐选项一样。
- **垂直边距、水平边距**：可以设置插件对象垂直方向或水平方向同其他内容的间距，单位是像素。
- **边框**：可以设置对象边框的宽度，单位是像素。
- **播放**：在文档窗口中播放插件。
- **参数**：单击该按钮，提示用户输入其他在"属性"面板上无法输入的参数。
- **类**：从已经定义好的样式中选择样式来定义插入的控件。

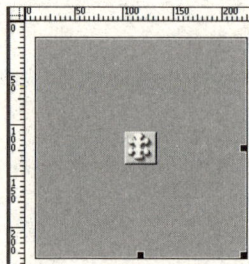

图 5-53 插件　　图 5-54 插件占位符　　图 5-55 插件属性

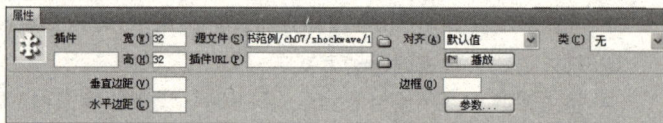

上机实践｜为"真彩"页面添加文本

原始文件：Sample\第05章\原始文件\5.4.1text\text.htm
最终文件：Sample\第05章\最终文件\5.4.1text\text-end.htm
实训目的：学会在页面中添加文字并设置文字效果
应用范围：网页设计制作

下面在页面中进行插入文本、设置文字修饰等操作，原始页面和最终页面的效果如图 5-56 所示。

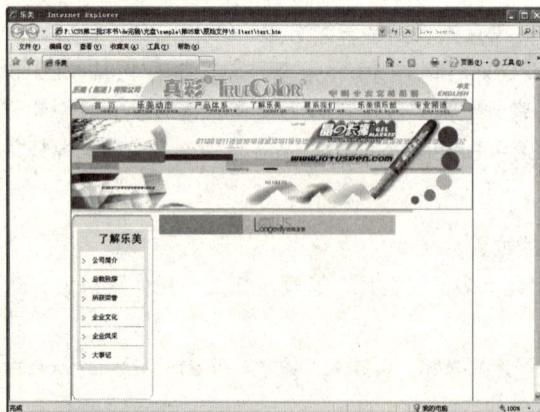

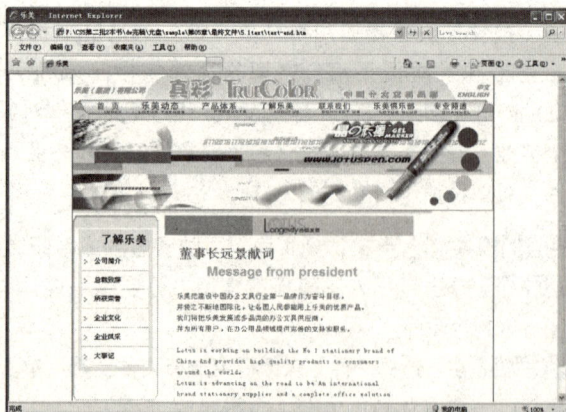

图 5-56 原始页面和最终页面

Step 01 打开附书光盘中的"Sample\ 第 05 章 \ 原始文件 \5.4.1text\text.htm"页面，将光标移至网页中要添加文字的空白区域单击，如图 5-57 所示。

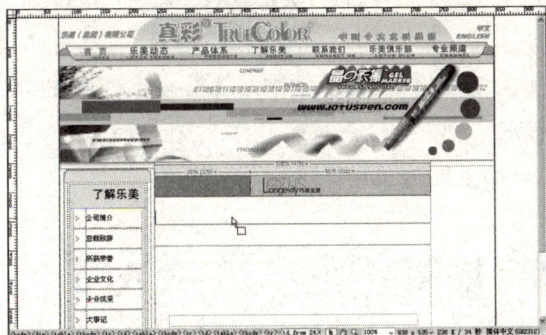

图 5-57 定位光标

Step 03 将插入点定位在标题下一行单元格中，输入英文标题文字 Message from president，如图 5-59 所示。

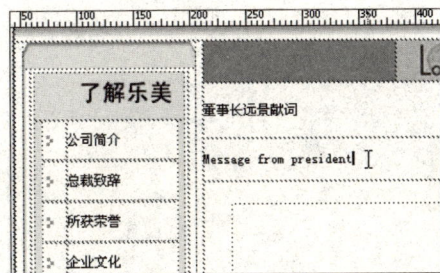

图 5-59 输入英文文本

Step 05 至此，文字已经全部输入完毕，下面为文字设置文字属性和排列方式。选中标题文字，在"属性"面板的"类"列表框中选择 from_24 样式，如图 5-61 所示。这是已经设置好的 CSS 样式效果，具体的设置方法将在后面的章节中介绍，这里只需直接应用即可。

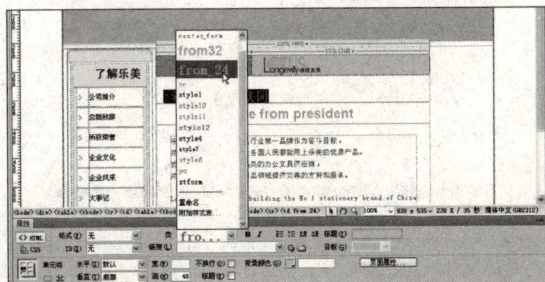

图 5-61 设置文字属性

Step 02 输入标题文字，这里输入"董事长远景献词"，如图 5-58 所示。

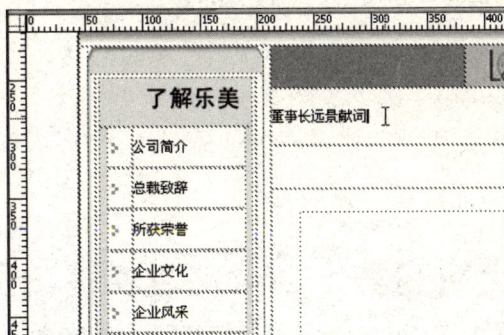

图 5-58 输入文本

Step 04 将插入点定位于下面的空白表格中，然后输入正文内容，如图 5-60 所示。

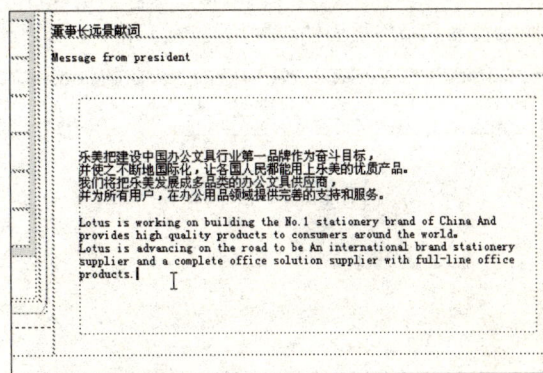

图 5-60 输入正文内容

Step 06 选中英文标题文字，在"属性"面板的"类"列表框中选择 from_32 样式，如图 5-62 所示。

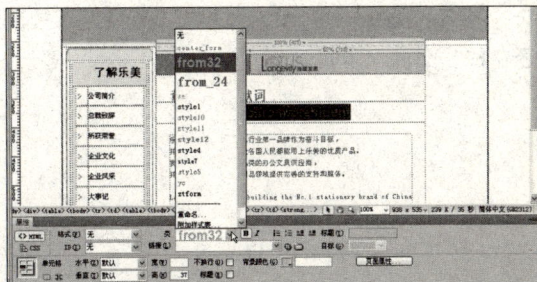

图 5-62 设置英文属性

Step 07 选中正文文字，在"属性"面板的"类"列表框中选择 conter_form 样式，如图 5-63 所示。

Step 08 至此就完成了文本的输入和设置，按下F12快捷键预览页面，就可以看到设置的文字效果。

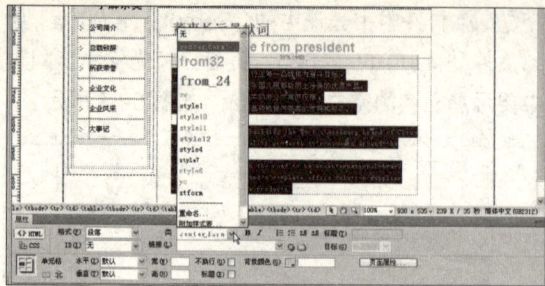

图 5-63 设置正文属性

上机实践｜为"企业邮箱"页面添加图像和交互图像效果

原始文件：Sample\第05章\原始文件\5.4.2img\img.htm
最终文件：Sample\第05章\最终文件\5.4.2img\img-end.htm
实训目的：学会在页面中插入图像并创建鼠标经过图像
应用范围：网页设计制作

下面在页面中进行插入图像并设置图像属性、插入鼠标经过图像等操作，制作图文混排的页面效果。原始页面和最终页面的效果如图 5-64 所示。

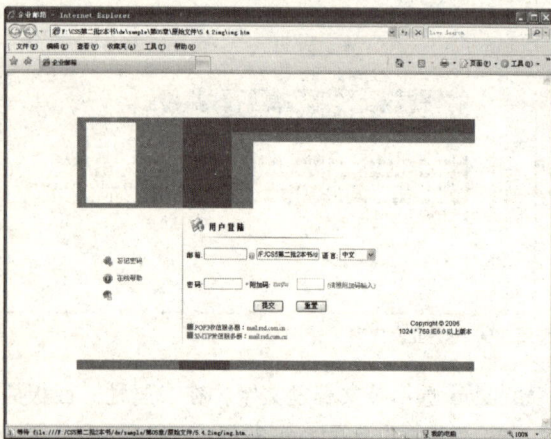

图 5-64 原始页面和最终页面

Step 01 打开附书光盘中的"Sample\第 05 章\原始文件\5.4.2 img\img.htm"页面，将插入点放在练习页面上方左侧如图 5-65 所示的空白位置，单击"插入"面板"常用"分类中"图像"下拉列表中的"图像"选项。

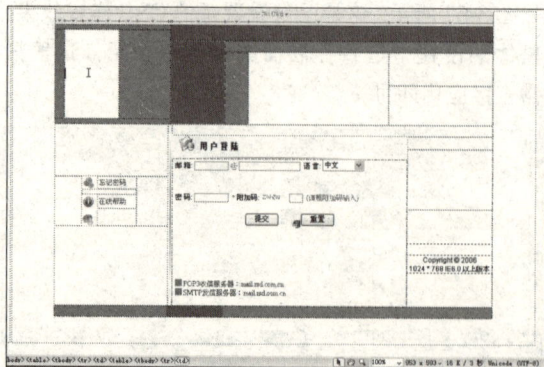

图 5-65 放置插入点

Step 02 在弹出的"选择图像源文件"对话框中选中图像文件"imgover_files\index_4.gif",单击"确定"按钮即向网页中插入图像。如果勾选"预览图像"复选框,则可以在对话框右边预览图像,如图 5-66 所示。

Step 03 单击"确定"按钮确认后,会弹出"图像标签辅助功能属性"对话框提醒用户输入替换文本和详细说明,这里可暂时不填写,稍后在"属性"面板中设置即可,如图5-67所示。

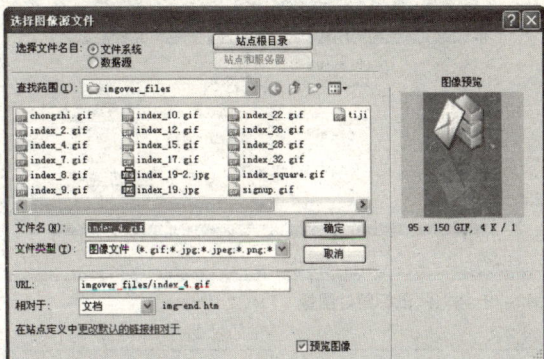

图 5-66 选择图像源文件

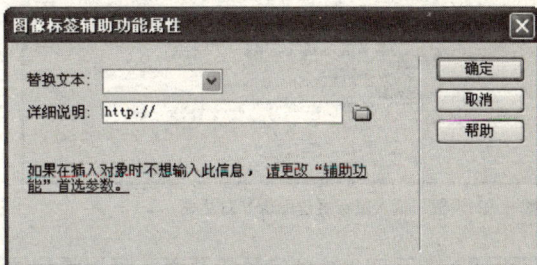

图 5-67 图像标签辅助功能属性

Step 04 单击"确定"按钮,图像就被插入到了页面中,如图 5-68 所示。

Step 05 将插入点置于页面上方中间的空白位置,按照同样方法插入图像文件"imgover_files\index_9.gif",如图 5-69 所示。

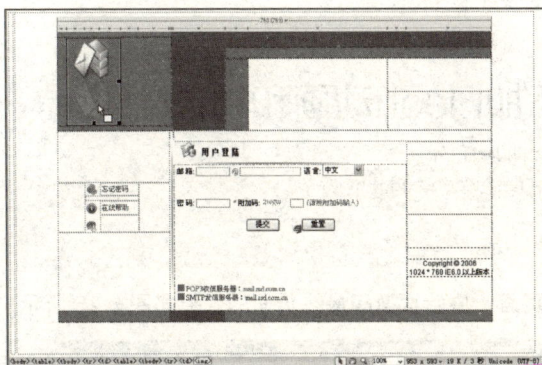

图 5-68 插入的图像

图 5-69 继续插入图像

Step 06 按照相同的方法,在页面上方右侧的两个空白位置依次插入 imgover_files\index_10.gif、imgover_files\index_12.gif 图像文件,如图 5-70、5-71 所示。

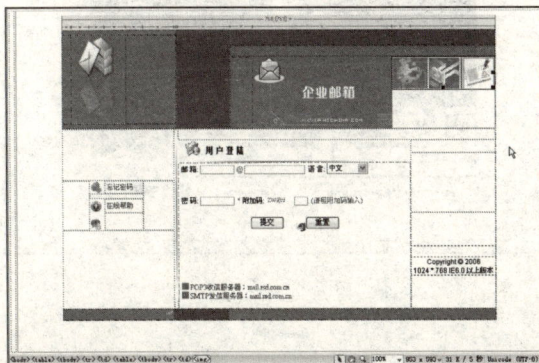

图 5-70 插入 imgover_files\index_10.gif 图像

图 5-71 插入 imgover_files\index_12.gif 图像

Dreamweaver CS5中文版标准教程

Step 07 将插入点放在页面右侧空白单元格中，单击"鼠标经过图像"按钮，在打开对话框中将"原始图像"设置为imgover_files\index_19.jpg，"鼠标经过图像"设置为imgover_files\index_19-2.jpg，将"替换文本"设置为"修饰图片"，如图5-72所示。

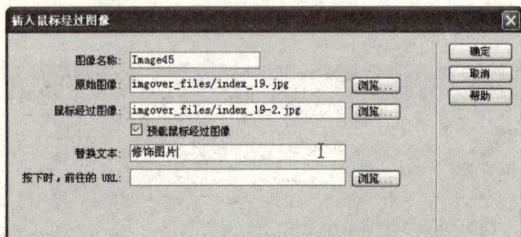

图 5-72 设置"插入鼠标经过图像"对话框

Step 09 按下F12快捷键预览页面，可以看到添加的图像、鼠标经过图像出现在了页面中。如图5-74所示，当鼠标经过图片时，图片变换成另外一张图片，且出现替代文本。

Step 08 单击"确定"按钮后，完成插入"鼠标经过图像"的操作，效果如图5-73所示。

图 5-73 插入的鼠标经过图像

图 5-74 预览效果

上机实践 | 为"立邦漆"页面添加Flash动画和视频

原始文件：Sample\第05章\原始文件\5.4.3flash\flash.htm，flashvideo.htm
最终文件：Sample\第05章\最终文件\5.4.3flash\flash-end.htm，flashvideo-end.htm
实训目的：学会在页面中插入Flash动画和Flash视频
应用范围：网页设计制作

下面分别制作一个含有Flash动画和视频的多媒体页面，原始页面和最终页面的效果如图5-75所示。

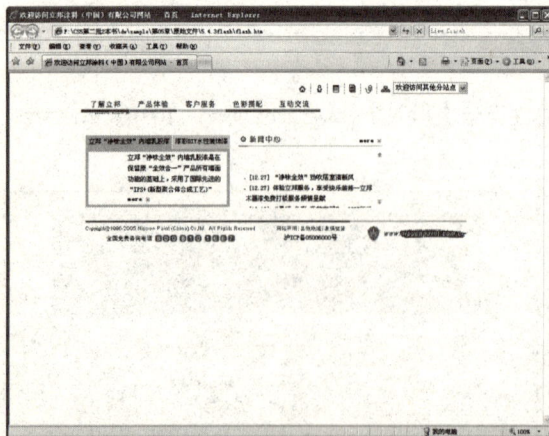

加入 Flash 动画前后的页面

加入 Flash 视频前后的页面
图 5-75　原始页面和最终页面

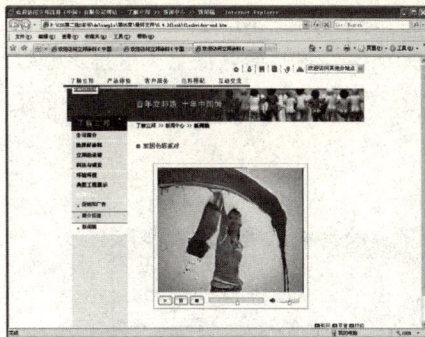

教学提示　了解网页中的音视频格式

在网页中使用多媒体文件（视频或音频文件）能增加网页的丰富性，但这并不像插入图片那样简单，它的复杂在于：视、音频文件的格式相当庞杂。在网页中使用不同格式的文件，可能要用不同的方法（与此有关的流媒体概念，不在本节的讨论范围之内，因为它还要涉及到服务器端的一些技术）。因此，需要了解一下网络上常用的媒体文件的类型。按其开发公司来划分，大致有四类：

- 微软开发的 Windows Media 系列，常见的格式有 .wmv（视频格式）、.wma（音频格式）等。
- RealNetworks 公司开发的 Real Media 系列，常见的格式有 .rm（视频、音频格式）.rmvb（视频格式）等。
- 苹果公司开发的 Quicktime 系列，文件后缀名为 .mov 等。
- 由 Adobe 开发，在 Flash 中使用的 flv 格式，即 FLASH VIDEO。注意这不是 Flash 动画，它是指传统意义上的视频，与前面三个是同一类型的文件。

当然除了这些，还有大名鼎鼎的MP3格式，它虽不是上述公司开发的，但它们对MP3都有良好的支持性，原因是MP3是现在网络上最流行的音频格式。

那到底在网页中使用哪一种格式的媒体文件呢？一般来讲，微软及RealNetworks公司开发的格式都拥有大量的使用者，两者的不同之处在于微软的播放器（Windows Media Player）在每一台安装有Windows操作系统的电脑上都有，用户不需要安装额外的软件就可以播放它们开发的媒体文件。而如果要播放RealNetworks的媒体文件，那就需要安装它们开发的Realone播放器，但根据测试结果来看，Real Media的质量要高一些。苹果公司的格式是每一台苹果电脑必备的，在相当多的Windows操作系统上也安装有他们的播放器（Quicktime），它主要应用在专业视频方面，例如，和视频动画有关的网站大都使用mov格式；网络上电影的预告片也几乎是清一色的mov格式。flv虽然是新开发的格式，但由于它和Flash的紧密结合，使浏览者不需要额外的播放器就可以正常播放他们的媒体文件，所以越来越多的人也开始在网站上使用这种格式了。

Step 01 打开附书光盘中的"Sample\ 第 05 章 \ 原始文件 \5.4.3flash\flash.htm"页面，将插入点放在导航条下的空白位置，如图 5-76 所示。然后单击插入面板"常用"分类中"媒体"下拉列表中的 SWF 选项。

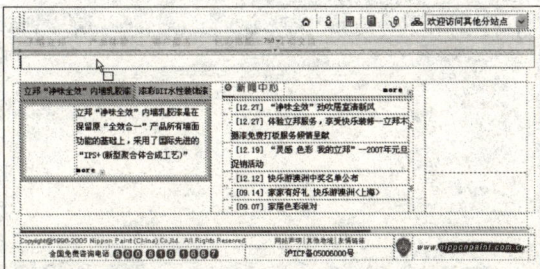

图 5-76　放置插入点

Step 02 打开"选择 SWF 文件"对话框，选择要打开的 swf 文件，如图 5-77 所示，这里选择 flash_files 文件夹下的 flash5.swf 文件。

图 5-77　选择 swf 文件

Dreamweaver CS5中文版标准教程

Step 03 弹出"对象标签辅助功能属性"对话框，提示用户添加标题、访问键等信息，这里不做设置，直接单击"确定"按钮关闭对话框，如图5-78所示。

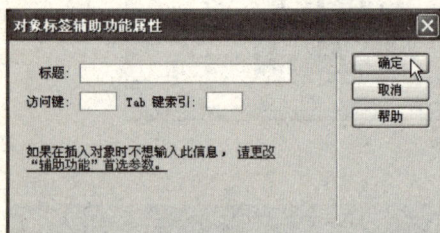

图 5-78 "对象标签辅助功能属性"对话框

Step 05 为了测试动画的预览效果，可以选中Flash文件，单击"属性"面板中的"播放"按钮，如图5-80所示。

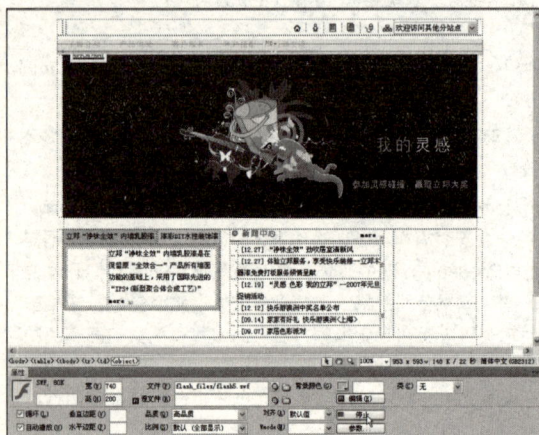

图 5-80 播放 Flash

Step 07 按照同样的方法，在页面右下方的空白单元格中插入 flash _files 文件夹下的 b2.swf 文件，如图 5-82 所示。

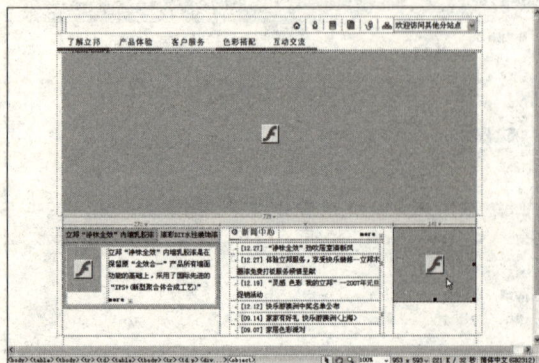

图 5-82 继续插入 Flash

Step 04 单击"确定"按钮后，Flash 动画被插入到了页面中，如图 5-79 所示。

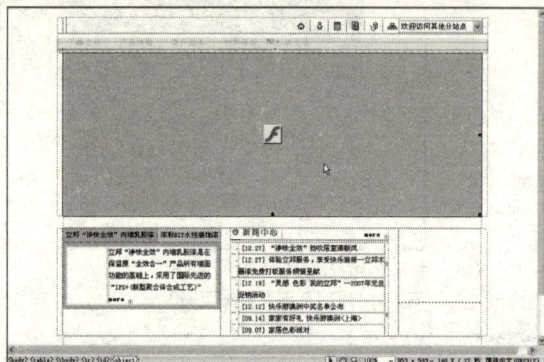

图 5-79 插入的 Flash

Step 06 将插入点放在练习文件页面左下方的空白单元格中，单击"插入"面板"常用"分类中"媒体"下拉列表中的SWF选项，插入flash _files文件夹下的02.swf文件，如图5-81所示的是Flash动画被插入到了页面中的效果。

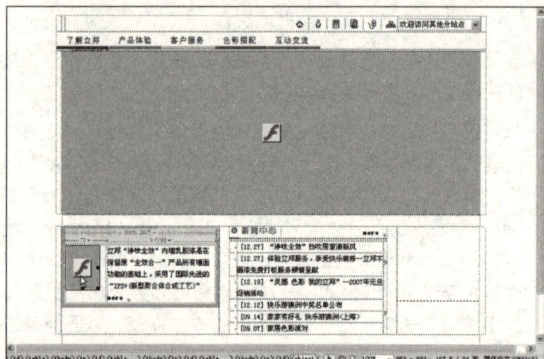

图 5-81 继续插入 Flash

Step 08 打开附书光盘中的"Sample\ 第 05 章 \ 原始文件 \5.4.3flash\flashvideo.htm"页面，将插入点放在页面中间的空白位置，如图 5-83 所示。

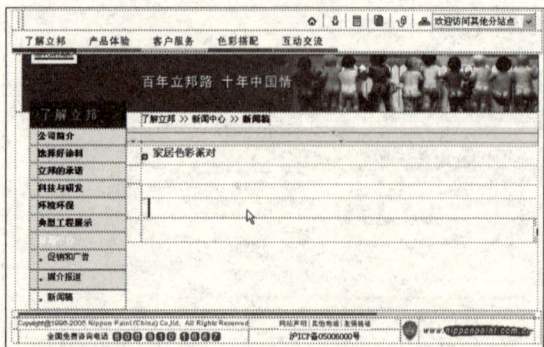

图 5-83 放置插入点

Step 09 单击"插入"面板"常用"分类中"媒体"下拉列表中的FLV选项，打开如图5-84所示的对话框，将URL设置为flashvideo.flv文件，设置合适的"外观"选项，并勾选"自动播放"复选框。

Step 10 单击"确定"按钮后，Flash 视频文件被插入到页面，在"属性"面板中可以随时修改 Flash 视频文件的参数，如图 5-85 所示。

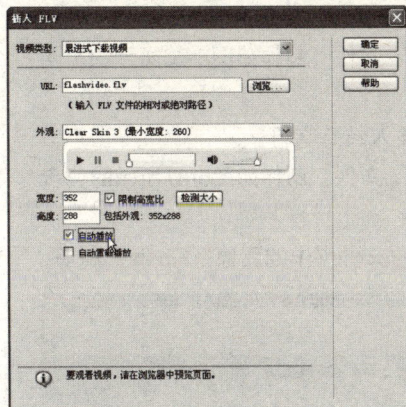

图 5-84 设置"插入 FLV"对话框

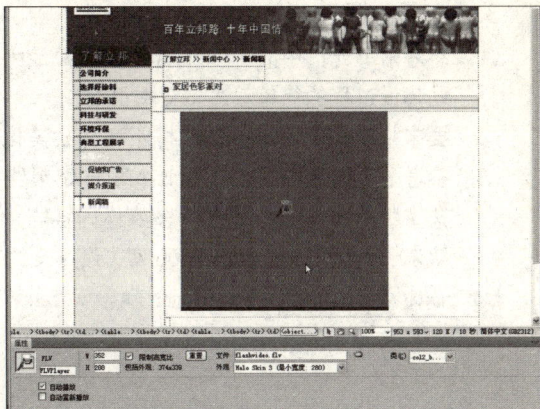

图 5-85 插入的 Flash 视频文件及其属性

Step 11 至此，多媒体页面制作完成，在这两个制作好的页面窗口中分别按下 F12 快捷键预览页面，可以看到 Flash 动画和 Flash 视频的效果。

思考与练习

　　图片、文本、多媒体是网页中最常用到的内容，不管技术如何发展，这几种网页对象是始终都不会消失的，思考与练习的知识点涵盖了这几方面的内容。由于图片、文本、多媒体的变化相对较少，如果要排出精致美观的网页，还要借助于后面所学的表格等内容。

1. 填空题

(1) 嵌入 QuickTime 格式视频文件的 HTML 标签是_____。

(2) 在网页文件的制作过程中，有时需要插入尚未准备的图像。这种情况下，可以利用_____功能来创建插入图像的位置后，再插入图像即可。

(3) 当鼠标移动到某一图像上时，该图像将被另一幅图像代替，这幅图像就被称作_____。

2. 选择题

(1) 在 Dreamweaver 中，调整图像属性按下（　　）键可按比例调整图像大小。
　　A．Shift　　　　　　B．Ctrl　　　　　　C．Alt　　　　　　D．Shift＋Alt

(2) 在 Dreamweaver 中，以下属于图像文本说明作用的是（　　）。
　　A．当鼠标移动到这些图片上时，如果给图像加上了说明文本，浏览器可以在鼠标旁弹出一个黄底的说明框
　　B．当浏览器禁止显示图片时，如果给图像加上了说明文本，可以在图片的位置显示出这些文本
　　C．使图像下载速度变快
　　D．使该图像优先下载

(3) 在 Dreamweaver 中，图像的属性内容包括（　　）。

A. 图像的名称　　　　　　　　　　B. 图像的大小

C. 图像的源文件　　　　　　　　　D. 图像的链接

3. 上机操作题

(1) 参考附书光盘中的"Exercise\第05章\最终文件\1\练习1.htm"文件，制作如图5-86所示的"网站建设过程的简单叙述"文本页面。

要求：在页面中进行文字排版和样式美化，并在版权位置插入特殊字符。

(2) 参考附书光盘中的"Exercise\第05章\最终文件\2\练习2.htm"文件，制作如图5-87所示的包含文字、图像、Flash动画等多媒体内容的"劲霸篮球"网页。

要求：使用"Exercise\ 第 05 章 \ 最终文件 \2\flash-end_files"文件夹中的图像、Flash 素材等。

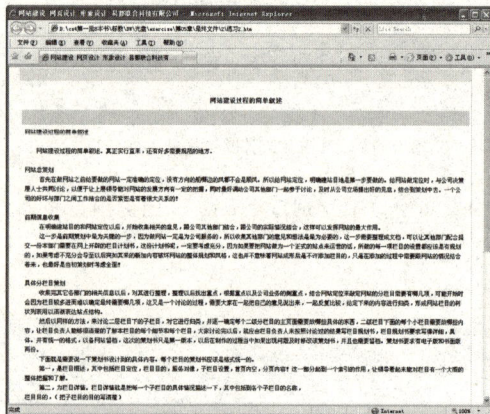

图 5-86 文本页面

图 5-87 多媒体页面

◀))) 知识延展　怎样选择网页中的图像文件格式

　　图像的使用会受到网络传输速度的限制，所以为了减少下载时间，一个页面中的图像最好不要超过 50 KB。随着宽带技术的发展，网络传输速度不断提高，这种限制会越来越小。

　　同任何其他类型的资源一样，图像信息也是保存在文件中。由于图像在磁盘中压缩方式和存储方式的不同，因此存在着多种多样的图像文件。目前在 Internet 上最为常见的图像包括 JPG, JPEG, GIF 和 PNG，在网页上使用的图像一般有 GIF, JPG, PNG 等。Windows 中 BMP 格式的位图，由于占用空间太大（没有对数据进行压缩），因此几乎不在网络中使用。

1. GIF 图像

　　GIF是Graphics Interchange Format的缩写，使用LZW算法（一种由Unisys公司拥有的注册专利性无损压缩算法）进行压缩，以gif作为文件的后缀名，最高只支持256种颜色，色彩比较简单，但文件比较小，网上的图标、按钮等通常使用这种格式的图像。GIF图像可分为87a和89a两种格式，其中89a就是我们通常所说的GIF动画，这种动画形式可以使网页变得非常生动，而且容量也很小，网

图 5-88 GIF 图像

上的很多Logo，Banner通常就是用这种方法做的。而且它支持交错（Interlaced）显示模式，该模式是指在网络传输速率较慢时，一张图像往往不能一下子显示出来，就以类似百叶窗的效果慢慢显示，这样网友在浏览页面的时候，就不会失去耐心而跳转到别的网页上。如图5-88所示的就是适合使用GIF格式表现的图形。

2. JPG 图像

JPG是Joint Photographic Group的缩写，文件的后缀名是.jpg，它是一种有损压缩方式，且压缩比很高，压缩效果很显著。它支持全彩色模式，可以使图片的色彩非常丰富，而且其有损压缩所产生的损失，肉眼很难看出来。图像数据被抛弃得很少，不会在质量上有明显不同。所以当网页上需要全彩色的图像时（如照片新闻、产品介绍等），最好采用JPG格式。

图 5-89 JPG 图像

JPG 支持数百万种颜色（24 位），最适合于扫描的照片、使用纹理的图像、具有渐变颜色过渡的图像和任何需要 256 种以上颜色的图像。如图5-89所示的就是适合使用JPG表现的图像。

3. PNG 图像

PNG 是 Portable Network Graphic 的缩写，这种图像格式由于受到 W3C 组织的大力推荐，已经在网络上逐渐推广。它采用同 GIF 图像类似的压缩算法，但是避开了牵扯版权争议的相关内容，因此是一种可以"安全"使用的图像。PNG 图像采用无损压缩算法，以真实重现原始图像的信息，同时它又支持真彩色，而图像文件的大小和 JPG\JPEG 没有太大的差别。

图 5-90 PNG 图像

PNG 图像是一种格式上非常灵活的图像，它可以同时实现 GIF 的一些特性，如透明背景等，还可以控制对图像的压缩比率，使用无损或有损压缩算法，以进一步减小文件大小。与 JPG 图像不同，PNG 格式可以支持多种颜色数目，例如 256 色、65536 色或 16777216 色等，甚至还支持 32 位更高质量的颜色，如图 5-90 所示的是适合使用 PNG 表现的图像。

Chapter
06

使用表格排版

课题概述 表格是网页设计制作中不可缺少的重要元素，它以简洁明了和高效快捷的方式将数据、文本、图片、表单等元素有序地显示在页面上，从而设计出版式漂亮的页面。

教学目标 通过学习本章，读者要了解表格属性，掌握使用表格在不同平台、不同分辨率的浏览器里进行排版布局的功能，表格是网页中最常用的排版方式之一。

★ 章节重点

★★★☆☆ | 插入表格
★★★★☆ | 表格属性设置
★★★★☆ | 调整表格结构
★★★★★ | 使用表格进行页面排版

★ 光盘路径

上机实践：Sample\第06章\
课后练习：Exercise\第06章\最终文件
电子教案：PPT电子教案\DW_lesson6.ppt

6.1 表格的基本操作

网页文件的布局制作当中最常使用的就是表格，制作并编辑表格是网页设计中最为基本的操作。

6.1.1 直接插入表格

表格基本上是随着用户添加正文或图像而扩展的。表格由3个主要元素构成：行、列以及单元格。行从左到右横过表格；列则是上下走向；单元格是行和列的交界部分，它是用户输入信息的地方，单元格会自动扩展到与输入的信息相适应的大小。如果用户已启动了表格边框，浏览器中会显示表格边框和其中包含的所有单元格。创建表格的步骤如下。

■ **课堂范例：** Sample\第06章\原始文件\6.1.1table\table.htm
　　　　　　Sample\第06章\最终文件\6.1.1table\table-end.htm

Step 01 打开附书光盘中的"Sample\ 第 06 章 \ 原始文件 \6.1.1table\table.htm"页面，将插入点放置在要插入表格的地方，如图 6-1 所示。

Step 02 单击"插入"面板"常用"分类中的"表格"按钮，打开如图6-2所示的"表格"对话框，在这里可以设置表格的样式。

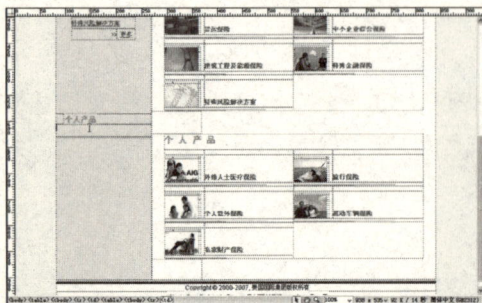
图6-1 定位插入点

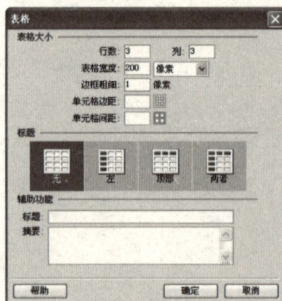
图 6-2 "表格"对话框

- **行数**：输入要插入表格的行数。
- **列**：输入要插入表格的列数。
- **表格宽度**：定义表格宽度，同时可以在右侧的下拉列表中选择宽度单位，可以是像素（绝对宽度），也可以是百分比（相对宽度）。
- **边框粗细**：定义边框的宽度。
- **单元格边距**：输入单元格中对象同单元格内部边界之间的距离。
- **单元格间距**：输入单元格之间的距离。
- **标题**：定义表头样式。
- **辅助功能 > 标题**：定义表格标题。
- **辅助功能 > 摘要**：可以在这里对表格进行注释。

Step 03 在这里设置了一个8行1列，宽度为126像素，边框为0像素的表格，单击"确定"按钮后，插入的表格效果如图6-3所示。

Step 04 输入相应的内容后，可以看到表格的效果，如图6-4所示。

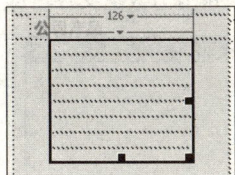

图 6-3　插入的表格

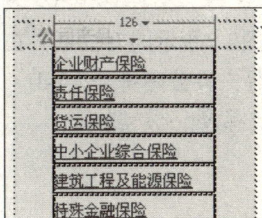

图 6-4　表格效果

6.1.2　导入导出表格数据

1. 导入表格数据

有时经常需要在网页中插入数据表格，录入含有大量数据的表格是一项极其繁琐的工作，对于网页制作者而言，工作量非常大。这些表格往往是已有的 Excel 表格，因此为了防止重复性工作，Dreamweaver CS5 提供了表格导入功能，可以直接导入其他程序（如 Excel 等）创建的表格文件。同时 Dreamweaver 也能够导出 HTML 文档中的表格供其他程序使用。具体步骤如下。

Step 01 在设计视图中，将插入点放在需要插入表格的位置，执行"文件 > 导入 > 表格式数据"命令。

Step 02 弹出如图 6-5 所示的对话框，通过这个对话框可以对数据源以及参数进行选择。

- **数据文件**：选择转换为表格形式的数据文件，单击"浏览"按钮可以在如图 6-6 所示的对话框中查找文件。

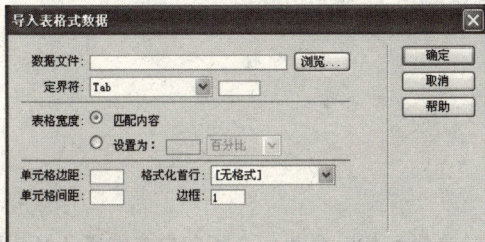

图 6-5　设置导入表格参数

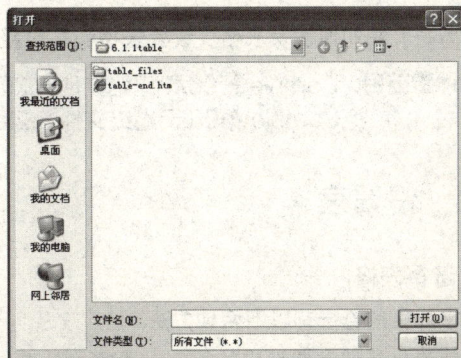

图 6-6　"打开"对话框

- **定界符**：指定在各个单元格中区分资料的定界符，可以在Tab、逗点、分号、引号当中选择一个形式。
- **表格宽度**：指定表格的宽度。选择"匹配内容"单选按钮时，会根据阅读的资料来改变表格宽度；选择"设置为"单选按钮就可以随意指定所需的表格宽度。
- **单元格边距**：指定单元格内的空格。
- **单元格间距**：指定单元格之间的间距。
- **格式化首行**：指定表格中第一行的格式，可以选择无格式、粗体、斜体、加粗斜体形式。
- **边框**：指定边框的粗细。

Step 03 一切设置完成后，单击"确定"按钮就可以完成表格的导入。

2. 导出表格数据

既然可以导入其他表格，同样我们也可以将 HTML 文档中的表格导出为其他形式，其步骤如下。

Step 01 打开需要导出表格的HTML文档，将插入点放到表格的单元格中。执行"文件＞导出＞表格"命令，这时会弹出如图6-7所示的对话框，在"定界符"下拉列表中选择文件分隔符类型Tab，在"换行符"下拉列表中选择Windows选项。

Step 02 单击"导出"按钮，弹出如图6-8所示的"表格导出为"对话框，输入文件名称和路径后单击"保存"按钮，可将表格输出为数据文件。

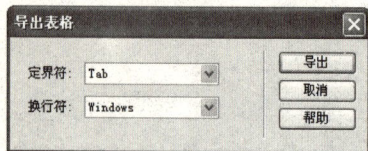

图 6-7 "导出表格"对话框

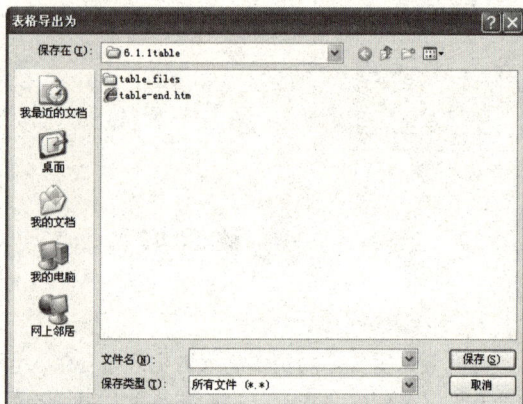

图 6-8 "表格导出为"对话框

- **分隔符**：在下拉列表中选择将要生成的表格数据文件的分隔符类型。
- **换行**：在下拉列表中选择断行类型，对于使用 Windows 操作系统的用户来讲，可直接选择 Windows选项。

6.2　表格属性设置

本节将介绍如何设置表格。设置表格包括对整体表格的设置、对行或列的设置以及对单元格的设置。

- **课堂范例：** Sample\第06章\原始文件\6.2tableset\tableset.htm
  Sample\第06章\最终文件\6.2tableset\tableset-end.htm

6.2.1　设置表格

1. 选择表格

选中表格的整行有以下两种方法。

- 将光标移动到要选中的行左方表格之外的位置，当鼠标指针变为一个指向右方的黑色箭头形状时单击鼠标，即可选中相应的行，如图 6-9 所示。在此基础上，上下拖动光标，可以选中多行。

● 首先单击要选择表格行中的第一个单元格，然后按住鼠标左键向右拖动，直到要选择表格行中最后一个单元格，再释放鼠标，即可选中表格行。同样，拖动鼠标至多个表格行，也可选中多个表格行，如图 6-10 所示。

图 6-9 单击选中表格的单元行

图 6-10 拖动选中单元行

选中表格的整列有以下 2 种方法。

● 将光标移动到要选择的列的上方，当鼠标指针变为指向下方的黑色箭头形状时单击鼠标，即可选中相应的列，如图 6-11 所示。在此基础上，向左右拖动鼠标，可以选中多列。

● 首先单击要选择表格列中的第一个单元格，然后按住鼠标左键向下拖动，直到要选择表格列中最后一个单元格，再释放鼠标，即可选中表格列。同样，拖动鼠标经过几个列后，即可选中多个列，如图 6-12 所示。

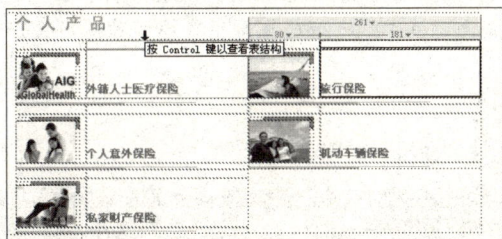

图 6-11 单击选中列

图 6-12 拖动选中列

如果要选中整个表格，有以下 2 种方法。

● 将光标移动到表格的左上角或表格上边框或下边框外附近的任意位置，当鼠标指针呈现 🖑 时单击鼠标，即可选中整个表格，如图 6-13 所示。

● 单击表格中的任意位置，然后执行"修改 > 表格 > 选择表格"命令，表格也可选中整个。

选择单元格的方法很多，最方便的方法是按住 Ctrl 键的同时用鼠标单击要选择的单元格，就可以选中当前的单元格了，如图 6-14 所示。

图 6-13 单击选中整个表格

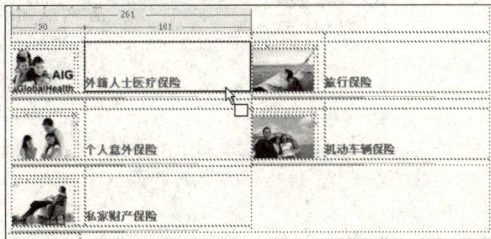

图 6-14 选中单元格

2. 总体属性设置

选中整个表格后，在表格的"属性"面板中便可以对表格进行基本属性的设置，如图 6-15 所示。

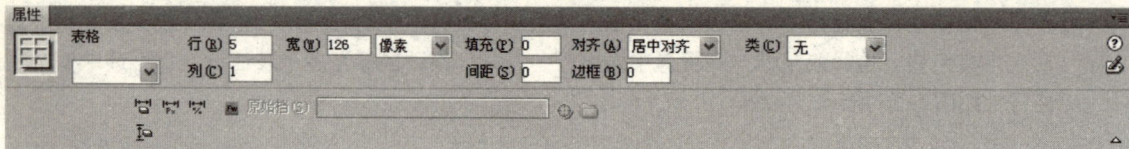

图 6-15 表格的"属性"面板

- **表格**：输入表格的名称，Dreamweaver 中可以指定图像或表格等网页文件中插入的所有组件名称。
- **行、列**：输入构成表格的行和列的个数。
- **宽**：指定表格的宽度。以当前文档的宽度为基准，可以用百分比或像素单位来指定。默认显示为像素单位，若想固定大小，则继续使用像素单位。
- **填充**：设置单元格内容和单元格边框之间的间距，可以认为是单元格内侧的空格。将该值设置为 0 以外的数值时，在边框和内容之间生成间隔。
- **间距**：设置单元格之间的间距。该值设置为 0 以外的数值时，在单元格和单元格之间出现空格，因此两个单元格之间有一些间距。
- **对齐**：设置在文档中的表格位置。可以选择的值为"默认"、"左"、"右"。
- **边框**：设置表格的边框厚度。大部分的浏览器中表格的边框都会采用立体的效果，但在整理网页文件而使用的布局用表格当中，最好不要显示边框。这种时候，可以将"边框"的值设置为 0。
- **像素和百分比转换 & 清除行高、列宽**：可以把设置为百分比的表格宽度转换成像素单位，也可以将像素单位的宽度转换成百分比单位。或忽略原来表格中的宽度或高度，直接更改成可表示内容的最小宽度和高度形式。
- **原始档**：设置 Fireworks 切割表格的原始图像位置。

单击选中单元格，下方会显示出当前单元格的"属性"面板，如图 6-16 所示。

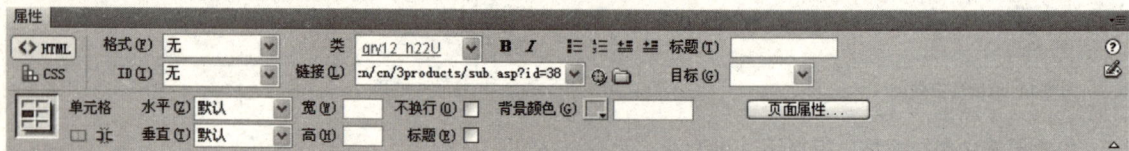

图 6-16 单元格"属性"面板

- **合并所选单元格**：选择两个以上的单元格，单击该按钮，就可以合并这些单元格。
- **拆分单元格为行或列**：单击该按钮后，在如图 6-17 所示的对话框中选择行或列以及拆分的个数，就可以拆分所选单元格。

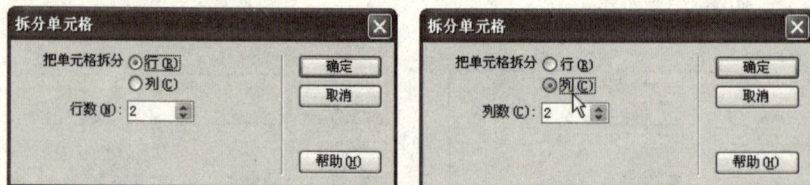

图 6-17 "拆分单元格"对话框

- **水平**：设置单元格中的图像或文本的横向位置。可以在"左对齐"、"右对齐"、"居中对齐"、"默认"选项中选择其中的一种形式。
- **垂直**：设置单元格中的图像或文本的纵向位置。可以在"顶部"、"居中"、"底部"、"基线"、"默认"选项中选择其中的一种形式。

- **宽、高**：设置单元格的宽度和高度。
- **不换行**：输入文本时即使超过单元格的宽度，也不会自动换行。不换行的情况下继续横向输入文本，就会延长单元格的宽度。
- **标题**：为了与其他内容区分，醒目地表示单元格标题后居中对齐。
- **背景颜色**：指定单元格的背景颜色。

6.2.2　调整表格结构

在创建完表格后，如果表格的行数或列数不合适，还可以继续编辑表格，调整表格的结构。

1. 插入或删除行或列

（1）插入行或列

插入行或列的操作步骤如下。

Step 01 选中要插入行或列的单元格，单击鼠标右键，在弹出的快捷菜单中执行"表格 > 插入行（列、行或列）"命令。

Step 02 如果选择了"插入行或列"命令，则会弹出如图6-18所示的对话框。

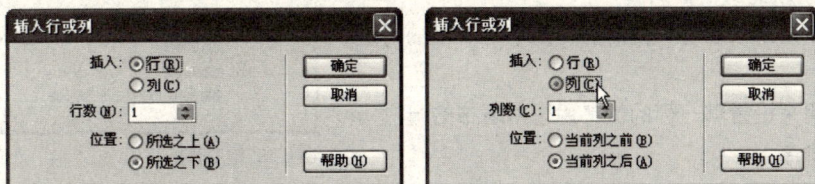

图6-18 "插入行或列"对话框

- **插入**：选择添加"行"还是添加"列"。
- **行（列）数**：输入要添加的行或列的个数。
- **位置**：选择添加行或列的位置，选择"所选之上"、"所选之下"、"当前列之前"、"当前列之后"。

Step 03 设置完毕后，单击"确定"按钮，指定的行或列便插入到表格中了。

（2）删除行或列

若想删除行或列，首先选中要删除行或列的单元格，单击鼠标右键，在弹出的快捷菜单中执行"表格 > 删除行（删除列）"命令即可删除选中的行或列。

2. 复制单元格

用户可以一次对多个单元格进行复制或粘贴操作，既可以选择在复制和粘贴时保留原格式，也可以选择在复制和粘贴时仅操作单元格中的内容。

（1）剪切或复制单元格

剪切或复制单元格的具体操作步骤如下。

Step 01 选择要复制或剪切的单元格。既可以选择一个单元格，也可以选择多个单元格，但要保证选中的单元格区域呈矩形。

Step 02 执行"编辑>剪切"命令，或使用快捷键Ctrl+X，即可将选中的单元格剪切到剪贴板上；执行"编辑>复制"命令，或使用快捷键Ctrl+C，即可将选中的单元格复制到剪贴板上。

（2）粘贴单元格

对单元格进行粘贴的具体操作步骤如下。

Step 01 选择要粘贴数据的目标对象。如果希望将数据粘贴到单元格内，可以单击该单元格，将插入点放置到该单元格内；如果希望将剪贴板中的数据粘贴为一个新的表格，可以在文档中将插入点放置到要插入新表格的位置上。

Step 02 执行"编辑 > 粘贴"命令，或使用快捷键 Ctrl + V，即可进行粘贴。

学习注意 粘贴单元格数据时的注意事项

在粘贴剪贴板中的单元格时，如果将完整的行和列数据粘贴到现有的表格中，则行和列数据会放置在该表格中的相应位置上；如果将数据粘贴到一个单独的单元格中，则相应单元格区域中的内容会被替换，而不管剪贴板中的内容是否同表格格式相兼容。

6.2.3 表格的排序

表格作为处理数据的常见形式，一般会有大量的数据，对其中的数据进行排序是必不可少的。使用 Dreamweaver CS5 可以方便地将表格内的数据排序。

要对数据排序，执行"命令 > 排序表格"命令，将弹出如图 6-19 所示的对话框。

- **排序按**：用来设置哪一列的值将用于对表格的行进行排序。

- **再按**：用来设置哪一列的值将用于对表格的行进行进一步排序。

图 6-19 排序表格

- **顺序**：第一个下拉列表用来确定设置是按字母顺序还是按数字顺序排序，第二个下拉列表用来设置是按升序还是按降序排序。

- **排序包含第一行**：用来设置表格的第一行是否应该包含在排序中，例子中的表格第一行是标题，不应参与排序，此时不勾选此复选框。

- **排序标题行**：用来设置是否对表格标题部分（如果存在）中的所有行进行排序，即使在排序后标题行仍将保留在标题部分中并显示在表格的顶部。

- **排序脚注行**：用来设置是否对表格脚注部分（如果存在）中的所有行进行排序，即使在排序后脚注行仍将保留在脚注部分中并仍显示在表格的底部。

- **完成排序后所有行颜色保持不变**：用来设置排序后表格行的属性（例如颜色）是否应该保持与相同内容的关联。如果表格行使用两种交替的颜色，则取消勾选此复选框以确保排序后的表格仍具有颜色交替的行；如果行属性特定于每行的内容，则勾选此复选框以确保这些属性保持与排序后表格中正确的行关联在一起。

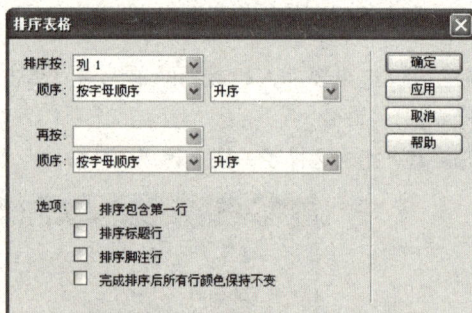

教学提示 使用扩展表格模式

将边框指定为0以后插入表格，就发现边框以点线的形式出现。但几个表格重复插入时会很难找出各个表格的包含关系，而且也很难选择单元格。这种情况下可以使用Dreamweaver CS5中的"扩展表格模式"功能。在"插入"面板的"布局"分类中单击"扩展"按钮，这样就会出现表格的边框，从而使单元格和单元格、表格和表格之间都可以明确区分，如图6-20所示。若想返回到原来的状态，则可以单击"标准"按钮。

图 6-20 使用扩展表格模式

上机实践 | 使用表格排版制作 "薇薇新娘" 页面

原始文件：Sample\第06章\原始文件\6.3table\table.htm
最终文件：Sample\第06章\最终文件\6.3table\table-end.htm
实训目的：学会插入表格并进行简单排版
应用范围：网页设计制作

　　下面讲解制作一个网站页面的实例，通过详细的讲解，读者可以学习到如何利用表格来进行网页的排版，原始页面和最终页面的效果如图 6-21 所示。

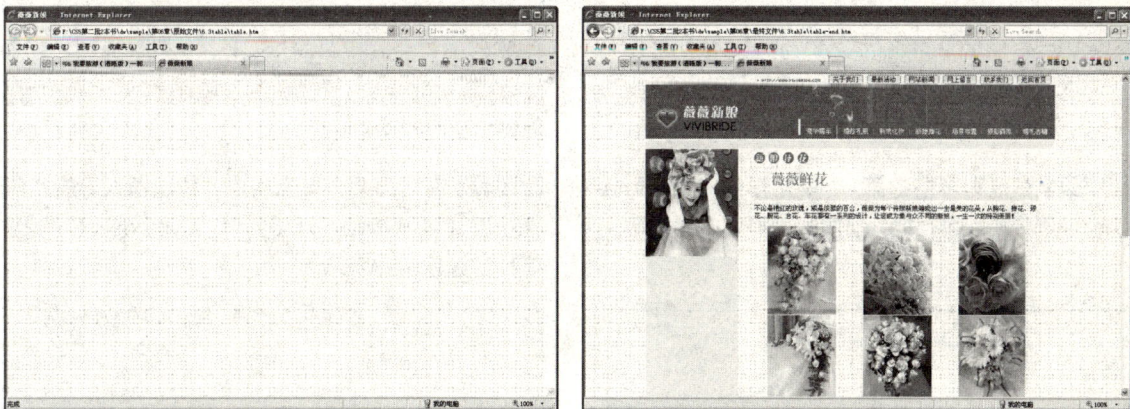

图6-21 原始页面和最终页面

Step 01 单击 "插入" 面板 "常用" 分类中的 "表格" 按钮，打开 "表格" 对话框，设置表格的行数为3，列数为1，将表格宽度设置为779像素，如图6-22所示。

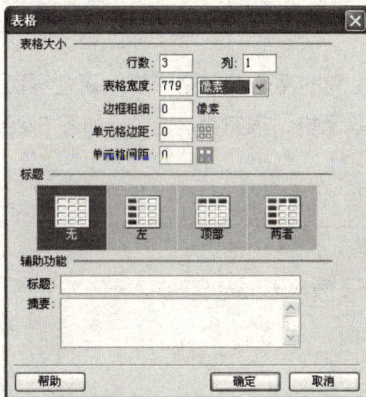

图6-22 "表格" 对话框

Step 03 选中表格，将 "属性" 面板中的 "对齐" 选项设置为 "居中对齐"，然后将插入点放在第1行的单元格中，如图 6-24 所示。

Step 02 单击 "确定" 按钮后，表格插入到了页面中，如图 6-23 所示。

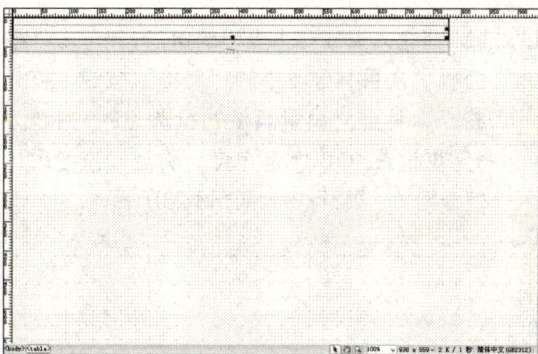

图6-23 插入的表格

Step 04 单击 "插入" 面板 "常用" 分类中的 "表格" 按钮，打开 "表格" 对话框，设置表格的行数为1，列数为7，将宽度设置为100%。单击 "确定" 按钮后，表格被嵌套到第1行中，如图6-25所示。

图 6-24 设置表格对齐

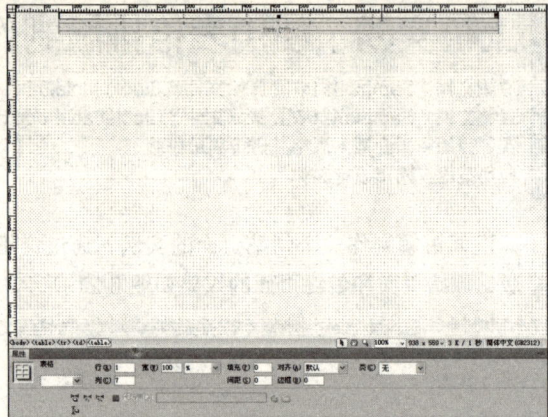

图 6-25 将表格嵌套到第 1 行

Step 05 在嵌套表格的第1个单元格中，插入ima-ges_files\vivibride_r1_c1.gif图片，如图6-26所示。

Step 06 在后面几个单元格中，依次插入导航栏的几张图片（vivibride_r1_c3.gif，vivibride_r1_c5.gif等），如图6-27所示。

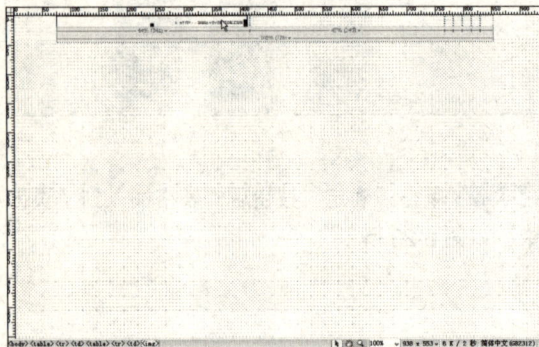

图 6-26 插入图片

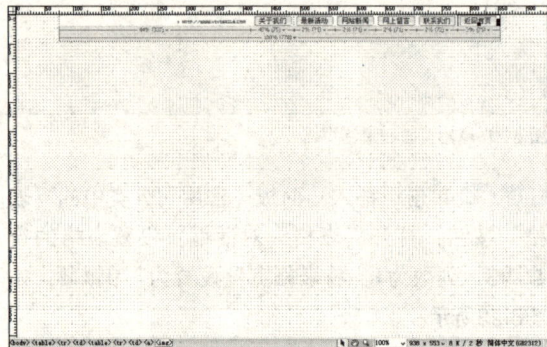

图 6-27 插入导航栏图片

Step 07 将插入点放在大表格的第2行，单击"插入"面板"常用"分类中的"表格"按钮，打开"表格"对话框，设置表格的行数为2，列数为2，将宽度设置为100%，单击"确定"按钮后，表格被嵌套到了第2行中，如图6-28所示。

Step 08 选中第 1 列的两个单元格，在"属性"面板中单击"合并单元格"按钮将其合并，如图6-29所示。

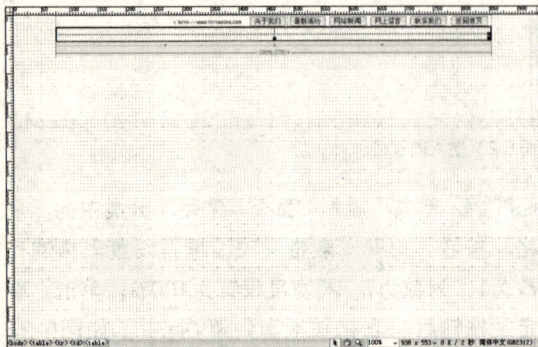

图 6-28 将表格嵌套至第 2 行

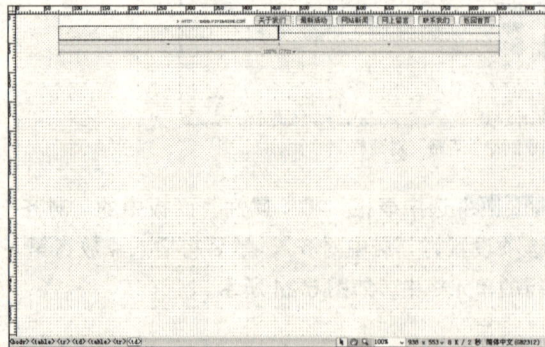

图 6-29 合并单元格

Step 09 在这个合并的单元格中插入images_files\vivibride_r2_c1.gif图片，如图6-30所示。

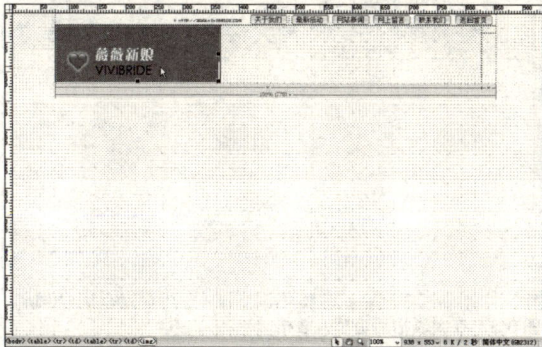

图 6-30 插入图片

Step 11 单击"插入"面板"常用"分类中"媒体"下拉列表中的 SWF 选项，在打开的对话框中选择要插入的动画为 images_files\cymusic.swf，单击"确定"按钮，如图 6-32 所示。

图 6-32 选择 SWF 文件

Step 13 将插入点放在右侧第2行，插入一个行数为1、列数为7、宽度为100%的表格，如图6-34所示。

图 6-34 插入设定表格

Step 10 将插入点放在右侧第1行，将高度设为74，在拆分视图中将源代码修改为<tdbackground="images_files\vivibride_r2_c2.gif" height="74">，设置单元格的背景图像，如图6-31所示。

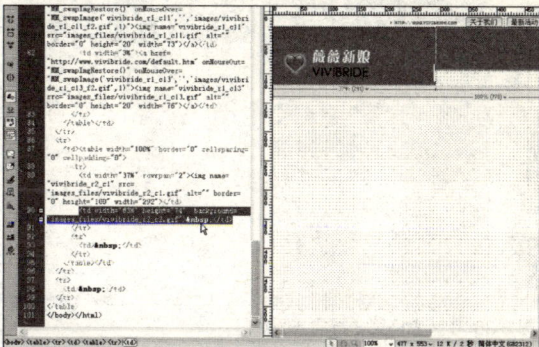

图 6-31 修改源代码

Step 12 插入的 Flash 动画会显示成灰色的占位符，在其"属性"面板中将宽度和高度分别调整为 440、68。然后将 Flash 动画水平居中，如图 6-33 所示。

图 6-33 设置 Flash 动画属性

Step 14 在下面的几个单元格中，依次插入导航栏的几张图片，如图 6-35 所示。

图 6-35 插入导航栏图片

Step 15 将插入点放在大表格的第3行，插入 images_files\vivibride_r4_c1.gif 图片，如图6-36 所示。

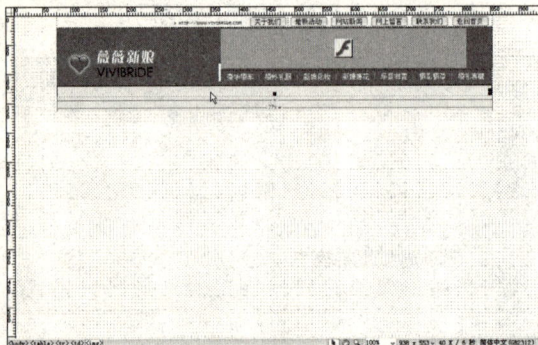

图6-36 在大表格第3行插入图片

Step 17 将表格设置为水平居中对齐，并用鼠标将表格的行列位置调整成如图6-38 所示的样子，其中左列宽度为174像素。

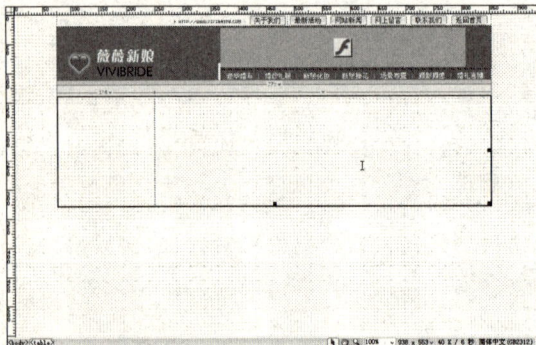

图6-38 调整表格结构

Step 19 在"属性"面板中设置单元格内容，设置"垂直"选项为"顶端"，并插入images_files\leftpic.jpg图片，如图6-40所示。

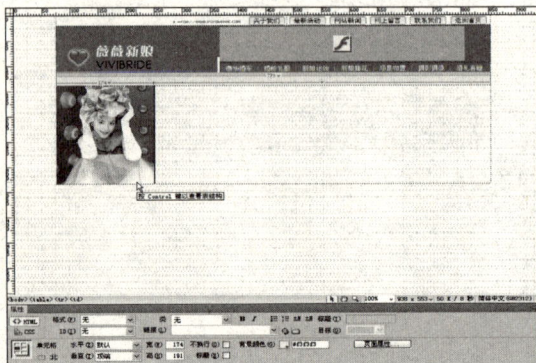

图6-40 插入 leftpic.jpg 图片

Step 16 将插入点移至大表格的后面，插入一个行数为1、列数为2、宽度为779像素的表格，如图6-37所示。

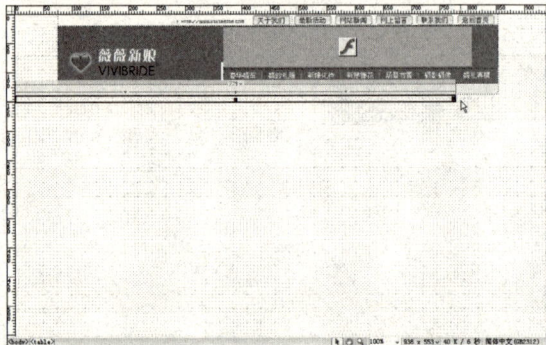

图6-37 在大表格后边插入表格

Step 18 将插入点放在表格左列，在"属性"面板中设置单元格背景颜色为#f3f3f3，如图6-39所示。

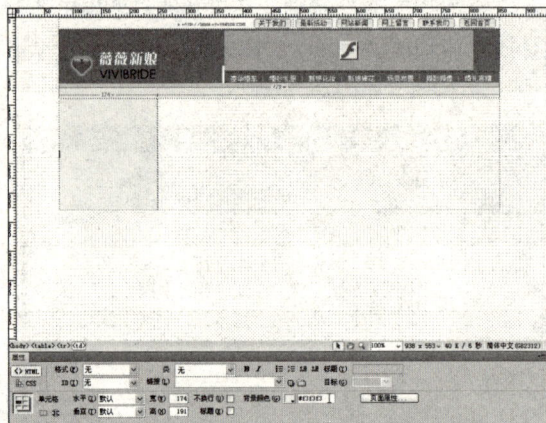

图6-39 设置单元格背景色

Step 20 将插入点放在表格右列，插入一个行数为5、列数为1、宽度为90%的表格，如图6-41 所示。

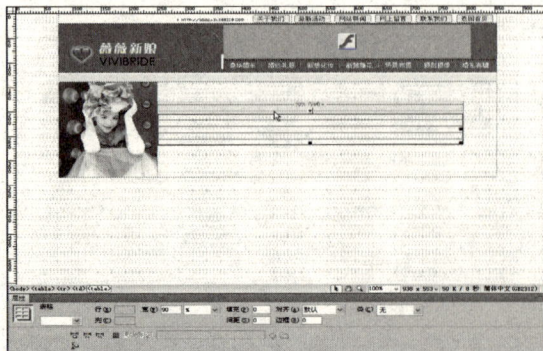

图6-41 在右列插入表格

Step 21 在"属性"面板中将表格设置为水平"居中对齐",垂直"顶端"对齐,如图 6-42 所示。

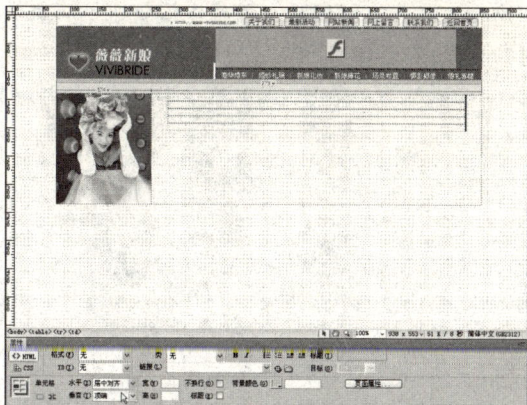

图 6-42 设置表格的对齐方式

Step 23 将插入图像所在的行高变大,将插入点定位在第2行,使用全角输入法输入两个空格,插入 images_files\flowerTop.gif图片,如图6-44所示。

图 6-44 输入空格并插入图片

Step 25 将插入点定位在第 4 行,将高度变大,然后输入文字,如图 6-46 所示。

图 6-46 改变高度后输入文字

Step 22 在嵌套表格的第 1 行中插入 images_files\top4.gif 图片,如图 6-43 所示。

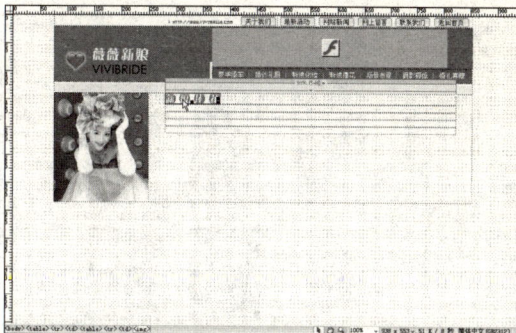

图 6-43 插入 top4.gif 图片

Step 24 将插入图像所在行的高度变大,然后将鼠标定位在第 3 行,设置单元格背景色为 #f3f3f3,如图 6-45 所示。

图 6-45 设置单元格背景色

Step 26 将插入点定位在第5行,插入行数为10、列数为3、宽度为100%的表格,将表格中所有单元格设置水平"居中对齐",如图6-47所示。

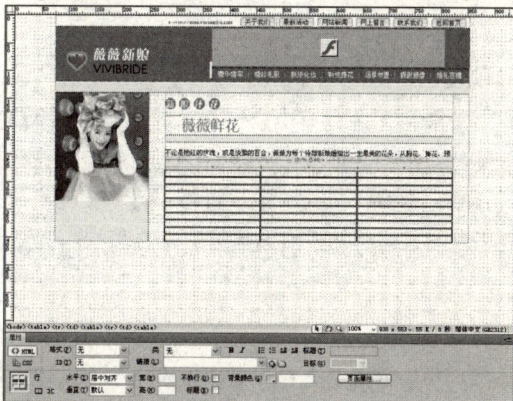

图 6-47 插入表格并设置对齐方式

Step 27 在表格第1行的3个单元格中，分别插入 images_files\Flower1.jpg、images_files\Flower2.jpg 和images_files\Flower3.jpg三张图片，按照同样 的方法，每隔1行插入3张图片，如图6-48所示。

图 6-48 插入花朵图片

Step 29 在"属性"面板中设置表格高度为50像 素，单元格背景色为 #f3f3f3。然后输入版权文字， 并居中对齐，如图 6-50 所示。

Step 30 按下 F12 快捷键预览页面，就可以看到 表格页面排版的效果了。

学习注意 表格排版的技术归纳

在文档编辑状态下，用户可以编辑已设计好的表格，如 改变行数、列数，拆分与合并单元格，改变其边框、底 色等。在这个过程中需要用到表格的"属性"面板。若 需要在页面上进行图文混排，利用表格来进行规划设计 是一种很好的排版方法。在不同的单元格中放置文本和 图片，对相应的表格属性进行适当的设置，就很容易设 计出美观整齐的页面。

Step 28 将插入点放在大表格后面，插入一个行数 为 1、列数为 1、宽度为 779 像素的表格，然后选 中这个表格，在"属性"面板中设置水平"居中 对齐"，如图 6-49 所示。

图 6-49 插入表格并设置对齐方式

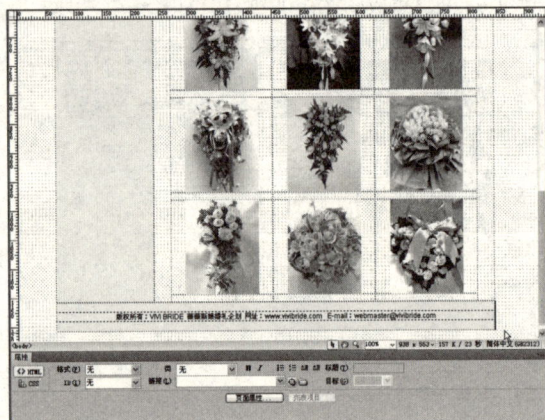

图 6-50 设置表格属性并输入文字

思考与练习

　　表格是在页面中组织文本与图片的强大工具，它提供了在页面中增加水平与垂直结构的网页 设计方法。创建一个表格后，用户就能轻松地修改其外观与结构了。例如增加内容，增加、删除、 分割、合并行与列，修改表格、行、单元格属性，复制与粘贴单元格等。此外，表格还可以嵌套。 思考与练习的知识点涵盖了这几方面的内容。

1. 填空题

（1）将边框指定为 0 以后插入表格，会发现边框以点线的形式出现，但几个表格重复插入时会很难 　　　找出各个表格的包含关系，而且也很难选择单元格。这种情况下可以使用 Dreamweaver CS5 中的_____功能。

(2) _____以简洁明了和高效快捷的方式将数据、文本、图片、表单等元素有序地显示在页面上。

(3) Dreamweaver CS5 提供了_____功能，可以直接导入其他程序（如 Excel 等）创建的表格文件。

2. 选择题

(1) 在 Dreamweaver 中，设置插入表格参数对话框时，下面（　　）可以用来设置。
   A．水平行数目
   B．垂直行数目
   C．表格的预设宽度
   D．每个单元格以及整个表格的边框的宽度

(2) 选中整个表格，▦是高级属性面板选项中左侧的四个按钮之一，它表示（　　）。
   A．清除列宽的设置
   B．清除行高的设置
   C．将表格宽度设置的单位指定为像素
   D．表格高度设置的单位指定为像素

(3) 在 Dreamweaver 中，下面关于对表格中的数据进行排序的说法错误的是（　　）。
   A．Dreamweaver 提供了一种类似邮政编码排序的分类工具"表格排序"，对表格中的数据进行排序
   B．在默认情况下，Dreamweaver 不对第一行进行排序
   C．可以通过设置使 Dreamweaver 对头行进行排序
   D．在默认情况下，Dreamweaver 对脚行进行排序

3. 上机操作题

(1) 参考附书光盘中的"Exercise\第06章\最终文件\1\练习1.htm"文件，使用表格排版功能制作如图6-51所示的"紫荆花纺织"首页页面。
   要求：使用 layouttable_files 文件夹下提供的动画素材。

(2) 参考附书光盘中的"Exercise\第06章\最终文件\2\练习2.htm"文件，使用表格排版功能制作如图6-52所示的"心晴原创"内页页面。
   要求：使用 images、images2、media 文件夹下的图片和动画素材，文字素材可以参考提供的原始页面。

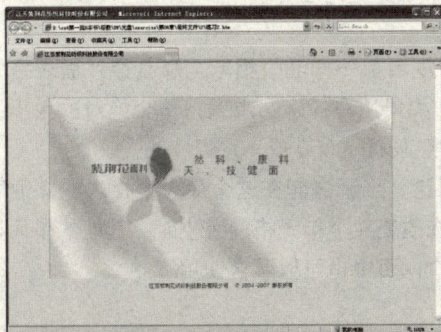
图 6-51 "紫荆花纺织"页面

图 6-52 "心晴原创"页面

◀)) 知识延展　表格排版的应用技巧

1. 嵌套表格的使用技巧

初学做网站的用户往往会尝试设计一个把所有的内容都包含在内的表格，我们并不建议这样的做法，因为一个表格在进行多次拆分、合并后，将会变得复杂而难以控制，往往在调整一个单元格时，会影响到其他单元格。另一个原因是浏览器在解析网页时，将表格的所有内容下载完毕后才会显示出来。如果整个网站包含在一个大表格内，而其中的内容又很多，浏览者会在整个页面空白的情况下，等待很长时间。

如图6-53所示的表格是合理的网站结构。网页首先会显示出最上面的表格——网站、公司名称；然后显示出导航条；紧接着会显示内容；最后显示出版权信息。这样可以让浏览者在等待的同时阅读到一些内容。

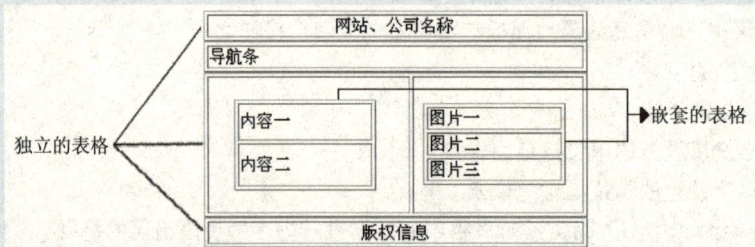

图 6-53　建议使用的网站结构（非一个表格构成）

2. 设置表格宽度的技巧

当我们把页面的表格设置好之后，下一个遇到的问题是：这个表格应该多宽，用绝对值还是相对值？其实这个问题的实质是网页大小和分辨率的问题，我们先来看分辨率。

常见的 17 寸显示器的最佳分辨率是 1024×768，越来越多的人开始使用 19 寸显示器，它的最佳分辨率是 1280×1024。对于液晶显示器来说，15 寸的多使用 1024×768 的分辨率，17 寸的多使用 1280×1024 的分辨率。我们讨论这些的原因在于，所做网站的目标人群决定了设计网站表格的大小。当然，如果用户把表格的宽度设置为百分比，不管浏览者的显示器采用多少分辨率，整个页面的宽度会随显示器分辨率的变化而变化，但问题是，表格内的内容也会随表格的大小而自动调整吗？如果是文字，可以自动换行，但图片就不会自动缩放了。所以这样的页面做起来非常复杂，需要很好的技术。

比较简洁的解决办法是，在用表格设计网站框架结构时，将最外面的表格宽度设为 800 像素，如果除去滚动条的宽度，应该是 778。这是一个根据试验得出的数值，在 800×600 的分辨率下，正好把整个页面撑满。

总而言之，如果用户的网站想在任何分辨率下观看都一样或很相似，那么最外面表格的宽度就要使用百分比（对于初学者是不建议这样做的）；如果用户的网站想保持一个绝对的大小，不会随着显示器分辨率大小的改变而改变，那就使用像素（800×600 或 1024×768）。

以上是关于网站整体大小与像素、百分比的讨论。至于嵌套在这个最大表格内的其他表格到底用百分比还是像素，并没什么规律。如果用户想在改变某个单元格的大小时，其他的单元格也随之改变就使用百分比；否则就用像素。当然，在一个网页中也可以混合使用。

Chapter

07

使用超链接

课题概述 对于一个完整的网站来讲，各个页面之间应该是有一定的从属或链接关系的，这就需要在页面文件之间建立超级链接。超级链接是构成网站最为重要的部分之一。单击网页中的超级链接，即可跳转至相应的位置，因此可以非常方便地从一个位置到达另一个位置。一个完整的网站往往包含了相当多的链接。

教学目标 通过本章的学习，读者要掌握在网页中使用文字、图像、多媒体文件的方法，能够制作具有这三种元素的基础网页页面。

★ 章节重点

★★★★☆｜创建基本链接
★★★★☆｜创建电子邮件链接
★★★★☆｜创建图像映射
★★★★☆｜创建锚点链接

★ 光盘路径

上机实践：Sample\第07章\
课后练习：Exercise\第07章\最终文件
电子教案：PPT电子教案\DW_lesson7.ppt

7.1　创建基本链接

网页文件的最大魅力便是超越各种文件的空间，通过超文本链接相互连接起来。在网页文件中，当光标移动到文本或图像上方时，光标有时会变成手形。出现这种手形光标时，就说明当前光标所在位置的文本或图像上已应用了链接，因此单击该文本或图像就可以链接到其他文档或网页中。

■ **课堂范例：** Sample\第07章\原始文件\7.1link\link.htm
　　　　　　　Sample\第07章\最终文件\7.1link\link-end.htm

7.1.1　链接到文件

创建超级链接有两种常用方法，一种是直接在"属性"面板中定义超链接，另一种是使用"指向文件"按钮 ◉。

1. 使用"属性"面板定义超链接

在做好网站每个栏目的页面后，便可以开始创建页面之间的超链接了。创建超链接的操作步骤如下。

Step 01 打开附书光盘中的"Sample\第07章\原始文件\7.1link\link.htm"页面，在文档的编辑窗口选中要添加链接的元素，如文字或图片，如图7-1所示。

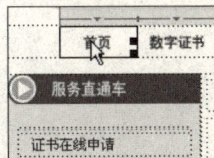

图 7-1　选中元素

Step 02 在"属性"面板的"链接"文本框中直接输入链接地址，如图 7-2 所示。

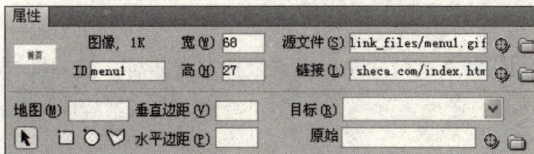

图 7-2　输入链接地址

Step 03 如果链接文件位于本地站点目录，也可单击"浏览文件"按钮 🗀，在硬盘上查找文件，如图7-3所示。

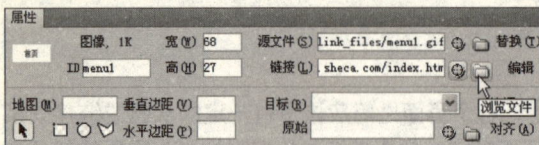

图7-3 浏览文件

Step 04 在"目标"下拉列表中选择链接文件将以怎样的方式在浏览器窗口中打开，如图7-4所示。

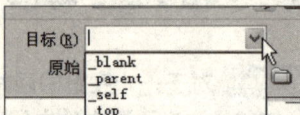

图7-4 选择目标窗口

- _blank：将被链接文档显示在一个新的未命名的框架或窗口内。
- _Parent：将被链接文档显示在包含链接的框架的上一级框架或者窗口内。如果包含链接的框架不是被嵌套的，这时被链接的文档会占满整个窗口。
- _self：将被链接文档显示在和链接同一框架或窗口内。此目标选项是默认的，通常没有指定时就会被采用。
- _top：将被链接文档显示在整个浏览器窗口并因此取消所有框架。

Step 05 如果是为图片创建超链接，除了要定义链接文件的路径和目标窗口外，还需要定义图像的替代文字，当图片因某种原因无法显示时，替代文字将会出现在图片的位置。并且当光标指向图像时，替代文字将起到说明的作用，如图7-5所示。

依次定义页面中的各项元素链接，这样，网站的基本链接关系就建立起来了。

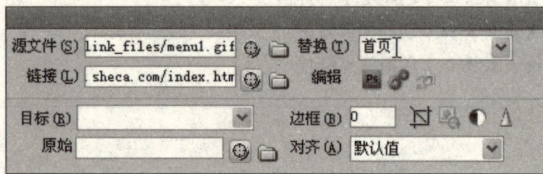

图7-5 为图片定义超链接替代文字

2. 使用"指向文件"按钮定义超链接

当链接文件位于本地站点时，除了在"属性"面板中直接输入链接地址外，还可使用"指向文件"按钮定义链接。

Step 01 打开附书光盘中的"Sample\ 第07章 \ 原始文件 \7.1 link\link.htm"页面，按照前面讲解的方法，在文档编辑窗口中选中要编辑链接的元素，并在"属性"面板中"链接"文本框右侧找到"指向文件"按钮 ⊕，如图7-6 所示。

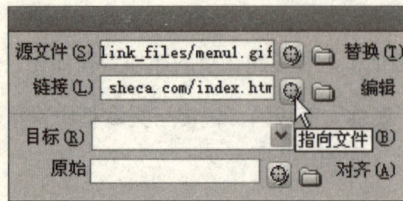

图7-6 "指向文件"按钮

Step 02 按住鼠标左键拖拽"指向文件"按钮，并在右侧的"文件"面板中找到希望链接到的文件，指向该文件，如图7-7所示。

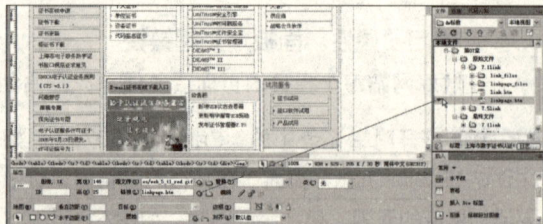

图7-7 指向文件

Step 03 选中文件后释放鼠标左键即可。按照同样的方法可创建或编辑其他链接。

7.1.2　创建电子邮件链接

有时需要将一些电子邮件地址保留在网页中，如网站维护人员的电子邮件地址，以便于随时获取用户的建议，所以需要创建电子邮件链接。单击电子邮件链接之后，会调用系统中设置的默认邮件程序，打开一个邮件发送窗口，为页面定义电子邮件链接的步骤如下。

Step 01 打开附书光盘中的"Sample\ 第 07 章 \ 原始文件 \7.1 link\link.htm"页面，将插入点放在要插入链接的地方，在插入面板"常用"分类中单击"电子邮件链接"按钮 ，如图 7-8 所示。

Step 02 弹出如图7-9所示的"电子邮件链接"对话框，在"文本"文本框中输入要显示的链接文本，然后在E-Mail文本框中输入邮箱地址即可。

图 7-8 "电子邮件链接"按钮

图 7-9 创建电子邮件链接

Step 03 设置完毕后单击"确定"按钮确认操作，这时电子邮件链接就创建成功了，如图 7-10 所示。

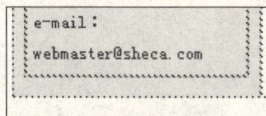

Step 04 另外，也可以利用"属性"面板来创建电子邮件链接。首先选中要加入电子邮件链接的元素，在其"属性"面板"链接"文本框中直接输入 mailto: webmaster@sheca.com，即可创建链接到 Email 地址 webmaster@sheca.com 的链接，如图 7-11 所示。

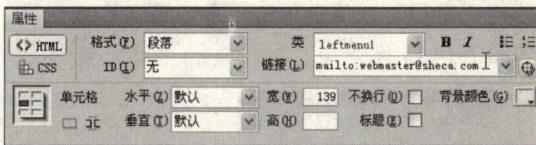

图 7-10 电子邮件链接

图 7-11 创建电子邮件链接

教学提示　创建邮件链接的技巧

在创建邮件链接时，如果我们在网页中创建一个类似"mailto:hu_song@126.com"的超级链接，单击该超级链接的话，浏览器会自动调用系统默认的邮件客户端程序，同时在邮件编辑窗口的收件人设置栏中自动写上收件人的地址，而其他的内容都是空白，留给访问者自行填写；如果在单击电子邮件超级链接时，希望系统自动打开的电子邮件编辑窗口中，除了在收件人地址栏中自动填写上内容外，在抄送地址栏中也能自动填写上自己需要的电子邮件地址的话，就可以直接在网页的html源代码中插入类似"mailto:hu_song@126.com?cc=husongc@sohu.com"这样的语句，其中hu_song@126.com将会自动出现在收件人地址栏中，husongc@sohu.com则会自动出现在抄送地址栏中，如图7-12所示。如果希望在弹出的邮件编辑窗口中能自动将邮件的主题内容填上的话，可以使用类似"mailto:hu_song@126.com?subject=回复作者"这样的html语句，当浏览器用鼠标单击由该语句组成的电子邮件超级连接时，在随后打开的邮件编辑窗口的收件人地址栏中自动出现hu_song@126.com，主题设置栏中将自动出现"回复作者"这样的内容，如图7-13所示。

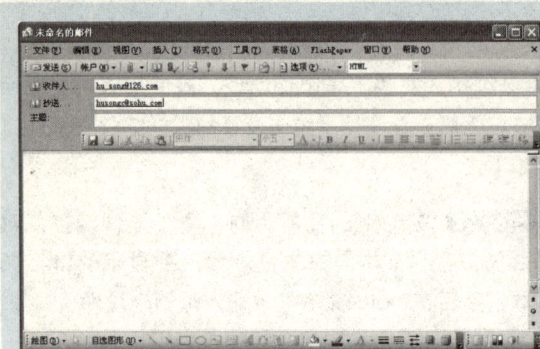

图 7-12 收件人地址与抄送地址

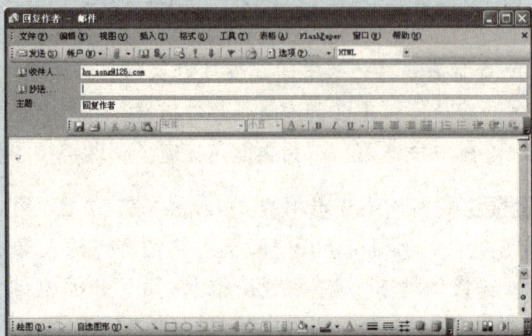

图 7-13 收件人地址与主题

7.2 创建锚点链接

超级链接除了可以链接到文件外，还可链接到本页中的任意位置，这种链接方式称为"锚点链接"。

锚点链接的作用是当页面的内容较多、页面较长时，为了使用户浏览起来更加方便，可以在页面的某个分项内容的标题上设置锚点，然后在页面上设置锚点的链接，那么用户就可以通过链接快速地直接跳转到感兴趣的内容。具体操作步骤如下。

■ **课堂范例：** Sample\第07章\原始文件\7.2anchor\anchor.htm
Sample\第07章\最终文件\7.2anchor\anchor-end.htm

Step 01 打开附书光盘中的"Sample\ 第 07 章 \ 原始文件 \ 7.2anchor\anchor.htm"页面，将插入点放在页面中需要插入锚点的位置，在"插入"面板的"常用"分类中单击"命名锚记"按钮 ，如图 7-14 所示。

Step 02 打开"命名锚记"对话框，提示用户输入锚记的名称，例如 top，如图 7-15 所示。

图 7-14 "命名锚记"按钮

图 7-15 定义锚记名称

Step 03 设置完毕后点击"确定"按钮，页面的相应位置便会出现一个锚点标志，表示该位置有一个锚点，如图 7-16 所示。按照同样的方法，可以在页面中的不同位置插入多个锚点。

图 7-16 插入锚点

Step 04 当创建完锚点后便可链接到锚点。在文档编辑窗口选中要定义锚点链接的元素，在其"属性"面板中为其定义链接。需要注意的是，链接到锚点除了须在"链接"文本框中输入锚点名称外，还要在名称前加一个"#"，表示该链接是锚点链接，如图 7-17 所示。

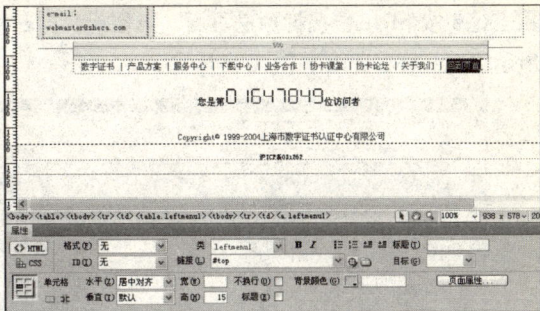

图 7-17 创建锚点链接

7.3 创建图像映射

图像映射要通过热点链接实现，原理就是利用 HTML 语言在图片上定义一定形状的区域，然后给这些区域添加链接，这些区域被称作热点。

使用图像映射是创建复杂图像交互的好方法。当用户创建一个映像图时，可以对图像中的一个部分分别创建链接，它将告诉浏览器图像的这些部分应该链接到特定的 URL 中。Dreamweaver 的映像图编辑器能使用户非常简单地创建和编辑客户端的映像图，在图像的"属性"面板中就有绘制工具，利用它们直接在网页的图像上绘制可以用来激活超链接的热区。再通过给热区添加链接，达到创建图像映射链接的目的。

- **课堂范例：**Sample\第07章\原始文件\7.3imgmap\imgmap.htm
  Sample\第07章\最终文件\7.3imgmap\imgmap-end.htm

在图像上创建热区的操作步骤如下。

Step 01 打开附书光盘中的"Sample\ 第 07 章 \ 原始文件 \7.3imgmap\imgmap.htm"页面，选择图中写有 4 列文字的图像，如图 7-18 所示。

Step 02 单击"属性"面板左下角的"矩形热点工具"按钮，在选定的图像上按住鼠标左键框选设置链接的部分。此时会发现，指定热点区域呈透明蓝色，如图7-19所示。

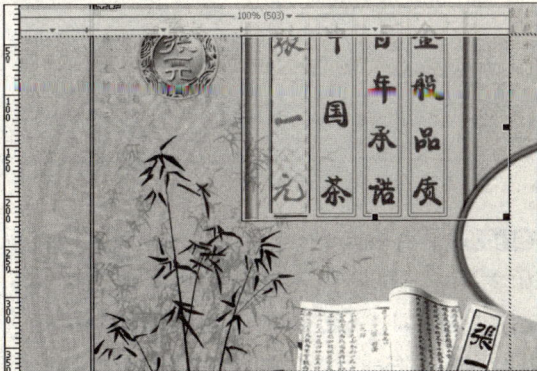

图 7-18 选择图像

图 7-19 创建热点区域

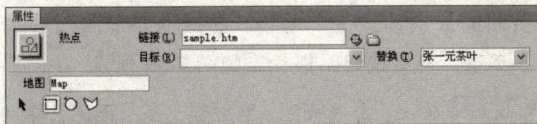

Step 03 选中图像中的热点，在"属性"面板上可以给图像热点设置超链接，将链接设置为 sample.htm，在"替换"文本框中输入"张一元茶叶"，如图 7-20 所示。

图 7-20 设置链接与替换文本

Step 04 按下F12快捷键预览页面，当鼠标指向热点区域时，单击后可以访问定义的链接地址，如图7-21所示。

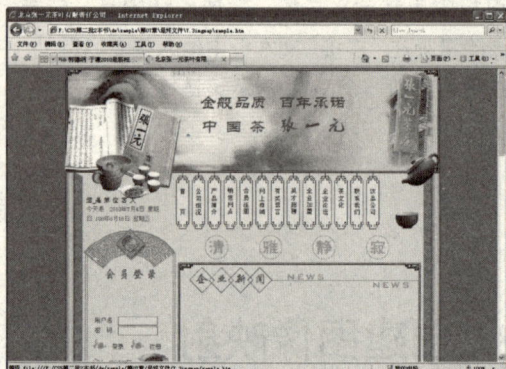

图 7-21 预览效果

上机实践 | 制作"东方航空"页面链接

原始文件：Sample\第07章\原始文件\7.4link\link.htm
最终文件：Sample\第07章\最终文件\7.4link\link-end.htm
实训目的：学会综合创建链接要素
应用范围：网站建设、网页制作

本节讲解创建各种链接的方法，原始和最终页面的效果如图 7-22 所示。

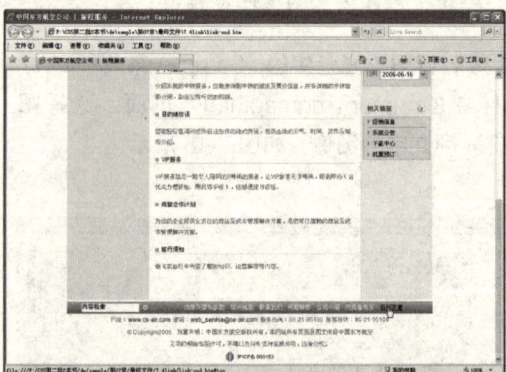

图 7-22 原始页面和最终页面

Step 01 打开附书光盘中的"Sample\ 第 07 章 \原始文件 \7.4link\link.htm"页面，选中左上角 Logo 图片，在"属性"面板中的"链接"文本框中输入 http:\\www.ce-air.com\，如图 7-23 所示。

Step 02 移动插入点到需要链接到的位置，这里是页面的最顶端，在"插入"面板的"常用"分类中单击"命名锚记"按钮，如图7-24 所示。

Step 03 弹出"命名锚记"对话框，在"锚记名称"文本框中输入top，单击"确定"按钮，如图7-25所示。

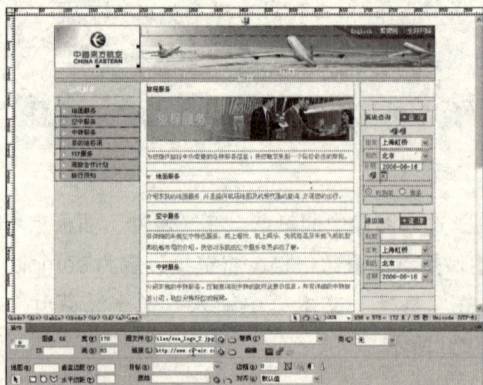

图 7-23 设置链接

图 7-24 命名锚记

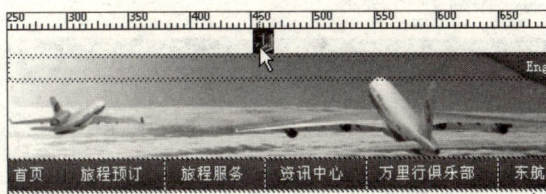

图 7-25 设置锚记名称

Step 04 这时名称为 top 的锚点即被插入到文档中相应的位置，如图 7-26 所示。

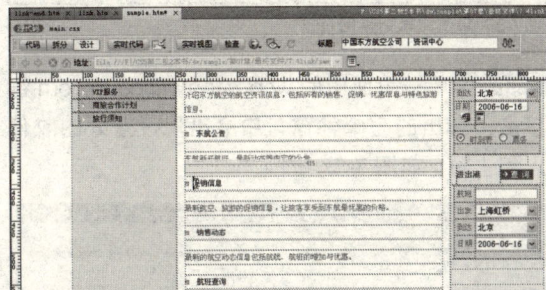

图 7-26 插入的锚点

Step 06 打开"最终文件\第07章\7.4link\Sample.htm"页面，这个页面是即将要跳转到的页面。将插入点定位于"促销信息"文字位置，如图7-28所示。

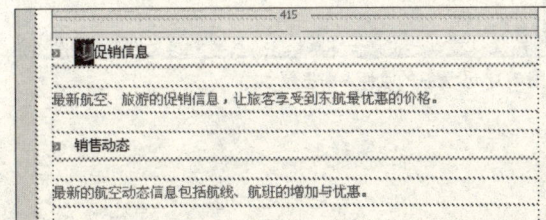

图 7-28 定位插入点

Step 08 单击"确定"按钮，名为 cx 的锚点即被插入到文档中相应的位置，如图 7-30 所示。

图 7-30 插入 cx 锚点

Step 05 选中页面右下方的"返回页首"文字，在"属性"面板中的"链接"文本框中输入"#top"，如图 7-27 所示。

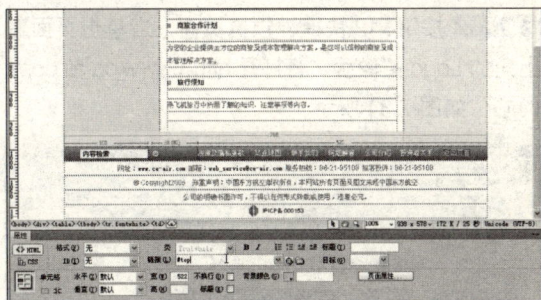

图 7-27 输入链接内容

Step 07 按照同样的方法打开"命名锚记"对话框，在"锚记名称"文本框中输入 cx，如图 7-29 所示。

图 7-29 命名锚记 cx

Step 09 返回 link.htm 页面，选中页面下方的"促销信息"文字。在"属性"面板的"链接"文本框中输入 sample.htm#cx，如图 7-31 所示。

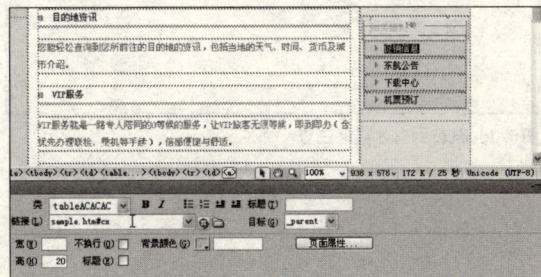

图 7-31 设置文字链接

Step 10 选中页面中的文字"web_service@ce-air.com",如图 7-32 所示。

图 7-32 选中文字

Step 12 按下 F12 快捷键预览页面,当单击页面左上角的 Logo 图像后,将打开 http:\\www.ce-air.com\ 网站,如图 7-34 所示。

图 7-34 单击图像后打开网站

Step 14 单击页面"促销信息"文本时,页面就会迅速跳转到sample.htm命名锚记的位置,如图 7-36 所示。

图 7-36 跳转到命名锚记位置

Step 11 在其"属性"面板中的"链接"文本框中输入"mailto: web_service@ce-air.com?subject=网站的意见与建议",如图 7-33 所示。

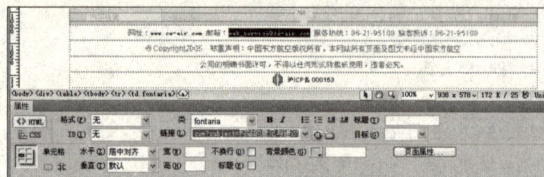

图 7-33 设置链接

Step 13 单击下方的"返回页首"链接文本时,页面会迅速跳转到命名锚记的位置,也就是页面顶端,如图 7-35 所示。

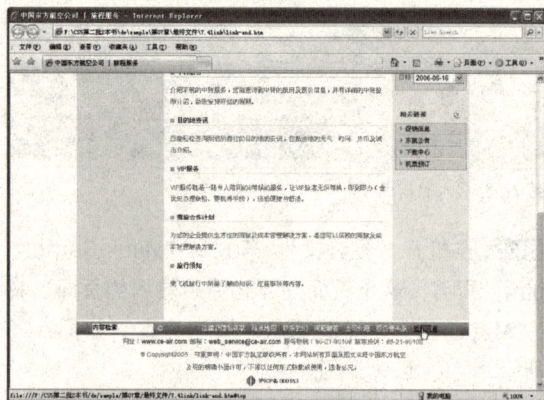

图 7-35 单击文本后返回页首

Step 15 单击页面中的 web_service@ce-air.com 链接后,弹出的写邮件窗口中会出现设置好的收件人和主题,如图 7-37 所示。

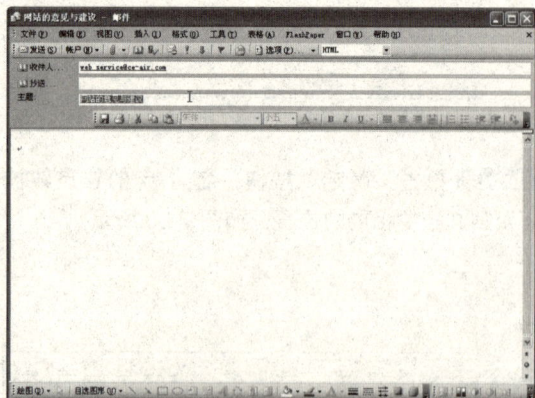

图 7-37 设置好的收件人和主题

思考与练习

　　链接是一个网站的灵魂，这里面不光要知道如何创建页面之间的链接，更要知道这些地址形式的真正意义。在Dreamweaver中，为文档、图像、多媒体文件或者下载的程序文件建立链接的方法有很多，思考与练习的知识点涵盖了这几方面的内容。

1. 填空题

（1）在 Dreamweaver 中，有＿＿＿＿＿种方式的链接目标。

（2）在 Dreamweaver 中，设置 E-mail 的超链接，在"链接"选项中的格式是＿＿＿＿＿。

（3）超级链接除可链接到文件外，还可链接到本页中的任意位置，该链接方式称为＿＿＿＿＿。

2. 选择题

（1）在 Dreamweaver 中，超链接标签有四种不同的状态，下面不属于这四种状态的是（　　　）。

　　A. 激活的链接 a:active　　　　　　　　　B. 上滚链接 a:hover

　　C. 链接 a:link　　　　　　　　　　　　　D. 没有访问过的链接 a:unvisited

（2）在 HTML 中，下面属于超链接标签的是（　　　）。

　　A. <A>…<\A>　　　　　　　　　　　　　B. <IMG>…<\IMG>

　　C. <FONT>…<\FONT>　　　　　　　　　D. <P>…<\P>

（3）在默认情况下，关于给文字插入超链接的说法正确的是（　　　）。

　　A. 插入超链接后会发现文字已经变成蓝色，并且下面出现下划线

　　B. 只能对文字进行超链接

　　C. 插入超链接后会发现文字已经变成蓝色，但是不会出现下划线

　　D. 以上说法都错误

3. 上机操作题

（1）参考附书光盘中的"Exercise\ 第 07 章 \ 最终文件 \1\ 练习 1.htm"文件，使用已经学过的链接知识为"金光集团"页面创建链接，如图 7-38 所示。

　　要求：创建到文件的链接、电子邮件链接、锚点链接等至少 3 种类型的链接。

（2）参考附书光盘中的"Exercise\ 第 07 章 \ 最终文件 \2\ 练习 2.htm"文件，制作如图 7-39 所示的图像映射链接。

　　要求：为页面中的路牌图像、导航栏菜单分别绘制图像热区，并设置链接地址。

图 7-38 最终效果参考

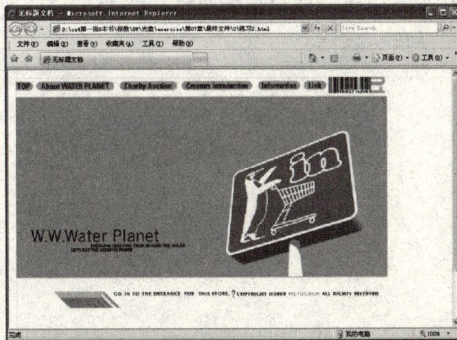

图 7-39 图像映射

🔊)) 知识延展 深入了解链接的路径

在制作完网站的每个页面后，就可以开始准备创建页面之间的链接了。但是在创建链接的时候，应该具备一些基本知识，这些知识就是用户对路径和目录关系的了解。了解了目录和路径的关系，用户便可以轻松管理网站的链接，创建出结构明确的网站。

1. 绝对路径

绝对路径是指包括服务器规范在内的完全路径，通常使用 http:\\ 来表示。绝对路径不管源文件在什么位置都可以非常精确地找到，除非是目标文档的位置发生变更，否则链接不会失效。当用户的链接是指向当前站点以外的文件时就必须使用绝对路径。

对链接使用绝对路径的优点是：绝对路径同链接的源端点无关。只要网站的地址不变，无论文档在站点中如何移动，都可以正常实现跳转而不会发生错误。如果希望链接其他站点上的内容，就必须使用绝对路径。

采用绝对路径的链接，有以下缺点：

- 不利于测试。如果在站点中使用了绝对地址，要想测试链接是否有效，必须连接到 Internet 上才能对链接进行测试。
- 不利于站点的移植。例如，一个较为重要的站点，通常几个地址上创建镜像。要将文档在这些站点之间移植，必须对站点中的每个使用绝对路径的链接都进行修改，这些操作比较麻烦，也容易出错。

2. 相对路径

因为绝对路径有上述缺陷，对于目的文件在本站点中的链接来说，使用相对路径是一个很好的方法。相对路径可以表述源端点同目标端点之间的相互位置，它同源端点的位置密切相关。

相对路径的使用方法如下：

- 如果在链接中源端点和目标端点位于同一个目录下，则链接路径中只需要指明目标端点的文档名称即可。
- 如果在链接中源端点和目标端点不在同一个目录下，就需要将目录的相对关系也表示出来。
- 如果链接指向的文档位于当前目录的子级目录中，可以直接输入目录名称和文档名称。
- 如果链接指向的文档没有位于当前目录的子级目录中，则可以利用 .. 符号来表示当前位置的父级目录，利用多个 .. 符号可以表示更高的父级目录，从而构建出目录的相对位置。

利用相对目录的好处在于，如果站点的结构和文档的位置不变（即链接的源端点不变），那么链接就不会出错。使用相对路径，用户可以将整个网站移植到另一个地址的网站中，而不需要修改文档中的链接路径。

Chapter
08

制作表单页面

课题概述 表单的作用是收集用户的信息。交互式表单也是表单的一种，它的作用是收集用户信息，并将其提交到服务器，从而实现与客户的交互。

教学目标 通过本章的学习，读者要了解表单网页是设计与功能的结合，一方面要与后台的程序很好地结合起来，另一方面要制作得相对美观，所以应该掌握好表单元素的正确插入与设置。

★ 章节重点

★★★★☆ | 使用表单
★★★★☆ | 插入表单元素
★★★★☆ | 插入跳转菜单
★★★★★ | Spry 表单验证

★ 光盘路径

上机实践：Sample\第08章\
课后练习：Exercise\第08章\最终文件
电子教案：PPT电子教案\DW_lesson8.ppt

8.1　使用表单

　　利用表单，可以帮助 Internet 服务器从用户处收集信息，例如收集用户资料、获取用户订单，也可以实现搜索接口。在 Internet 上也同样存在大量的表单，让用户输入文字或让用户进行选择。很多人应该都申请过免费 E-mail，用户必须在网页上输入个人信息，才能获得免费的 E-mail 地址。如果希望通过登录Web 页来收发 E-mail，则必须在网页中输入用户的帐号和密码，才能进入到用户的邮箱中，这些都是表单的具体应用。

8.1.1　表单基础

　　一个完整的表单应该包含两个部分：一是在网页中进行描述的表单对象；二是应用程序，它可以是服务器端的，也可以是客户端的，用于对客户信息进行分析处理。浏览器处理表单的过程通常是用户在表单中输入数据，然后提交表单，浏览器根据表单中的设置处理用户输入的数据。若表单指定通过服务器端的脚本程序进行处理，则该程序处理完毕后将结果反馈给浏览器（即用户看到的反馈结果）；若表单指定通过客户端（即用户方）的脚本程序处理，则处理完毕后也会将结果反馈给用户。

　　两种表单数据处理方法各有优缺点。服务器端方式的主要优点是能全方位地处理用户输入的数据，但占用服务器的资源；客户端方式的优点是不占用服务器资源，反馈结果快，但只能对用户输入的数据进行有限的处理。ASP、C 等是常用的服务器端脚本程序编写语言，而 JavaScript、VBScript 等是常用的客户端脚本程序编写语言。服务器端脚本程序的运行一定要在服务器环境下，而客户端脚本程序运行只需浏览器环境即可。

　　表单主要是为了实现浏览网页的用户同 Internet 服务器之间的交互，通过表单，可以将用户的信息发送到 Internet 服务器上，以供处理。

8.1.2 插入表单

如果要在页面中插入，可以使用"插入"面板的"表单"分类加入表单和表单元素，如图8-1所示。

在Dreamweaver下，表单可以像其他对象一样被插入。创建表单时，首先插入表单标签，再插入文本域、单选按钮等表单要素。插入表单的步骤如下。

Step 01 单击"插入"面板中"表单"分类的"表单"按钮 □。

Step 02 表单框将出现在编辑窗口中，如图 8-2 所示。

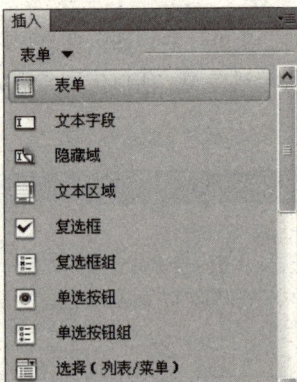

图 8-1 单击"表单"按钮　　图 8-2 插入表单

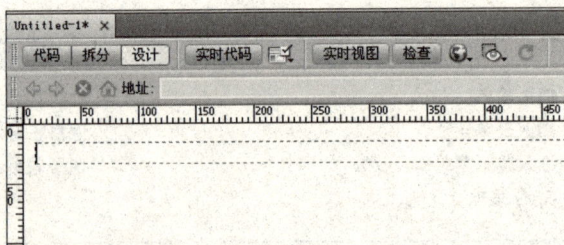

Step 03 使用光标单击红色虚线，与表单相对应的"属性"面板如图 8-3 所示。

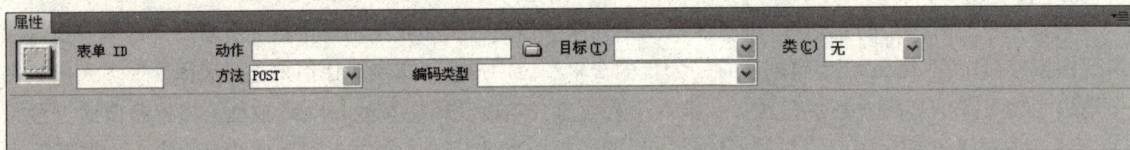

图 8-3 表单属性

- **表单 ID**：用来设置表单的名称。为了正确处理表单，一定要给表单设置一个名称。
- **动作**：用来设置处理该表单的服务器脚本路径。如果该表单要通过电子邮件方式发送，不被服务器脚本处理，需要在"动作"文本框中输入"mailto："和要发送到的邮箱地址。
- **目标**：用来设置表单被处理后反馈页面打开的方式。
- **方法**：用来设置将表单数据发送到服务器的方法。选择"默认"或"GET"，将以GET方式发送表单数据，把表单数据附加到请求URL中发送；选择"POST"，将以POST方式发送表单数据，把表单数据嵌入到HTTP请求中发送。
- **编码类型**：用来设置发送数据的 MIME 编码类型。一般情况应选择"application\x-www-form-urlencode"。
- **类**：可以选择已经定义好的样式定义该表单。

教学提示 管理表单信息的服务器程序制作方法

制作完表单样式，就要连接一个能接收访问者输入的信息后保存其内容并进行管理的程序。此时使用的程序即为服务器程序。而大部分服务器程序都使用ASP或PHP、JSP、CGI等程序。

1. 直接制作服务器程序：学习ASP或PHP、JAVA等语言，就可以直接制作服务器程序。若要精通网页，就一定学习服务器编程。但是，这些程序制作能力并不是短期内就能培养出来的，因此如果想要随心所欲地制作所需的网页程序，就需要投入很多的时间和精力。

2. 利用Dreamweaver制作服务器程序：可以借助Dreamweaver等自动完成服务器编程的一些软件。Dreamweaver除了

ASP以外，也可以自动制作PHP、JSP等服务器程序，因此很容易进行会员管理和公告栏管理。如果还没有自信可以直接制作服务器程序，但希望制作属于自己的服务器程序时，可以选择该方法。

3. 利用公开的服务器程序：在网络中可以找到利用CGI、PHP、ASP等语言来制作的会员管理程序或公告栏、计数器等多种服务器程序。这种服务器程序都很容易安装和使用，因此必要时也可以在网络中找出这些程序来使用。网络中也有把会员管理和公告栏管理等必要功能全都进行打包的免费服务器程序。但这些服务器程序会给服务器增加负荷，因此在免费网页帐户上不予支持。所以要利用收费网页寄存服务或免费运营的一些社区。

8.2　插入表单元素

下面开始创建表单。创建表单时，首先插入表单标签，并在其内部制作表格后再插入文本域、文本区域、密码域、单选按钮、复选框等各种表单要素。

■ **课堂范例：** Sample\第08章\原始文件\8.2form\form.htm
Sample\第08章\最终文件\8.2form\form-end.htm

8.2.1　插入文本域\密码域\文本区域

无论任何时候，当用户使用表单收集使用者输入的文本信息时，都会用到一个被称为文本域的表单对象。文本域能够保存任何数量的字母字符。文本域是可输入单行文本的表单要素，也就是通常登录界面上输入用户名的部分。密码域是输入密码或暗号时使用的主要方式。其制作方法与文本域的制作方法几乎一样，但在画面上输入内容后，会显示为*或·的形式。当用户需要提供给使用者很大的书写空间时，可以将文本域设定到"属性"面板的"多行"选项上。这就会将默认的20个字符宽度的单行文本域转换至一个大约18个字符宽、3行高、具有水平和垂直滚动栏的文本区域。插入文本域、密码域、文本区域的步骤如下。

Step 01 打开附书光盘中的"Sample\第08章\原始文件\8.2 form\form.htm"页面，将插入点定位在"用户名"下方的单元格中，单击"插入"面板中"表单"分类下的"文本字段"按钮，如图8-4所示。

图 8-4　选择"文本字段"选项

Step 02 随即如图 8-5 所示的文本域就被插入到页面中。

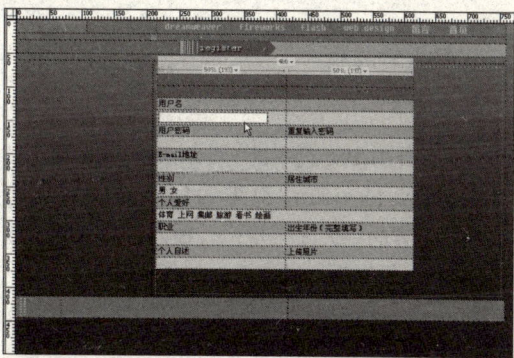

图 8-5　插入文本域

Step 03 选择该文本域，在如图 8-6 所示的"属性"面板中设置属性。

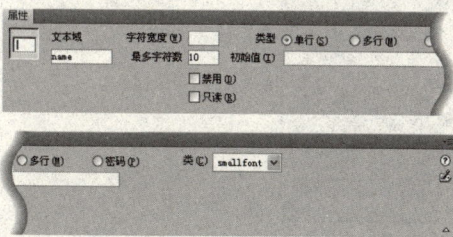

图 8-6　设置文本域属性

Dreamweaver CS5中文版标准教程

- **文本域**：输入文本域的名称。
- **字符宽度 \ 行数（当"类型"为"多行"时）**：用英文字单位来指定文本域的宽度，中文中的一个字相当于英文的两个字 \ 指定文本区域的纵向上可输入多少行字符。
- **最多字符数**：指定可以在文本域中输入的最大字符数。
- **类型**：选择"单行"和"多行"会插入为文本域或文本区域，选择"密码"会插入为密码域。
- **初始值**：显示文本域时，作为默认值来显示的文本。
- **类**：选择应用在文本域上的类样式。
- **禁用**：禁用文本域。
- **只读**：使文本区域成为只读文本域。

Step 04 同理，在"用户密码"和"重复输入密码"下方的单元格中插入密码域，在"E-mail地址"下方的单元格中插入文本域，在"个人自述"下方的单元格中插入文本区域，如图8-7所示。

教学提示 关于密码类型文本域

将文本域设置为密码类型，填写到"初始值"文本框中的内容也将以密码的形式显示。

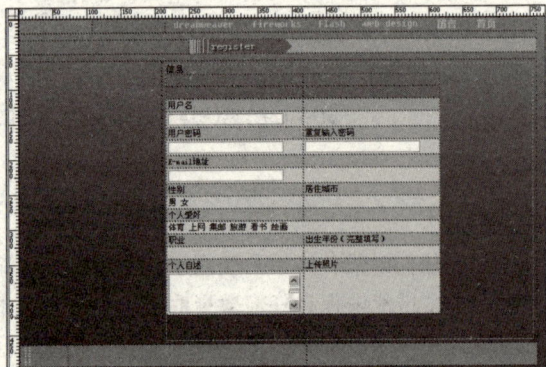

图 8-7 插入其他文本域、密码域、文本区域

8.2.2 插入复选框与单选按钮

如果用户需要自己Web页的访问者在表单的特定选项组中进行选择时，可以使用复选框或单选按钮。复选框提供了很多选项，使用者可以从中选择所需的任何选项。另一方面，单选按钮也提供了一系列选项，但使用者只能从中选择一个。

1. 插入复选框

插入复选框的操作步骤如下。

Step 01 打开附书光盘中的"Sample\第08章\原始文件\8.2 form\form.htm"页面，将插入点定位在"个人爱好"下方的单元格，单击"插入"面板中"表单"分类的"复选框"按钮 ✓，如图8-8所示。

Step 02 随即复选框即插入到页面中。按照同样的方法，在每个复选项目前均插入一个复选框，如图 8-9 所示。

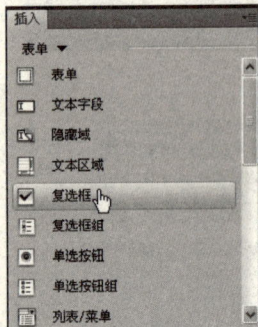

图 8-8 选择"复选框"选项

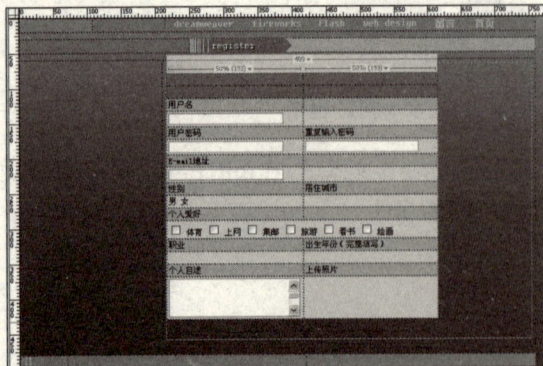

图 8-9 插入复选框

Step 03 选择复选框，在如图 8-10 所示的"属性"面板中设置如下属性。

图 8-10 设置复选框属性

- **复选框名称**：设置复选框的名称。
- **选定值**：用于设置该复选框被选中的值，这个值将会随表单提交到服务器上，因此必须输入该项。
- **初始状态**：用于设置复选框的初始状态，有"已勾选"和"未选中"两类。
- **类**：指定应用在复选框上的类样式。

如果要插入复选框组，可以按照如下步骤进行操作。

Step 01 单击"插入"面板中"表单"分类的"复选框组"按钮 ，如图 8-11 所示。

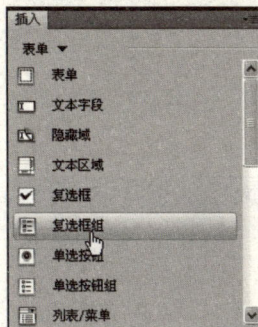

图 8-11 选择"复选框组"选项

Step 02 在如图 8-12 所示的"复选框组"对话框中进行如下设置。

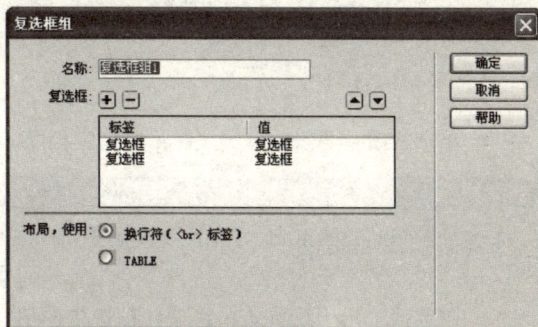

图 8-12 "复选框组"对话框

- **名称**：用来设置复选框组的名称。
- **标签**：用来设置复选框的文字说明。
- **值**：用来设置复选框的值。
- **+、-**：在组中添加一个新的复选框或者删除在中间的选框里选中的那个复选框。
- **向上、向下**：可以为按钮组中所包含的复选框排序。
- **换行符**：复选框在网页中直接换行。
- **TABLE**：自动插入表格来安排复选框的换行。

Step 03 设置完成后单击"确定"按钮，完成操作，复选框组即插入到页面中。

2. 插入单选按钮

插入单选按钮的操作步骤如下。

Step 01 打开附书光盘中的"Sample\第08章\原始文件\8.2 form\form.htm"页面，将插入点定位在"性别"下方的单元格，单击"插入"面板中"表单"分类的"单选按钮"，如图8-13所示。

Step 02 随即单选按钮即被插入到页面中。按照同样的方法，在每个单选项目前均插入一个单选按钮，如图 8-14 所示。

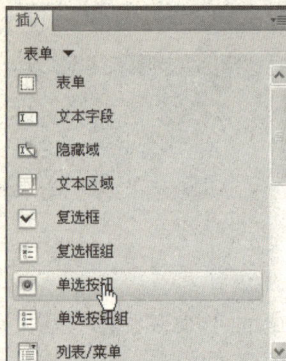

图 8-13 选择"单选按钮"选项

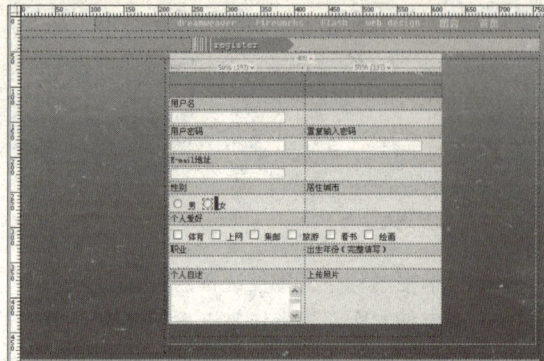

图 8-14 插入单选按钮

Step 03 选择单选按钮，在如图 8-15 所示的"属性"面板中设置如下属性。

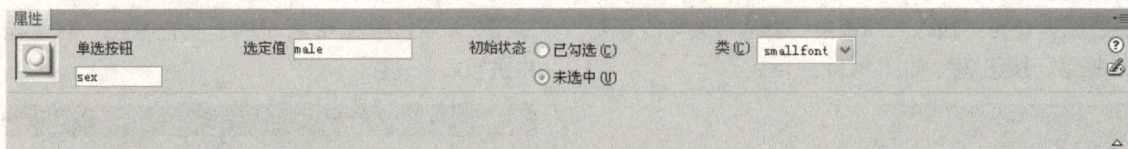

图 8-15 设置单选按钮属性

- **单选按钮**：同组的单选按钮，要指定相同的单选按钮名称。

教学提示 同一组单选按钮使用相同的名称

同一组单选按钮应该使用相同的名称，这样才能保证同一组单选按钮中只能选中一个项目。

- **选定值**：用于设置该单选按钮被选中的值，这个值将会随表单提交到服务器上，因此必须要输入该项。
- **初始状态**：用于设置单选按钮的初始状态，有"已勾选"和"未选中"两类。
- **类**：指定应用在单选按钮上的类样式。

如果要插入单选按钮组，可以按照如下步骤操作。

Step 01 单击"插入"面板中"表单"分类下的"单选按钮组"按钮 ，如图 8-16 所示。

Step 02 在如图 8-17 所示的"单选按钮组"对话框中进行如下设置。

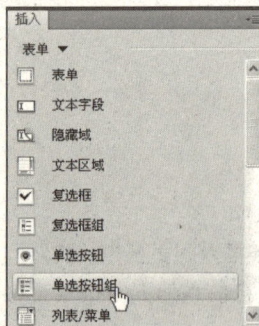

图 8-16 选择"单选按钮组"选项

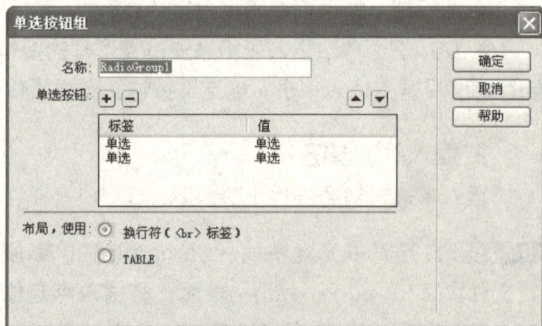

图 8-17 "单选按钮组"对话框

- **名称**：用来设置单选按钮组的名称。
- **标签**：用来设置单选按钮的文字说明。

- **值**：用来设置单选按钮的值。
- **+、-**：在组中添加一个新的单选按钮或者删除在中间的选框里选中的那个单选按钮。
- **向上、向下**：可以为按钮组中所包含的单选按钮排序。
- **换行符**：单选按钮在网页中直接换行。
- TABLE：自动插入表格来安排单选按钮的换行。

Step 03 设置完成后单击"确定"按钮，完成操作，单选按钮组即插入到页面中。

8.2.3　插入选择（列表\菜单）

选择（列表\菜单）可以在表单中创建单行输入，并且这些输入均能以扩展或者滚动的方式来显示所有的可用选项。用户还可以设置滚动列表有多深，即每次要显示多少选项。

菜单的初始形式是一个单行文本框，右边底部有一个选项箭头按钮；单击该按钮时，其他选项会显示在选择（列表\菜单）中。用户选择某一个列出选项并释放鼠标，列表会自动关闭，选定值会显示在文本框中。插入选择（列表\菜单）的操作步骤如下。

Step 01 打开附书光盘中的"Sample\第08章\原始文件\8.2 form\form.htm"页面，将插入点定位在"居住城市"下方的单元格，单击"插入"面板中"表单"分类下的"列表\菜单"按钮，如图8-18所示。

Step 02 随即"列表\菜单"被插入到页面中。按照同样的方法，在"职业"下面的单元格中也插入一个"列表\菜单"，如图8-19所示。

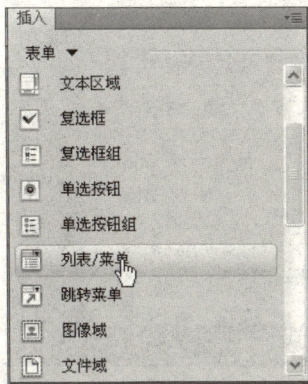

图 8-18　单击"列表\菜单"选项

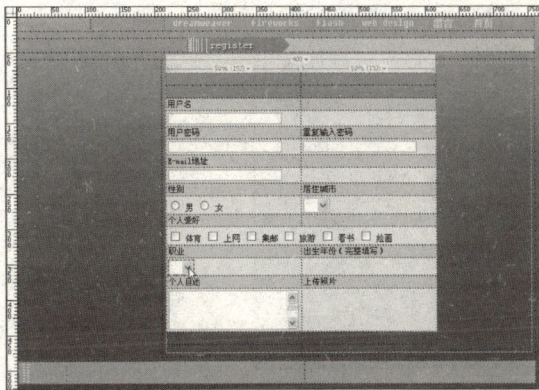

图 8-19　插入"列表\菜单"

Step 03 选择插入的"列表\菜单"，在如图8-20所示的"属性"面板中进行如下设置。

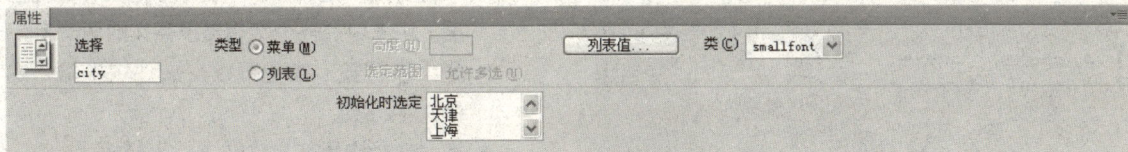

图 8-20　设置属性

- **选择**：有多个列表时，使用名称来区分目录。
- **类型**：选择"菜单"和"列表"中的一种类型。
- **高度**：用于设置列表显示的行数（项目个数），打开列表才可以显示整体内容。
- **允许多选**：可以使用 Shift 快捷键或 Ctrl 快捷键来一次性选择多个项目。
- **类**：指定要应用的类样式。

- **初始化时选定**：将选择的项目显示为列表\菜单表单要素的初始值。
- **列表值**：可以输入或修改列表\菜单表单要素的各种项目，单击后打开如图 8-21 所示的对话框。
- **项目标签**：绘制用来设置每个选项所显示的文本。
- **值**：设置选项的值。
- **+**：可以为列表添加一个新的选项。
- **-**：可以删除在中间选框里选中的那个选项。
- **向上、向下**：可以为列表的选项排序。

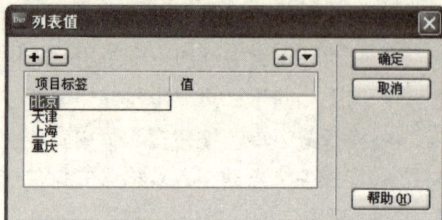

图 8-21 "列表值"对话框

8.2.4 插入文件域

文件域能将存储的计算机文件附加到表单上并与其他数据一起发送。文件域主要用于简便的数据分享，它已在很大程度上被现代的 E-mail 方式所取代，现代 E-mail 方式也允许将文件附加到任何信息上。插入文件域的操作步骤如下。

Step 01 打开附书光盘中的"Sample\第08章\原始文件\8.2 form\form.htm"页面，将插入点定位在"上传照片"下方的单元格，单击"插入"面板中"表单"分类下的"文件域"按钮，如图8-22所示。

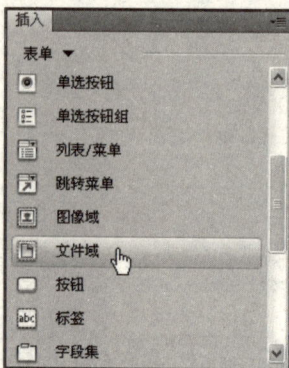

图 8-22 选择"文件域"选项

Step 02 随即如图 8-23 所示的文件域即被插入到页面中。

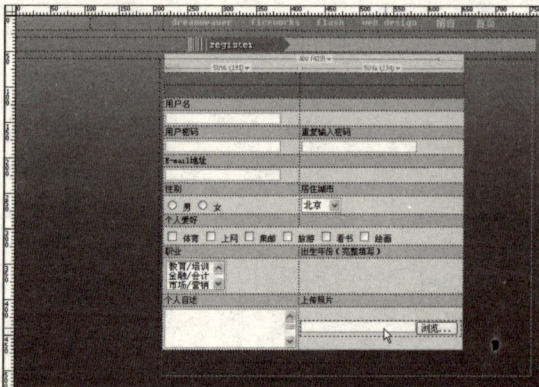

图 8-23 插入文件域

Step 03 选择文件域，在如图 8-24 所示的"属性"面板中设置如下属性。

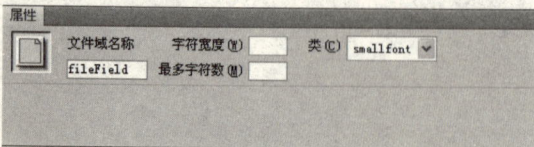

图 8-24 设置文件域属性

- **文件域名称**：输入文件域的名称。
- **字符宽度**：用英文字单位来指定文件域的宽度。中文中的一个字相当于英文的两个字。
- **最大字符数**：指定可以在文件域中输入的最大字符数。
- **类**：选择应用在文件域上的类样式。

8.2.5 插入隐藏域

将信息从表单传送到后台程序中时，编程者通常要发送一些不会被使用者看见的数据。这些数据有可能是后台程序需要的一个用于设置表单收件人的信息变量，也可能是在提交表单后的后台程序将要重定向至用户的一个 URL。要发送这类不能让表单使用者看到的信息，用户必须使用一个隐藏表单对象——隐藏域。插入隐藏域的操作步骤如下。

Step 01 打开附书光盘中的 "Sample\第08章\原始文件\8.2 form\form.htm" 页面，将插入点定位在任何一个空白的单元格中，单击 "插入" 面板中 "表单" 分类下的 "隐藏域" 按钮，如图8-25所示。

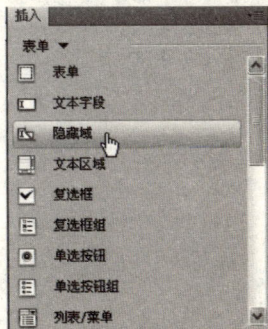
图 8-25 选择 "隐藏域" 选项

Step 02 随即如图 8-26 所示的隐藏域即被插入到页面中。

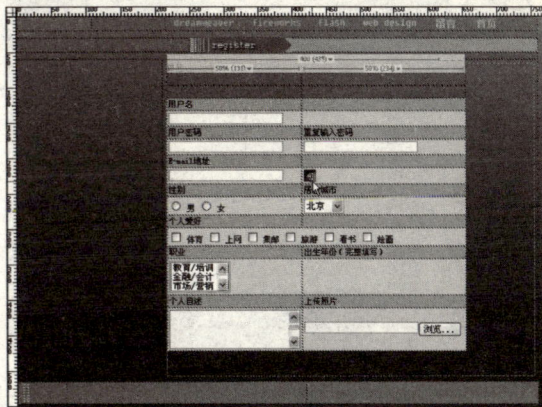
图 8-26 插入隐藏域

Step 03 选择隐藏域，在如图 8-27 所示的 "属性" 面板中设置如下属性。

● **隐藏区域**：用于设置所选隐藏域的命名。
● **值**：用于设置隐藏域的值。

图 8-27 设置隐藏域属性

8.2.6　插入按钮与图像域

按钮对于 HTML 表单而言是必不可少的，用户可以在一个页面上放置想要放置的所有表单对象，但除非按下 "提交" 按钮，否则在客户和服务器之间就不会产生交互作用。HTML 提供了两种基本类型的按钮——按钮和图像域。

1. 按钮

按钮分为三种，即提交、重置和命令按钮。提交按钮会使用著名的 Method（方法，通常是 post）将表单发送到指定的动作（通常是服务器端程序的 URL，或者一个 mailto 地址）。重置按钮会清除表单中所有的域。提交和重置都是被保留的 HTML 项，用于调用特定的动作。命令按钮允许 Web 设计者定义的功能在 JavaScript 或其他语言中编程时的实现。插入按钮的操作步骤如下。

Step 01 打开附书光盘中的 "Sample\ 第 08 章 \原始文件 \8.2form\form.htm" 页面，将插入点定位在表单内容下方的空白单元格中，单击 "插入" 面板中 "表单" 分类下的 "按钮" 按钮，如图 8-28 所示。

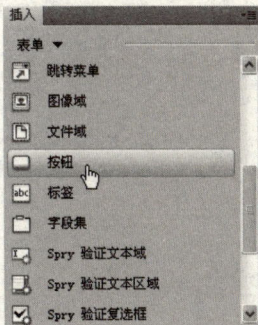
图 8-28 选择 "按钮" 选项

Step 02 随即按钮即被插入到页面中。按照同样的方法，在插入的提交按钮后再插入一个按钮，在接下来设置属性时将其设为重置按钮，如图8-29所示。

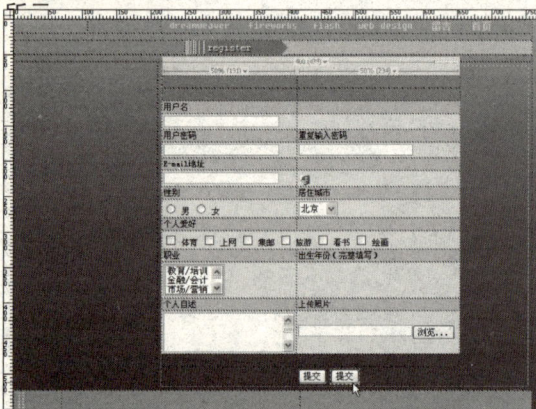

图 8-29 插入按钮

Step 03 选择按钮，在如图 8-30 所示的"属性"面板中设置如下属性。

图 8-30 设置按钮属性

- **按钮名称**：为了和其他的表单要素区分，可以在该部分中输入按钮名称。
- **值**：这是要在按钮上显示的内容。
- **提交表单**：将用户输入的信息提交到服务器计算机上的程序中。
- **重置表单**：删除在输入样式上输入的所有内容。
- **无**：按钮上应用 JavaScript 来实现动作。
- **类**：选择应用在按钮上的类样式。

2. 图像域

HTML 不限制用户只使用浏览器样式默认按钮。用户也可将图像用作提交、重置和命令按钮。Dreamweaver 拥有与添加其他表单元素相同的增加图像域的功能，即用户可以在一个表单中使用多个图像域，这样能为使用者提供一个图形选择当使用者单击用户已指定作为提交按钮的图像域的图片时，表单会被提交。插入图像域的操作步骤如下。

Step 01 打开附书光盘中的"Sample\第08章\原始文件\8.2 form\form.htm"页面，将插入点放在插入按钮左侧的空白单元格中，单击"插入"面板中"表单"分类下的"图像域"按钮，如图8-31所示。

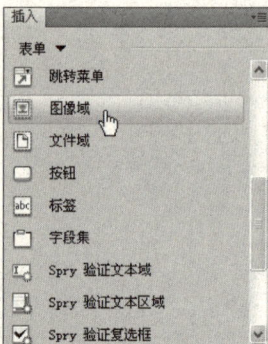

图 8-31 选择"图像域"选项

Step 02 在"选择图像源文件"对话框中选择 register\submit.gif 图像文件，单击"确定"按钮后，图像域即被插入到页面中，如图 8-32 所示。

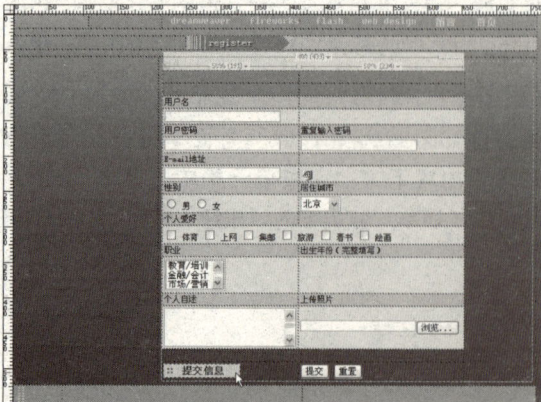

图 8-32 插入图像域

Step 03 选择图像域，在如图 8-33 所示的"属性"面板中设置如下属性。

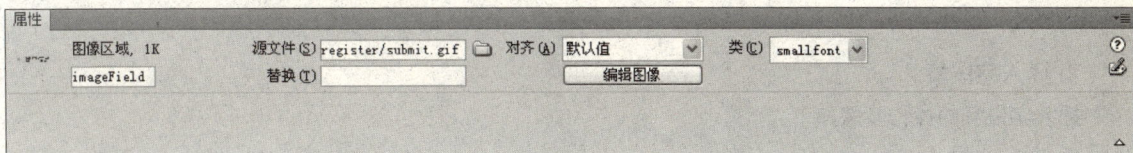

图 8-33 设置图像域属性

- **图像区域**：为了和其他的表单要素区分，可以在该部分中输入图像域名称。
- **源文件**：显示图像文件的路径。若想选择其他图像，则可以单击"浏览文件"按钮再选择新图像。
- **替换**：在浏览器上不显示图像时，图像位置上输入简单的说明性文本，它可以作为图像的设计提示文本。
- **对齐**：指定图像周围的文本布置方式。
- **编辑图像**：可以利用外部图像编辑软件来直接编辑图像。
- **类**：选择应用在图像域上的类样式。

8.2.7　插入标签与字段集

使用"标签"来定义表单控制间的关系，例如，一个文本输入字段和一个或多个文本标记之间的关系。根据最新的标准，标记中的文本可以得到浏览器的特殊对待。浏览器可以为这个标签选择一种特殊的显示样式（也可以使用样式表），并且当用户选择该标签时，浏览器会自动将焦点转到和标签相关的表单元素上。

除单独的标记外，也可以将一群表单元素形成一个字段集，并用<fieldset>和<legend>标签来标记这个组。<fieldset>标签将表单内容的一部分打包，生成一组相关表单字段。<fieldset>没有必需的或是惟一的属性。当一组表单元素放到<fieldset>标签内时，浏览器会以特殊方式来显示它们，它们可能有特殊的边界、3D效果，甚至可创建一个子表单来处理这些元素。

1. 插入标签

插入标签的操作步骤如下。

Step 01 打开附书光盘中的"Sample\ 第 08 章 \ 原始文件 \8.2 form\form.htm"页面，将插入点定位在"出生年份（完整填写）"单元格的下方，首先插入一个文本域，如图 8-34 所示。

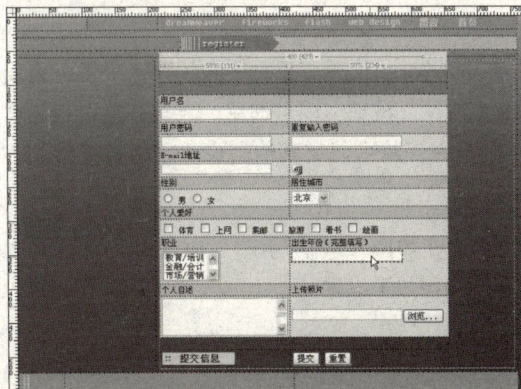

Step 02 选中插入的文本域，然后单击"插入"面板中"表单"分类下的"标签"按钮，如图8-35所示。

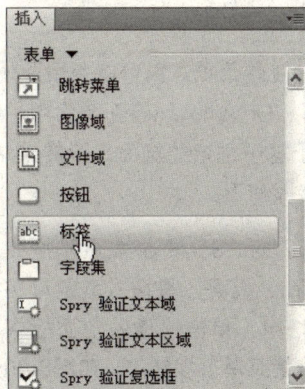

图 8-34 插入文本域

图 8-35 插入标签

Step 03 <label> 标签即被插入页面源代码中。

```
<label><input type="text" name="textf-
ield" id="textfield"><\label>
```

2. 插入字段集

插入字段集的操作步骤如下。

Step 01 打开附书光盘中的 "Sample\ 第 08 章 \ 原始文件 \8.2 form\form.htm" 页面，选中表单内容所在的表格，单击 "插入" 面板中 "表单" 分类下的 "字段集" 按钮 ，如图 8-36 所示。

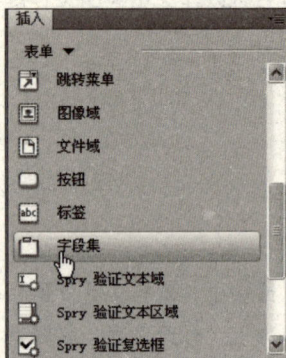

图 8-36 插入字段集

Step 02 在如图 8-37 所示的 "字段集" 对话框中输入 "图标符号" 名称。使用 <legend> 标签可为表单中的一个字段集合生成图标符号。这个标签可能仅能在 "fieldset" 里显示。

图 8-37 "字段集" 对话框

Step 03 设置完成后单击 "确定" 按钮，如图 8-38所示的字段集即被插入到页面中，从页面源代码中也可以看到添加的字段集。

```
<fieldset>
        <legend> 信息 <\legend>
<\fieldset>
```

与 <label> 类似，当 <legend> 内容被选定时，焦点会转移到相关的表单元素上，也可以用来提高用户对 <fieldset> 的控制。

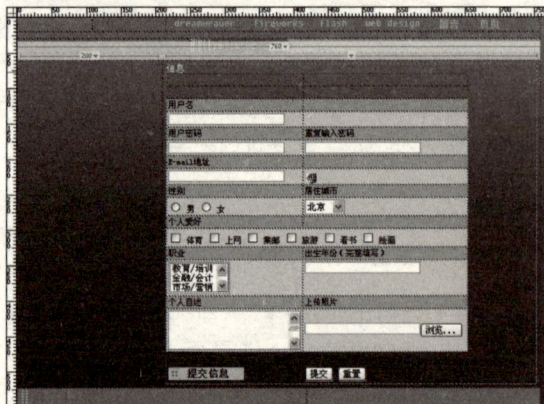

图 8-38 字段集

8.2.8 插入跳转菜单

Dreamweaver中的跳转菜单对象可以为用户处理所的有JavaScript代码，用户所做的只是提供一列项目名称和URL关联即可。Dreamweaver还能为用户留下一个 "前往" 按钮，以供选用。跳转菜单以指定框架为目标，非常适用于基于框架的层面。跳转菜单对象一经插入，就可以像其他列表对象一样被修改。创建跳转菜单的操作步骤如下。

Step 01 打开附书光盘中的 "Sample\第08章\原始文件\8.2 form\form.htm" 页面，将插入点定位在页面下方空白的单元格中，单击 "插入" 面板中 "表单" 分类下的 "跳转菜单" 按钮 ，如图8-39所示。

Step 02 在如图 8-40 所示的 "插入跳转菜单" 对话框中进行如下设置。

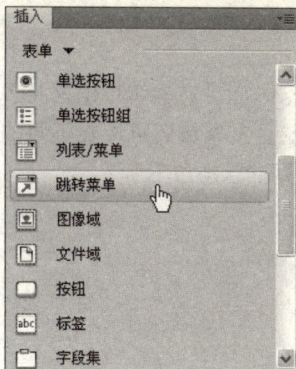

图 8-39 选择"跳转菜单"选项

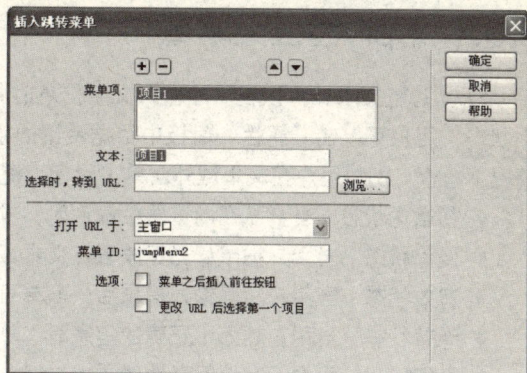

图 8-40 插入跳转菜单

- **菜单项**：根据"文本"栏和"选择时，转到 URL"栏的输入内容，显示菜单项目。
- **文本**：输入显示在跳转菜单中的菜单名称。可以使用中文或空格。
- **选择时，转到 URL**：输入连接到菜单项目的文件路径。输入本地站点的文件或网页地址即可。
- **打开 URL 于**：以框架组成文档时，选择显示连接文件的框架名称。
- **菜单 ID**：为了区分文档内的多个因素，输入菜单的名称。
- **菜单之后插入前往按钮**：在跳转菜单旁边插入"前往"按钮。
- **更改 URL 后选择第一个项目**：即使在跳转菜单中单击菜单移动到连接网页，跳转菜单上也依然显示指定为基本项目的菜单。

Step 03 设置完成后单击"确定"按钮，如图 8-41 所示的跳转菜单即被插入到页面中。

Step 04 选中跳转菜单，"属性"面板和选择（列表\菜单）的设置完全相同，不再赘述。如果需要编辑跳转菜单，则需要执行"窗口 > 行为"命令打开"行为"面板，双击其中的"跳转菜单"，如图 8-42 所示。

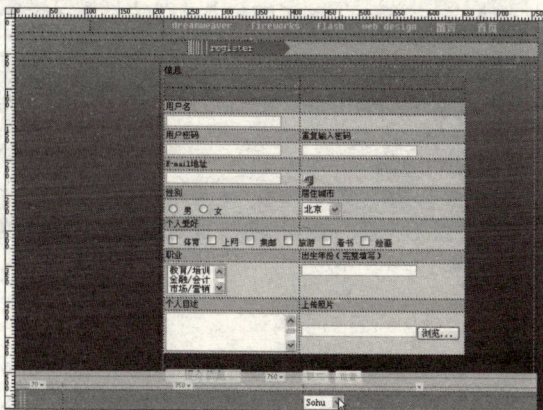

图 8-41 插入跳转菜单

图 8-42 编辑跳转菜单

8.3　Spry表单验证

　　Spry 表单验证是允许用户建立更丰富网页的一套 JavaScript 和 CSS 库，用户可以使用这个框架显示 XML 数据、创建交互效果。通过 Spry 验证，可以实现对表单元素的内容检测功能。

■ **课堂范例**：Sample\第08章\原始文件\8.3formcheck\formcheck.htm
　　　　　　　Sample\第08章\最终文件\8.3formcheck\formcheck-end.htm

8.3.1 Spry验证文本域

Spry 验证文本域可以在用户输入文字信息时判断文本域的合法或非法状态。验证文本域可以检测多个状态，用户可以在"属性"面板中根据希望的检查结果来设置这些状态。验证文本域还可以在不同的情况下检查，例如用户在文本域外面单击鼠标、键入文字，或提交表单时。常用的状态如下所示。

- **初始化状态**：当页面在浏览器中载入时，或当用户重置表单时。
- **聚焦状态**：当用户把鼠标光标放置在文本域内部时。
- **有效状态**：当用户正确输入信息后，表单可以被提交时。
- **无效状态**：当用户输入不正确的信息时。
- **必填状态**：用户没有填写必填的文本域时。
- **最小数字状态**：当用户输入的数字小于定制的文本域的最小数字时。
- **最大数字状态**：当用户输入的数字大于定制的文本域的最大数字时。
- **最小值状态**：当用户输入的数值小于定制的文本域的最小数值时。
- **最大值状态**：当用户输入的数值大于定制的文本域的最大数值时。

插入 Spry 验证文本域的操作步骤如下。

Step 01 打开附书光盘中的"Sample\第08章\原始文件\8.3 formcheck\formcheck.htm"页面，将插入点定位在"用户名"下方的单元格中，单击"插入"面板中"表单"分类下的"Spry 验证文本域"按钮，如图8-43所示。

Step 02 随即如图 8-44 所示的 Spry 验证文本域即被插入到页面中。

图 8-43 插入 Spry 验证文本域

图 8-44 Spry 验证文本域

Step 03 选中 Spry 验证文本域，在如图 8-45 所示的"属性"面板中设置如下属性。

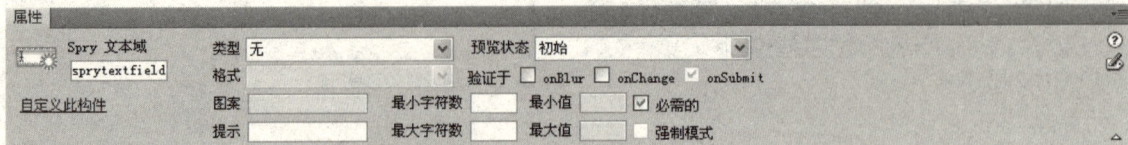

图 8-45 插入 Spry 验证文本域属性

- **Spry 文本域**：设置 Spry 验证文本域的名称。
- **类型**：大多数类型使得文本域接受一个标准格式，少数类型使用户可以选择接受的某种格式类型。
- **预览状态**：可以设置"初始状态"、"有效状态"、"无效格式状态"、"必填状态"的其中一种，选择不同选项时，文本域外观会发生不同的变化，如图 8-46 所示。

Dreamweaver CS5中文版标准教程

| 初始状态 | 必填状态 | 无效格式状态 | 有效状态 |

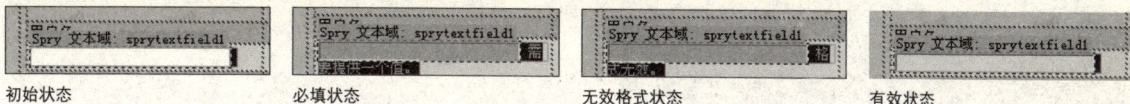

图 8-46 不同的外观

- **格式**：根据不同类型设置不同格式。
- **验证于**：设置在何种条件发生时检查表单，其中onBlur表示用户单击文本域外侧时检查；onChange 表示用户改变文本域内容时检查；onSubmit表示用户试图提交表单时检查。
- **图案**：指定自定义格式的具体模式。
- **提示**：指定自定义格式的提示文字。
- **最大字符数**：设置文本域接受的最大字符。
- **最小字符数**：设置文本域接受的最小字符。
- **最大值**：设置文本域接受的最大值。
- **最小值**：设置文本域接受的最小值。
- **必需的**：设置文本域为必填项目。
- **强制模式**：禁止用户输入文本域中不被要求的任何非法字符。

8.3.2　Spry验证文本区域

Spry 验证文本区域可以在用户在文本区域中输入文字信息时判断文本区域的合法或非法状态，如果 文本区域是一个必填的项目，而用户没有输入任何文字，会显示出相关信息要求用户输入内容。验证文 本区域可以检测的多个常用状态如下所示。

- **初始化状态**：当页面在浏览器中载入时，或当用户重置表单时。
- **聚焦状态**：当用户把鼠标光标放置在文本区域内部时。
- **有效状态**：当用户正确输入信息后，表单可以被提交时。
- **必填状态**：用户没有填写必填的文本区域时。
- **最小数字状态**：当用户输入的数字小于定制的文本区域的最小数字时。
- **最大数字状态**：当用户输入的数字大于定制的文本区域的最大数字时。

插入 Spry 验证文本区域的操作步骤如下。

Step 01 打开附书光盘中的 "Sample\第08章\原始 文件\8.3 formcheck\formcheck.htm" 页面，将插 入点定位在 "个人自述" 下方的单元格中，单击 "插入" 面板中 "表单" 分类下的 "Spry验证文 本区域" 按钮，如图8-47所示。

图 8-47 插入 Spry 验证文本区域

Step 02 随即如图 8-48 所示的 Spry 验证文本区域 即被插入到页面中。

Step 03 选中 Spry 验证文本区域，在如图 8-49 所 示的 "属性" 面板中设置如下属性。

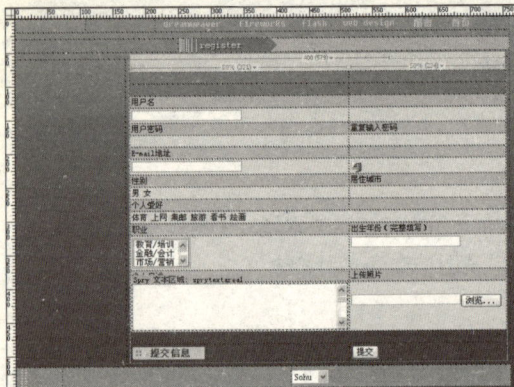

图 8-48 Spry 验证文本区域

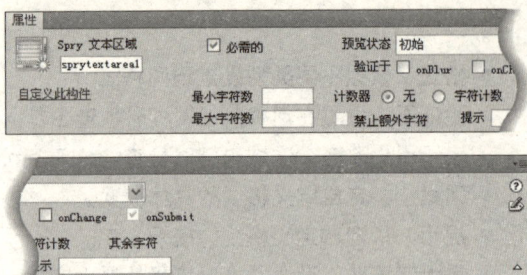

图 8-49 设置 Spry 验证文本区域属性

- **Spry 文本区域**：设置 Spry 验证文本区域的名称。
- **必需的**：设置文本区域为必填项目。
- **预览状态**：可以设置"初始状态"、"有效状态"、"必填状态"中的一种，选择不同选项时，文本区域外观会发生不同的变化，如图 8-50 所示。

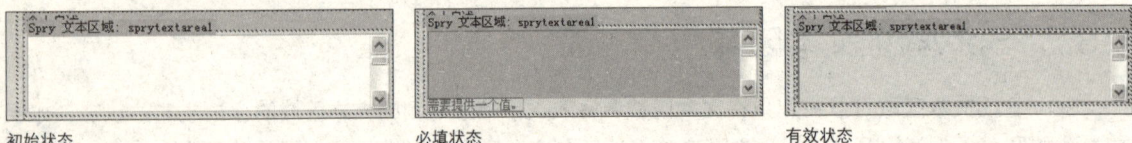

初始状态

必填状态

有效状态

图 8-50 不同的外观

- **验证于**：设置在何种条件发生时检查表单，其中onBlur表示用户单击文本区域外侧时检查；onChange表示用户改变文本区域内容时检查；onSubmit表示用户试图提交表单时检查。
- **最大字符数**：设置文本区域接受的最大字符。
- **最小字符数**：设置文本区域接受的最小字符。
- **计数器**：用户可以添加一个计算用户输入字符数量的计数器，包括还可以输入多少字符的功能。可以选择"无"、"字符计数"、"其余字符"选项。
- **禁止额外字符**：禁止用户输入超过最大字符数的字符。
- **提示**：指定自定义格式的提示文字。

8.3.3 Spry验证复选框

Spry 验证复选框是一个当用户选择或没有选择复选框时，显示合法或非法状态的复选框组的检查。例如，用户可以指定浏览者选择三个项目，如果浏览者没有作出这样的选择，将显示相应的提示信息。验证复选框可以检测的多个常用状态如下所示。

- **初始化状态**：当页面在浏览器中载入时，或当用户重置表单时。
- **有效状态**：当用户正确选择项目后，表单可以被提交时。
- **必填状态**：用户没有选择复选框时。
- **最小选择数字状态**：当用户选择的复选框小于定制的复选框的最小数字时。
- **最大选择数字状态**：当用户选择的复选框大于定制的复选框的最大数字时。

插入 Spry 验证复选框的操作步骤如下。

Step 01 打开附书光盘中的"Sample\ 第 08 章 \ 原始文件 \8.3 formcheck\formcheck.htm"页面，将插入点定位在"个人爱好"下方的单元格中，单击"插入"面板中"表单"分类下的"Spry 验证复选框"按钮，如图 8-51 所示。

图 8-51　插入 Spry 验证复选框

Step 02 随即 Spry 验证复选框即被插入到页面中。按照同样的方法，在每个复选项目前均插入一个 Spry 验证复选框，如图 8-52 所示。

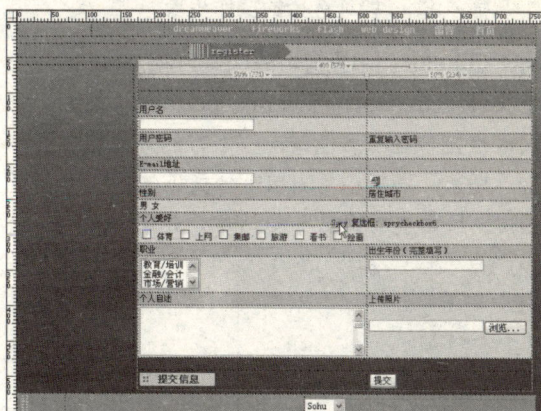

图 8-52　Spry 验证复选框

Step 03 选中 Spry 验证复选框，在如图 8-53 所示的"属性"面板中设置如下属性。

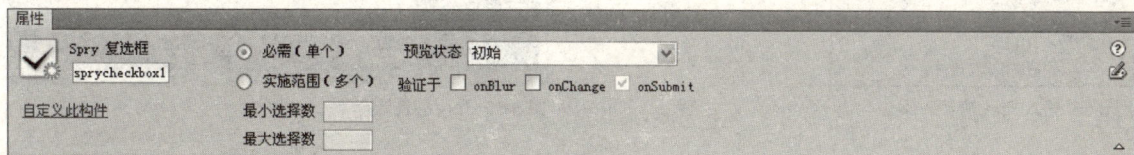

图 8-53　设置 Spry 验证复选框属性

- **Spry 复选框**：设置 Spry 验证复选框的名称。
- **必需（单个）**：设置复选框为单一必选项目。
- **实施范围（多个）**：设置复选框为多个选择项目。
- **最小选择数**：设置复选框最小的选择数目。
- **最大选择数**：设置复选框最大的选择数目。
- **预览状态**：可设置"初始"、"必填"中的一种，选择不同选项时，复选框外观会发生不同的变化，如图 8-54 所示。

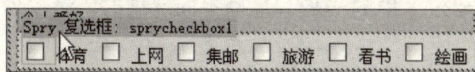
初始

必填

图 8-54　不同的外观

- **验证于**：设置在何种条件发生时检查表单，其中onBlur表示用户单击复选框外侧时检查；onChange表示用户改变复选框内容时检查；onSubmit表示用户试图提交表单时检查。

8.3.4　Spry验证选择

Spry 验证选择是一个当用户选择下拉菜单项目时，判断合法或不合法状态的功能。验证选择可以检测的多个常用状态如下所示。

- **初始化状态**：当页面在浏览器中载入时，或当用户重置表单时。
- **聚焦状态**：当用户使用鼠标光标单击选项时。
- **有效状态**：当用户正确选择了选项，表单可以被提交时。
- **无效状态**：当用户选择了不合法的选项。
- **必填状态**：用户没有没有选择选项时。

插入 Spry 验证选择的操作步骤如下。

Step 01 打开附书光盘中的"Sample\ 第 08 章 \ 原始文件 \8.3 formcheck\formcheck.htm" 页面，将插入点定位在"居住城市"下方的单元格中，单击"插入"面板中"表单"分类下的"Spry 验证选择"按钮，如图 8-55 所示。

Step 02 随即如图 8-56 所示的 Spry 验证选择即被插入到页面中。

图 8-55 插入 Spry 验证选择

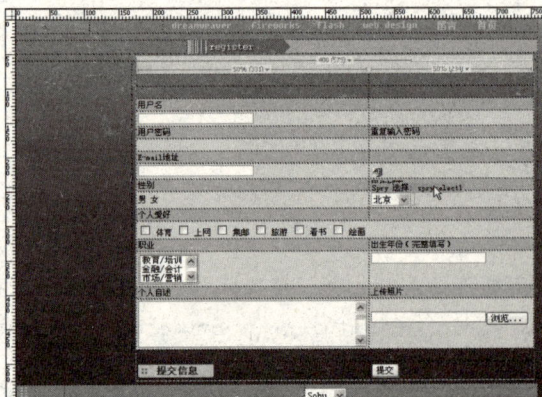

图 8-56 Spry 验证选择

Step 03 选中 Spry 验证选择，在如图 8-57 所示的"属性"面板中设置如下属性。

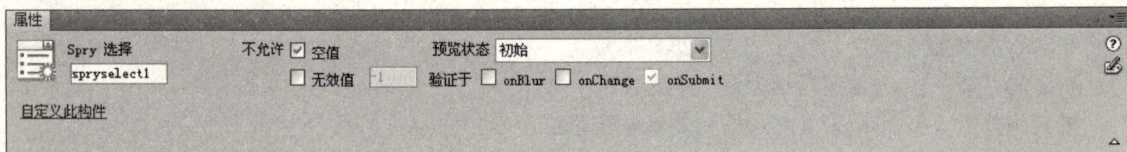

图 8-57 设置 Spry 验证选择属性

- **Spry 选项**：设置 Spry 验证选择的名称。
- **不允许**：不允许"空值"或"无效值"。
- **预览状态**：可以设置"初始"、"必填"、"有效"、"无效"中的一种，选择不同选项时，选项外观会发生不同的变化，如图 8-58 所示。

图 8-58 不同的外观

- **验证于**：设置在何种条件发生时检查表单，其中 onBlur 表示用户单击选项外侧时检查；onChange 表示用户改变选项内容时检查；onSubmit 表示用户试图提交表单时检查。

8.3.5　Spry验证密码

Spry 验证密码构件是一个密码文本域，可用于强制执行密码规则（例如，字符的数目和类型）。该构件根据用户的输入提供警告或错误消息。验证密码可以检测的多个常用状态如下所示。

- **初始状态**：当在浏览器中加载页面时，或当用户重置表单时。
- **焦点状态**：当用户将插入点放置到构件中时。
- **有效状态**：当用户正确输入信息，并且可以提交表单时。
- **强度无效状态**：当用户输入的文本不符合密码文本域的强度条件时。（例如，如果您已指定密码必须至少包含两个大写字母，而输入的密码不包含大写字母或只包含一个大写字母。）
- **必需状态**：当用户未能在文本域中输入所需的文本时。
- **最小字符数状态**：当用户输入的字符数少于密码文本域中所需的最小字符数时。
- **最大字符数状态**：用户输入的字符数大于密码文本域中允许的最大字符数时。

插入 Spry 验证密码的操作步骤如下。

Step 01 打开附书光盘中的"Sample\ 第 08 章 \ 原始文件 \8.3 formcheck\formcheck.htm"页面，将插入点定位在"用户密码"下方的单元格中，单击"插入"面板中"表单"分类下的"Spry 验证密码"按钮 ，如图 8-59 所示。

Step 02 随即如图 8-60 所示的 Spry 验证密码即被插入到页面中。

图 8-59 插入 Spry 验证密码

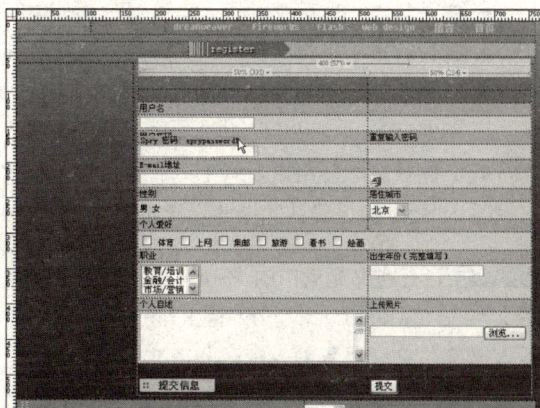

图 8-60 Spry 验证密码

Step 03 选中 Spry 验证密码，在如图 8-61 所示的"属性"面板中设置如下属性。

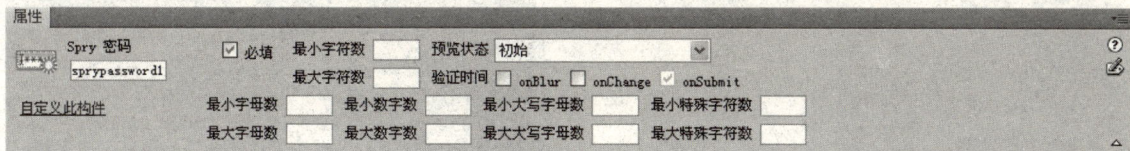

图 8-61 设置 Spry 验证密码属性

- **Spry 密码**：设置 Spry 验证密码的名称。
- **必填**：设置密码框为必填项目。
- **最小 \ 最大字符数**：指定有效的密码所需的最小和最大字符数。
- **预览状态**：可以设置"初始"、"必填"、"有效"中的一种，选择不同选项时，密码框外观会发生不同的变化，如图 8-62 所示。

初始　　　　　　　　　　　　　必填　　　　　　　　　　　　　　有效

图 8-62 不同的外观

- **验证于**：设置在何种条件发生时检查表单，其中 onBlur 表示用户单击密码框外侧时检查；onChange 表示用户改变密码框内容时检查；onSubmit 表示用户试图提交表单时检查。
- **最小 \ 最大字母数**：指定有效的密码所需的最小和最大字母（a、b、c 等）数。
- **最小 \ 最大数字数**：指定有效的密码所需的最小和最大数字（1、2、3 等）数。
- **最小 \ 最大大写字母数**：指定有效的密码所需的最小和最大大写字母（A、B、C 等）数。
- **最小 \ 最大特殊字符数**：指定有效的密码所需的最小和最大特殊字符（!、@、# 等）数。

8.3.6　Spry验证确认

Spry 验证确认构件是一个文本域或密码表单域，当用户输入的值与同一表单中类似域的值不匹配时，该构件将显示有效或无效状态。例如，可以向表单中添加一个验证确认构件，要求用户重新输入他们在上一个域中指定的密码。如果用户未能完全一致地输入他们之前指定的密码，构件将返回错误消息，提示两个值不匹配。验证确认可以检测的多个常用状态如下所示。

- **初始状态**：当在浏览器中加载页面时，或当用户重置表单时。
- **焦点状态**：当用户将插入点放置到构件中时。
- **有效状态**：当用户正确输入信息，并且可以提交表单时。
- **无效状态**：当用户输入的文本与在上一个文本域、验证文本域构件或验证密码构件中输入的文本不匹配时。
- **必需状态**：当用户未能在文本域中输入所需的文本时。

插入 Spry 验证确认的操作步骤如下。

Step 01 打开附书光盘中的"Sample\ 第 08 章 \ 原始文件 \8.3 formcheck\formcheck.htm"页面，将插入点定位在"重复输入密码"下方的单元格中，单击"插入"面板中"表单"分类下的"Spry 验证确认"按钮，如图 8-63 所示。

Step 02 随即如图 8-64 所示的 Spry 验证确认即被插入到页面中。

图 8-63 插入 Spry 验证确认

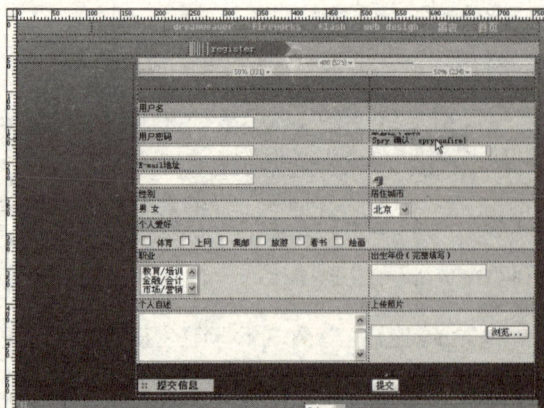

图 8-64 Spry 验证确认

Step 03 选中 Spry 验证确认，在如图 8-65 所示的 "属性" 面板中设置如下属性。

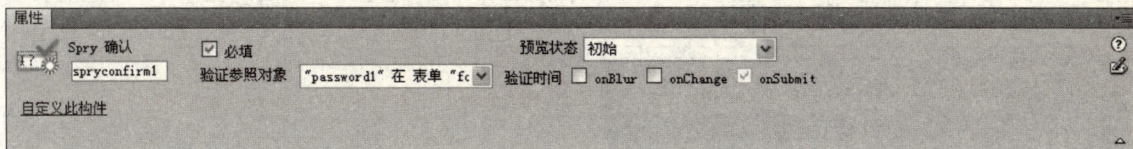

图 8-65 设置 Spry 验证确认属性

- **Spry 确认**：设置 Spry 验证确认的名称。
- **必填**：设置确认为必填项目。
- **预览状态**：可以设置 "初始"、"必填"、"无效"、"有效" 中的一种，选择不同选项时，确认外观会发生不同的变化，如图 8-66 所示。

初始　　　　　　　　必填　　　　　　　　无效　　　　　　　　有效

图 8-66 不同的外观

- **验证参照对象**：选择参照哪个对象与确认内容相同。
- **验证于**：设置在何种条件发生时检查表单，其中 onBlur 表示用户单击确认外侧时检查；onChange 表示用户改变确认内容时检查；onSubmit 表示用户试图提交表单时检查。

8.3.7　Spry验证单选按钮组

验证单选按钮组构件是一组单选按钮，可支持对所选内容进行验证。该构件可强制从组中选择一个单选按钮。验证单选按钮组可以检测的多个常用状态如下所示。

- **初始状态**：当在浏览器中加载页面时，或当用户重置表单时。
- **有效状态**：当用户进行选择，并且可以提交表单时。
- **必需状态**：当用户未能进行必需的选择时。
- **无效状态**：当用户选择其值不可接受的单选按钮时。

插入 Spry 验证单选按钮组的操作步骤如下。

Step 01 打开附书光盘中的 "Sample\ 第 08 章 \ 原始文件 \8.3formcheck\formcheck.htm" 页面，将插入点定位在 "性别" 下方的单元格中，单击 "插入" 面板中 "表单" 分类下的 "Spry 验证单选按钮组" 按钮 ，如图 8-67 所示。

Step 02 弹出如图 8-68 所示的 "Spry 验证单选按钮组" 对话框，设置单选按钮组的内容。

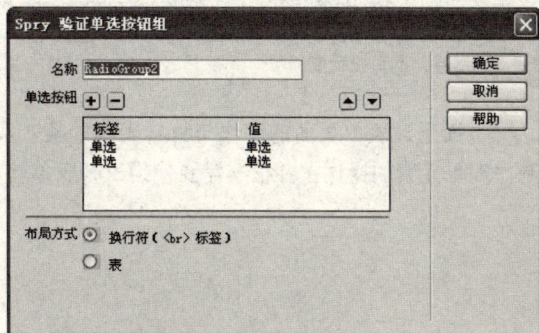

图 8-67 插入 Spry 验证单选按钮组

图 8-68 "Spry 验证单选按钮组" 对话框

Step 03 设置完成后单击"确定"按钮，如图8-69 所示的 Spry 验证复选框即被插入到页面中。

Step 04 选中 Spry 验证单选按钮组，在如图 8-70 所示的"属性"面板中设置如下属性。

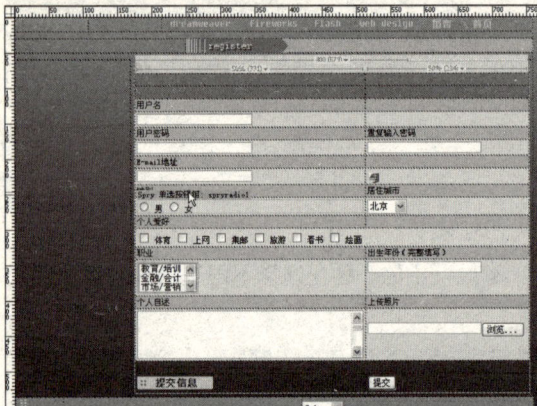

图 8-69 Spry 验证单选按钮组

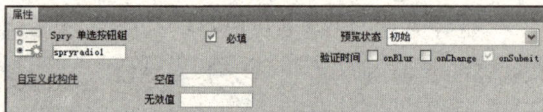

图 8-70 设置 Spry 验证单选按钮组属性

- **Spry 单选按钮组**：设置 Spry 验证复选框的名称。
- **必填**：设置单选按钮组为必填项目。
- **预览状态**：可以设置"初始"、"必填"中的一种，选择不同选项时，单选按钮外观会发生不同的变化，如图8-71所示。

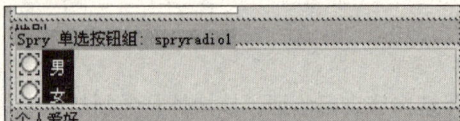

初始

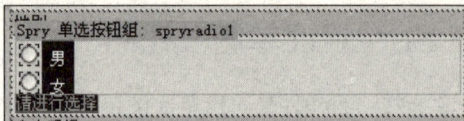

必填

图 8-71 不同的外观

- **空值**：若要创建显示空值错误消息"请进行选择"的构件，请在"空值"文本框中输入"none"。
- **无效值**：若要创建显示无效值错误消息"请选择一个有效值"的构件，请在"无效值"文本框中输入"invalid"。
- **验证于**：设置在何种条件发生时检查表单，其中 onBlur 表示用户单击单选按钮外侧时检查；onChange 表示用户改变单选按钮内容时检查；onSubmit 表示用户试图提交表单时检查。

上机实践｜制作"火车票网"会员注册表单并进行验证

原始文件：Sample\第08章\原始文件\8.4form\form.htm
最终文件：Sample\第08章\原始文件\8.4form\form-end.htm
实训目的：学会创建表单并使用Spry进行表单验证
应用范围：网页设计制作

下面通过表单页面的制作与Spry表单的检查实例来理解本课所讲解的理论知识。首先在页面中进行制作表单元素的操作，并根据需要使用Spry表单验证元素，原始页面和最终页面的效果如图8-72所示。

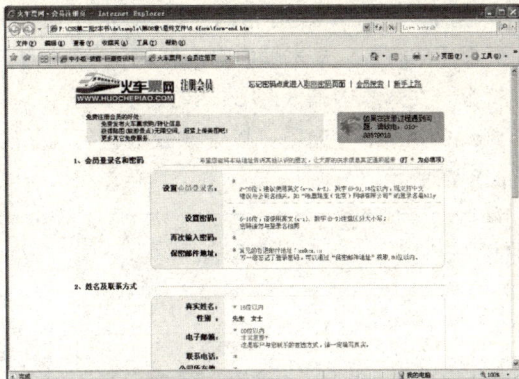

图 8-72 原始页面和最终页面

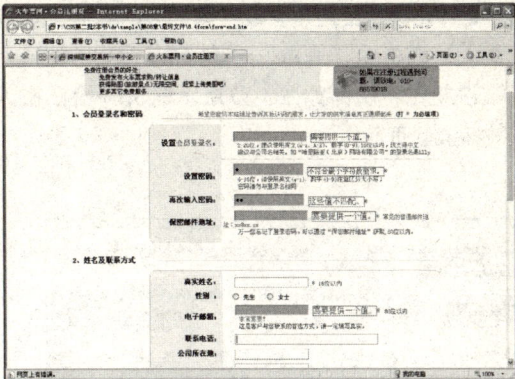

Step 01 打开附书光盘中的"Sample\第08章\原始文件\8.4 form\form.htm"页面，将光标定位到"设置会员登录名"项的后面，单击"插入"面板中"表单"分类下的"Spry验证文本域"按钮，随即Spry验证文本域即被插入到页面中，如图8-73所示。

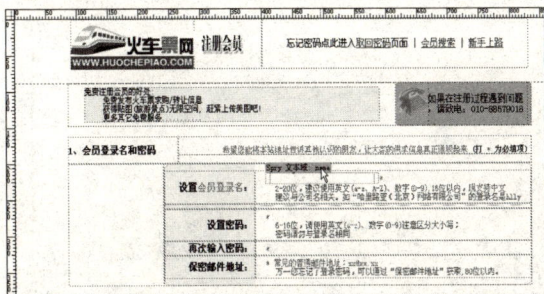

图 8-73 插入 Spry 验证文本域

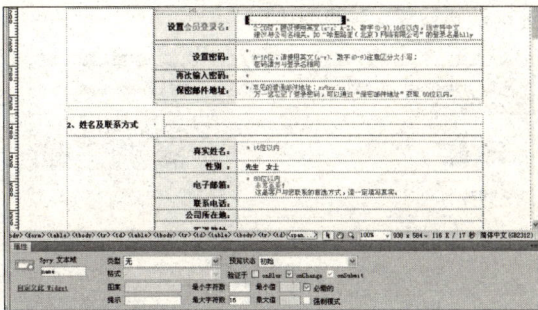

Step 03 在"保密邮件地址："后面插入另一个Spry验证文本域，命名为"Email"、"最大字符数"输入"80"、勾选"验证于"中的"onChange"选项，其他使用默认值，如图8-75所示。

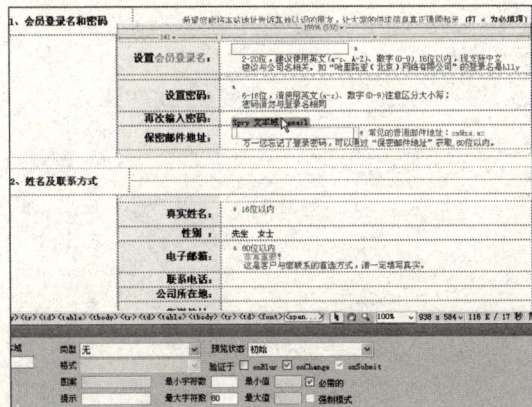

图 8-75 插入 Spry 验证文本域并设置属性

Step 02 选中Spry验证文本域，在"属性"面板中设置如下属性：在"Spry 文本域"文本框中为其命名为"name"，在"最大字符数"文本框内输入"16"，勾选"验证于"中的"onChange"选项，使其改变时即进行验证，如图8-74所示。

图 8-74 设置 Spry 验证文本域属性

Step 04 使用同样的方法，在页面中"姓名及联系方式"后面的"真实姓名"和"电子邮箱"中插入两个 Spry 验证文本域，如图 8-76 所示。

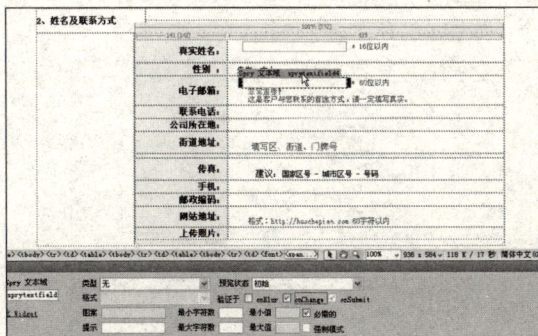

图 8-76 插入更多 Spry 验证文本域

127

Step 05 将光标定位到"设置密码"项的后面，单击"插入"面板中"表单"分类下的"Spry验证密码"按钮，随即如图8-77所示的Spry验证密码即被插入到页面中。

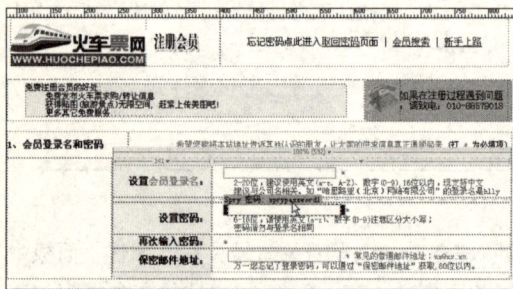

图 8-77 插入 Spry 验证密码

Step 07 将光标定位到"再次输入密码"项的后面，单击"插入"面板中"表单"分类下的"Spry 验证确认"按钮，随即如图 8-79 所示的 Spry 验证确认即被插入到页面中。

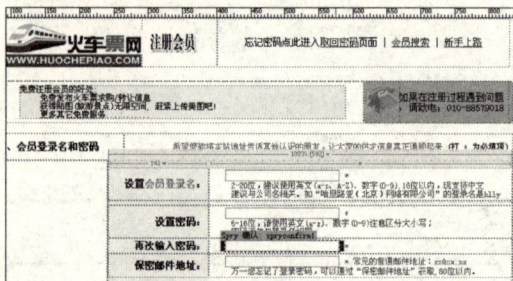

图 8-79 插入 Spry 验证确认

Step 09 将插入点放在"联系电话"后面的空白单元格中，单击"插入"面板中"表单"分类下的"文本字段"按钮，选中插入的文本域，在"属性"面板中设置文本域名称为"phone"、在"字符宽度"文本框中设置文本域的宽度为"40"、在"最多字符数"文本框中设置字符数为"20"个，如图8-81所示。

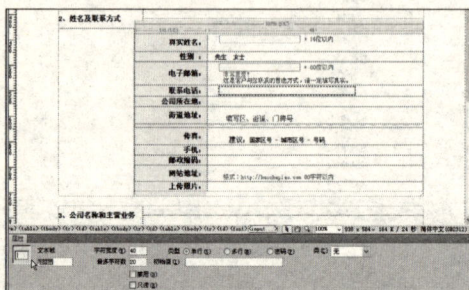

图 8-81 插入文本域

Step 06 选中Spry验证密码，在"属性"面板中的"最小字符数"文本框中内输入"6"，在"最大字符数"文本框内输入"16"，勾选"验证于"中的"onChange"选项，以便改变时进行验证，如图8-78所示。

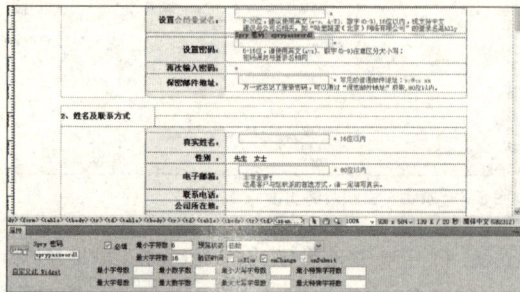

图 8-78 设置 Spry 验证密码属性

Step 08 选中 Spry 验证确认，在"属性"面板中设置如下属性：勾选"验证于"中的"onChange"选项，使其改变时即进行验证，如图 8-80 所示。

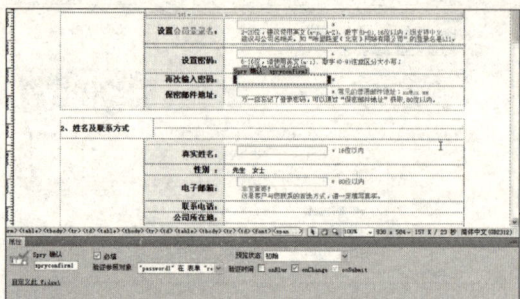

图 8-80 设置 Spry 验证确认属性

Step 10 使用同样的方法，在页面中"姓名及联系方式"后面的"公司所在地"、"街道地址"、"传真"、"手机"、"邮政编码"、"网站地址"中，以及"公司名称和主营业务"后面的"贵公司名称"、"主营行业"、"主营产品"中插入多个文本域，如图8-82所示。

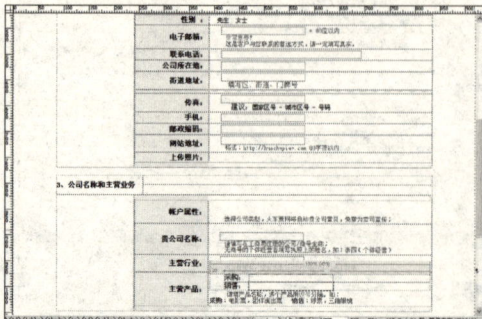

图 8-82 插入多个文本域

Step 11 将插入点定位到"我愿意收到火车票网新产品\服务的通知信"项的前面，勾选"插入"面板中"表单"分类下的"复选框"选项，复选框即被插入页面，在"属性"面板中选择"已勾选"，如图 8-83 所示。

Step 12 然后将光标定位到"我愿意收到我感兴趣的其他公司新产品\服务的通知信"项的前面，再次插入一个复选框。在"属性"面板中选择"未选中"，如图 8-84 所示。

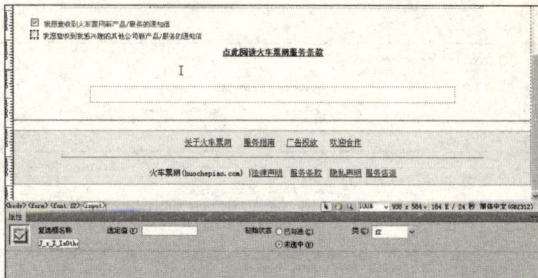

图 8-83 插入复选框并设置属性

图 8-84 再次插入复选框并设置属性

Step 13 将插入点定位到"性别："项的后面，单击"插入"面板中"表单"分类下的"单选按钮"按钮，随即单选按钮即被插入到页面中。在每个单选项目前均插入一个单选按钮，如图 8-85 所示。

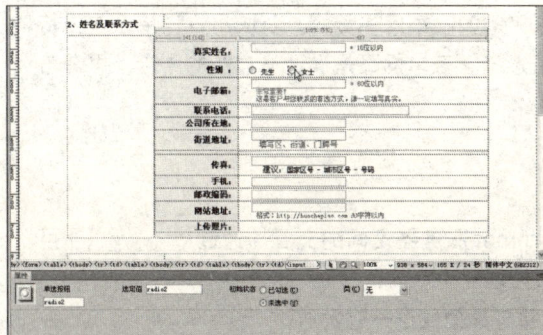

Step 14 按照同样的方法在"帐户属性："后插入多个单选按钮，项目分别为"其他"、"公司"、"个人"，如图 8-86 所示。

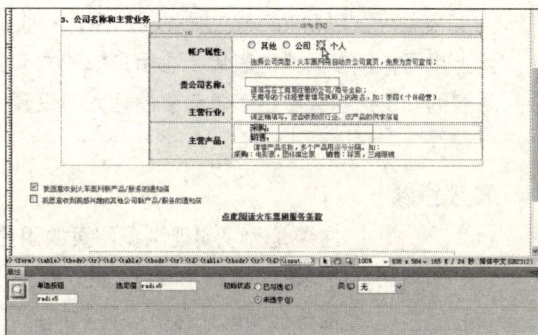

图 8-85 插入单选按钮

图 8-86 插入多个单选按钮

Step 15 将插入点定位到"上传照片："项的后面，单击"插入"面板中"表单"分类下的"文件域"按钮，随即如图 8-87 所示的文件域即被插入到页面中。

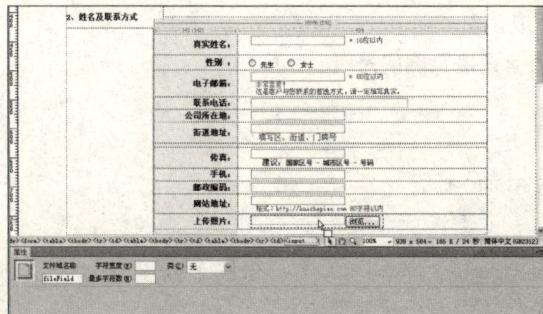

Step 16 将插入点定位到"点此阅读火车票网服务条款"项的下面，单击"插入"面板中"表单"分类下的"图像域"按钮，在打开的"选择图像源文件"对话框中选择"images_files\j_1.gif"图像文件，如图 8-88 所示。

图 8-87 插入文件域

图 8-88 选择图像源文件

Step 17 设置完成后单击"确定"按钮，如图 8-89 所示的图像域即被插入到页面中。

Step 18 按下 F12 快捷键预览页面，就可以看到表单的效果了。在某些表单元素输入不合法的内容后，页面会自动显示提示信息，如图 8-90 所示。

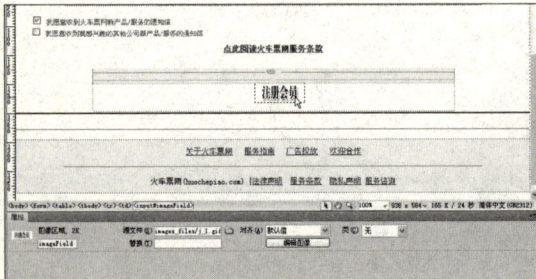

图 8-89 插入图像域

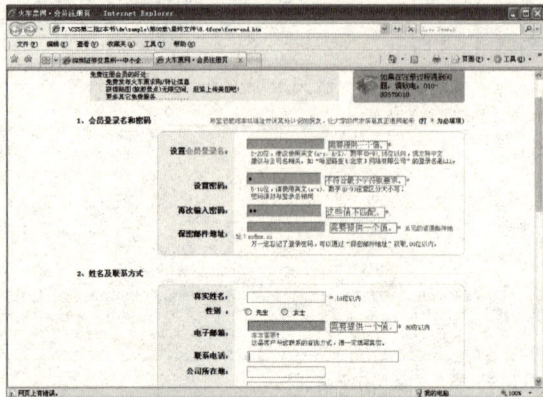

图 8-90 预览效果

思考与练习

表单可以帮助 Internet 服务器从用户处收集信息，例如收集用户资料、获取用户订单。在因特网上也同样存在大量的表单，让用户输入文字，进行选择。表单网页是设计与功能的结合。思考与练习的知识点主要包括表单元素的插入与设置。

1. 填空题

(1) _____主要是为了实现浏览网页的用户同 Internet 服务器之间的交互，通过_____，可以将用户的信息发送到 Internet 服务器上，以供处理。

(2) _____能将存储的计算机文件附加到表单上并与其他数据一起发送。

(3) 表单提交使用_____方式时，设置的 URL 可以使用长文件名。

2. 选择题

(1) 下面表单的工作过程说法错误的是（　　）。

　　A. 访问者在浏览有表单的网页时，填上必需的信息，然后按某个按钮递交

　　B. 这些信息通过 Internet 传送到服务器上

　　C. 服务器上专门的程序对这些数据进行处理，如果有错误会自动修正错误

　　D. 当数据完整无误后，服务器反馈一个输入完成信息

(2) 服务器端的权限是不开放的情况下，关于递交表单说法正确的是（　　）。

　　A. 可以用服务端程序的方法来处理表单

　　B. 想使用表单，可以用 mailto 标签

　　C. 可以用服务端程序的方法来处理表单和使用 mailto 标签

　　D. 以上说法都错误

(3) 下列关于各表单域的描述不正确的一项是（　　）。

　　A. 单选按钮一般以两个或者两个以上的形式出现

B. 在表单中，复选框一般都不是单独出现的，都是多个复选框同时使用

C. 图片域可以用来代替按钮的工作

D. 我们可以在菜单域中选择多项信息

3. 上机操作题

(1) 参考附书光盘中的"Exercise\ 第 08 章 \ 最终文件 \1\ 练习 1.htm"文件，制作一个如图 8-91 所示的留言簿页面。

　　要求：制作包括文本域、单选按钮、复选框、文件域、文本区域、按钮、跳转菜单等表单元素在内的表单，并使用表格进行排版。

(2) 参考附书光盘中的"Exercise\ 第 08 章 \ 最终文件 \2\ 练习 2.htm"文件，请制作如图 8-92 所示的表单页面。

　　要求：制作一个包括文本域、单选按钮、复选框、文件域、文本区域、按钮、选择（列表 \ 菜单）等表单元素在内的表单，并使用表格进行排版。

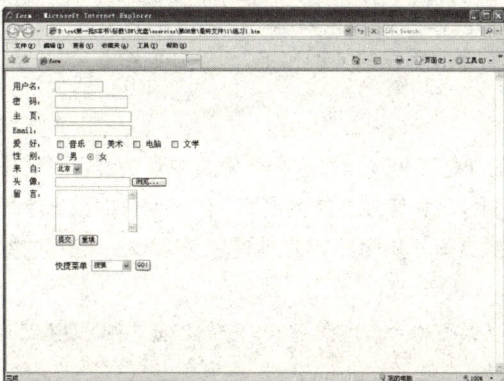

图 8-91 留言簿页面

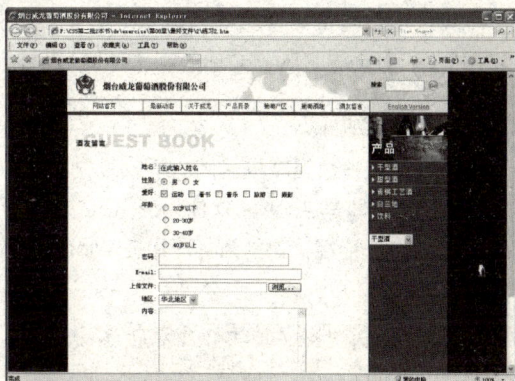

图 8-92 表单页面

◀))) 知识延展 | 网页编程与表单

　　表单是一般网页中会经常使用到的要素，表单以各种各样的形式广泛地使用在网页的制作中。表单提交到服务器后，会由服务器端的程序进行处理，下面介绍一下服务器端的编程环境。

1. 安装服务器

　　大部分用户都使用 Windows 系列的操作系统。我们通常使用的计算机虽然都不是服务器计算机，但为了测试 ASP 程序，要把计算机使用为服务器形式。在 Windows XP 中安装 IIS，就可以直接运行 ASP 程序，如图 8-93 所示。

2. 在服务器上设置虚拟网页站点

　　系统上安装服务器以后，为了将系统的一个文件夹使用为网页服务器的站点形式，设置虚拟网页站点，如图 8-94 所示。

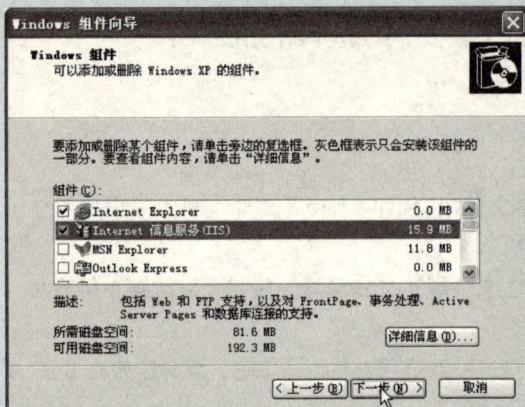

图 8-93　IIS 服务器

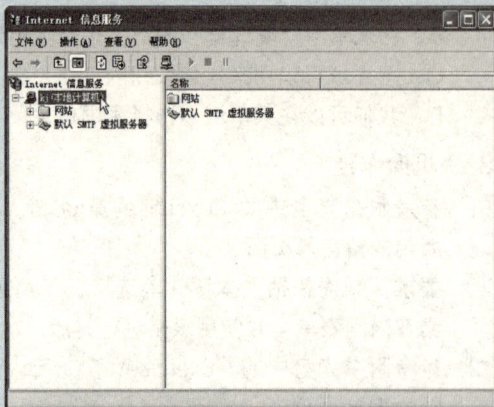

图 8-94　设置虚拟网页站点

3. 在本地站点上登录虚拟网页站点的信息

　　为了上传网页文件需要创建本地站点，并在上面登录虚拟网页站点。同时考虑到可能会使用到数据库，因此与 HTML 文件的制作不同，还要设置文本服务器的类型和接入方法，如图 8-95 所示。

4. 制作数据库

　　网页编程中数据库是基础，所以最先需要制作的即是数据库。个人用计算机中最快最容易制作数据库的工具即是 Access 软件。使用该软件，可以制作预先策划好的数据库。这样制作的数据库最后通过 ODBC 连接，识别为可使用在 Windows 上的数据库。如图 8-96 所示的就是 Access 制作的数据库表。

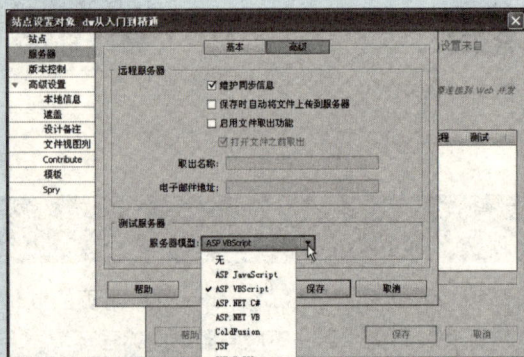

图 8-95　设置服务器

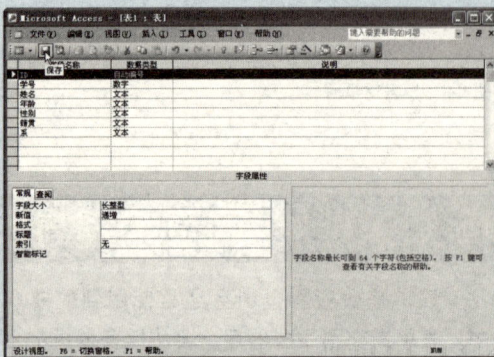

图 8-96　Access 数据库

5. 将数据库连接到 Dreamweaver

　　为了在 Dreamweaver 上识别预先制作的数据库，可以将数据库连接到 Dreamweaver 中，经过此过程就可以随意使用数据库记录或域。

Chapter
09

使用CSS美化页面

课题概述 由于HTML语言本身的一些客观因素，导致了其结构与显示不分离的特点，这也是阻碍其发展的一个原因。因此，W3C很快发布了CSS（层叠样式表）来解决这一问题，以便不同的浏览器能够正常地显示同一页面。

教学目标 通过本章的学习，读者要重点掌握在Dreamweaver CS5中CSS样式的使用方法，CSS在网页制作方面是一项非常重要的技术，它现在已经得到非常广泛的使用。希望通过本章的学习，用户可以根据不同的需要将CSS技术应用到网页中去。

★ **章节重点**

★★★★★ | CSS 的基本语法
★★★★☆ | CSS 样式的类型
★★★★★ | 使用 CSS
★★★★★ | 编辑 CSS 样式

★ **光盘路径**

上机实践：Sample\第09章\
课后练习：Exercise\第09章\最终文件
电子教案：PPT电子教案\DW_lesson9.ppt

9.1　CSS基础

利用 CSS 样式表可以修饰单调的网页。最近很难发现没利用样式表的网页，由此可见样式表已成为网页设计中必不可少的要素。

9.1.1　CSS的优点

使用 CSS 定义样式的好处在于利用它不仅可以控制传统的格式属性，如字体、尺寸、对齐，还可设置诸如位置、特殊效果、光标滑过之类的 HTML 属性。图 9-1 所示为未使用 CSS 定义的页面，图 9-2 所示为使用 CSS 定义后的页面。

图 9-1　未使用 CSS 的页面

图 9-2　使用 CSS 美化后的页面

当然，通过修改样式，可自动快速更新所有采用该样式的文字格式。HTML样式可以看作是一组用于控制单个文档中某范围内文本外观的格式化属性。而CSS样式不仅可以控制单个文档中的文本格式，而且可以控制多个文档的格式。与HTML样式相比，使用CSS样式可以更好地链接外部多个文档，当CSS样式被更新时，所有使用CSS样式的文档都会自动随着更新。

当用户需要管理一个非常大的网站时，使用CSS样式定义站点，便可以体现出非常明显的优越性。使用CSS可以快速格式化整个站点或多个文档中的字体等格式，并且CSS样式可以控制多种不能使用HTML样式控制的属性。

9.1.2　CSS的语法规则

CSS的主要功能就是将某些规则应用于文档中同一类型的元素，这样可以减少网页设计者大量的工作。

1.基础

每条规则有两个部分，即选择符和声明。每条声明实际上是属性和值的组合。每个样式表就是由一系列规则组成的，但规则并不总是出现在样式表里。最基本的规则如下面的代码所示。

```
P {text-align:center;}                    →声明段落 p 样式
```

其中，规则左边的 p 就是选择符。所谓选择符就是规则中用于选择文档中要应用样式的那些元素。规则右面的 text-align:center; 部分是声明。它是由 CSS 属性 text-align 及其值 center 组成的。

声明的格式是固定的，某个属性后跟冒号，然后是其取值。如果使用多个关键字作为一个属性的值，通常用空白符将它们分开。

2.多个选择符

有时，我们或许需要让同一条规则应用于多个元素，也就是多个选择符。此时的规则如下面的代码所示。

```
P,H2{text-align:center;}                  →声明段落 p 和二级标题的样式
```

通过将多个元素同时放在规则的左边并且用逗号分隔它们，右边为规则定义的样式，规则将被同时应用于两个选择符。逗号告诉浏览器在这一条规则中包含两个不同的选择符。

9.1.3　CSS样式的类型

CSS 样式位于文档的 head 区，其作用范围由 class 或其他任何符合 CSS 规范的文本设置。对于其他现有的文档，只要其中的 CSS 样式符合规范，Dreamweaver CS5 就能识别。

在 Dreamweaver CS5 中，可以使用以下 4 种类型的 CSS 样式。

- **类**：该样式与某些字处理程序中使用的样式类似，只是未区分字符样式和段落样式。用户可以将自定义 CSS 样式应用于一个完整的文本块或一个局部的文本范围。如果 CSS 样式被应用于一个文本块（如整个段落或无序项目），Dreamweaver 会在文本块标签中添加 class 属性（例如，代码为 <p class="myStyle"> 或 <ul class="myStyle">）。如果 CSS 样式被应用于一个文本的局部范围，则在文本块中将插入一个包含 class 属性的 span 标签。
- **标签**：该样式实际上是对现有HTML标签的一种重新定义。当用户创建或改变一个CSS样式时，所有使用该标签的文本格式也将被自动更新。
- **复合内容**：该样式用于重新定义一些特定的标签组合或包含了特定 ID 属性的标签。
- **ID**：该样式主要应用于与 <div> 标签或某一特定标签结合时，定义的独立样式。

学习注意　CSS样式会覆盖已有的HTML格式

手工格式化文本时，常会覆盖使用CSS样式格式化的文本。因此，使用CSS样式控制段落格式时，必须删除所有手工设置的HTML格式或HTML样式。

9.1.4　引用CSS的方法

在网页中引用 CSS 样式表有三种方法，分别通过内联样式表、文档样式表和外部样式表实现。

1. 内联样式表

内联样式表是连接样式和标签的最简单的方式，只需在标签中包含一个 style 属性，后面再跟一列属性及属性值即可。浏览器会根据样式属性及属性值来表现标签中的内容。如下面的代码所示。

```
<h3 style="font-size:10pt">
文字
<\h3>
```

2. 文档样式表

将文档样式表放在 head 内的 <style> 标签和 <\style> 结束标签之间，就会影响文档中所有相同标签的内容。<style> 和 <\style> 标签之间的所有内容都将被看作是样式规则的一部分，会被浏览器应用于显示的文档中。如下面的代码所示。

```
<style type="text\css">
h1 { font-size: x-large; color: red }
<\style>
```

3. 外部样式表

我们还可以在分离的文档中放置样式定义（将其 MIME 类型定义为 text\css 的文本文件），这样就把"外部"样式表引入了文档中。同一种样式表可以用于多个文档中。由于外部样式表是一个独立的文件，并由浏览器通过网络进行加载，所以可以随处存储，随时使用，甚至可以使用其他样式表。如下面的代码所示。

```
<link rel="stylesheet" href="Style.css" type="text\css">
```

9.2　使用CSS

在页面中使用 CSS 有两种方式，一是直接建立页面内部的 CSS，二是链接外部的 CSS 文件。

9.2.1　建立内部CSS

在 Dreamweaver 中建立内部 CSS 的方法如下。

Step 01 在文档窗口中执行"窗口>CSS样式"命令，打开"CSS样式"面板，如图9-3所示。

Step 02 单击"新建 CSS 规则"按钮，打开"新建 CSS 规则"对话框，如图9-4 所示。

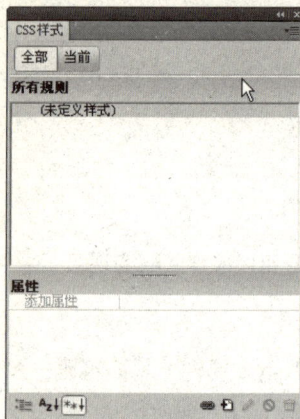

图 9-3 "CSS 样式" 面板

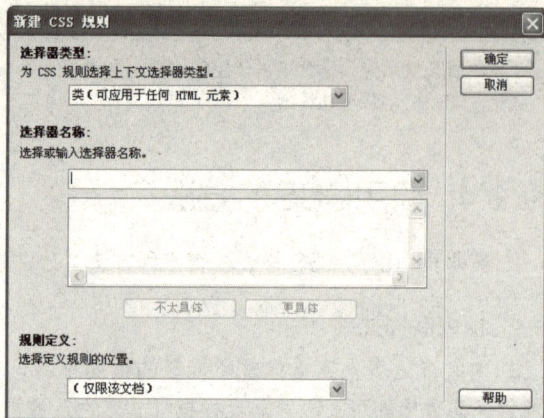

图 9-4 "新建 CSS 规则" 对话框

- **选择器类型**：用来定义样式类型，并将其运用到特定的部分。其中"类"表示要在"选择器名称"文本框中输入自定义样式的名称，必须以符号"."开头。其名称可以是字母和数字的组合，如果没有输入符号"."，Dreamweaver会自动输入。"标签"表示需要在下拉列表中选择一个HTML标签，也可以直接在下拉列表框中输入这个标签。"复合内容"表示需要在下拉列表中选择一个选择器的类型，也可以输入一个选择器类型。"ID"表示要在"选择器名称"文本框中输入指定元素样式的名称，必须以符号"#"开头。
- **选择器名称**：用来设置新建的样式表的名称。
- **规则定义**：用来设置新建的CSS语句的位置。CSS样式按照使用方法可以分为内部样式和外部样式。如果想把CSS语句新建在网页内部，可以选择"仅限该文档"选项。

Step 03 设置完成后单击"确定"按钮，打开"CSS规则定义"对话框，在对话框中可以设置样式，如图9-5所示。在该对话框的左侧，用户可以从中选择样式类别。用户可以从中选择一个或者所有类别来应用样式。

Step 04 样式设置完成后，"CSS 样式"面板中会出现建立好的样式，如图 9-6 所示。

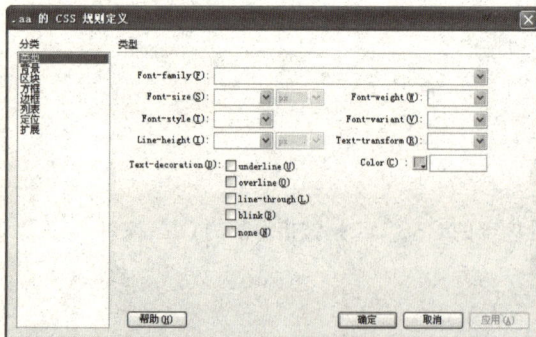

图 9-5 "CSS 规则定义" 对话框

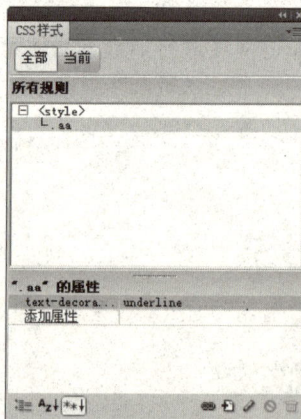

图 9-6 建立好的样式

学习注意 取消应用在文档中的类样式

取消应用在文档中的类样式的方法非常简单，可以在以下两种方法中任选其中的一种方法。
方法1：单击应用类样式的部分后，在属性面板的"类"下拉列表框中选择"无"选项，即可取消应用在文档中的类样式。
方法2：单击应用类样式的部分，就会在标签选择器上出现<span.mark1>。mark1 是类样式的名称。在<span.mark1>上单击鼠标右键，在弹出的快捷菜单中选择"删除标签"选项，就可以取消应用在文档中的类样式。

9.2.2 链接外部CSS

外部样式表是 Web 设计者的 CSS 工具箱中的一个重要的工具。使用层叠样式表，用户可以非常快速地改变单页中某个特定标签的所有属性，但是要想改变一个大型的 Web 站点上所有的页面可能仍然要花费大量的时间。如果为该 Web 站点的所有页面使用一个外部样式表，则该工作量将显著地减少。

要链接一个独立的外部样式表，可以遵循下面的操作步骤。

Step 01 打开"CSS 样式"面板。

Step 02 单击"附加样式表"按钮。

Step 03 在打开的"链接外部样式表"对话框中通过链接和浏览，用户可以访问自己所有的样式表，如图 9-7 所示。

- **文件\URL**：单击"浏览"按钮，打开如图9-8所示的"选择样式表文件"对话框来定位样式表文件。在硬盘上，层叠样式表文件带有.css文件扩展名。如果用户还没有创建某个样式表，那么可以通过找到希望拥有该样式单的位置，然后为它创建一个名称来完成这样的操作。

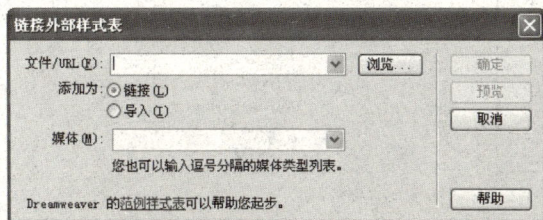

图 9-7 "链接外部样式表"对话框

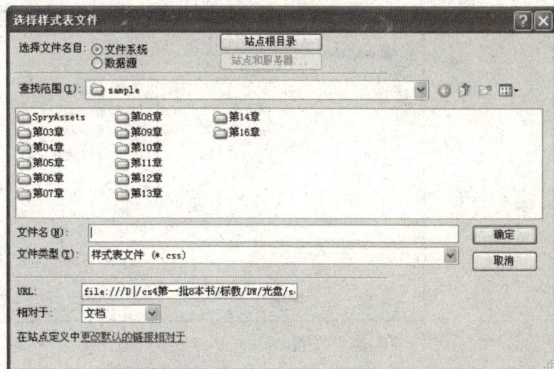

图 9-8 "选择样式表文件"对话框

- **添加为**：选择"链接"或者"导入"单选按钮。
- **媒体**：选择 CSS 样式表符合的媒体类型。

Step 04 设置完成后单击"确定"按钮。

教学提示 CSS样式表支持的媒体类型

为了帮助浏览器计算出表现文档的最佳方式，HTML 4标准支持<style>标签使用media属性，其属性值代表文档要使用的媒体类型，默认值为Screen（计算机显示器），其他值如下表所示。

media 属性值	说　明
screen	计算机显示器
tv	电视
projection	剧场
handheld	PDA和手提电话
print	打印
braille	触感设备
etty	电传打字机
aural	音频

9.3 编辑CSS样式

Dreamweaver 提供了 CSS 样式的 8 种类别：类型、边框、背景、列表、区块、定位、方框、扩展，用来帮助用户定义自己的样式表。

9.3.1 类型样式

在"新建CSS规则"对话框中设置所需的样式后单击"确定"按钮，就会出现"CSS规则定义"对话框。该对话框中可以设置样式属性，而定义样式的时候最常使用的属性在"类型"选项面板中，如图9-9所示。

- **Font-family（字体）**：在下拉列表中可以设置当前样式所用的字体。
- **Font-size（字号）**：在列表框中可以设置字体的字号。通过选择或输入具体的数值，也可以指定绝对大小的字号；如果选择如小或大之类的选项，则设置的是字体的相对大小。如果设置的是字体的绝对大小，则还可以在其右侧的下拉列表中选择单位，如图 9-10 所示。

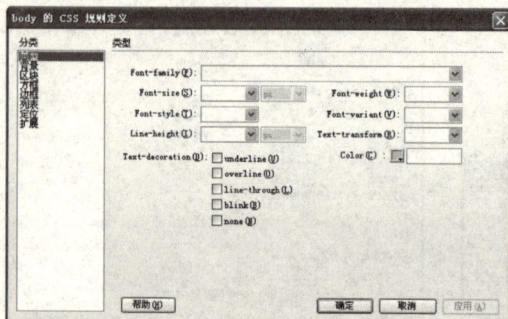

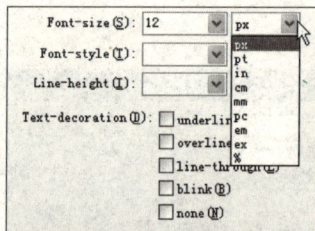

图 9-9 类型设置　　　　　　　图 9-10 字号单位

- **Font-style（文字样式）**：在下拉列表中，可以设置字体的特殊格式。可以选择 normal（正常）、italic（斜体）或 Oblique（偏斜体）。
- **Line-height（行高）**：在该下拉列表中可以设置文本的行高。选择"正常"，则由系统自动计算行高和字体大小；如果希望具体指定行高值，可以直接输入需要的数值，然后在右侧的下拉列表中选择单位。
- **Text-decoration（文字修饰）**：在该区域可以设置字体的一些修饰格式，包括 underline（下划线）、overline（上划线）、line-through（删除线）和 blink（文字闪烁）等格式。勾选相应的复选框，则激活相应的修饰格式。如果不希望使用格式，可以取消勾选相应复选框；如果勾选 none（无）复选框，则不设置任何格式。在默认状态下，对于普通的文本，其修饰格式为 none（无），对于超级链接，其修饰格式为 underline（下划线）。
- **Font-weight（字体粗细）**：在该下拉列表中可以指定字符的粗细。选择或输入数值，可以指定字体的绝对粗细程度；选择 Bold（粗体）或 Bolder（特粗）则可以指定字体相对的粗细程度。
- **Font-variant（字体变体）**：在该下拉列表中允许设置字体的变体形式，在文档窗口中不能直接看到设置结果，必须在浏览器中才可以看到效果。
- **Text-transform（文字大小写）**：在该下拉列表中，可以设置字符的大小写方式。如果选择capti-calize（首字母大写），则可以指定将每个单词的第一个字符大写；如果选择uppercase（大写）或lowercase（小写），则可以分别将所有被选择的文本都设置为大写或小写；如果选择none（无），则保持字符本身原有的大小写格式。
- **Color（颜色）**：单击该按钮，可以打开 Dreamweaver 的色板，设置 CSS 样式的字符颜色。

9.3.2　背景样式

在"CSS规则定义"对话框的"背景"选项面板中可以定义背景样式，如图9-11所示。

- Background-color（背景颜色）：用来设定页面背景色。
- Background-image（背景图像）：用来设定页面背景图，单击"浏览"按钮可以在如图9-12所示的对话框中选择图像源文件。

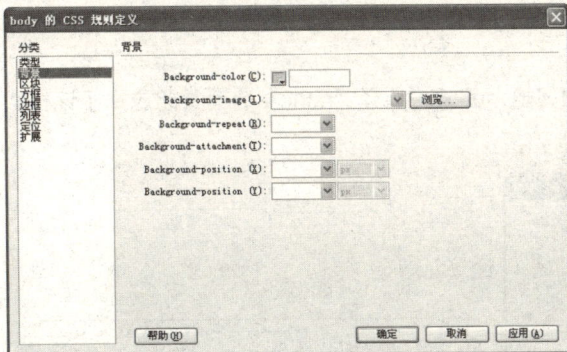

图 9-11　背景设置

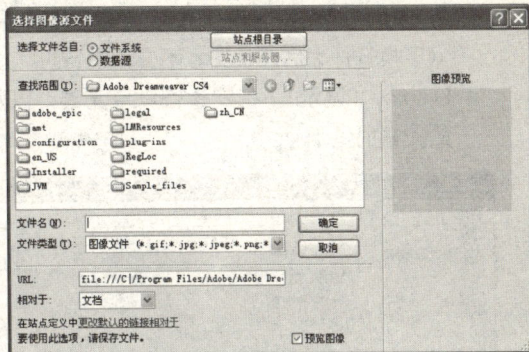

图 9-12　"选择图像源文件"对话框

- Background-repeat（背景重复）：用于设定使用图像当背景时是否需要重复显示，一般用于图片面积小于页面元素面积的情况。共有4种选择，即"no-repeat（不重复）"表示只在应用样式的元素前端显示一次该图像；"repeat（重复）"表示在应用样式的元素背景上的水平方向和垂直方向上重复显示该图像；"repeat-x（横向重复）"表示在应用样式的元素背景上的水平方向上重复显示该图像；"repeat-y（纵向重复）"表示在应用样式的元素背景上的垂直方向上重复显示该图像。
- Background-attachment（背景固定）：其中的"fixed（固定）"与"scroll（滚动）"选项用来设定对象的背景图是随对象内容滚动还是固定的。
- Background-position（X）（水平位置）：用于指定背景图像相对于应用样式的元素的水平位置。可以选择 left（左对齐）、right（右对齐）和 center（居中对齐），也可以直接输入一个数值。如果输入的是数值，还可以在右侧的下拉列表中选择数值单位。如果前面的附件选项设置为固定，则元素的位置是相对于文档窗口，而不是元素本身的。
- Background-position（Y）（垂直位置）：用于指定背景图像相对于应用样式的元素的垂直位置。可以选择 top（顶部）、bottom（底部）和 center（居中），也可以直接输入一个数值。如果输入的是数值，还可以在右侧的下拉列表中选择数值单位。如果前面的附件选项设置为固定，则元素的位置是相对于文档窗口，而不是元素本身的。

9.3.3　区块样式

选择"CSS规则定义"对话框中左侧的"区块"选项，在右侧可以对字间距及排列方式进行设置，如图9-13所示。

- Word-spacing（单词间距）：在字与字之间增加更多的空隙，可以在单词之间添加额外的间距。可以输入一个值，然后在图9-14所示的右侧的下拉列表中设置数值的单位。输入的数值要根据浏览器而决定，因为有许多浏览器并不支持负值。
- Letter-spacing（字母间距）：调整字符之间的间距。与单词间距相同，可以在字符之间添加额外的间距。用户可以输入一个值，然后在右侧的下拉列表中设置数值的单位。可以通过输入负值来缩小字符间距，但这要根据浏览器的情况而定。另外，字母间距选项的优先级高于单词间距选项。

- Vertical-align（**垂直对齐**）：调整页面元素的垂直位置，多数情况下要参照其父对象的位置。
- Text-align（**文本对齐**）：定义对象的对齐方式是left（居左）、right（居右）、center（居中），还是justify（绝对居中）。
- Text-indent（**文字缩进**）：设置每段第一行的缩进距离，允许输入负值，但有些浏览器并不支持。
- White-space（**空格**）：决定了一个元素怎样处理其中的空白部分，共有三个属性值可供选择。选择normal（正常）项，则按照正常的方法处理空格，可以使多重的空白合并成一个。选择pre（保留）项，则保留应用样式元素中空格的原始形象，不允许多重的空白合并成一个。应用nowrap（不换行）之后，长文本不自动换行。
- Display（**显示**）：指定是否显示元素，以及如何显示元素。选择"none"将会关闭应用了该样式的元素的显示。

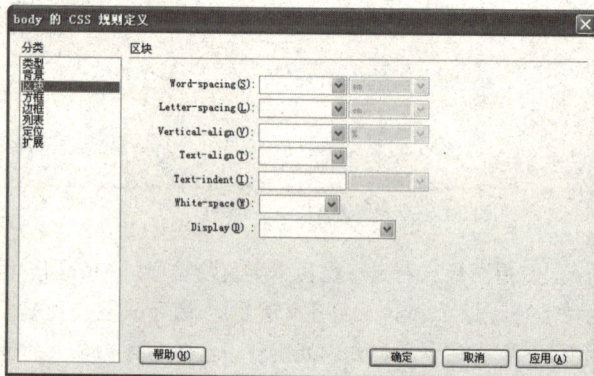

图 9-13 区块设置

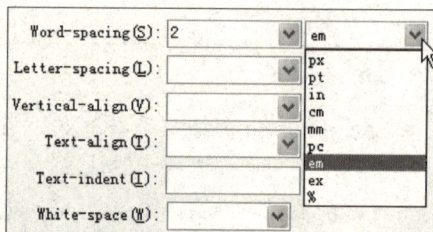

图 9-14 设置单位

9.3.4 方框样式

在"CSS规则定义"对话框的"方框"选项面板中可以定义方框样式，如图9-15所示。

- Width（**宽**）：在该下拉列表中可以设置元素的宽度。可以选择 auto（自动）由浏览器自行控制，也可以直接输入一个值，并在图 9-16 所示的右侧的下拉列表中选择值的单位。只有当该样式应用到图像或分层上面时，才可以直接从文档窗口中看到设置结果。

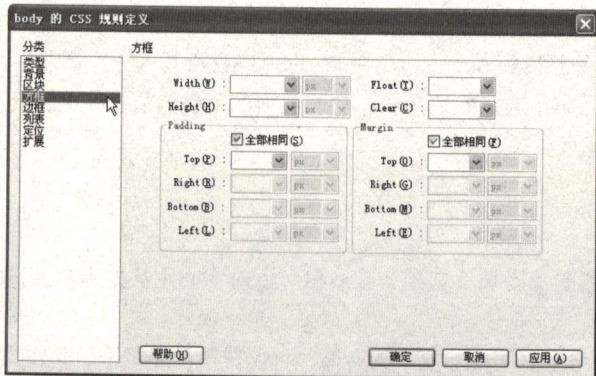

图 9-15 方框设置

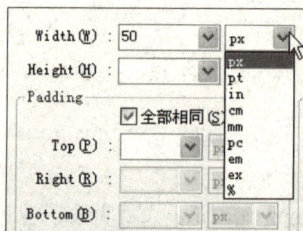

图 9-16 设置单位

- Height（**高**）：在该下拉列表中可以设置元素的高度。同样可以选择auto（自动）由浏览器自行控制，也可以直接输入一个值，并在右侧的下拉列表中选择值的单位。只有当该样式应用到图像或层上面时，才可以直接从文档窗口中看到设置结果。

- **Float（浮动）**：在该下拉列表中可以设置应用样式的元素的浮动位置。利用该选项，可以将元素移动到页面范围之外。如果选择left(左对齐)，则将元素放置到左页面空白处;如果选择right(右对齐)，则将元素放置到右页面空白处。
- **Clear（清除）**：在该下拉列表中可以定义不允许分层。如果选择left（左对齐），则表明不允许分层出现在应用该样式的元素左侧；如果选择right（右对齐），则表明不允许分层出现在应用该样式的元素右侧。如果分层出现在元素相应的那一侧，则该元素会在分层下自动移开。
- **Padding（填充）**：在该区域可以定义应用样式的元素内容和元素边界之间的空白大小。可以分别在上、下、左、右几个下拉列表框中输入相应的值，然后在右侧的下拉列表中选择适当的数值单位。
- **Margin（边界）**：在该区域可以定义应用样式的元素边界和其他元素之间的空白大小。同样可以分别在上、下、左、右几个下拉列表框中输入相应的值，然后在右侧的下拉列表中选择适当的数值单位。

9.3.5　边框样式

在"CSS 规则定义"对话框的"边框"选项面板中可以定义边框样式，如图 9-17 所示。

- **Width（宽度）**：可以定义应用该样式的元素的边框宽度。在Top（上）、Right（右）、Bottom（下）和Left（左）几个下拉列表框中，可以分别设置边框上每个边的宽度。用户可以选择相应的宽度选项，如thin（细）、medium（中）、thick（粗）或直接输入一个数值。
- **Color（颜色）**：可分别设定上下左右边框的颜色，或勾选"全部相同"复选框为所有边线使用相同颜色。
- **Style（样式）**：有 9 个选项，如图 9-18 所示，每个选项代表一种边框样式。

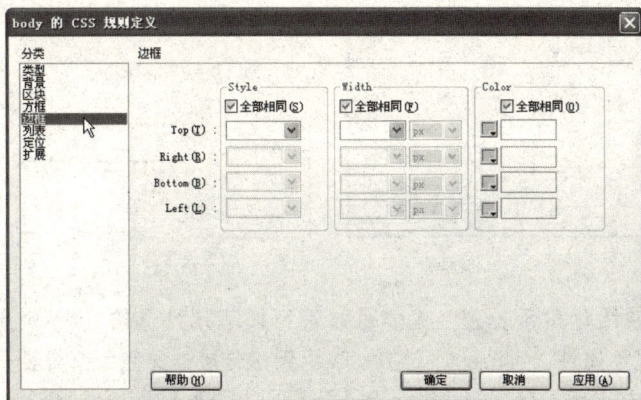

图 9-17　边框设置

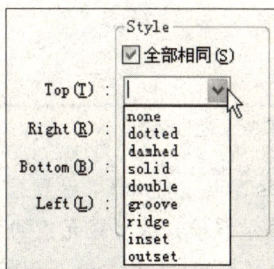

图 9-18　设置样式

9.3.6　列表样式

在"CSS 规则定义"对话框的"列表"选项面板中可以定义列表样式，如图 9-19 所示。

- **List-style-type（列表类型）**：可为每行的前面加上项目符号或编号，用于区分不同的文本行。
- **List-style-image（项目符号图像）**：可以设置以图片作为无序列表的项目符号。可以在其中输入图片文件的 URL 地址，也可以单击"浏览"按钮，然后从如图 9-20 所示的对话框中选择磁盘上的图片文件。
- **List-style-Position（位置）**：可以设置列表项的换行位置。

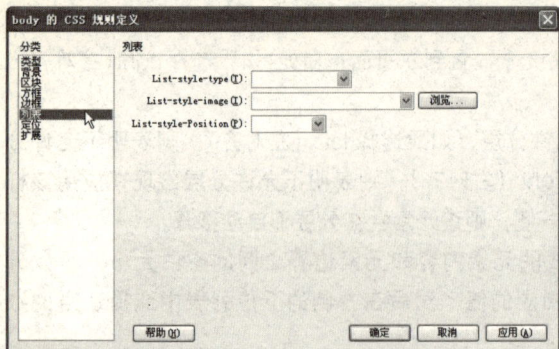

图 9-19 列表设置

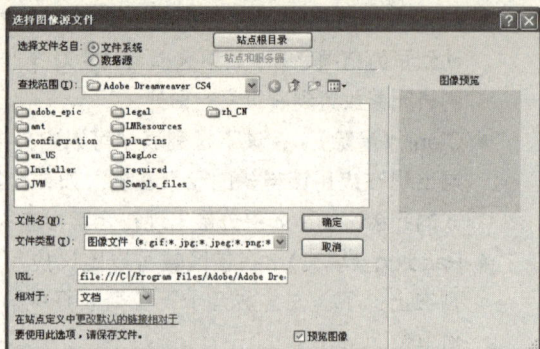

图 9-20 "选择图像源文件"对话框

9.3.7 定位样式

在"CSS 规则定义"对话框的"定位"选项面板中可以定义定位样式，如图 9-21 所示。

- Position（**位置**）：可以设置浏览器如何放置层，如图9-22所示。具体有如下几种选择，即absoulute（绝对），表示使用绝对坐标放置层，可以在对话框中Placement（放置）区域输入相对于页面左上角的绝对位置值。Relative（相对），表示使用相对坐标放置层，可以在对话框中Placement（放置）区域输入相对于对象的相对位置值。Static（静态），表示在文本层中的位置上放置层。

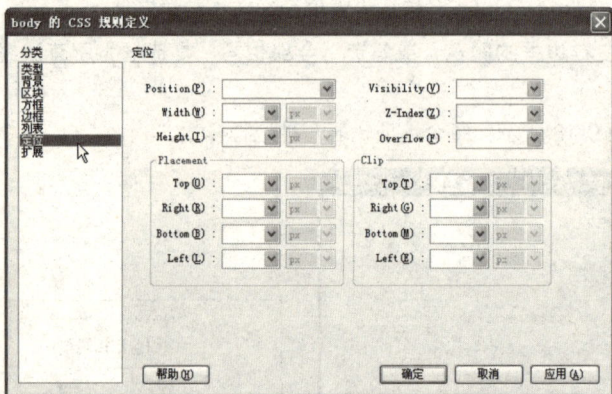

图 9-21 定位设置

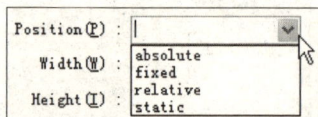

图 9-22 位置设置

- Visibility（**显示**）：设置层的初始化显示位置，具体可以进行如下几种选择：inherit（继承），表示继承分层父级元素的可视性属性；visible（可见），表示无论分层的父级元素是否可见，都显示层内容；hidden（隐藏），表示无论分层的父级元素是否可见，都隐藏层内容。
- Z-Index（**Z轴**）：可以定义层的顺序，即层重叠的顺序。可以选择 auto（自动），或输入相应的层索引值。可以输入正数，同样也可以输入负数。较高值所在的层会位于较低值所在层的上方。
- Overflow（**溢出**）：可以定义如果层中的内容超出了层的边界后会发生什么事情，具体有如下几种选择：visible（可见），表示当层中的内容超出层范围时，层会自动向下或向右扩展它的大小，以容纳分层内容使之可见；hidden（隐藏），表示当层中的内容超出层范围时，层的大小不变，也不出现滚动条，超出分层边界的内容不显示；scroll（滚动），表示无论层中的内容是否超出层范围，层上总会出现滚动条，这样即使分层内容超出分层范围，也可以利用滚动条浏览；auto（自动），表示当层中的内容超出分层范围时，层的大小不变，但是会出现滚动条，以便通过滚动条的滚动显示所有分层内容。

- Placement（放置）：可以设置层的位置和大小。具体的含义依赖于前面"类型"部分的设置。在 Top（上）、Right（右）、Bottom（下）和 Left（左）的下拉列表框中，可以分别输入相应的值。从右侧的下拉列表中，可以选择相应的数值单位，默认的单位是像素。
- Clip（剪辑区域）：可以定义可视层的局部区域的位置和大小。如果指定了层的碎片区域，则可以通过脚本语言（如 JavaScript）来对之进行操作。在 Top（上）、Right（右）、Bottom（下）和 Left（左）的下拉列表框中，可以分别输入相应的值。从右侧的下拉列表中，可以选择相应的数值单位，默认的单位是像素。

9.3.8　扩展样式

在"CSS 规则定义"对话框的"扩展"选项面板中可以定义扩展样式，如图 9-23 所示。
- 分页：通过样式来为网页添加分页符号。允许用户指定在某元素前或后进行分页，分页的概念是打印网页中的内容时在某指定的位置停止，然后将接下来的内容续打在下一页纸上。
- Cursor（光标）：通过样式改变光标形状，光标放置于被此设置修饰的区域上时，形状会发生改变。
- Fliter（过滤器）：使用 CSS 语言实现的滤镜效果，在下拉列表中有多种滤镜可供选择，如图 9-24 所示。

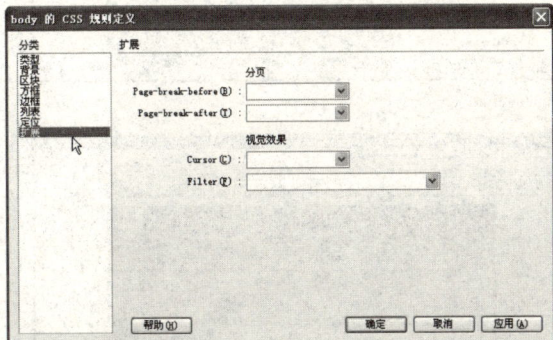

图 9-23　扩展设置

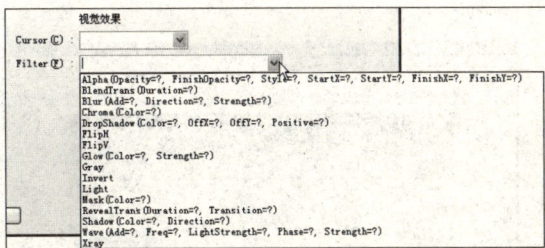

图 9-24　过滤器

教学提示　在实时视图中检查CSS

检查模式与实时视图一起使用有助于快速识别 HTML 元素及其关联的 CSS 样式。打开检查模式后，将光标悬停在页面上的元素上方即可查看任何块级元素的 CSS 盒模型属性。

除了在检查模式下能见到盒模型的可视化表示形式外，将光标悬停在文档窗口中的元素上方时也可以使用"CSS 样式"面板。在当前模式下打开"CSS 样式"面板，并将光标悬停在页面上的元素上方时，"CSS 样式"面板中的规则和属性将自动更新，以显示该元素的规则和属性。此外，与用户将光标悬停其上的元素关联的任何视图或面板（例如代码视图、标签选择器、属性面板等）也会更新。

在文档窗口中打开文档后，单击"检查"按钮（"文档"工具栏中"实时视图"按钮旁）。将光标悬停在页面上的元素上方以查看 CSS 盒模型，如图9-25所示，检查模式对边框、边距、填充和内容高亮显示不同颜色。

图 9-25　检查 CSS

上机实践 | 美化"丽江旅游网"页面CSS样式

原始文件：Sample\第09章\原始文件\9.4css\page1\css.htm，page2\cssapply.htm
最终文件：Sample\第09章\最终文件\9.4css\page1\css-end.htm，page2\cssapply-end.htm
实训目的：学会使用CSS样式设置页面中的文字，并应用到其他页面中
应用范围：网页设计制作

　　下面在页面中进行建立标签样式、类样式、复合内容样式的操作，通过美化一个已经基本排版完毕的页面，帮助用户了解CSS样式表的建立流程，并将其应用到新页面中。原始页面和最终页面的效果如图9-26所示。

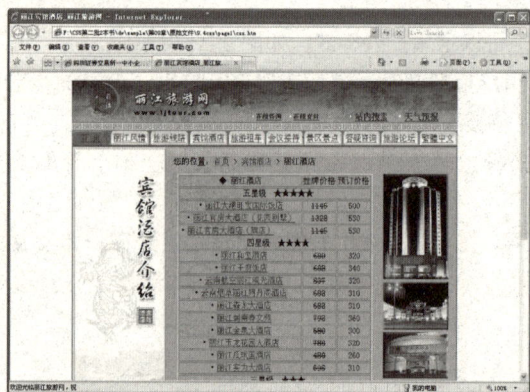
css.htm

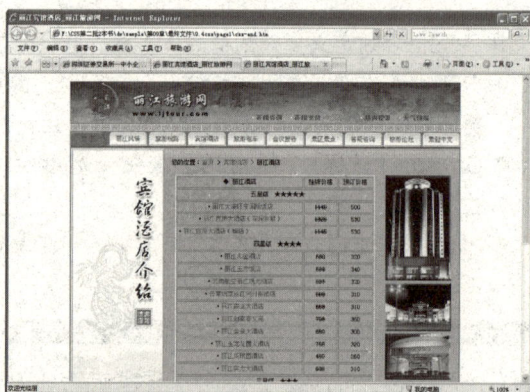
css-end.htm

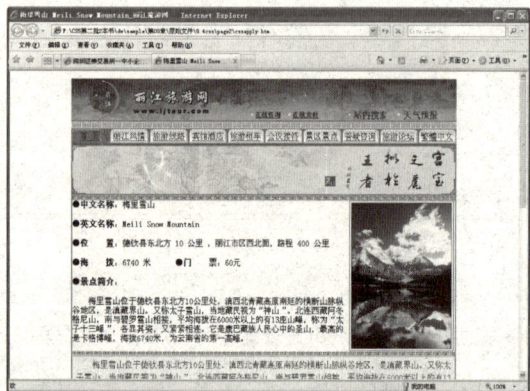
cssapply.htm

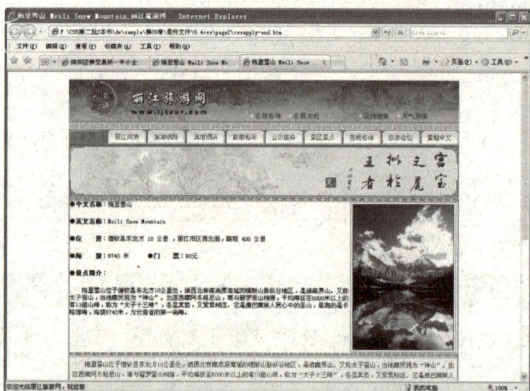
cssapply-end.htm

图9-26 原始页面和最终页面

Step 01 打开附书光盘中的"Sample\第09章\原始文件\9.4css\page1\css.htm"页面，打开"CSS样式"面板，单击"新建CSS规则"按钮 ，在弹出的"新建CSS规则"对话框中，设置"选择器类型"为"标签"，在"选择器名称"中选择"td"，在"规则定义"中选择"新建样式表文件"，如图9-27所示。

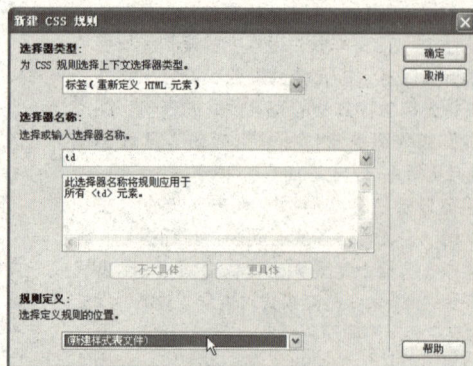

图9-27 "新建CSS规则"对话框

Step 02 设置完成后单击"确定"按钮，这时会弹出"将样式表文件另存为"对话框，设置"文件名"为"style.css"，单击"保存"按钮，如图9-28所示。

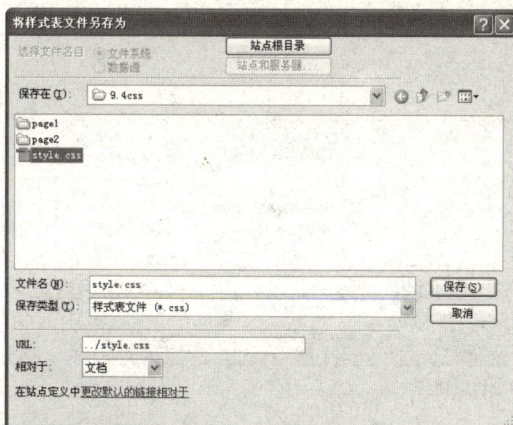

图9-28 保存样式表文件

Step 04 其他属性使用默认设置，设置完毕后单击"确定"按钮关闭对话框。这时，在"CSS样式"面板中会出现建立好的样式，如图9-30所示。

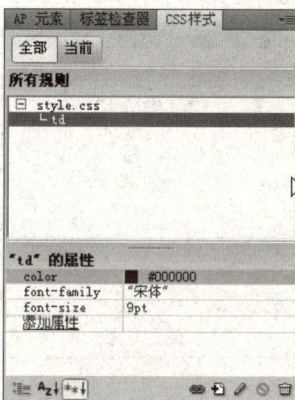

图9-30 建立好的样式

Step 06 这时弹出"CSS规则定义"对话框，在"Font-family（字体）"下拉列表中选择"宋体"，在"Font-size（大小）"下拉列表中选择"9"并设置单位为"pt"，在"Color（颜色）"处定义文本颜色，这里设置为"#CC0000"，如图9-32所示。

Step 03 接下来将打开"CSS规则定义"对话框，在"Font-family（字体）"下拉列表中选择"宋体"，在"Font-size（大小）"下拉列表中选择"9"并设置单位为"pt"，在"Color（颜色）"处定义文本颜色，这里设置为"#000000"，如图9-29所示。

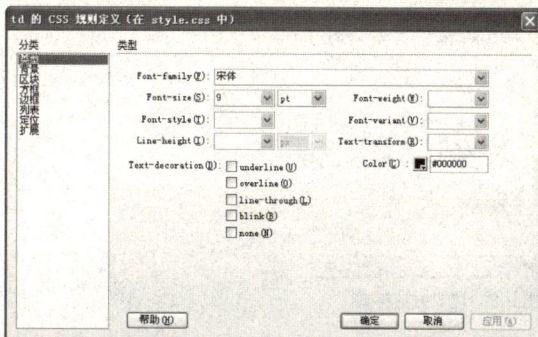

图9-29 CSS规则定义

Step 05 在"CSS样式"面板中单击"新建CSS规则"按钮，在弹出的"新建CSS规则"对话框中，设置"选择器类型"为"类"，在"选择器名称"文本框中输入"self"，在"规则定义"中选择"style.css"，并单击"确定"按钮，如图9-31所示。

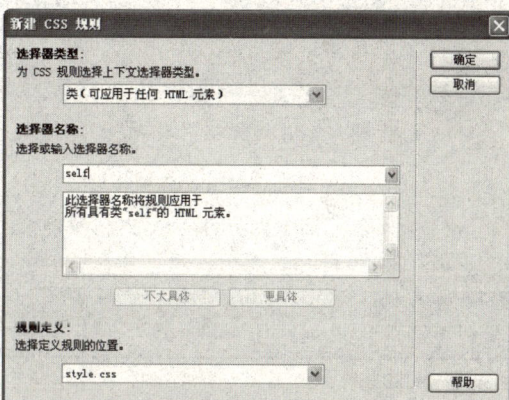

图9-31 新建CSS规则

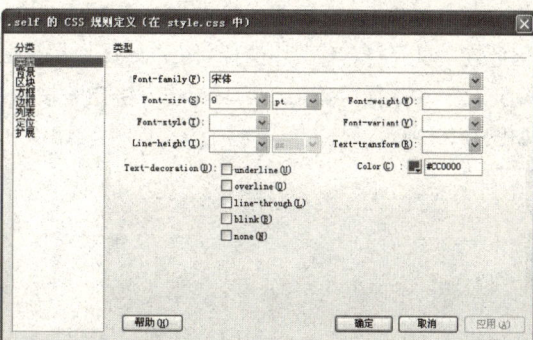

图9-32 CSS规则定义

145

Dreamweaver CS5中文版标准教程

Step 07 其他属性使用默认设置，设置完毕后单击"确定"按钮，关闭对话框。这时，在"CSS样式"面板中会出现建立好的样式。

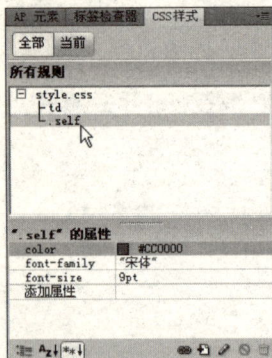

图9-33 建立好的样式

Step 09 继续新建CSS规则，设置"选择器类型"为"复合内容"，在"选择器名称"中选择"a:link"，在"规则定义"中选择"style.css"，单击"确定"按钮，如图9-35所示。

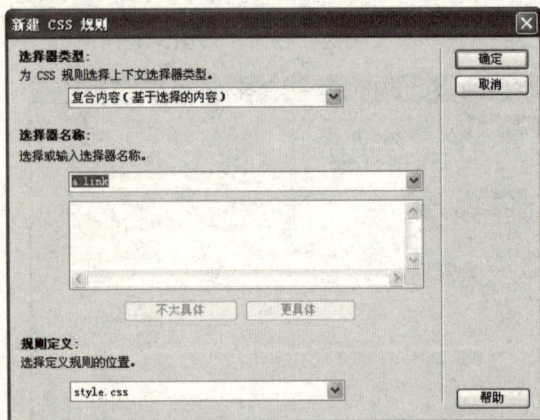

图9-35 新建CSS规则

Step 11 继续新建CSS规则，设置"选择器类型"为"复合内容"，这里要定义链接访问后的状态，因此在"选择器名称"中选择"a:visited"，在"规则定义"中选择"style.css"，单击"确定"按钮，如图9-37所示。

Step 08 样式设定完成后，对于类样式，需要进行样式的应用。选中页面下方的文字，然后在"属性"面板中的"类"下拉列表框中选择"text"，如图9-34所示。

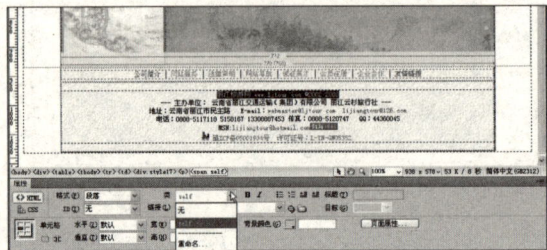

图9-34 应用样式

Step 10 这时弹出"CSS规则定义"对话框，在"Font-family（字体）"下拉列表中选择"宋体"，在"Font-size（大小）"下拉列表中选择"9"并设置单位为"pt"，在"Color（颜色）"处定义文本颜色，这里设置为"#006699"，在"Text-decoration（修饰）"中勾选"none（无）"复选框，单击"确定"按钮，如图9-36所示。

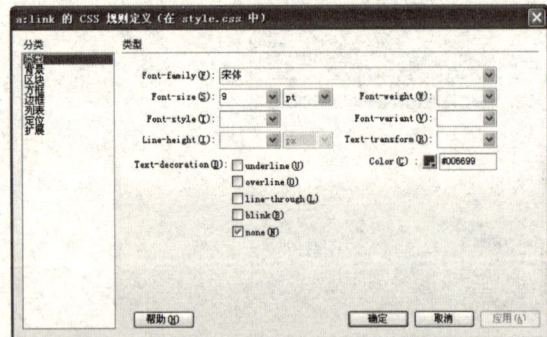

图9-36 CSS规则定义

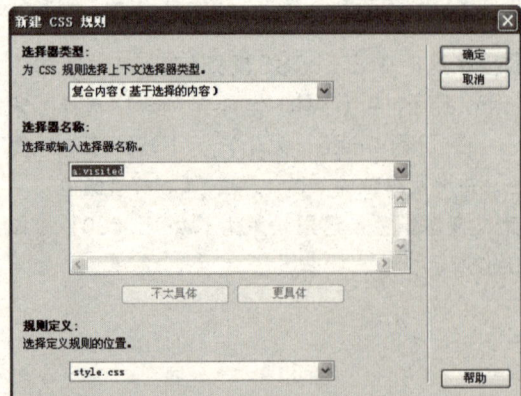

图9-37 新建CSS规则

Step 12 这时弹出"CSS规则定义"对话框，在"Font-family（字体）"下拉列表中选择"宋体"，在"Font-size（大小）"下拉列表中选择"9"并设置单位为"pt"，在"Color（颜色）"处定义文本颜色，这里设置为"#00FF66"，在"Text-decoration（修饰）"中勾选"none（无）"复选框，单击"确定"按钮，如图9-38所示。

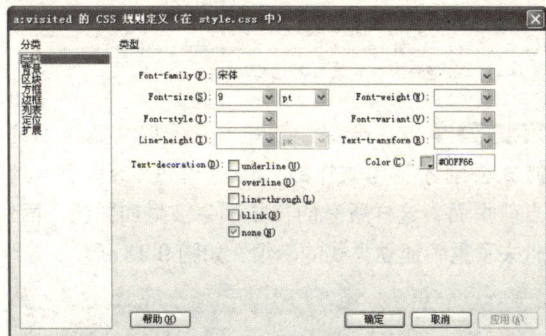

图 9-38 CSS 规则定义

Step 14 这时弹出"CSS规则定义"对话框，在"Font-family（字体）"下拉列表中选择"宋体"，在"Font-size（大小）"下拉列表中选择"9"并设置单位为"pt"，在"Color（颜色）"处定义文本颜色，这里设置为"#33CCFF"，在"Text-decoration（修饰）"中勾选"underline（下划线）"复选框，单击"确定"按钮，如图9-38所示。

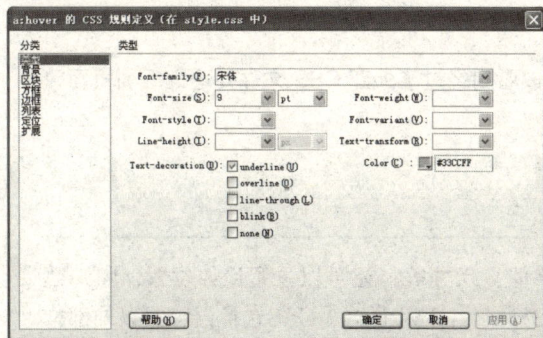

图 9-40 CSS 规则定义

Step 16 这时弹出"CSS规则定义"对话框，在"Font-family（字体）"下拉列表中选择"宋体"，在"Font-size（大小）"下拉列表中选择"9"并设置单位为"pt"，在"Color（颜色）"处定义文本颜色，这里设置为"#CCFF00"，在"Text-decoration（修饰）"中勾选"underline（下划线）"复选框，单击"确定"按钮，如图9-42所示。

Step 13 继续新建CSS规则，设置"选择器类型"为"复合内容"，这里要定义光标上滚时的链接状态，因此在"选择器名称"中选择"a:hover"，在"规则定义"中选择"style.css"，单击"确定"按钮，如图9-39所示。

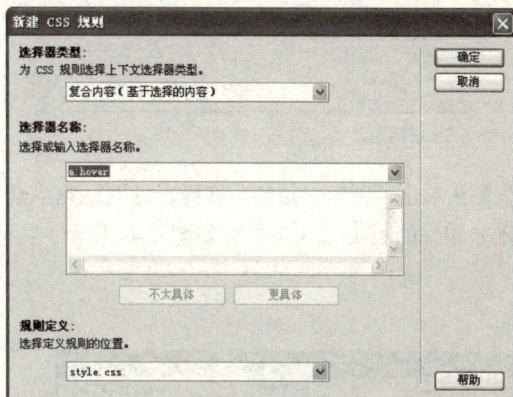

图 9-39 新建 CSS 规则

Step 15 继续新建 CSS 规则，设置"选择器类型"为"复合内容"，这里要定义已激活的链接状态，因此在"选择器名称"中选择"a:active"，在"规则定义"中选择"style.css"，单击"确定"按钮，如图 9-41 所示。

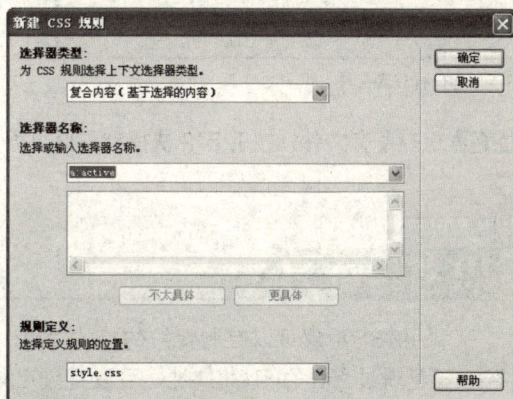

图 9-41 新建 CSS 规则

Step 17 保存所有文件，这个页面的CSS样式表就创建完成了。打开"Sample\第09章\原始文件\9.4 css\page2\cssapply.htm"页面，这个页面没有进行任何样式表的处理，打开"CSS样式"面板，单击"CSS样式"面板下方的"附加样式表"按钮 ，打开如图9-43所示的对话框。

Dreamweaver CS5中文版标准教程

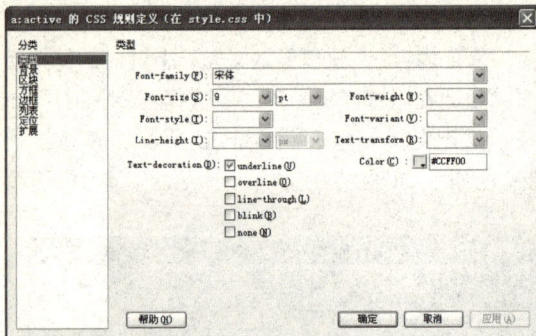
图 9-42 CSS 规则定义

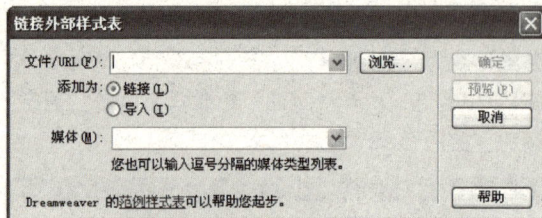
图 9-43 "链接外部样式表"对话框

Step 18 单击"浏览"按钮，在弹出的对话框中选择刚才制作的 style.css 文件，如图 9-44 所示。

Step 19 单击"确定"按钮后，即以"链接"的方式将刚才制作的外部 CSS 文件（.css）引入到当前页面。这样所有的样式都会被附加到新页面，省去了重新建立样式的麻烦，如图 9-45 所示。

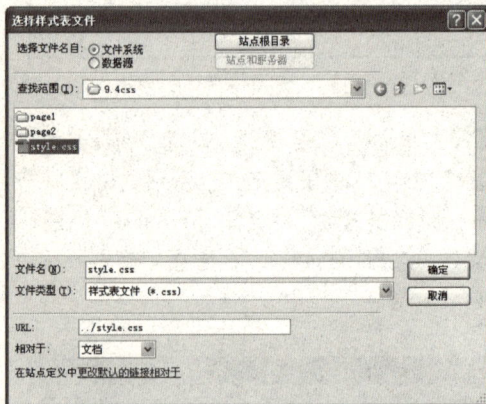
图 9-44 选择样式表文件

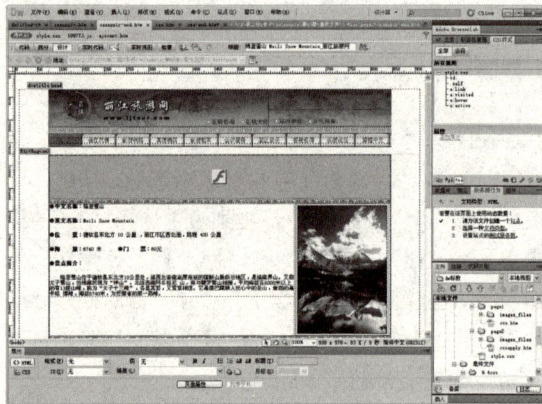
图 9-45 将样式附加到页面中

Step 20 保存所有文件，按下 F12 快捷键预览页面，可以看到经过了外部 CSS 文件处理之后的页面效果。

思考与练习

利用CSS不仅可以控制传统的格式属性，如字体、尺寸等，还可以设置诸如位置、特殊效果、鼠标滑过之类的HTML属性。可以将自定义CSS样式、HTML样式、CSS选择器样式以外部样式表或内部样式表的形式添加到页面中。思考与练习的知识点涵盖了这几方面内容。

1. 填空题

(1) 在网页中引用 CSS 样式表有三种方法，分别通过_____、_____、_____实现。

(2) 在 Dreamweaver CS5 中，可以使用 4 种类型的 CSS 样式，分别为_____、_____、_____、_____。

(3) _____与_____一起使用有助于快速识别 HTML 元素及其关联的 CSS 样式。

2. 选择题

（1）下面关于 DHTML 的动态样式说法错误的是（　　）。

    A．DHTML 的动态样式是通过 CSS（层叠样式表）来实现的。

    B．CSS 是 W3C 所批准的规范，也是 DHTML 的核心。

    C．CSS 还可以作为一个链接文件，使其他任何网页调用。

    D．在 Dreamweaver 中，不能手工编写 CSS。

（2）在 Dreamweaver 中，CSS 样式设置对话框中对文字加粗在 type 的哪项中（　　）？

    A．style   B．Variant   C．Size   D．Weight

（3）在创建 CSS 样式时，通过对 CSS 样式进行设置，下面（　　）内容可以使用速记。

    A．字体   B．背景   C．边框和填充   D．列表样式

3. 上机操作题

（1）参考附书光盘中的"Exercise\第09章\最终文件\1\练习1.htm"文件，使用CSS美化如图9-46所示的"启华建材"网页。

    要求：定义的 CSS 样式包括文本样式、自定义文本样式、链接样式等。

（2）参考附书光盘中的"Exercise\第09章\最终文件\2\练习2.htm"文件，请使用CSS美化如图9-47所示的"摩托罗拉"网页。

    要求：定义页面中正文文字的普通链接样式和版权部分文字的自定义链接样式。

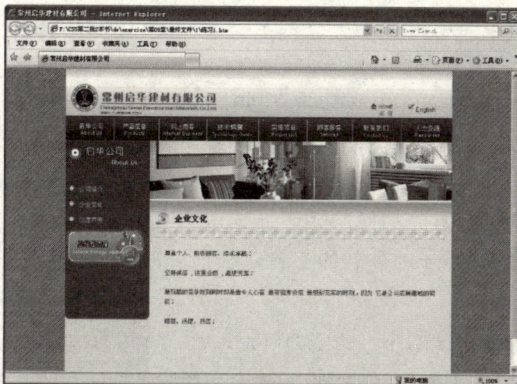

图 9-46 "启华建材" 网页

图 9-47 "摩托罗拉" 网页

◀)) 知识延展　CSS滤镜效果介绍

    滤镜（Filter）以摄影的名词来解释就是滤光镜、滤色片的意思，很多图像处理软件都提供滤镜功能，它可以用来改变图形的外观，如加上阴影、改变图形方向等，以增加图形的视觉效果。

    CSS 视觉滤镜的基本语法为 Filter：滤镜（参数）。下面介绍具体的滤镜效果。

● **Alpha**：设置被指定的梯度区域的不透明度。语法为 alpha(Opacity=opcacity,FinishOpacity=finish-opacity,Style=style,StartX=startX,StartY=startY,FinishX=finishX,FinishY=finishY)，其中 Opacitystyle（透明属性）是一个从 0 到 100 的值，0 表示透明，而 100 表示完全不透明。style 可以为 0（均匀）、1（线状）、2（放射状）或者 3（矩形）。

- **BlendTrans**：语法为 blendtrans(duration=dunration)，duration（持续时间）是对应于转换长度的时间值，采用毫秒的格式使图像在指定的时间内淡入或者淡出。
- **Blur**：为图像模拟由运动所产生的模糊。语法为 blur(Add=add,Direction=direction,Strength=strength)，其中 add（添加）是除 0 以外的任意整数；direction（方向）是任意从 0 到 315 之间以 45 为间隔递增的值；strength（强度）是任意正整数，表示被影响到的像素的数目。
- **Chroma**：在图像转换中产生特定的颜色，语法为 chroma(Color=color)，color（颜色）必须以十六进制值的方式被给出，例如 #rrggbb。
- **DropShadow**：用特定的颜色创建一个被应用元素的阴影，无论是图像还是文本，语法为 dropshadow(Color=color, OffX=offX,OffY=offY,Positive=positive)，color（颜色）是一个十六进制的三元组。offX 和 offy 是对应于阴影的像素偏移。positive 是一个布尔开关量；使用 1 来为不透明的像素创建阴影，而使用 0 来为透明的像素创建阴影。
- **FlipH**：语法为 FlipH，水平地翻转图像或文本。
- **FlipV**：语法为 FlipV，垂直地翻转图像或文本。
- **Glow**：实现发光效果，语法为 Glow(Color=color,Strength=strength)，color（颜色）是一个十六进制的三元组。strength 是一个从 0 到 100 的值。
- **Gray**：语法为 Gray，为图像转换灰度。
- **Invert**：语法为 Invert，翻转图像的色调、饱和度和亮度。
- **Light**：语法为 Light，创建对象被一个或多个光源照射所产生的幻像。
- **Mask**：语法为 Mask(Color=color)，color（颜色）是一个十六进制三元组，为所有透明的像素设置特定颜色，并将不透明的像素转换为背景颜色。
- **RevealTrans**：语法为 RevealTrans(duration=duration, transition=style)，duration（持续时间）是转换任务的时间值，采用毫秒的格式。style是26种不同转换中的一个，显示某个在一定时间内使用特定种类转换的图像。
- **Shadow**：为图像或者文本创建带有特定颜色和方向的倾斜阴影，语法为 Shadow(Color=color, Direction=direction)，color（颜色）是一个十六进制的三元组。direction（方向）是任意从 0 到 135 之间以 45 为增量的值。
- **Wave**：将正弦波浪变形添加到被选中的图像或者文本中，语法为Wave(Add=add,Freq=freq, LightStrength=lightstregth,Phase=phase,Strength=strength)，其中，当add为1时，对象按照波形式样扭曲；如果为0，则不添加扭曲效果。freq（频数）是一个指定波浪数目的整数。lightstrength（光强）是一个百分率值。phase（相位）指定了波浪偏移的角度，采用百分比来表示（例如0%或者100%＝360°，28%＝90°），strength（强度）是一个指定波浪效果的强度的整数值。
- **Xray**：语法为 Xray，由于 X 射线的出现，将图像转换为翻转的灰度。

Chapter 10 使用模板与库

课题概述 在进行大量的页面制作时，很多页面会用到相同的布局、图片和文字等元素。为了避免一次次地重复劳动，可以使用 Dreamweaver CS5 提供的模板和库功能，将具有相同版面结构的页面制作成模板，将相同的元素（如导航栏）制作成为库项目，并存放在库中以便随时调用。

教学目标 通过学习本章，读者要重点掌握在 Dreamweaver CS5 中模板和库项目的使用方法，能够使用模板将网页中相同的部分固定下来；能够使用库项目将网页的某一部分内容变为库中的元素，在以后的制作中只要简单地插入到网页中即可。希望通过本章的学习，读者可以根据不同的需要将模板和库项目技术应用到网页设计中去。

★ **章节重点**

★★★★☆ | 使用模板
★★★★☆ | 定义可编辑区域
★★★★☆ | 使用模板更新页面
★★★★☆ | 使用库项目

★ **光盘路径**

上机实践：Sample\第10章\
课后练习：Exercise\第10章\最终文件
电子教案：PPT电子教案\DW_lesson10.ppt

10.1　使用模板

对于模板而言，新的页面从一个模板中创建。一旦被创建，这个新的文档将保持和原来模板的联系，除非被明确地隔离或分开。

10.1.1　关于模板

Dreamweaver模板是一种特殊类型的文档，用于设计"锁定的"页面布局。模板创作者设计页面布局，并在模板中创建可在基于模板的文档中进行编辑的区域。在模板中，设计者控制哪些页面元素可以由模板用户自行编辑。简单地说，模板是一种用来产生带有固定特征和共同格式的文档基础，是用户进行批量生产文档的起点。当希望编写某种带有共同格式和特征的文档时，可以通过一个模板产生出新的文档，然后再在该新文档的基础上进行编写。在编辑网页时，如果在每个文档中都重复添加这些内容，显得既麻烦，又容易出错。如果将这些格式存储为模板，再通过该模板创建新文档，所生成的新文档中自动出现这些共有内容，这样，在编辑网页时，只需输入每个文档中不同的内容就可以了。图10-1所示的就是一个非常适合于采用模板创建的网站页面。

模板最强大的用途之一在于一次更新多个页面。从模板创建的文档与该模板保持连接状态（除非用户以后分离该文档），可以修改模板并立即更新所有基于该模板文档中的设计。

模板的建立与其他文档相同，只不过在保存上有所差异。在一个模板中，用户可以根据需要设置可编辑区域与不可编辑区域，从而保证页面的某些区域是可以修改的，而某些区域则不能修改。

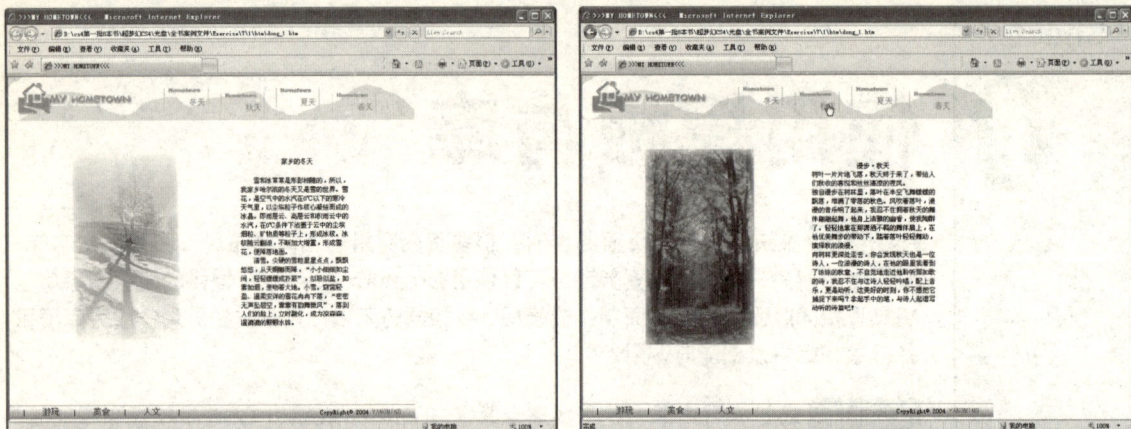

图 10-1 适合采用模板创建的网站页面

利用模板面板，可以完成大多数的模板操作。要显示模板面板，可以按照如下方法进行操作：

执行"窗口＞资源"命令，或按下Ctrl＋F11组合键，即可显示"资源"面板。在面板的左面单击"模板"图标即可显示"模板"子面板，如图10-2所示。

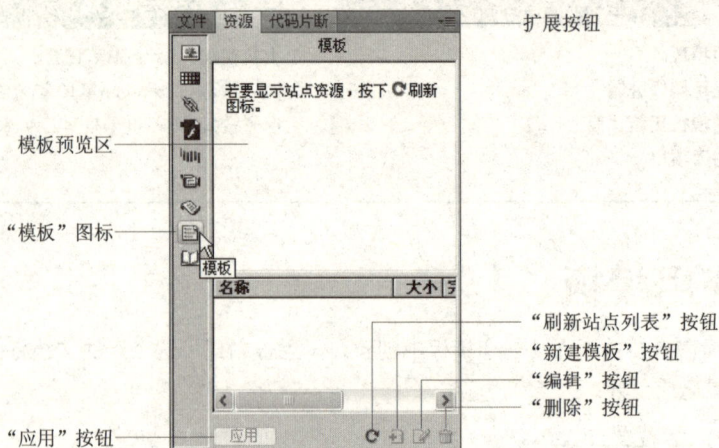

图 10-2 单击"模板"图标

- **扩展按钮**：单击后弹出一个菜单，可以从该菜单中选择相关命令，执行与模板有关的大多数操作。
- **"模板"图标**：单击后，显示所有已创建的模板。
- **模板预览区**：预览模板列表区选择的模板内容。
- **"应用"按钮**：将模板列表区选择的模板应用于当前文档。
- **"刷新站点列表"按钮**：刷新站点列表。
- **"新建模板"按钮**：新建模板。
- **"编辑"按钮**：单击要编辑的模板页进入编辑模式，并打开编辑窗口，以便对模板进行编辑。
- **"删除"按钮**：删除模板列表中选中的模板。

10.1.2 新建模板

在 Dreamweaver CS5 中，用户可以将现有的 HTML 文档制作成模板，然后根据需要加以修改，或制作一个空白模板，在其中输入需要显示的文档内容。模板的创建分为两种方法。

1. 直接创建模板

Step 01 执行"窗口 > 资源"命令，打开"资源"面板，切换到"模板"子面板。

Step 02 单击"模板"子面板上的"新建模板"按钮，在面板中出现未命名模板文件，命名如图10-3所示。

Step 03 单击"编辑模板"按钮，打开模板进行编辑。窗口的左上角会出现模板的名称，如图10-4所示。

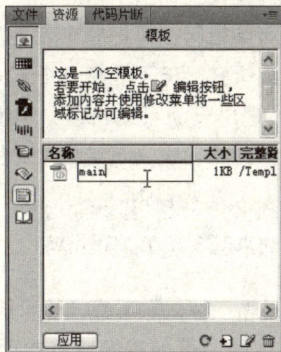

图 10-3 新建模板文件　　　　图 10-4 编辑模板

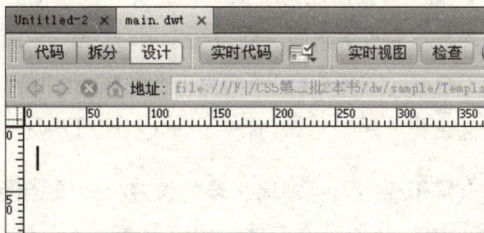

Step 04 按下组合键 Ctrl+S 存盘后，模板建立完成。

> **学习注意** 了解模板文件的路径及生成条件
>
> 模板实际上也是文档，它的扩展名为".dwt"，存放在根目录下的Templates文件夹中。模板文件并不是原来就有的，它只是在制作模板的时候才由Dreamweaver CS5自动生成。

2. 将普通网页另存为模板

建立模板的另一种方法是将普通网页另存为模板，具体步骤如下。

> ■ **课堂范例：** Sample\第10章\原始文件\10.1template\template.htm
> Sample\第10章\最终文件\10.1template\Templates\template.dwt

Step 01 打开一个已经制作完成的网页"Sample\第10章\原始文件\10.1template\template.htm"，执行"文件>另存为模板"命令，将网页另存为模板。在如图10-5所示的"另存模板"对话框中，"站点"下拉列表框用来设置模板保存的站点。"现存的模板"列表框显示了当前站点中的所有模板。"另存为"文本框来设置模板的命名。单击"另存模板"对话框中的"保存"按钮，将把当前网页转换成模板，同时将模板另存到选择的站点中。

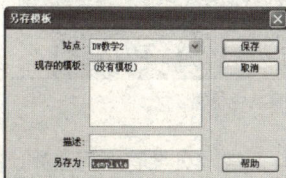

Step 02 单击"保存"按钮，保存模板后，系统将自动在根目录下创建 Templates 文件夹，并将创建的模板文件保存在该文件夹中。页面也以模板的形式显示。在保存模板时，如果模板中没有定义任何可编辑区域（详见后面章节），系统将显示警告信息，如图 10-6 所示。

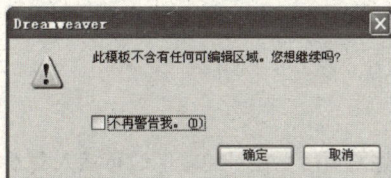

图 10-5 另存模板　　　　　　　　　　　　图 10-6 警告信息

10.1.3 建立模板区域

1. 定义可编辑区域

由模板生成的网页上，哪些地方可以编辑，是需要预先设定的。设定可编辑区域，需要在制作模板的时候完成。可以将网页上任意选中的区域设置为可编辑区域，但最好是基于 HTML 代码的，这样在制作的时候会更加清楚。

可以把图像、文本、表格、层、客户端行为等页面元素设成可编辑区，可把整个表格及表格里的内容设置成一个可编辑区，也可把某一个单元格及内容设置成一个可编辑区，但不能把几个不同的单元格及内容设置为同一个可编辑区。层和层里的内容是分开的页面元素，把层设为可编辑区域，则模板应用时层可移动；把层里的内容设为可编辑区，则模板应用时层里的内容可被编辑。定义可编辑区域的步骤如下。

■ **课堂范例：** Sample\第10章\原始文件\10.1template\Templates\template.dwt
Sample\第10章\最终文件\10.1template\Templates\template.dwt

Step 01 将插入点置于要插入可编辑区域的位置，然后通过单击编辑窗口状态栏上的标签选中可编辑区域，如图 10-7 所示。

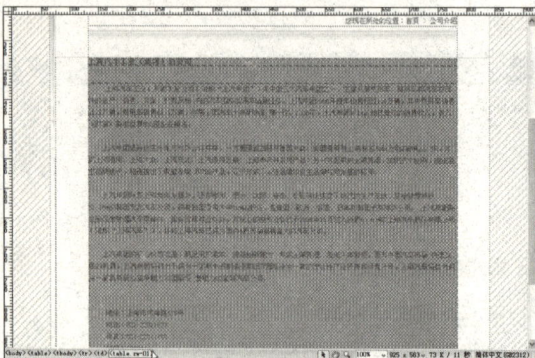

图 10-7 单击编辑窗口状态栏上的标签

Step 02 单击"插入"面板"常用"分类中"模板"下拉菜单中的"可编辑区域"选项 ，如图 10-8 所示。

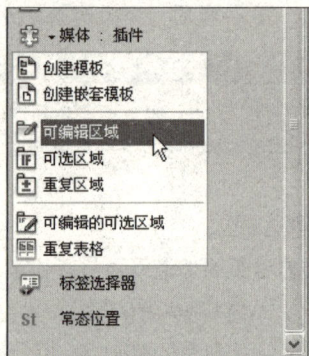

图 10-8 选择"可编辑区域"选项

Step 03 在弹出的对话框中给该可编辑区域命名后单击"确定"按钮，如图 10-9 所示。

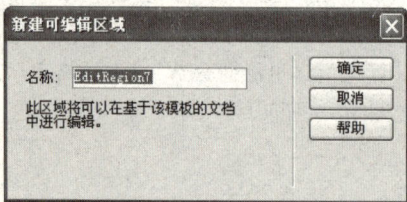

图 10-9 定义可编辑区域名称

学习注意 可编辑区域的命名规则

在命名可编辑区域时，不能使用某些特殊字符，如单引号（'）和双引号（"）等。

Step 04 新添加的可编辑区域有蓝色标签，标签上是可编辑区域的名称，如图 10-10 所示。

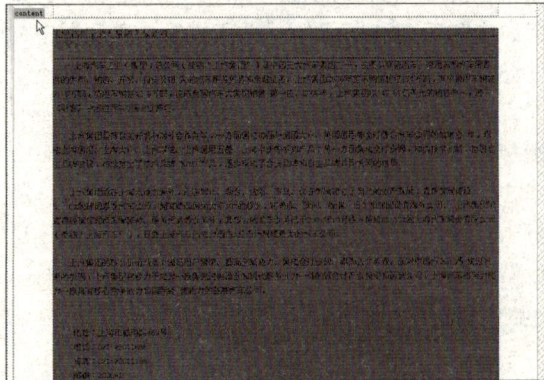

图 10-10 新添加的可编辑区域有蓝色标签

由模板新建网页后，在可编辑区域可插入文本、图片、表格等对象，编辑与正常网页没有任何差别。插入可编辑区域后，可以在以后更改它的名称。若要更改可编辑区域的名称，可以按照如下步骤进行。

Step 01 单击可编辑区域左上角的标签。

Step 02 在"属性"面板中，输入一个新名称，如图 10-11 所示，然后按下 Enter 键确认。

图 10-11 修改可编辑区域名称

这样，Dreamweaver 就可以将新名称应用于可编辑区域。

模板中所有的可编辑区域都被列举在"修改>模板"子菜单的最下面，使用它们可以快速选择和编辑区域，如果希望删除可编辑区域，可以将插入点置于要删除的可编辑区域之内，执行"修改>模板>删除模板标记"命令，插入点所在的可编辑区域即被删除。

2. 定义可选区域

使用可选区域，用户可以显示和隐藏特别标记的区域，在这些区域中，用户无法编辑内容。用户可以定义该区域在所创建的页面中是否可见。

可选区域是模板中的区域，用户可将其设置为在基于模板的文档中显示或隐藏。当要为在文档中显示内容设置条件时，请使用可选区域，插入可选区域的步骤如下。

Step 01 选择想要设置为可选区域的元素。

Step 02 单击"插入"面板"常用"分类中"模板"下拉菜单中的"可选区域"选项 ，在弹出的如图 10-12 所示的对话框中给该可选区域命名。

- **名称**：可输入这个可选区域的命名。
- **默认显示**：这个可选区域在默认情况下将在基于模板的网页中显示。

Step 03 单击"确定"按钮，成功建立一个可选区域。

Step 04 切换到"高级"选项卡，如图 10-13 所示，然后设置以下选项。

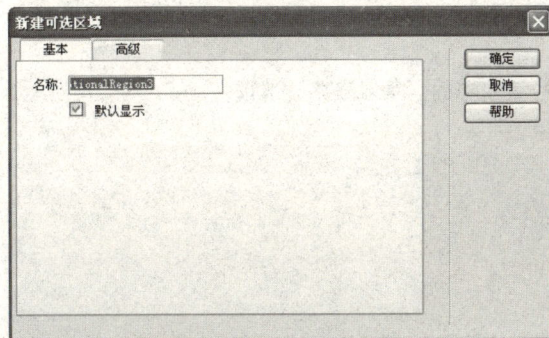

图 10-12 定义可选区域　　　　图 10-13 定义可选区域（高级）

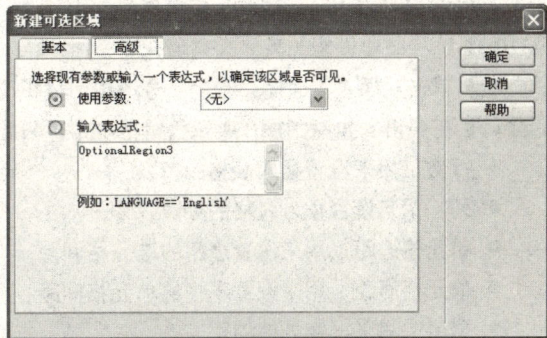

- **使用参数**：如果要链接可选区域参数，应选择要将所选内容链接到的现有参数。
- **输入表达式**：如果要编写模板表达式来控制可选区域的显示，在文本框中输入表达式即可。

3. 定义可编辑的可选区域

另外，还可以设置可编辑的可选区域，在基于模板的网页中，既可以选择显示或不显示可编辑的可选区域，还可以编辑可编辑的可选区域内容。使用可编辑的可选区域，模板用户可以设置是否显示或隐藏该区域，还可以编辑该区域中的内容。例如，如果可选区域中包括图像或文本，模板用户即可设置该内容是否显示，并根据需要对该内容进行编辑，操作步骤如下。

Step 01 选择想要设置为可编辑可选区域的元素。

Step 02 单击"插入"面板"常用"分类中"模板"下拉菜单中的"可编辑的可选区域"选项，然后弹出和图 10-13 相同的对话框。

4.定义重复区域

重复区域是可以根据需要在基于模板的页面中复制任意次数的模板部分。重复区域通常用于表格，但是，也可以为其他页面元素定义重复区域。

使用重复区域，用户可以通过重复特定项目来控制页面布局，例如目录项、说明布局或重复数据行（如项目列表）。重复区域可以使用两种重复区域模板对象：重复区域和重复表格。

重复区域不是可编辑区域，若要使重复区域中的内容可编辑，必须在重复区域内插入可编辑区域。设置重复区域的操作步骤如下。

Step 01 选择想要设置为重复区域的元素。

Step 02 单击"插入"面板"常用"分类中"模板"下拉菜单中的"重复区域"选项 📇。

Step 03 在弹出的对话框中给该重复区域命名后单击"确定"按钮，如图 10-14 所示。

新添加的重复区域有蓝色标签，标签上是重复区域的名称，如图 10-15 所示。

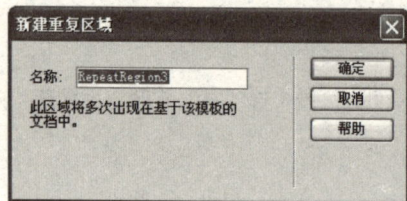

图 10-14 新建重复区域

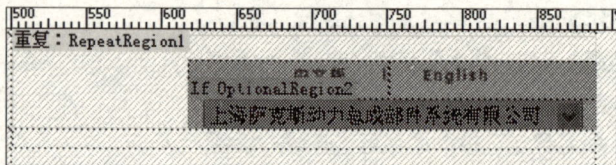

图 10-15 重复区域

另外，还可以使用重复表格来定义包括表格格式的可编辑区域的重复区域，可以定义表格属性，并设置哪些表格单元格可编辑。插入重复表格的操作步骤如下。

Step 01 选择想要设置为重复表格的元素。

Step 02 单击"插入"面板"常用"分类中"模板"下拉菜单中的"重复表格"选项 📰。

Step 03 在弹出的如图 10-16 所示的对话框中进行相应设置。

- **行数**：用来设置插入表格的行数。
- **列**：用来设置插入表格的列数。
- **单元格边距**：用来设置表格的单元格间隙。
- **单元格间距**：用来设置表格的单元格间距。
- **宽度**：用来设置表格的宽。
- **边框**：设置表格的边框宽度。
- **重复表格行**：设置表格中哪些行可以重复。
- **起始行**：输入可重复行的起始行。
- **结束行**：输入可重复行的结束行。
- **区域名称**：可输入这个重复区域的名称。

单击"确定"按钮，就将成功地建立一个重复表格，如图 10-17 所示。

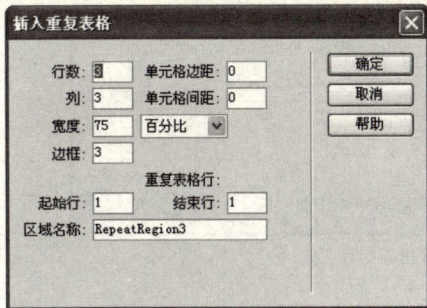

图 10-16 "插入重复表格" 对话框　　　　　　　图 10-17 重复表格

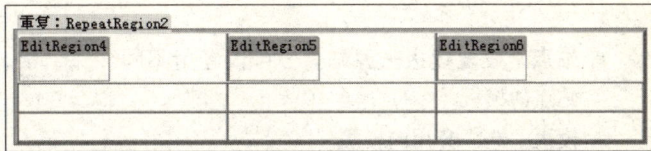

教学提示　设置可编辑标签属性

设置可编辑的标签属性可以使用户能够在从基于模板的网页中修改指定的标签属性。例如，用户可以在模板中设置背景颜色，但如果把代表页面本身的<body>标签的属性设置成可编辑，则在基于模板的网页中可以修改各自的背景色。设置可编辑标签属性的操作步骤如下。

Step 01 选择一个页面元素，执行"修改>模板>令属性可编辑"命令，弹出如图10-18所示的"可编辑标签属性"对话框。

● **属性**：列出选中页面元素所有已设置的属性。如果要把选中页面元素未设置的属性设置成可编辑，需要单击后面的"添加"按钮，弹出如图10-19所示对话框。在该对话框中直接输入这个属性即可。

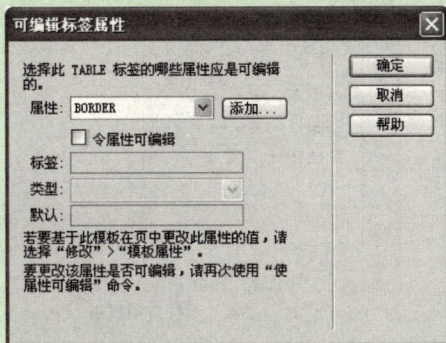

图 10-18 使属性可编辑　　　　　　　　　　图 10-19 添加属性

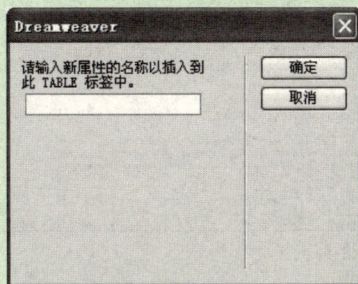

Step 02 设定对话框中必备的参数。

● **令属性可编辑**：设置选中的属性可以被编辑。

● **标签**：显示了这个属性对应的标签。

● **类型**：显示了这个属性的类型，可编辑属性的类型包括如下 5 种。

文本：如果需要用户在修改时输入文本，选择这项。

URL：链接地址，如果要修改网页中插入的图片、链接等，可以使用这一项。

颜色：修改时要选择颜色，要设定网页、表格、行、列等颜色的时候，需要选择这一项。

真\假：极少使用。

数字：设置网页边界宽度、高度，表格高度、宽度、单元格高度、宽度等需要输入数值的属性时，需选择这项。

● **默认**：设置这个属性的默认值。

Step 03 单击"确定"按钮，完成"可编辑标签属性"对话框的设置，将选中页面元素的一个属性设置成可编辑。

10.1.4　应用模板

在 Dreamweaver CS5 窗口中，可以将模板套用在空白的网页上，操作步骤如下。

■ **课堂范例**：Sample\第10章\原始文件\10.1template\templateapply.htm

Sample\第10章\最终文件\10.1template\templateapply-end.htm

Step 01 打开要套用模板的网页Sample\第10章\原始文件\10.1template\templateapply.htm，执行"修改>模板>应用模板到页"命令，弹出对话框如图10-20所示，需要在这个对话框中选择套用的模板。

- **站点**：设置模板来源站点，可以套用不同站点的模板。
- **模板**：选择套用的模板。

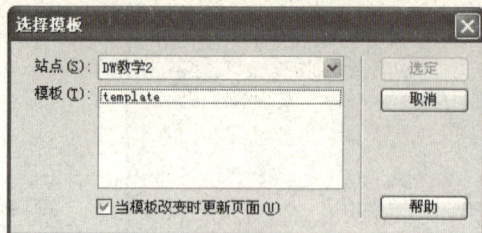

图10-20 "选择模板"对话框

Step 02 单击"选定"按钮后，在基于模板的网页中，可编辑区域在 Dreamweaver CS5 主窗口中被套上蓝色的边框，只有可编辑区域的内容能够被编辑。可编辑区域之外的内容被锁定，无法编辑，如图 10-21 所示。

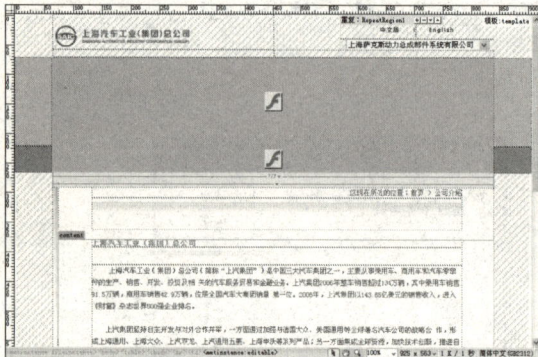

图 10-21 基于模板的网页

Step 03 另外，由于模板也出现在"资源"面板中，选中要应用的模板，然后单击面板下方的"应用"按钮，也可以将模板应用至页面，如图10-22所示。

图 10-22 通过"资源"面板应用模板

10.1.5 使用模板更新页面

有些时候，需要对模板的不可编辑区域进行编辑，例如添加网页的样式、行为等，或者要创建不同形式的网页外观。这时需要将由模板生成的网页脱离原来的模板，脱离的操作方法如下。

Step 01 打开由模板生成的网页。

Step 02 执行"修改 > 模板 > 从模板中分离"命令，则由模板生成的网页脱离模板，成为普通的网页。

对模板进行了修改，保存这个模板后，将弹出"更新模板文件"对话框，如图10-23所示。"更新模板文件"对话框中列出了所有基于这个模板的网页。单击"更新模板文件"对话框中的"更新"按钮，将根据模板的改动，自动更新这些网页。更新完毕后，将弹出"更新页面"窗口，显示更新的结果，如图10-24所示。

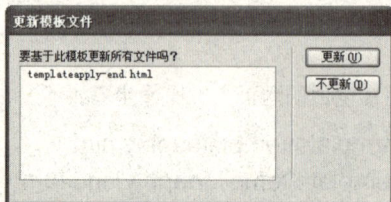

图 10-23 "更新模板文件"对话框

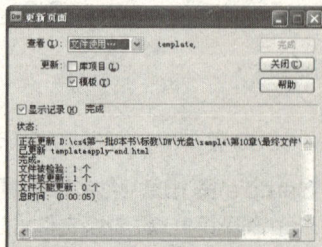

图 10-24 "更新页面"窗口

● **查看**：如果选择的是"整个站点"，则要确认是更新哪个站点的模板生成网页。如果选择的是"文件使用"，则要选择更新使用哪个模板生成的网页。

● **更新**：选择更新"库项目"还是"模板"。

● **显示记录**：会在更新之后显示更新记录。

Step 03　更新完毕后，单击窗口上的"关闭"按钮，结束操作。

10.2　使用库项目

库项目的作用是将网页中常用的对象转化为库文件，然后作为一个对象插入到其他网页中。这样能够通过简单的插入操作创建页面内容。模板使用的是整个网页，库项目只是网页上的局部内容。

10.2.1　关于库项目

库项目也称为库元素，可以看成是网页上能够被重复使用的零件。在 Dreamweaver 中，可以将单独的文档内容（例如一幅图像或一段文字）定义成库项目，也可以将多个文档内容的组合（例如排列成固定形状的多个层）定义成库项目。

在不同的文档中放入相同的库元素，可以得到完全一致的效果，就好像将源文档中相应的内容复制到目标文档中的同一位置。

利用库项目，同样可以实现对文件风格的维护。很多网页带有相同的内容，当不希望从同一模板中派生这些文档时，就可以利用库元素的机制。将这些文档中的共有内容定义为库元素，然后放置到文档中。一旦在站点中对库项目进行了修改，那么通过站点管理特性，就可以实现对站点中所有放入该库元素的文档进行更新。打开"资源"面板，在其中单击"库"图标，即可打开"库"子面板，如图10-25所示。

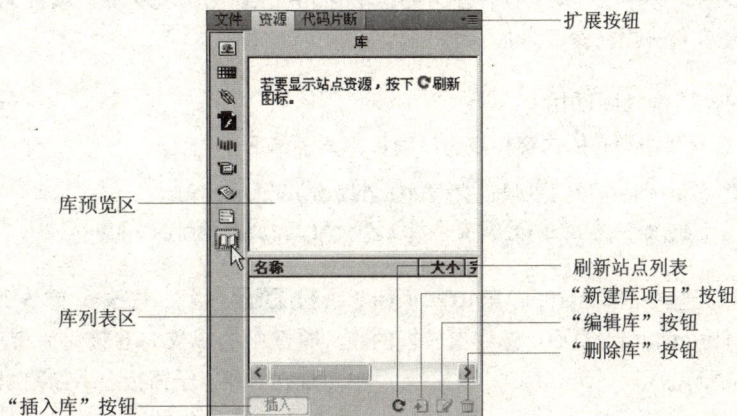

图 10-25　"库"子面板

"库"子面板各部分作用如下。

● **扩展按钮** ≡：单击后弹出扩展菜单，从该弹出菜单可执行大多数与库有关的操作。

● **库预览区**：预览选定的库内容。

● **库列表区**：列出所有的库。

● **"插入库"按钮**：单击后将选定的库插入到文档中。

● **"编辑库"按钮** ✎：编辑选定的库。

● **"新建库项目"按钮** ⊞：单击后创建新库。

● **"删除"按钮** 🗑：删除选定的库。

10.2.2 新建库项目

创建库项目有两种方法，直接新建库项目和将网页内容转化为库项目。

1. 直接新建库项目

新建库项目的方法如下。

Step 01 单击"资源"面板"库"子面板上的"新建库项目"按钮 ，新的库项目出现在窗口之中，给新库项目命名，如图 10-26 所示。

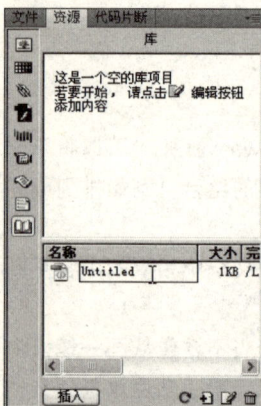

图 10-26 新建库项目

Step 02 双击新建的库项目，打开库项目编辑窗口，如图10-27所示。

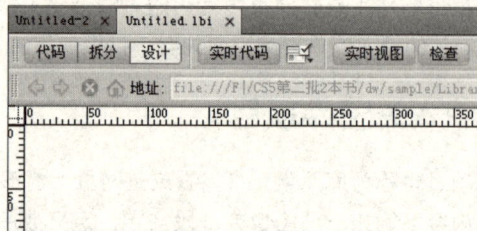

图 10-27 库项目编辑窗口

学习注意 了解库项目的含义及编辑方式

库项目实际上是要插入在网页中的一段代码，所以库项目的编辑窗口，除不可以设置页面属性外，其他和普通网页的编辑方式一样。

Step 03 执行"文件>保存"命令，保存库文件。Dreamweaver CS5将把库的项目文件保存在站点本地文件夹下的Library子文件夹里，保存为.lbi文件。

2. 将网页内容转换为库项目

也可以直接将网页中现有的内容转换为库项目，方法如下。

■ **课堂范例：** Sample\第10章\原始文件\10.2library\library.htm
Sample\第10章\最终文件\10.2library\library\library.lbi

Step 01 打开附书光盘中的"Sample\第10章\原始文件\10.2library\library.htm"页面，选中要转换的内容，如图10-28所示。

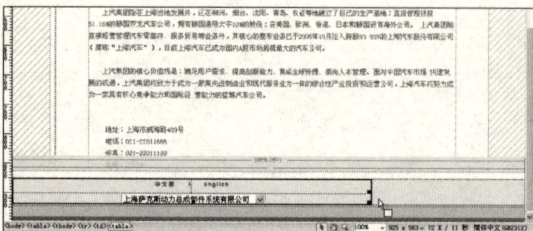

图 10-28 选中内容

Step 02 执行"修改 > 库 > 增加对象到库"命令，将选中的版权内容转化为库项目。库项目内容出现在"库"子面板上，如图 10-29 所示。

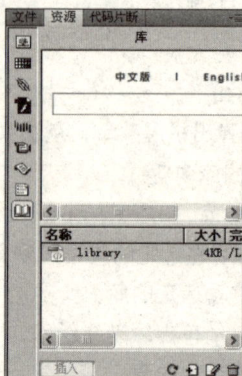

图 10-29 库项目内容出现在"库"子面板上

10.2.3 插入库项目

刚刚创建好库项目后,对于网页中原本的对象已经变成库项目了,即背景会显示为淡黄色,不可编辑,如图10-30所示。

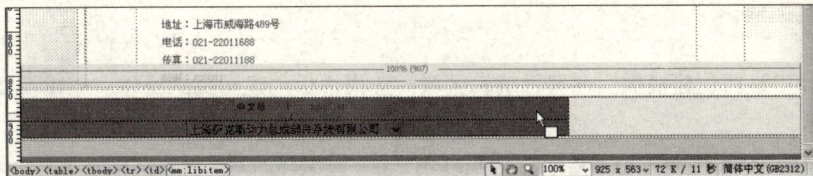

图 10-30 页面中的库项目

新建库项目后,如果希望在网页中插入库项目,可按如下步骤操作。

Step 01 将插入点放置在网页中要插入库项目的位置。

Step 02 在"库"子面板中,选中要插入的库项目,单击面板下方的"插入"按钮。

插入到网页中的库项目背景同样会显示为淡黄色,同样是不可编辑的。

10.2.4 使用库项目更新页面

如果修改了库项目,执行"文件 > 保存"命令,这时会弹出如图 10-31 所示的对话框询问是否更新网站中使用了该库项目的网页。

单击"更新"按钮后,在弹出窗口中勾选"库项目"复选框并单击"关闭"按钮,将更新网站内使用该库项目的网页,如图 10-32 所示。

图 10-31 "更新库项目"对话框

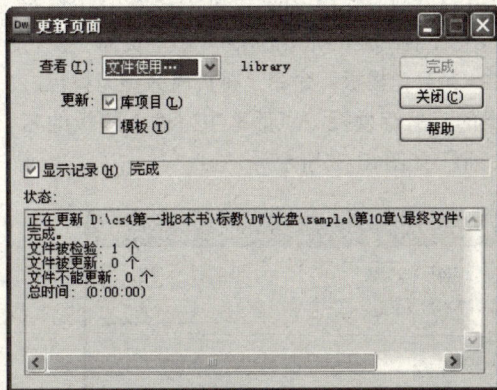

图 10-32 "更新页面"窗口

有时,需要将网页中的库项目和源文件分离,进而能够在网页中直接编辑。使网页上的库项目脱离源文件的操作方法如下。

选中网页上插入的库项目,在属性面板中单击"从源文件中分离"按钮,如图 10-33 所示。

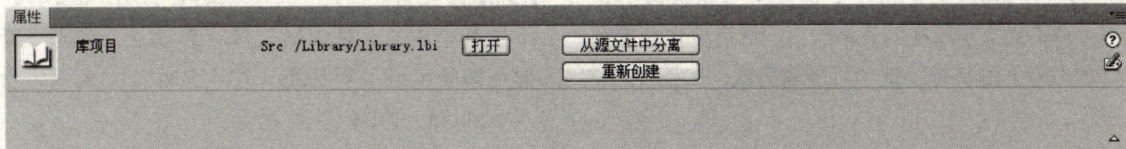

图 10-33 "库项目"属性面板

这样,原库项目区域即可在网页中直接编辑。修改库项目后,脱离库项目的网页也不会更新了。

上机实践 | "香港大学"页面模板制作及应用

原始文件：Sample\第10章\原始文件\10.3.1template\template.htm
最终文件：Sample\第10章\最终文件\10.3.1template\template-end.htm
实训目的：学会新建模板并应用模板
应用范围：网页设计制作

下面在页面中进行创建模板、创建可编辑区域、应用模板创建网页的操作，原始页面和模板的效果如图10-34所示。

图10-34 原始页面和模板

Step 01 打开附书光盘中的"Sample\第10章\原始文件\10.3.1 template\template.htm"页面，执行"文件>另存为模板"命令，将页面另存为模板。在弹出的"另存模板"对话框中，输入模板的名称为main，如图10-35所示。

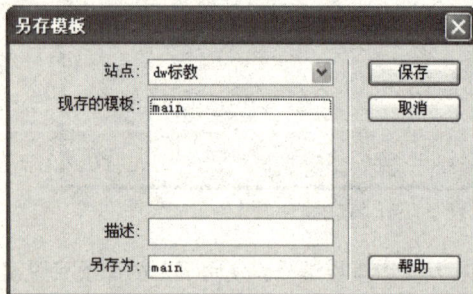

图10-35 "另存模板"对话框

Step 03 将插入点定位于要插入可编辑区域的位置，将正文文字所在的表格选中。然后单击编辑窗口状态栏上的标签，选中可编辑区域，如图10-37所示。

Step 02 单击"保存"按钮关闭对话框，系统会自动在根目录下创建 Templates 文件夹并将创建的模板文件保存在该文件夹中。窗口的左上角会出现模板的名称，如图10-36所示。

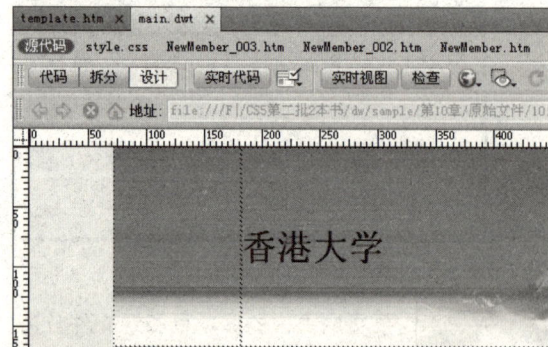

图10-36 保存的模板

Step 04 单击"插入"面板"常用"分类中"模板"下拉菜单中的"可编辑区域"选项，弹出"新建可编辑区域"对话框，在"名称"文本框中输入 content，如图10-38所示。

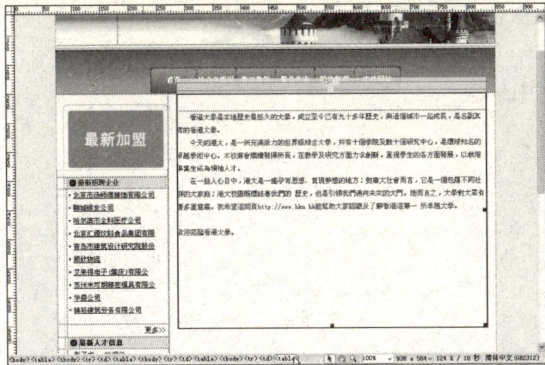
图 10-37 选择要插入可编辑区的位置

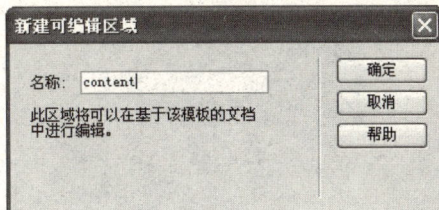
图 10-38 "新建可编辑区域"对话框

Step 05 单击"确定"按钮关闭对话框，新添加的可编辑区域有蓝色标签，标签上是可编辑区域的名称，如图 10-39 所示。

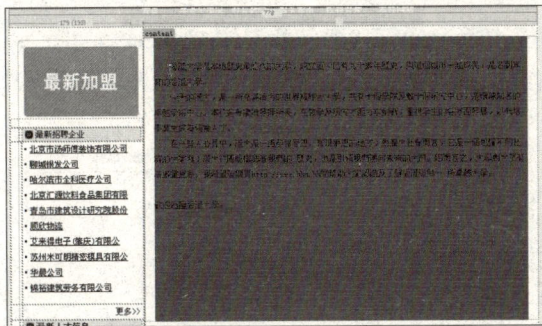
图 10-39 可编辑区域

Step 06 按下Ctrl+S快捷键，保存创建了可编辑区域的模板。新建名为template-end.htm的空白页面，执行"修改>模板>应用模板到页"命令，弹出"选择模板"对话框，如图10-40所示。

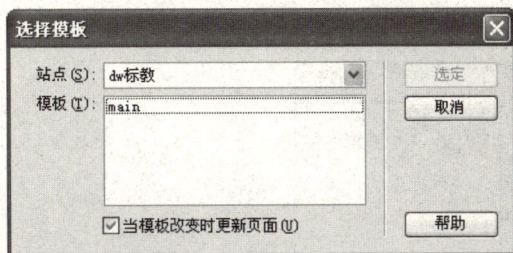
图 10-40 "选择模板"对话框

Step 07 选中main后单击"选定"按钮后，网页就套用了已有的模板。在基于模板的网页中，可编辑区域在Dreamweaver主窗口中被套上蓝色的边框，只有可编辑区域的内容能够被编辑。可编辑区域之外的内容被锁定，无法编辑。整个页面被套上黄色的边框，右上角的位置有一个黄色的标签，其中说明了该页面是一个基于模板的页面，并且后面还列出了基于模板的名称，如图10-41所示。

Step 08 保存页面，按下 F12 键进行预览，就可以看到套用模板页面的效果了。

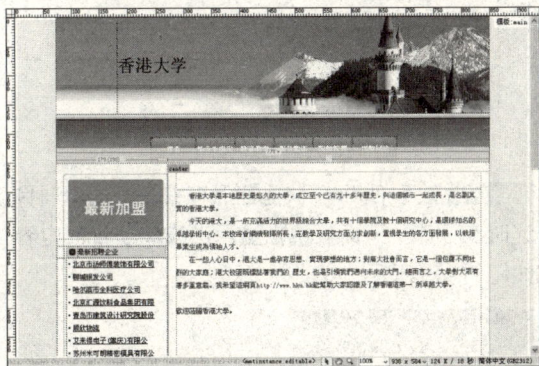
图 10-41 应用模板的页面

上机实践 | "AILI爱的礼物"页面库项目制作及应用

原始文件：Sample\第10章\原始文件\10.3.2library\library.htm
最终文件：Sample\第10章\最终文件\10.3.2library\library-end.htm
实训目的：学会新建库文件并在页面中插入库项目
应用范围：网页设计制作

163

下面使用库制作页面，原始页面和库项目的效果如图10-42所示。

图10-42 原始页面和库项目

Step 01 执行"窗口 > 资源"命令，打开"资源"面板，然后切换到"库"子面板，单击"库"子面板上的"新建库项目"按钮，这时在库列表区出现了一个新建的库项目，为其命名为"logo"，如图10-43所示。

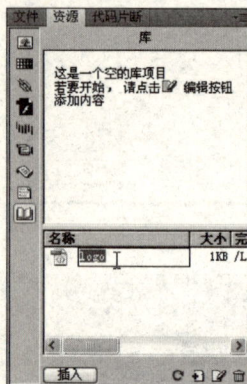

图10-43 新建库项目

Step 03 按下Ctrl+S快捷键保存编辑好的库项目，这时在"库"子面板中也显示出该库项目的内容，如图10-45所示。

图10-45 "库"子面板中的显示

Step 02 选中库项目，单击右下角的"编辑"按钮，或双击新建的库项目，就会打开库文件编辑窗口，在编辑窗口左上角显示库项目名称，然后将"Sample\第10章\原始文件\10.3.2library\library.htm"页面最上方的表格剪切过来，并设置好图片路径，如图10-44所示。

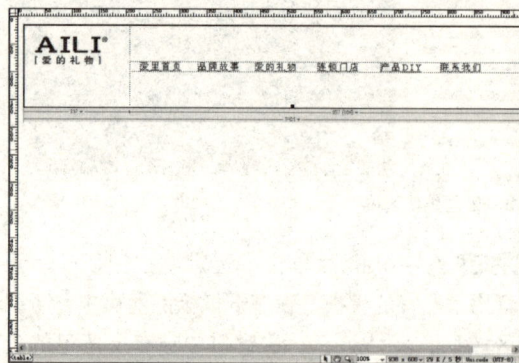

图10-44 编辑库文件

Step 04 下面将创建完成的库项目插入到页面中。打开附书光盘中的"Sample\第10章\最终文件\10.3.2library\library-end.htm"页面，将插入点定位于要插入库文件的位置，这里放在页面的最开始，如图10-46所示。

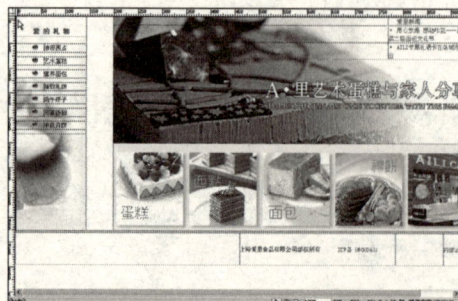

图10-46 定位插入点

Step 05 在"库"子面板中，选择要插入的库项目，然后单击面板左下方的"插入"按钮，插入后的库项目在文档窗口以整体显示，以便区分，并且是不可编辑的，如图10-47所示。

Step 06 按下F12快捷键预览页面，就可以看到插入库项目后的页面效果。

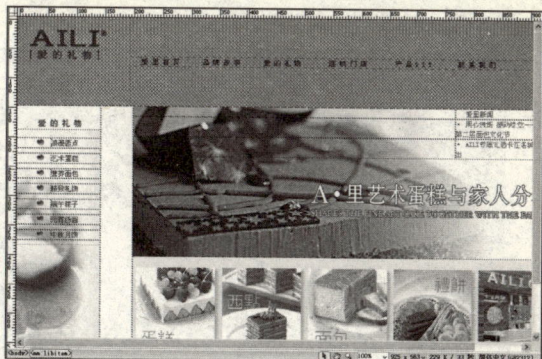

图 10-47　插入的库文件

思考与练习

　　模板是一种特殊类型的文档，用于设计锁定的页面布局。模板主要用于版式结构相似的页面中，可以提高网站制作与更新的效率。库项目也称为库元素，可以看做是网页上能够被重复使用的零件。库项目主要用于页面中局部相同的元素制作，可以提高这个局部模块制作与更新的效率。思考与练习的知识点涵盖了这几方面的内容。

1. 填空题

(1) _____和_____是提高网站制作效率的两种办法。

(2) 很多网页带有相同的内容，但是又不希望从同一模板中派生这些文档时，就可以利用_____的机制。

(3) 建立了模板后，不论是_____还是_____都可以对其进行修改。可编辑和不可编辑是对网页而言的。

2. 选择题

(1) 在模板编辑时可以定义，而在网页编辑时不可以定义的是（　　）。

　　A. 可编辑区　　　　　　　　　　　B. 可选择区

　　C. 可重复区　　　　　　　　　　　D. 设置框架

(2) 可以把以下（　　）页面元素设成可编辑区。

　　A. 图像　　　　　B. 文本　　　　　C. 表格　　　　　D. 层

(3) 模板文件存放在站点根目录的（　　）文件夹中。

　　A. Templates　　　B. Template　　　C. Library　　　D. Libraries

3. 上机操作题

(1) 参考附书光盘中的"Exercise\ 第 10 章 \ 最终文件 \1\ 练习 1.htm"文件，将如图 10-48 所示的"剑南春"网页制作成模板文件。

　　要求：在模板文件中定义页面中间的内容区域为可编辑区域。

(2) 参考附书光盘中的"Exercise\ 第 10 章 \ 最终文件 \2\ 练习 2.htm"文件，将如图 10-49 所示的"彩铃 12530"网页定义成库项目。

　　要求：可供定义成库项目的部分包括 Logo、导航条或版权内容等。

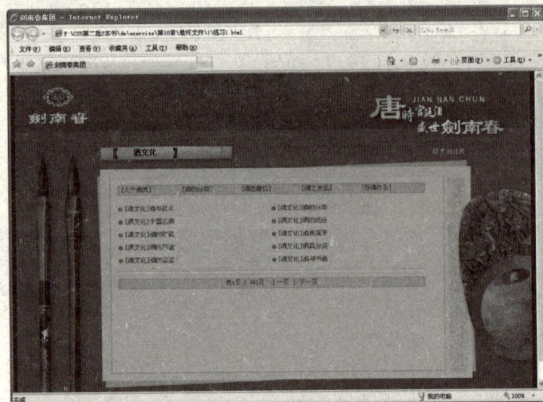

图 10-48 "剑南春" 页面

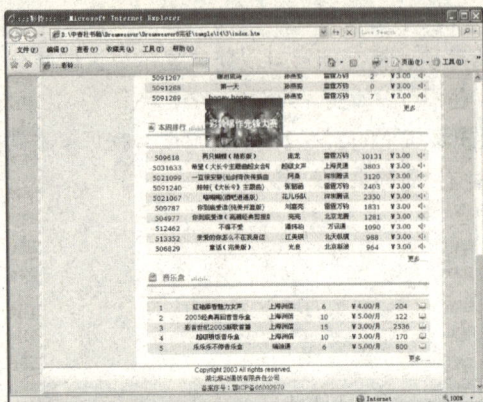

图 10-49 "彩铃 12530" 页面

🔊 知识延展　使用模板和库时的注意事项

1. 使用模板时的注意事项

模板的原意解释是制作某种产品时的"样板"或"构架"。通常网页在整体布局上，为了维持一贯的设计风格，使用统一的构架。这种情况下，可以用模板来保存一下经常重复的图像或结构，并对它进行一定的修改后，再利用在新的网页文件中。在 Dreamweaver 中制作网页文件后，可以以它为基准制作模板，也可在新文档中制作模板。但使用现有文档，会更加方便于制作模板。

在 Dreamweaver 上制作模板时，会生成 Templates 文件夹，而在该文件夹里以 .dwt 的扩展名来保存模板相关文件。如果保存模板时，尚未建立 Templates 文件夹，则 Dreamweaver 会在本地站点文件夹内自动创建 Templates 文件夹。

这时候有几项需要注意的事项。Templates文件夹内的模板文件不可以移动到其他地方或保存到其他文件夹内。而且，保存在本地站点根文件夹里的Templates文件夹也不可以随意移动其位置。使用模板来制作的文档，都是从模板上载入信息，因此模板文件的位置发生变化时，会出现与预期的网页文件截然不同的情况。

2. 使用库时的注意事项

如果说模板是固定一些重复的文档内容或设计的一种方式，那么库就可以说是保存总反复的图像或著作权信息等内容的一种存放处。尤其是制作结构或设计完全不同的网页文件时，若有一些部分是频繁重复的内容，这时就可以使用库来处理这些重复内容。

制作模板时，模板文件会保存在 Templates 文件夹中。而库项目都会保存在 Library 的另外一个文件夹内。在本地站点中没有 Library 文件夹的时候，Dreamweaver 会自动生成文件夹，并在其中保存库项目作为参考，库文件的扩展名为 .lbi。

因此，创建库项目插入到网页文件中的时候，库文件也要一起上传到网页服务器上。即应该把本地站点上生成的 Library 文件夹全部移动到网页服务器上。

Chapter

11

使用框架

课题概述 框架是网页中最常使用的页面设计方式之一。框架是指网页在一个浏览器窗口下分割成几个不同区域的形式。利用框架技术可实现在一个浏览器窗口中显示多个 HTML 页面。通过构建这些文档之间的相互关系，可以实现文档导航、文档浏览，以及文档操作等目的。

教学目标 通过学习本章，读者要学会如何创建框架网页，如何保存框架网页，以及如何设置框架网页。框架网页的独特之处，使得页面属性的设置，链接的设置等都应该做出相应的修改，这些方法读者也应一并掌握。

★ 章节重点

★★★☆☆ | 制作普通框架
★★★☆☆ | 设置框架属性
★★★★☆ | 为框架设置链接
★★★★★ | 制作内联框架

★ 光盘路径

上机实践：Sample\第11章\
课后练习：Exercise\第11章\最终文件
电子教案：PPT电子教案\DW_lesson11.ppt

11.1　框架基础

框架是网页中最常使用的页面设计方式之一。框架的英文是Frame，是指网页在一个浏览器窗口下分割成几个不同区域的形式。利用框架技术可实现在一个浏览器窗口中显示多个HTML页面。通过构建这些文档之间的相互关系，可以实现文档导航、文档浏览以及文档操作等目的。

框架的作用就是把浏览器窗口划分为若干个区域，每个区域可以分别显示不同的网页。使用框架可以方便地完成导航工作。在模板出现之前，框架技术被广泛应用于页面导航。利用框架最大的特点就是使网站风格一致。通常把一个网站中页面相同的部分单独做成一个页面，作为框架结构的一个子框架内容给整个站点公用。

一个框架结构是由以下两部分网页文件组成的。

框架（Frame）：框架是浏览器窗口中的一个区域，它可以显示与浏览器窗口其余部分中所显示内容无关的网页文件。

框架集（Frameset）：框架集也是一个网页文件，它将一个窗口通过行和列的方式分割成多个框架，框架的多少根据具体有多少网页来决定，每个框架中要显示的就是不同的网页文件。

从图11-1中我们可以看到，该网页将一个浏览器窗口分割成了上中下三个部分，分别是上、中、下三个框架，我们将这种框架称为普通结构框架。当访问者浏览站点时，在上部和下部框架中显示的文档永远不更改。上面框架导航条包含链接，单击其中某一链接会更改主要内容框架的内容，但上面框架本身的内容保持静态。无论访问者在上侧单击了哪一个链接，中间的主要内容框架都会显示适当的文档。

从图11-2中我们可以看到，该网页将一个页面内嵌在浏览器窗口的某个位置，这种框架称为内联框架。内联框架是一种特殊的框架页面，在浏览器窗口中可以嵌套子窗口，在其中显示页面的内容。内联框架可以插入在页面中的任意位置。

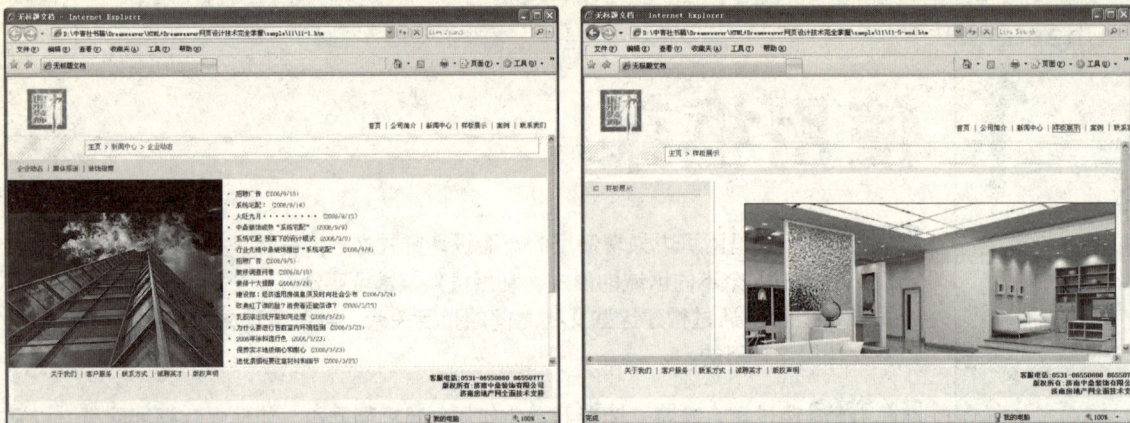

图 11-1 普通框架

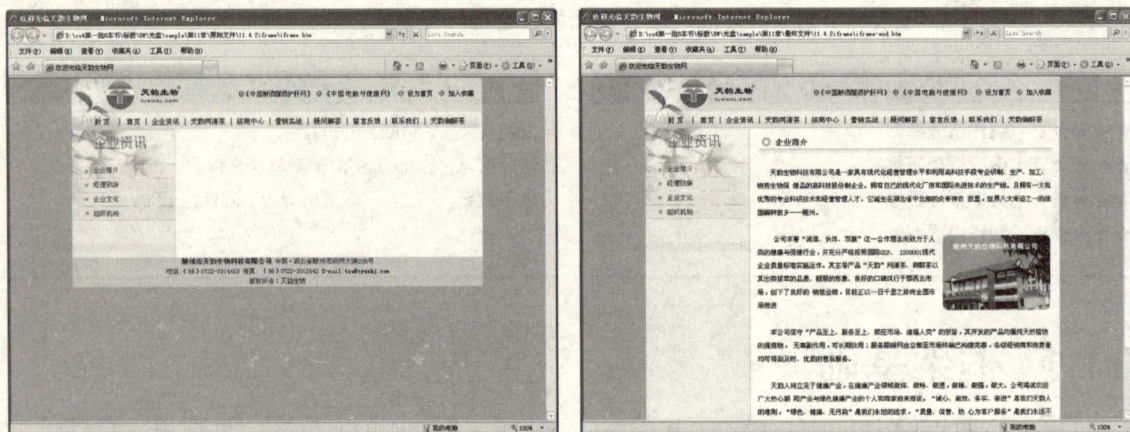

图 11-2 内联框架

11.2 制作普通框架

普通框架主要包括两个部分，一个是框架集，另一个就是框架。框架集是在一个文档内定义一组框架结构的 HTML 网页。框架集定义了在一个窗口中显示的框架数、框架的尺寸、载入到框架的网页等。框架则是指在网页上定义的一个显示区域。

11.2.1 建立框架

Dreamweaver提供了多种创建框架的方法，用户可以自己随意建立框架集，也可以使用Dreamweaver提供的预置框架集。

1. 使用预置框架集

Dreamweaver提供了通过预置建立框架集的方法，在"修改>框架集"子菜单中有多个分割框架的命令。另外，在"插入>HTML>框架"子菜单中，可以选择更多的框架集样式，如图11-3所示。

每插入一个新的框架集，Dreamweaver都会生成一个框架集HTML文档以及若干个框架HTML文档，图11-4所示的就是选择了下方及左侧嵌套的框架集样式。

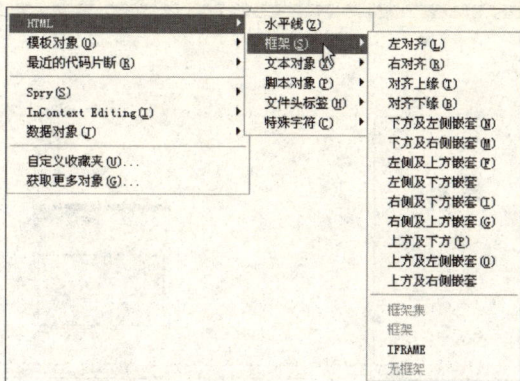

图 11-3 插入框架

图 11-4 下方及左侧嵌套的框架集

2. 自定义框架集

自动创建框架固然方便，但有些设计人员习惯用手动的方式创建框架结构，这样创建的结构更随意，操作更易上手。首先执行"窗口>框架"命令，打开如图11-5所示的"框架"面板，可以看到，现在的"框架"面板中没有任何框架。

在分割框架以前，建议先使框架边框在文档窗口中可见，方法是执行"查看>可视化助理>框架边框"命令。否则在分割框架时将看不到任何的变化，图11-6所示的就是显示框架边框变化前后的效果。

图 11-5 "框架"面板

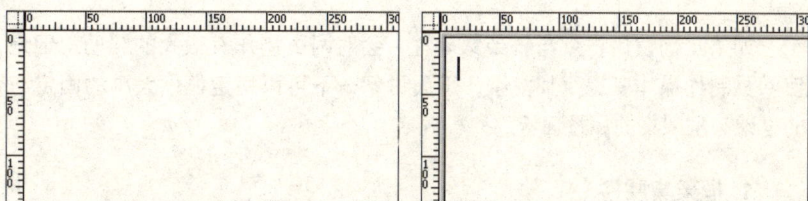

图 11-6 显示框架边框变化前后的效果

拖动任一条框架边框，可以垂直或水平分割文档或已有的框架，如图 11-7 所示。

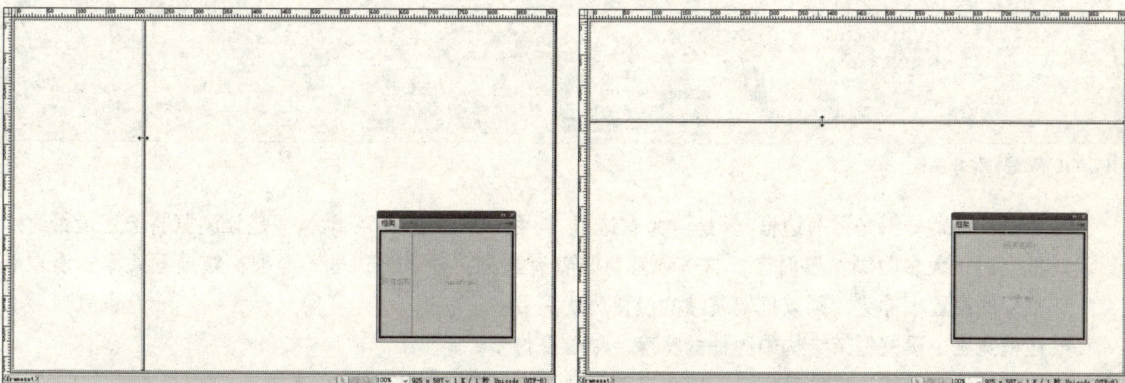

图 11-7 垂直或水平分割框架

如果从一个角上拖动框架边框，可以把文档或已有的框架划分为四个框架，如图11-8所示。

如果在划分为左右或上下框架后单击框架面板内部的某个框架，再次拖动这个框架的边框，则可以将框架划分为图11-9所示的嵌套框架。

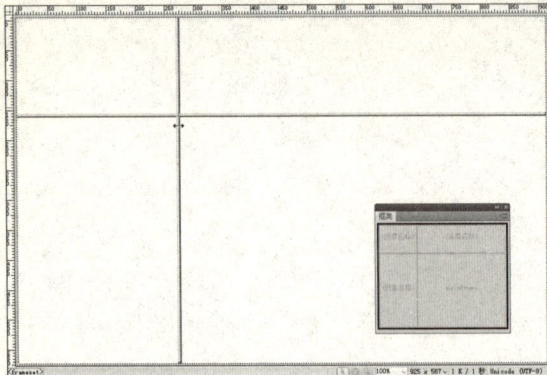

图 11-8 划分为四个框架

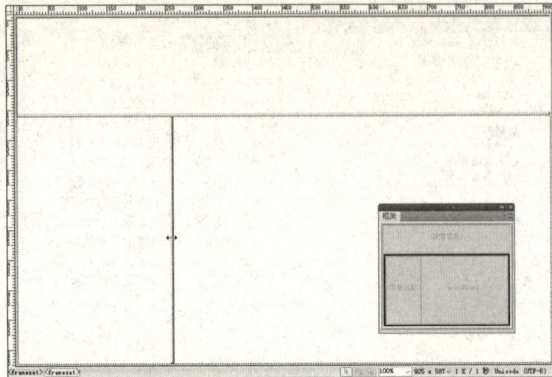

图 11-9 嵌套框架

从以上的"框架"面板中可以看到，每一个框架集都由一个较粗的立体边框所包围，而每一个框架都有一个细边框。用户可以从框架面板中非常直观地看到整个页面的框架结构，包括每个框架的名称。在"框架"面板中用鼠标单击某框架内部或单击框架集的边框，可以在页面内选中对应的框架或者框架集。

> **学习注意** 拖动框架边框也可以将框架删除
> 拖动框架的边框可以调整框架的尺寸，如果拖动框架边框到父框架的边框上，可删除框架。

11.2.2 设置框架属性

如果正确使用框架与框架集属性，会对网页制作有很大的帮助。但是，如果没设置好属性，反而会使网页制作操作变得更加复杂。下面讲解一下可以指定框架大小的固定与否、滚动条的显示与否等属性的框架与框架集的属性面板。

1. 框架集属性

在"框架"面板中单击外边框，就可以选择框架集。此时，在"属性"面板中出现如图 11-10 所示的框架集相关属性。

图 11-10 调整框架集属性

- **边框**：设置框架是否有边框。"是"为有边框，"否"为无边框，"默认"是让浏览器决定是否有边框，对于大多数浏览器而言，这一项都意味着有边框。对于"边框"选项，如果框架集的设置和框架的设置相冲突，则以框架属性的设置为优先。
- **边框宽度**：设置框架结构中边框的宽度，单位是像素。
- **边框颜色**：设置边框的颜色，可以单击颜色框，打开颜色拾取器进行选择。
- **设置框架结构的拆分比例**：如果拆分的形式是上下拆分，显示"行"项的数据，如果拆分的形式是左右拆分，则显示"列"项的数据。在最右侧的框中，可以选择要进行设置的框架，选择后会在"值"和"单位"两项出现该框架对应的值。"值"项对于"行"来说就是指高度，对于"列"来说就是指宽度。"值"的取值与"单位"的设置有着密切的关系。"单位"共有以下三种可供选择。
  - ◆ **像素**：给框架的高或宽设置绝对值。有些情况，不希望在用户屏幕分辨率或者浏览器窗口缩放时框架大小发生改变，例如框架中插入了网页的标题、导航条等，这时可以采用给框架设定绝对值的办法。但是，网页中的各个框架不可能全部设置为像素值，有一个框架设置为像素值，通常会有其他框架的高宽设置为相对。

◆ **百分比**：是指框架占它所在的框架结构总高或总宽的百分比。
◆ **相对**：在其他框架设置了以像素或百分比为单位的高宽之后，剩余的高宽会分配给单位设置为"相对"的框架。使用"相对"作为单位时，通常不需要设置值。有的时候为了保证跨浏览器的兼容性，可以设置"值"为1。

2. 框架属性

在"框架"面板中选择框架时，在操作画面中选择相关框架的同时，在"属性"面板中会出现如图 11-11 所示的框架相关属性。

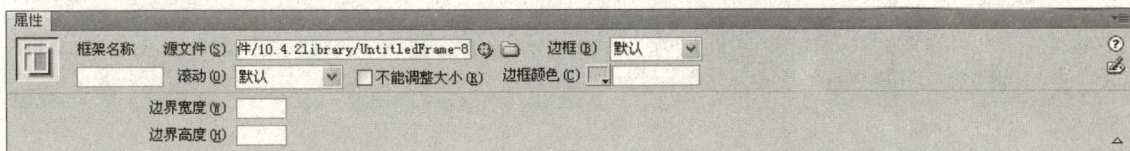

图 11-11 "框架"属性

● **框架名称**：给当前选中的框架命名。可以根据框架在整个框架网页中的位置命名，比如在上面的叫作 up，在左面的叫作 left。也可以根据内容，放置导航条的叫作 navi，放置主要内容的叫作 main 等。

> **学习注意**　了解框架名称的命名规则
>
> 框架名称必须是单个单词，允许使用下划线（_），但不允许使用连字符（-）、句点（.）和空格。框架名称必须以字母起始，而不能以数字起始。框架名称区分大小写。不要使用 JavaScript 中的保留字（例如 top 或 navigator）作为框架名称。

● **源文件**：为当前选中框架中插入的框架网页的路径，在网页未被保存时使用绝对路径形式，保存之后使用相对路径形式。
● **滚动**：设定当框架中的内容超出框架范围时是否出现滚动条，可选项包括如下几种，"是"表示在任何情况下都显示滚动条区域；"否"表示无滚动条；"自动"表示只在内容超出框架范围的情况下才显示滚动条；"默认"表示使用浏览器的默认值，在大部分浏览器中等同于"自动"。
● **不能调整大小**：默认情况下，浏览者使用浏览器观看框架网页时，可以拖动框架网页的拆分边框调整框架的大小。如果勾选此复选框，浏览者将不能够调整框架的边框。
● **边框**：设置框架是否有边框。可选择的项目有"是"、"否"、"默认"。框架边框的设置会优先于框架结构属性中边框的设置。在大多数情况下，不应该让框架网页出现边框。
● **边框颜色**：设置框架边框的颜色。对框架的边框颜色的设置要优先于对框架结构的边框颜色的设置。框架颜色的设置会影响到相邻框架边框的颜色。
● **边界高度、边界宽度**：设置框架边框和框架内容之间的空白区域。"边界宽度"设置的是框架左侧和右侧边框与内容之间的空白区域。"边界高度"设置的是上面和下面的边框与内容之间的空白区域。

> **教学提示**　设置无框架内容
>
> 虽然框架技术是较早使用的一种导航技术，但是仍然有一些早期版本的浏览器不支持框架。对于制作人员可能无法改变这一现象，我们所能做的只能是显示该浏览器不支持框架技术，有些内容无法看到，仅此而已。如果用户愿意，也可以再制作一个不带框架的页面，以防不测。
>
> 使用<noframes>和<\noframes>标签可以完成这一任务，当浏览器不能加载框架集文件时，会检索到<noframes>标签，并显示标签中的内容。

执行"修改＞框架集＞编辑无框架内容"命令，这时网页框架消失，出现完整的编辑窗口，窗口上方标注"无框架内容"，然后我们就可以在工作区中编写非框架的内容了，如图11-12所示。

图 11-12 编辑无框架内容

如果查看HTML源代码，我们会发现Dreamweaver在页面中插入了一段类似于下面的代码：

```
<noframes><body>
<\body><\noframes>
```

所以用户也可以直接修改框架集页面的HTML代码。完成无框架内容编辑后，再次执行"修改＞框架集＞编辑无框架内容"命令，退出编辑无框架内容状态。

11.2.3 为框架设置链接

使用框架的最大理由是可以固定页面的一部分，而且可以只更改所需框架的内容，即在不改变菜单所在框架的情况下，只变动菜单中的相关内容。若想在特定框架中显示所需内容，就要区分多个不同的框架。因此，应该给各个框架间设置链接。

在 Dreamweaver CS5 中制作框架时，会自动生成框架名称，用户可以按需要来更改框架名称。但框架名称一定要输入英文，而且不能使用特殊字符或空格。输入框架名称后，在"属性"面板的"目标"下拉列表中选择相应的框架名称即可使链接在选择的目标框架中打开，具体操作步骤如下。

Step 01 首先选择一个对象，然后为该对象建立超链接。

Step 02 选择链接的页面后，在"属性"面板中的"目标"下拉列表中选择相应的目标框架，如图11-13所示。

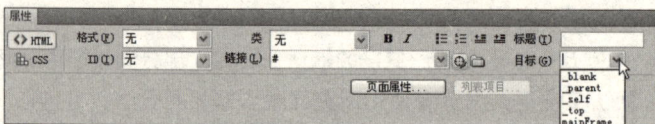

图 11-13 设置链接目标

"目标"下拉列表中的前四个选项是 Dreamweaver 的默认选项，后面的选项则是当前页面所包含的框架名，选择不同的框架名可以使链接的页面在不同的框架中打开。

- _blank ：在新的窗口中显示链接内容。
- _parent：链接内容出现在包括当前框架文档的父框架集上，大部分都会出现与应用_top 一样的结果。
- _self：链接内容出现在应用链接的窗口或框架中，在没有另外指定"目标"的情况下会作为默认值。
- _top ：删除所有当前框架结构，并表示链接内容。

11.3 制作内联框架

内联框架是一种特殊的框架技术，利用内联框架可以更加容易地控制网站的导航。在页面中使用内联框架除了其具有框架的基本特性外，制作内联框架的时候，整个页面并不需要进行框架的拆分，这样更便于用户使用表格排版整个网页。通过内联框架，可以在一个页面中嵌入多个页面。

可用 <iframe> 标签定义一个内联框架。<iframe> 标签在文档中定义了一个矩形的区域，在这个区域中，浏览器会显示一个单独的文档，包括滚动条和边框。

<iframe> 标签必备的 src 属性的值是要显示在内联框架中的文档的 URL，代码如下。

```
<iframe src="URL">
包含内联框架内容
<\iframe>
```

<iframe> 标签可用的其他属性介绍如下所示。

- width（宽度）、height（高度）：可以设置内联框架显示的宽度和高度。
- frameborder（框架边框）：可以控制内联框架边框是否显示。
- scroll（滚动）：当内联框架内的空间不够显示页面的内容时，可以通过滚动条来实现页面的滚动，使用户看到隐藏的内容。这个属性可以设定滚动条是否显示。
- marginheight（边缘高度）、marginwidth（边缘宽度）：修改内联框架边界的大小。
- align（对齐）：设置内联框架的对齐为 left（居左）、center（居中）或 right（居右）。

另外，用户可以使用Dreamweaver提供的预设内联框架对象，从而更方便地创建内联框架，单击"插入"面板"布局"类中的IFRAME（内联框架）按钮□即可。

在内联框架中，也可以制作页面之间的链接。创建链接的方式同样是先用name属性给框架命名，再将链接的目标浏览器窗口指向命名的框架。只是指向目标的时候，不能可视化操作，需要直接修改代码。

上机实践｜制作"亚联电信"框架网站

原始文件：Sample\第11章\原始文件\11.4.1frame\top.htm、middle.htm、bottom.htm、fwzc.htm、gsjb.htm、xgyw.htm、txl.htm
最终文件：Sample\第11章\最终文件\11.4.1frame\frameset.htm
实训目的：学会新建框架并设置框架样式及链接
应用范围：网页设计制作

下面在页面中进行制作框架、设置框架样式、制作框架链接的操作，制作框架网站的前提是把所有的子框架页面制作好。本实例提供了三个子框架页面，上侧的页面名为 top.htm，下侧的页面名为 bottom.htm，中间的页面名为 middle.htm。下面先将这三个页面整合成一个完整的框架页面 frameset.htm。这几个页面和最终页面的效果如图 11-14 所示。

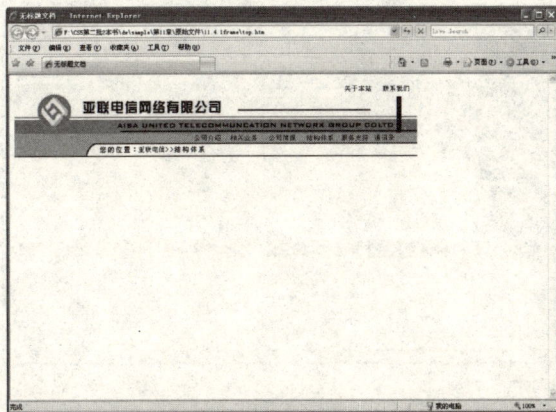
top.htm

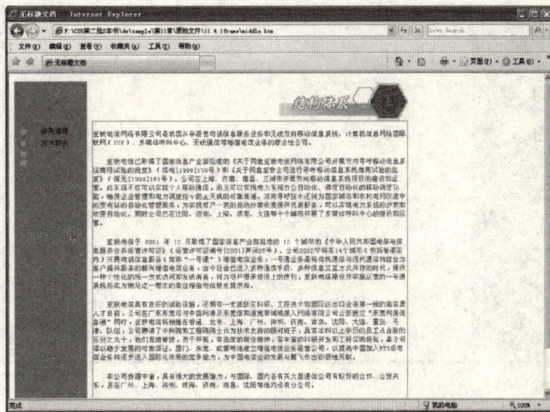
middle.htm

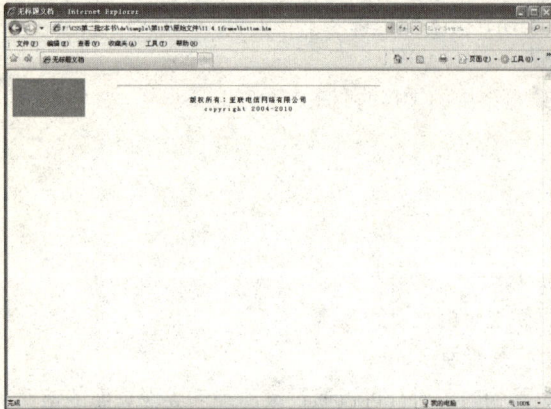

bottom.htm

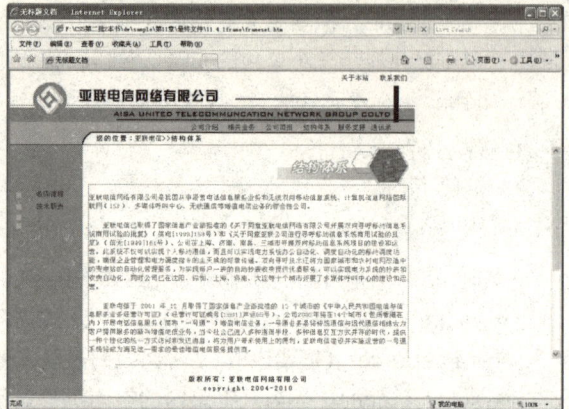

frameset.htm

图 11-14 原始页面和最终页面效果

另外，本实例还提供了图 11-15 所示的 fwzc.htm、gsjb.htm、xgyw.htm 和 txl.htm 四个页面，作为 "服务支持"、"公司简报"、"相关业务"、"通讯录" 四个一级栏目，这四个页面都存放在实例文件夹下，本案例还要为这四个栏目创建链接。

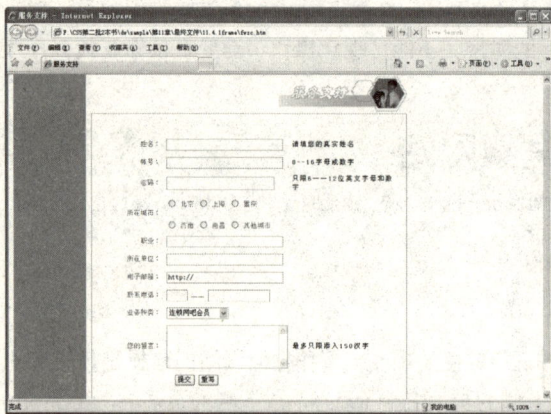

fwzc.htm

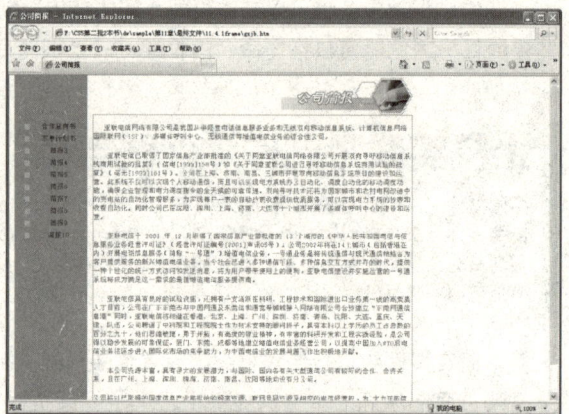

gsjb.htm

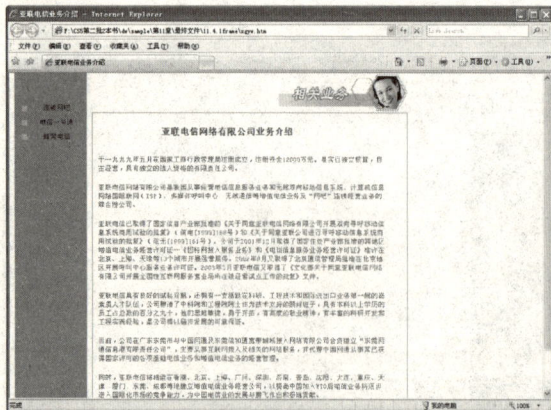

xgyw.htm

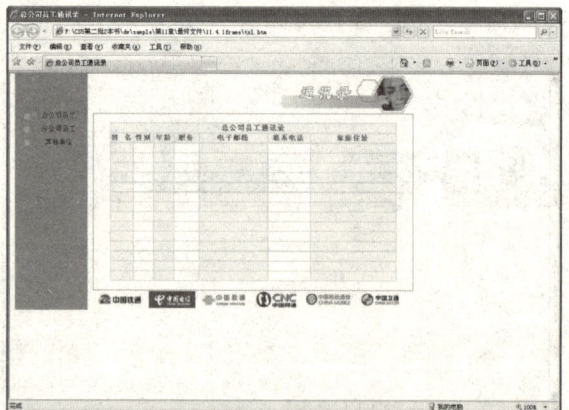

txl.htm

图 11-15 子栏目页面

Step 01 新建一个样式为"对齐上缘"的框架页面，然后使用鼠标直接从框架的下侧边缘向中间拖曳出一条框线，放置到合适的位置。这样，上中下框架结构就产生了，如图 11-16 所示。

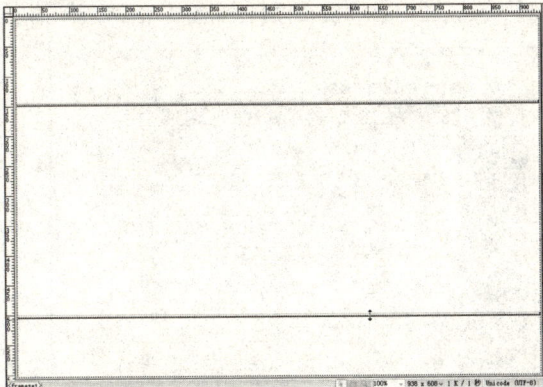

图 11-16 制作框架结构

Step 03 单击"确定"按钮后，框架中会显示顶部的页面，为了能区分框架之间的分界，在创建框架集或使用框架前，通过执行"查看>可视化助理>框架边框"命令使框架边框可见，如图11-18所示。

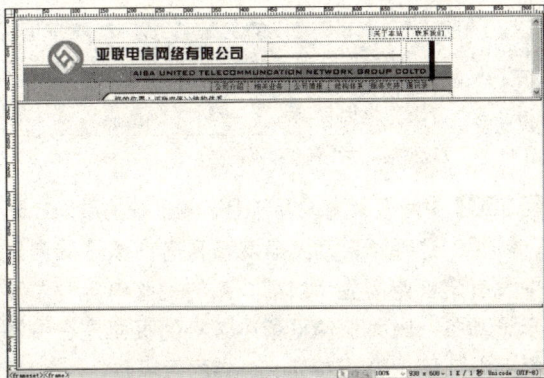

图 11-18 显示顶部框架页面

Step 05 同理，单击框架面板中的中间框架，在"属性"面板中"源文件"后单击"浏览文件"按钮，在弹出的对话框中选择中间页面 middle.htm。单击"确定"按钮后，框架中会显示中间的页面，如图 11-20 所示。

Step 02 通过"窗口"菜单打开"框架"面板，单击"框架"面板中的上侧框架，在"属性"面板中"源文件"后单击"浏览文件"按钮，在弹出的对话框中选择上页面 top.htm，如图 11-17 所示。

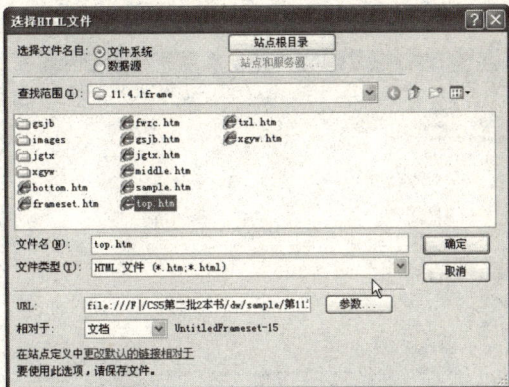

图 11-17 选择 top.htm

Step 04 单击"框架"面板中的下侧框架，在"属性"面板中"源文件"后单击"浏览文件"按钮，在弹出的对话框中选择下页面bottom.htm。单击"确定"按钮后，框架中会显示下侧的页面，如图11-19所示。

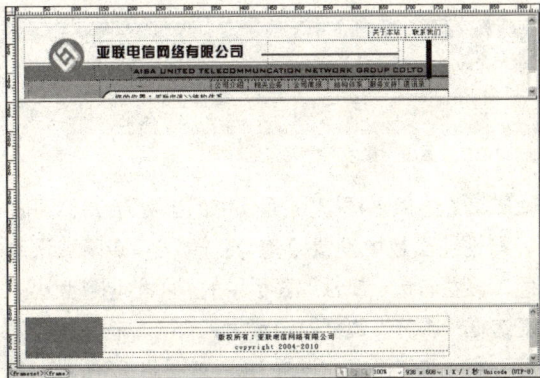

图 11-19 显示底部框架页面

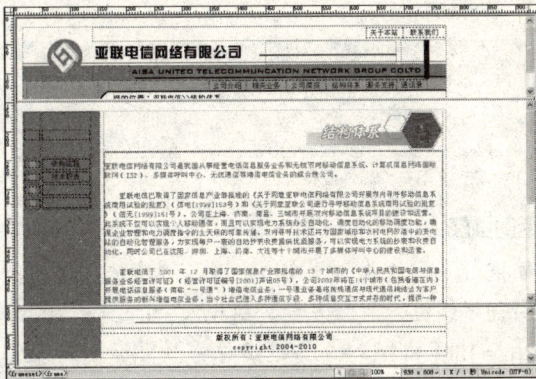

图 11-20 显示中间框架页面

Step 06 单击"框架"面板中的总框架集，然后从菜单栏中执行"文件 > 框架集另存为"命令，这里将其以文件名 frameset.htm 另存，如图 11-21 所示。这样才能够保证预览页面时显示正常。

图 11-21 框架集"另存为"对话框

Step 08 单击选中"属性"面板中的下框架，设置其高度为 70 像素（和下侧框架页面内容高度相同），如图 11-23 所示。

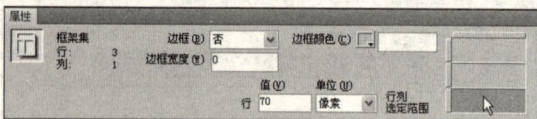

图 11-23 设置框架集中下框架高度

Step 10 选择"框架"面板中的上框架，然后在"属性"面板中设置滚动为"否"，即隐藏滚动条，接着勾选"属性"面板中的"不能调整大小"复选框，再将"边框"设置为"否"，将"边界宽度"和"边界高度"设置为0，如图11-25所示。然后选择"框架"面板中的下框架，对其进行和上框架同样的设置。

图 11-25 上下框架属性设置

Step 12 选中上侧框架页面中"服务支持"、"公司简报"、"相关业务"、"通讯录"栏中的文字，然后在"属性"面板中创建到 fwzc.htm、gsjb.htm、xgyw.htm 和 txl.htm 的链接并将"目标"均设置为 middle，如图 11-27 所示。

Step 07 用鼠标单击"框架"面板中的外边线，选择框架中的总框架集。在"属性"面板中将"边框"设为"否"，边框宽度设为"0"。单击选中"属性"面板中的上框架，设置其高度为 135 像素（和上侧框架页面内容高度相同），如图 11-22 所示。

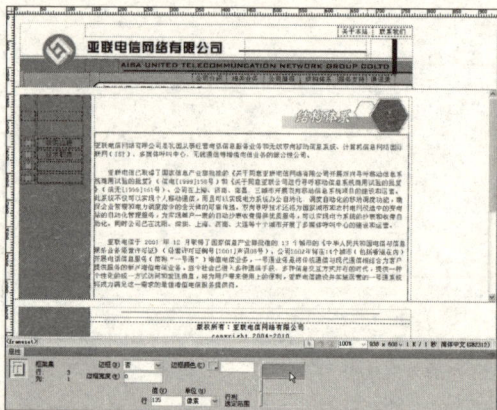

图 11-22 设置框架集中上框架高度

Step 09 选中"属性"面板中的中间框架，将中间的高度设置为"相对"，这时在浏览器中预览网页，中间部分就不会随着浏览器大小的变化而改变了，如图 11-24 所示。

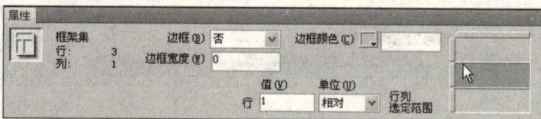

图 11-24 设置框架集中中间框架高度

Step 11 中间框架的设置与上下侧惟一的不同在于"滚动"，选择"自动"意味着只有在浏览器窗口中没有足够空间显示当前框架的完整内容时才显示滚动条，因为上侧框架中链接的页面是在中间框架中打开，所以需要定义链接的目标窗口。在"框架"面板中选中中间的框架，然后在"属性"面板中设定中间框架名称为 middle，如图 11-26 所示。

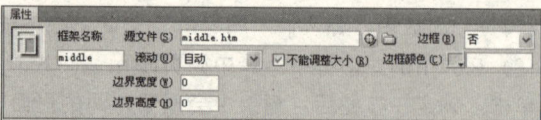

图 11-26 中间框架属性设置

Step 13 这样，一个采用了框架技术的网站就已经基本制作完毕了。按下 F12 快捷键预览页面，单击上方的链接，会在中间的框架中打开页面，如图 11-28 所示。

图 11-27 设置链接及目标

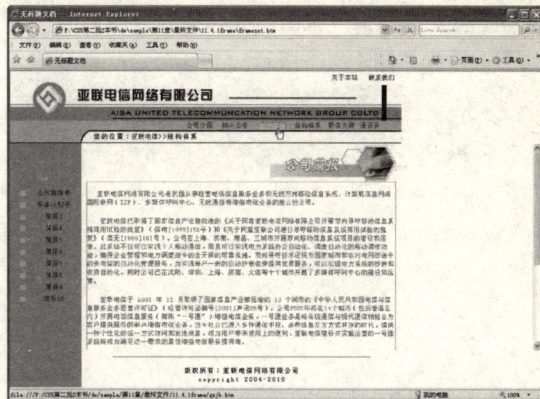

图 11-28 预览效果

上机实践｜制作"太太乐"内联框架页面

原始文件：Sample\第11章\原始文件\11.4.2iframe\iframe.htm
最终文件：Sample\第11章\最终文件\11.4.2iframe\iframe-end.htm
实训目的：学会使用内联框架技术制作页面
应用范围：网页设计制作

　　下面制作一个包含内联框架的页面，原始页面和最终页面的效果如图 11-29 所示。

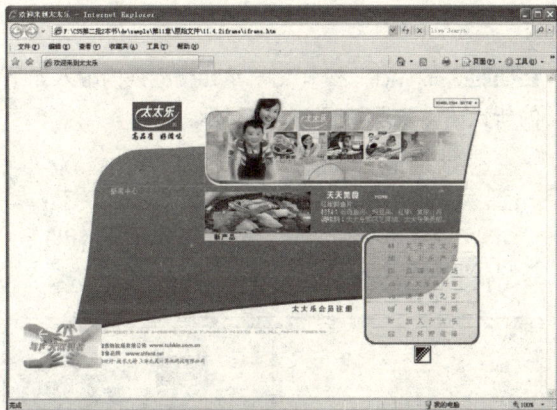

图 11-29 原始页面和最终页面效果

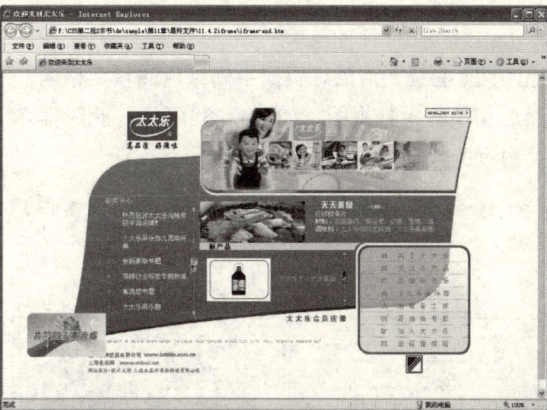

Step 01 打开附书光盘中的"Sample\第11章\原始文件\11.4.2iframe\iframe.htm"页面，将插入点定位在左侧绿色的空白单元格中，如图11-30所示。

图 11-30 定位插入点

Step 02 切换到拆分视图，此时插入点附近的代码如下，效果如图 11-31 所示。

```
<td height="210" valign="top" width="200"
> <\td>
```

Step 03 在 <td> 和 <\td> 单元格标签内输入如下的新代码。

```
<iframe name="MyFrame" src="images_
files\news.htm" align="top" frameborder=
"no" height="210" scrolling="no" width=
"200"><\iframe>
```

其中，<iframe> 标签为浮动框架的标签，其中的 src 属性代表在这个浮动框架中显示的页面，如图 11-32 所示。

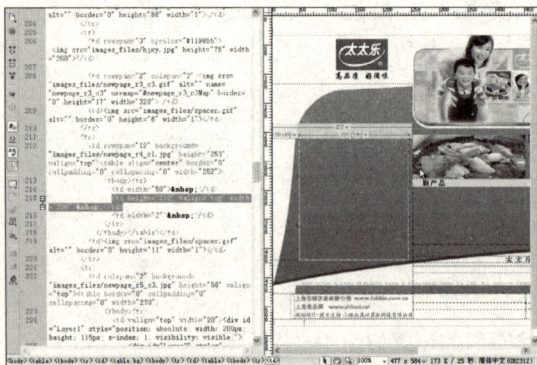

图 11-31 拆分视图

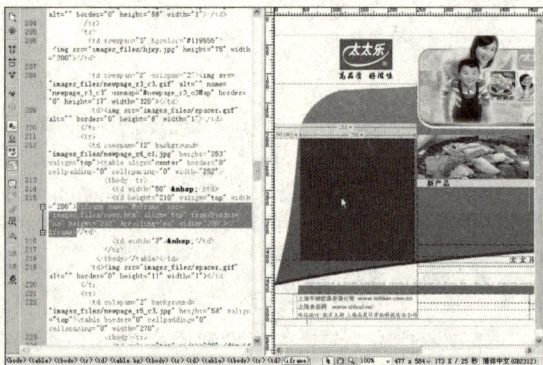

图 11-32 输入代码

Step 04 将插入点放在页面中间绿色的单元格内，然后切换到拆分视图，如图11-33所示，此时插入点附近的代码如下。

```
<td height="100" valign="top"> <\td>
```

Step 05 在 <td> 和 <\td> 单元格标签内输入如下的新代码，效果如图 11-34 所示。

```
<iframe name="MyFrame" src="images_
files\works.htm" align="top" frameborder=
"no" height="100" scrolling="no" width=
"280"> <\iframe>
```

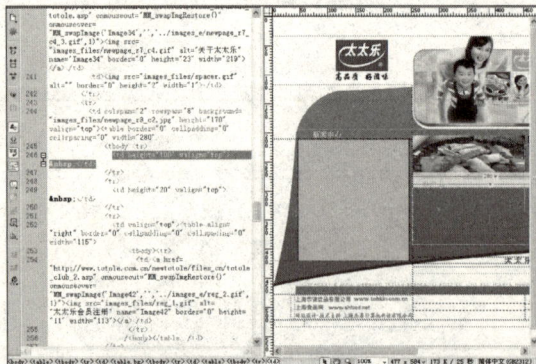

图 11-33 定位插入点

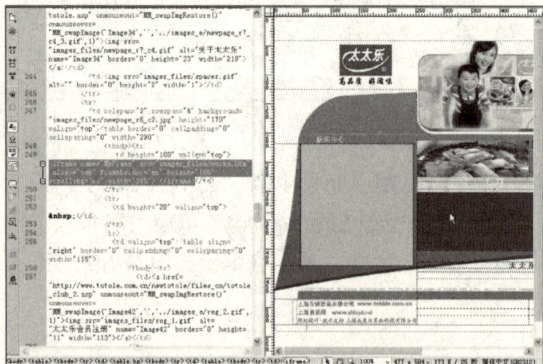

图 11-34 输入代码

Step 06 至此，内联框架页面就制作完成了。按下F12快捷键预览页面，可以看到，news.htm页面出现在了页面左侧的浮动框架内部，works.htm页面出现在了页面中间的浮动框架内部。

思考与练习

　　框架主要包括两个部分，一个是框架集，另一个就是框架。框架集是在一个文档内定义一组框架结构的HTML网页，它定义了在一个窗口中显示的框架数、框架的尺寸、载入到框架的网页等。而框架则是指在网页上定义的一个显示区域。Dreamweaver提供了多种创建框架的方法，用户可以使用预置框架集，也可自己随意建立框架集思考与练习的知识点涵盖了这几方面的内容。

1. 填空题

(1) 框架技术主要通过两种类型的元素来实现，一个是_____，另一个是_____。

(2) 为框架设置链接时，必须给目标框架_____。

(3) 在 Dreamweaver 中，设置分框架属性时，要使内容仅在需要时出现滚动条，则可在"属性"面板中的"滚动"下拉列表中选择_____。

2. 选择题

(1) 下面关于删除框架的说法错误的是（　　）。

　　A．刚开始建立时可以用"撤销"命令来删除

　　B．在操作了比较长的时间后，不可以通过菜单命令来删除

　　C．用鼠标拖动框架间的边框，一直把它拖到最边上，就可以删除一个框架了

　　D．选中某一框架后按组合键 Ctrl＋D 可以删除该框架

(2) 在 Dreamweaver 中预设有（　　）种常用框架。

　　A．8　　　　　　　　　B．9　　　　　　　　　C．11　　　　　　　　　D．13

(3) 在 Dreamweaver 中，要在当前框架打开链接，目标窗口设置应该为（　　）。

　　A．_blank　　　　　　B．_parent　　　　　　C．_self　　　　　　D．_top

3. 上机操作题

(1) 参考附书光盘中的"Exercise\ 第 11 章 \ 最终文件 \1\ 练习 1.htm"文件，制作如图 11-35 所示的"视点作品"框架结构。

　　要求：使用提供的 about_l.htm、about_r.htm、bottom.htm 分别作为左侧、右侧和底部页面。

(2) 参考附书光盘中的"Exercise\ 第 11 章 \ 最终文件 \2\ 练习 2.htm"文件，制作如图 11-36 所示的"361°"框架结构。

　　要求：使用frame_files文件夹中提供的top.htm、middle-end.htm、bottom.htm分别作为顶部、中间和底部页面。

图 11-35 "视点作品"框架结构

图 11-36 "361°"框架结构

🔊 知识延展 使用框架结构的缺点及注意事项

在实际应用中，框架已经作为一种"古老"的元素，并没有得到太多的应用，这主要是由它固有的一些缺点决定的，如果设计网页时必须要用框架结构，则需要采取一些手段来规避其缺陷。

1. 框架结构的缺点

网页的布局可以用表格或框架来构成。但大部分都偏向于使用表格。那为什么更偏向于表格呢？主要是因为框架结构具有如下的几个缺点。

- 延长页面载入时间：载入用框架组成的网页要同时读取多个文档，因此比一般文档需要更多的页面载入时间。但载入文档以后，由于只更换画面中的一部分，因此速度比利用表格的文档快。近年来，大部分用户都使用高速网络服务，加之计算机配置也越来越高，因此几乎不存在表格导致的速度迟缓。
- 在不同系统环境中显示不一致：利用框架来制作的网页，在不同系统环境中的显示并不是一致的。只有在高版本的浏览器中才可以看到框架，而且在低分辨率显示器或小浏览器窗口中，有可能会异常显示网页结构或在画面的各个部分中出现多个滚动条。如果需要在任何系统环境下都能正常显示的布局，就必须使用表格。
- 不能通过搜索引擎跳转到正常页面：在搜索引擎网站中搜索网页的时候，只会搜索到网页的左侧框架或上方框架等文档为单位的一部分内容。此时单击搜索结构，就可能会出现框架集以外的异常画面。为了可以通过搜索结果跳转到正常显示的网页中，需要使用表格结构。
- 不能使用布局图像：将文档的布局进行切割后插入到各个框架中时，不能像表格一样把各个切割图像显示成一个整体图像。此时，也最好使用表格结构。
- 不容易在整体画面上应用动态效果：利用框架制作的网页中，由于多个文档合并在一起，因此很难在整体画面中应用动态效果。如果想在文档中应用多种脚本，也需要使用表格结构。

2. 使用框架结构的注意事项

使用框架结构时，为避免框架的缺陷，可注意两个方面问题。

- 固定框架大小，使用户不能更改框架结构：如果按住框架的边框后进行拖动，边框可以随着鼠标移动，则用户能轻易更改网页结构，这样再整洁的框架结构也是没有用处的。因此，创建框架文档时，应该固定框架大小。
- 显示或隐藏滚动条：将浏览器缩小时，会出现框架中不需要的滚动条。下面文档的左侧框架是显示菜单的框架，因此最好不要显示滚动条。这时，可以在Dreamweaver中将框架的"滚动"属性设置成不显示滚动条的状态。

Chapter 12

使用Div元素

课题概述 Div元素体现了网页技术的一种延伸，是一种新的发展方向。有了Div元素可以在网页中实现诸如下拉菜单、图片、文本的各种效果等。另外，使用Div元素和CSS样式表也可以实现页面的排版布局。

教学目标 本章重点介绍了Dreamweaver CS5中相关的Div元素。由于Div元素与动态效果有着密切的关联，因此完全掌握Div技术是建立网页中动态效果的关键。Div+CSS 是一种最新、最科学的网页布局方式，符合Web 2.0 的技术标准，希望读者能够灵活运用。

★ 章节重点

★★☆☆☆ | 使用 AP Div 元素
★★★☆☆ | 使用 Spry Widget 部件
★★★★☆ | 使用 Div+CSS 布局

★ 光盘路径

上机实践：Sample\第12章\
课后练习：Exercise\第12章\最终文件
电子教案：PPT电子教案\DW_lesson12.ppt

12.1　使用AP Div元素

　　网页中的 AP Div 元素使用户的工作从"二维"进入到了"三维"，说"三维"是因为它存在一个"Z"轴的概念，即垂直于显示器平面方向。

12.1.1　创建AP Div元素

　　Dreamweaver中有多种建立AP Div元素的方法，为此Dreamweaver专门为AP Div元素设立了一个面板，在"AP元素"面板中可以方便地处理AP Div元素相关操作、设定AP Div元素属性。用户可以通过选择"窗口>AP元素"选项打开"AP元素"面板，或者直接按键盘上的F11键。"AP元素"面板如图12-1所示。从图中可以看到面板分为三栏，最左面一栏的眼睛标记用于显示、隐藏AP Div元素，中间一栏列出的是AP Div元素的名字，最右面一栏是AP Div元素的Z轴排列情况。在编辑页面时，为了保持页面的完整性，可以随时将AP Div元素隐藏，只要单击"AP元素"面板中的眼睛标记，就可以实现当前AP Div元素的隐藏与显示。

　　单击"插入"面板"布局"分类的"绘制AP Div"按钮🔲，然后在文档窗口中按住鼠标左键不放进行拖动，即可绘制出任意大小的AP Div元素，如图12-2所示。

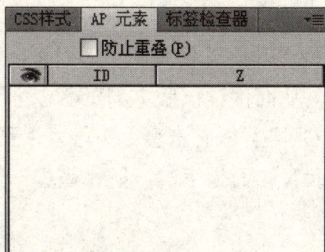

图 12-1 "AP 元素"面板

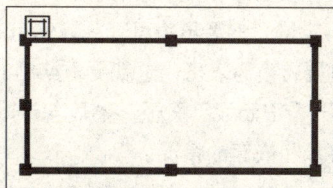

图 12-2 绘制的 AP Div 元素

12.1.2 设置AP Div元素属性

与其他对象一样，AP Div元素也有自己的"属性"面板，在属性面板中可以分别对每个AP Div元素或几个AP Div元素进行单独设定。单击AP Div元素边界将其选中，即可出现如图12-3所示的"属性"面板。

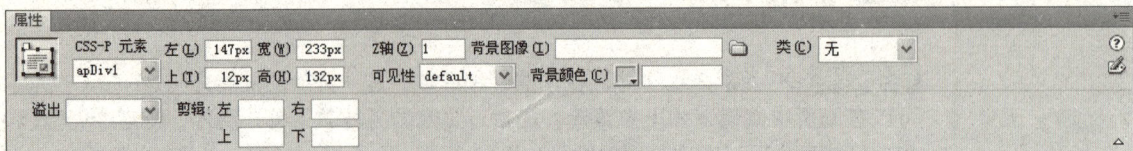

图 12-3 AP Div 元素"属性"面板

- **CSS-P元素**：为选定的AP Div元素指定一个惟一的ID。
- **左**：设置AP Div元素的左边界到浏览器左边框的距离，可输入数值，单位是像素。
- **上**：设置AP Div元素的上边界到浏览器上边框的距离，可输入数值，单位是像素。
- **宽**：设置AP Div元素的宽度，可输入数值，单位是像素。
- **高**：设置AP Div元素的高度，可输入数值，单位是像素。
- **Z轴**：设置AP Div的Z轴，可输入数值，这个数值可以是负值。当AP Div元素重叠时，Z值大的AP Div元素将在最表面显示，覆盖或部分覆盖Z值小的AP Div元素。
- **背景图像**：设置这个AP Div元素的背景图像，可填入背景图像的路径，也可单击后面的按钮，在弹出的"选择图像源文件"对话框中选择要做背景的图像。
- **可见性**：设置AP Div元素在默认情况下是否可见。
- **背景颜色**：设置AP Div元素的背景颜色。
- **溢出**：设置当AP Div的内容超过AP Div元素的指定大小时，对AP Div内容的显示方法，有4个选项——visible、hidden、scroll和auto。如果选择visible，则当AP Div元素的内容超过指定大小时，AP Div的边界会自动延伸以容纳这些内容；如果选择hidden，则当AP Div元素的内容超过指定大小时，将隐藏超出部分的内容；如果选择scroll，则浏览器将在AP Div元素上添加滚动条；如果选择auto，则当AP Div元素的内容超过指定大小时，浏览器才显示滚动条。
- **剪辑**：设置AP Div的可见区域。AP Div元素经过"剪辑"后只有指定的矩形区域才是可见的；其后有4个文本框——"左"、"右"、"上"和"下"。
- **类**：可以选择已经定义好的样式定义该AP Div元素。

12.1.3 AP Div元素与表格的互换

AP Div 与表格都可用来在页面中定位其他对象，例如定位图片、文本等。虽然就定位对象方面它们有时可以相互取代，但是两者并不完全相同，有时必须使用其中的一种。由于 AP Div 是后来定义的 HTML 元素，并且标准不一，导致了早期版本的浏览器都不支持，在这种情况下就必须使用表格定义元素。

1. AP Div 转换为表格

虽然AP Div的使用受到了限制，但因为AP Div和表格之间能互相转换，所以可以利用AP Div的易操作性先将各个对象进行定位，然后再将AP Div转化为表格，从而保证低版本浏览器也可以正常显示页面。

AP Div排版最终要转换为表格，这就要求绘制的AP Div不可以有嵌套，不可以相互叠加。执行"窗口>AP元素"命令，打开"AP元素"面板。然后勾选"AP元素"面板上的"防止重叠"复选框，这样再绘制AP Div就不会出现叠加和嵌套的情况。

要将 AP Div 转换为表格，只需执行"修改 > 转换 > 将 AP Div 转换为表格"命令，然后在弹出的对话框中设置相关参数即可，如图 12-4 所示。对话框中的各参数介绍如下。

- **最精确**：会严格按照 AP Div 的排版生成表格，但表格结构会很复杂。
- **最小**：可以设定删除宽度小于一定像素的单元格，具体限定像素在"像素宽度"文本框中设置。
- **使用透明 GIFs**：会在表格中插入透明图像，起到支撑作用。
- **置于页面中央**：会让表格在页面居中。
- **防止重叠**：防止 AP Div 重叠。
- **显示 AP 元素面板**：自动显示"AP 元素"面板。
- **显示网格**：自动显示网格。
- **靠齐到网格**：选择该项，启用靠齐到网格功能。

图 12-5 所示的就是使用 AP Div 元素制作出的表格。

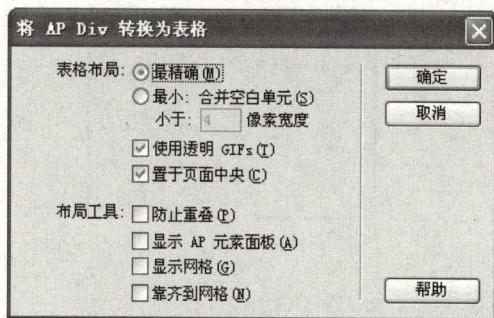
图 12-4 "将 AP Div 转换为表格"对话框

图 12-5 表格

2. 表格转换为 AP Div

将AP Div转换为表格之后，如果仍希望调整AP Div在页面中的位置，可以将表格选中，然后执行"修改>转换>将表格转换为AP Div"命令。

在打开的如图12-6所示的对话框中设定转换过程中要显示的辅助定位工具，确定后表格就被转换回AP Div，如图12-7所示。

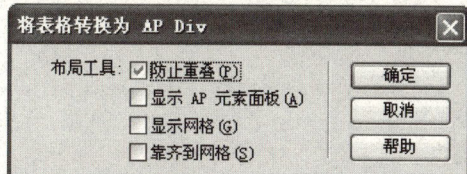
图 12-6 "将表格转换为 AP Div"对话框

图 12-7 AP Div

"将表格转换为AP Div"对话框中各参数介绍如下。

- **防止重叠**：防止AP Div重叠。
- **显示AP元素面板**：自动显示"AP元素"面板。
- **显示网格**：自动显示网格。
- **靠齐到网格**：选择该项，启用靠齐到网格功能。

12.2　使用Spry Widget部件

　　使用 Dreamweaver CS5 的 Spry Widget 部件可以为页面添加如菜单栏、Spry 选项卡式面板、Spry 折叠式、Spry 可折叠面板、Spry 工具提示等效果。

12.2.1　插入Spry菜单栏

　　Spry 菜单栏是一系列导航菜单按钮，当光标指向某个按钮时可以弹出子菜单的项目。Spry 菜单栏使用户在有限的空间内显示大量的导航信息，图 12-8 所示的就是一个水平的 Spry 菜单栏。插入 Spry 菜单栏的步骤如下。

Step 01 单击"插入"面板"布局"分类中的"Spry 菜单栏"按钮 📇。

Step 02 在弹出的图 12-9 所示的对话框中设置菜单栏的方向为"水平"或"垂直"即可。

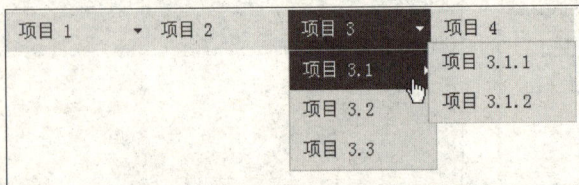

图 12-8 Spry 菜单栏

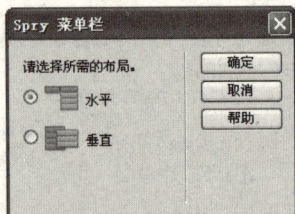

图 12-9 设置方向

Step 03 单击"确定"按钮后，Spry 菜单栏即被插入到页面中，如图 12-10 所示。

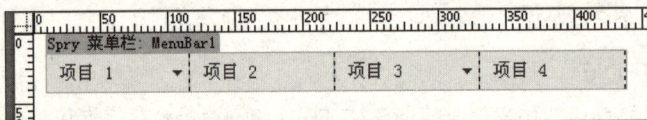

图 12-10 菜单栏

　　下面可以通过"属性"面板设置 Spry 菜单栏的属性，如图 12-11 所示。

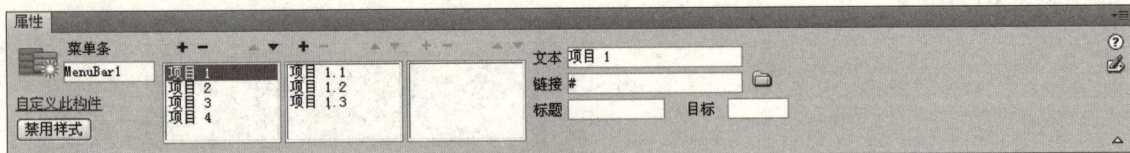

图 12-11 Spry 菜单栏属性

　　"属性"面板中参数介绍如下。

- **菜单条**：菜单栏的名称。
- **禁用样式**：单击按钮后，将菜单栏转成普通列表的形式。
- **文本\链接**：设置菜单栏的文字；设置菜单项的链接地址。
- **标题\目标**：设置文本上方的提示文字；设置链接的目标窗口。

12.2.2　插入Spry选项卡式面板

　　Spry选项卡式面板是一系列可以在收缩的空间内存储内容的面板。浏览者可以单击相应面板的标签隐藏或显示面板中的内容，图12-12所示的就是一个Spry选项卡式面板。

　　插入 Spry 选项卡式面板的方法为：单击"插入"面板"布局"分类中的"Spry 选项卡式面板"按钮 ，被插入到页面的 Spry 选项卡式面板如图 12-13 所示，通过属性面板可以设置 Spry 选项卡式面板的属性，如图 12-14 所示。

图 12-12 Spry 选项卡式面板 1　　　　图 12-13 Spry 选项卡式面板 2

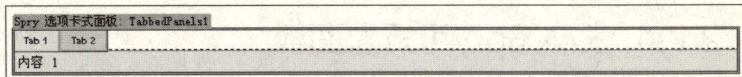

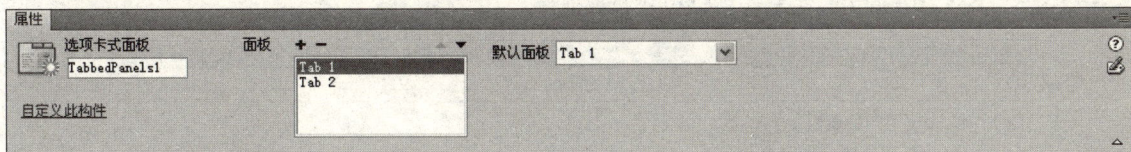

图 12-14 Spry 选项卡式面板属性

　　"属性"面板中参数介绍如下。

- **选项卡式面板**：设置 Spry 选项卡式面板的名称。
- **面板\默认面板**：设置面板的数量及次序；设置默认的面板标签。

12.2.3　插入Spry折叠式

　　Spry 折叠式是一系列可以在收缩的空间内存储内容的面板。浏览者可以通过单击面板的标签来显示或隐藏面板内容，图 12-15 所示的就是一个 Spry 折叠式。

图 12-15 Spry 折叠式 1

　　插入 Spry 折叠式的方法为：单击"插入"面板"布局"分类中的"Spry 折叠式"按钮 ，被插入到页面的 Spry 折叠式如图 12-16 所示，通过"属性"面板可以设置 Spry 折叠式的属性，如图 12-17 所示。

图 12-16 Spry 折叠式 2

图 12-17 Spry 折叠式"属性"

"属性"面板中的参数介绍如下。

- **折叠式**：设置 Spry 折叠式的名称。
- **面板**：设置面板的数量及次序。

12.2.4　插入Spry可折叠面板

Spry 可折叠面板是一个可以在收缩的空间内存储内容的面板，用户可以单击面板的标签来显示或隐藏面板内容，图 12-18 所示的就是一个 Spry 可折叠面板。

图 12-18 Spry 可折叠面板 1

插入 Spry 可折叠面板的方法为：单击"插入"面板"布局"分类中的"Spry 可折叠面板"按钮 ▣。被插入到页面的 Spry 可折叠面板如图 12-19 所示，通过"属性"面板可以设置 Spry 可折叠面板的属性，如图 12-20 所示。

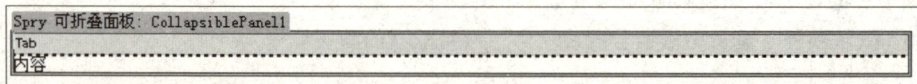

图 12-19 Spry 可折叠面板 2

图 12-20 Spry 可折叠面板属性

"属性"面板中的参数介绍如下。

- **Spry 可折叠面板**：设置 Spry 可折叠面板的名称。
- **显示**：设置面板是"打开"显示还是"关闭"显示。
- **默认状态**：设置默认状态是"打开"还是"关闭"。
- **启用动画**：启用动画效果。

12.2.5　插入Spry工具提示

当用户将鼠标指针悬停在网页中的特定元素上时，Spry 工具提示部件会显示其他信息。用户移开鼠标指针时，其他内容会消失。还可以设置工具提示使其显示较长的时间段，以便用户可以与工具提示中的内容交互。图 12-21 所示的就是一个 Spry 工具提示。

图 12-21 Spry 工具提示

在使用 Spry 工具提示部件时，应牢记以下几点。

- 下一工具提示打开前，将关闭当前打开的工具提示。
- 用户将鼠标指针悬停在触发器区域上时，会持续显示工具提示。
- 可用作触发器和工具提示内容的标签种类没有限制。（但通常建议使用块级元素，以避免可能出现的跨浏览器呈现问题。）
- 默认情况下，工具提示显示在光标右侧向下 20 像素位置。可以使用"属性"面板中的水平和垂直偏移量选项来设置自定义显示位置。
- 目前当浏览器正在加载页面时，无法打开工具提示。

插入Spry工具提示的方法为：单击"插入"面板"Spry"分类中的"Spry工具提示"按钮。被插入到页面的Spry工具提示如图12-22所示，通过"属性"面板可以设置Spry工具提示的属性，如图12-23所示。

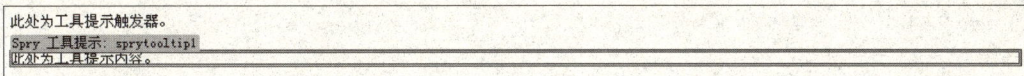

图 12-22 Spry 工具提示

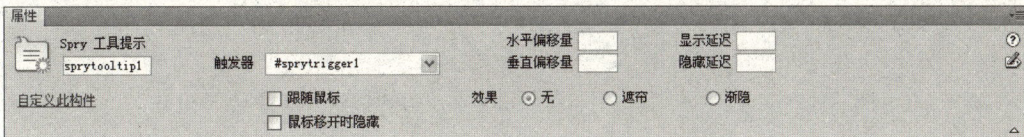

图 12-23 Spry 工具提示属性

"属性"面板中的参数介绍如下。

- **名称**：Spry工具提示容器的名称。该容器包含工具提示的内容。默认情况下，Dreamweaver 将〈div〉标签用作容器。
- **触发器**：页面上用于激活工具提示的元素。默认情况下，Dreamweaver 会插入〈span〉标签内的占位符句子作为触发器，但可以选择页面中具有惟一 ID 的任何元素。
- **跟随鼠标**：选择该选项后，当鼠标指针悬停在触发器元素上时，工具提示会跟随鼠标。
- **鼠标移开时隐藏**：选择该选项后，只要鼠标指针悬停在工具提示上（即使鼠标指针已离开触发器元素），工具提示会一直打开。当工具提示中有链接或其他交互式元素时，让工具提示始终处于打开状态将非常有用。如果未选择该选项，则当鼠标指针离开触发器区域时，工具提示元素会关闭。
- **水平偏移量\垂直偏移量**：计算工具提示与鼠标的水平或垂直相对位置。偏移量值以像素为单位，默认偏移量为 20 像素。
- **显示延迟\隐藏延迟**：工具提示进入触发器元素后在显示或隐藏前的延迟（以毫秒为单位）。默认值为 0。
- **效果**：要在工具提示出现时使用的效果类型。"遮帘"就像百叶窗一样，可向上移动和向下移动，以显示和隐藏工具提示。"渐隐"可淡入和淡出工具提示。

12.3　使用Div+CSS布局

使用Div布局页面主要通过Div+CSS技术实现。这个布局中，Div全称为Division，意为"区分"，使用Div的方法跟使用其他标签的方法一样，其承载的是结构；采用CSS技术可以有效地对页面的布局、文字等方面实现更精确的控制，其承载的是表现。结构和表现的分离对于所见即所得的传统表格编辑方式是一个很大冲击。

CSS 布局的基本构造块是＜div＞标签，它是一个 HTML 标签，在大多数情况下用作文本、图像或其他页面元素的容器。当创建 CSS 布局时，会将＜div＞标签放在页面上，向这些标签中添加内容，然后将它们放在不同的位置上。与表格单元格不同，＜div＞标签可以出现在 Web 页上的任何位置。可以用绝对方式（指定 x 和 y 坐标）或相对方式（指定与其他页面元素的距离）来定位＜div＞标签。

使用Div + CSS布局可将结构与表现分离，减少了HTML文档内大量代码，只留下了页面结构的代码，方便对其进行阅读，还可以提高网页的下载速度。用户必须知道CSS中每一个属性的作用，或许目前与正在布局的页面并没有关系，但在以后遇到难题的时候，可以尝试使用这些属性来解决。

如果希望HTML页面用CSS布局，需要先不考虑页面外观，而要先思考页面内容的语义和结构。也就是需要分析内容块，以及每块内容服务的目的，然后再根据这些内容目的建立起相应的HTML结构。

比如一个页面按功能块划分成如下几个部分：标志和站点名称、主页面内容、站点导航、子菜单、搜索框、功能区、页脚。通常采用 Div 元素来将这些结构定义出来，代码如下。

```
<Div id="header"><\Div>        →声明 header 的 Div 区
<Div id="content"><\Div>       →声明 content 的 Div 区
<Div id="globalnav"><\Div>     →声明 globalnav 的 Div 区
<Div id="subnav"><\Div>        →声明 subnav 的 Div 区
<Div id="search"><\Div>        →声明 search 的 Div 区
<Div id="shop"><\Div>          →声明 shop 的 Div 区
<Div id="footer"><\Div>        →声明 footer 的 Div 区
```

每一个内容块可以包含任意的HTML元素——标题、段落、图片、表格、列表等。每一个内容块都可以放在页面上任何地方，再指定这个块的颜色、字体、边框、背景以及对齐属性等。

id的名称是控制某一内容块的手段，通过给这个内容块套上Div并加上惟一的id，就可以用CSS选择器来精确定义每一个页面元素的外观表现，包括标题、列表、图片、链接或者段落等。另外，也可以通过不同规则来定义不同内容块里的链接样式。

■ **课堂范例：** Sample\第12章\原始文件\12.3div\div.htm
　　　　　　Sample\第12章\最终文件\12.3div\div-end.htm

Step 01 打开附书光盘中的"Sample\第12章\原始文件\12.3div\div.htm"页面，将插入点定位到页面最上方，单击"插入"面板"布局"分类中的"插入Div标签"按钮圖。在打开的如图12-24所示的对话框中的"插入"中选择"在插入点"，在"ID"中输入header。

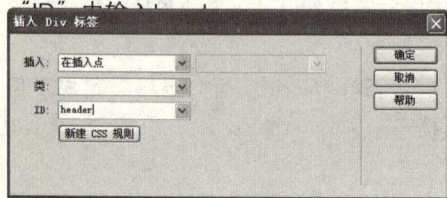

图 12-24 "插入 Div 标签"对话框

Step 02 单击"确定"按钮后，插入点前面出现了"此处显示 id "header" 的内容"的文字，如图12-25所示。

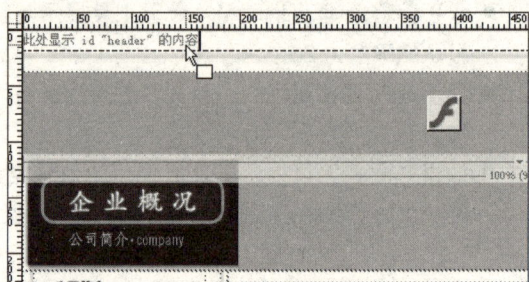

图 12-25 此处显示 id "header" 的内容

Step 03 将文字内容改为"信息反馈"，并将"属性"面板的HTML方式中的"格式"项设置"标题1"，如图12-26所示。

图 12-26 设置标题字

Step 04 单击"属性"面板的CSS方式中的"编辑规则"按钮，沿用默认的设置，直接单击"确定"按钮即可，如图12-27所示。

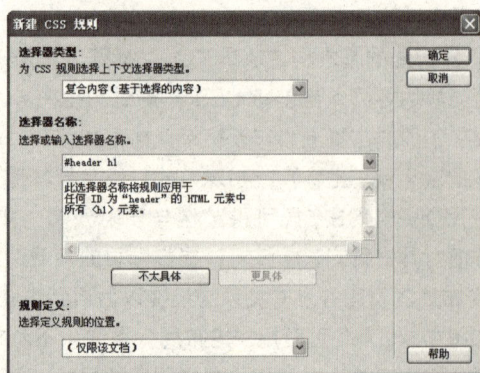

图 12-27 编辑规则

Step 05 在弹出的"规则定义"对话框的"类型"选项面板中设置行高和颜色，如图 12-28 所示。

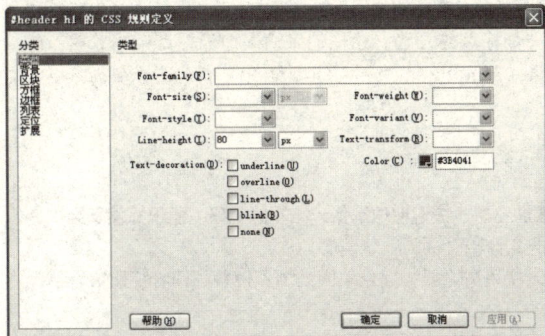

图 12-28 设置行高和颜色

Step 06 接着切换到"分类"选项面板，设置背景颜色为 #EEEEEE，如图 12-29 所示。

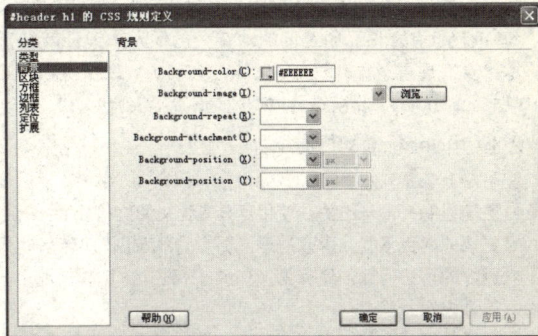

图 12-29 设置背景颜色

Step 07 在"规则定义"对话框中切换到"方框"选项面板，在其中设置元素高度、左边界和顶边距，如图12-30所示。

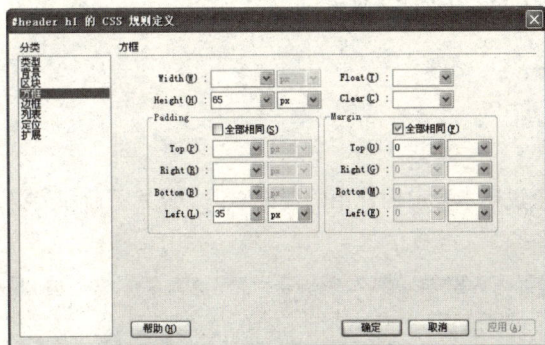

图 12-30 设置元素高度、左边界和顶边距

Step 08 单击"确定"按钮后，"信息反馈"标题就设置完成了，按下 F12 键可以在浏览器中预览效果，如图 12-31 所示。

图 12-31 设置好的标题

教学提示 了解Web标准

1. Web标准的内涵

Web标准不是某一个标准，而是一系列标准的集合。网页主要由三部分组成：结构（Structure）、表现（Presentation）和行为（Behavior）。对应的标准也分三方面：结构化标准语言主要包括XHTML和XML；表现标准语言主要包括CSS；行为标准主要包括对象模型、ECMAScript等。这些大部分由W3C起草和发布，也有一些是其他标准组织制订的标准。

结构标准语言包括XML和XHTML，其中，XML是Extensible Markup Language的缩写，意为"可扩展标记语言"，目前推荐遵循的是W3C于2000年10月发布的XML1.0。XML是用于网络上数据交换的语言，具有与描述Web页面的HTML语言相似的格式，但它们是两种不同用途的语言。XML语言有可以利用Web浏览器进行数据确认，以及易于生成数据等优点。XHTML是The Extensible HyperText Markup Language的缩写，意为"可扩展超文本标记语言"，在2000年底W3C发行了XHTML1.0版本。XHTML是一个基于XML的置标语言，XHTML就是一个类似HTML语言的XML语言，所以本质上说，XHTML是一个过渡技巧，结合了部分XML的强大功能及大多数HTML的简单特征。

表现标准语言主要指CSS，CSS是Cascading Style Sheets的缩写，意为"层叠样式表"，目前推荐遵循的标准是W3C于1998年5月12日发布的CSS2。W3C创建CSS标准的目的是以CSS取代HTML表格式布局、帧和其他表现的语言。纯CSS布局与结构式XHTML相结合，能帮助设计师分离外观与结构，使站点的访问及维护更加容易。

行为标准指DOM和ECMAScript。其中，DOM是Document Object Model的缩写，意为"文档对象模型"，DOM是一种与浏览器、平台、语言的接口，使得你可以访问页面其他的标准组件。简单理解，DOM解决了Netscape的JavaScript和Microsoft的JScript之间的冲突，给予Web设计师和开发者一个标准的方法，让他们来访问他们站点中的数据、脚本以及表现层对象。ECMAScript是ECMA（European Computer Manufacturers Association）制定的标准脚本语言（JavaScript）。目前推荐遵循的是ECMAScript 262。

2. 使用Web标准的好处

使用Web标准有如下好处。

- **更简易的开发与维护**：使用更具有语义和结构化的HTML，将更加容易、快速地理解他人编写的代码，便于开发及维护。
- **更快的网页下载、读取速度**：更少的HTML代码带来的是更小的文件和更快的下载速度。
- **更好的可访问性**：具有语义化的HTML（结构和表现相分离）让使用浏览器，以及不同的浏览设备的读者都能很容易地看到内容。
- **更高的搜索引擎排名**：内容和表现的分离使内容成为了一个文本的主体，与语义化的标签相结合会提高在搜索引擎中的排名。
- **更好的适应性**：可以很好地适用于打印和其他显示设备（如：屏幕阅读器、手持设备等）。

作为Web标准之一的Div+CSS技术，其优点也非常明显：可缩减大量的页面代码，提高浏览速度，在几乎所有的浏览器上都可以使用，便于修改，缩短改版时间，便于搜索引擎的查找等。

上机实践｜制作"小肥羊"页面AP Div元素

原始文件：Sample\第12章\原始文件\12.4.1apdiv\apdiv.htm
最终文件：Sample\第12章\最终文件\12.4.1apdiv\apdiv-end.htm
实训目的：学会在页面中使用AP Div元素
应用范围：网页设计制作

下面通过使用AP Div排版"小肥羊"页面的实例来说明本章前面介绍的理论知识，原始页面和最终页面的效果如图12-32所示。

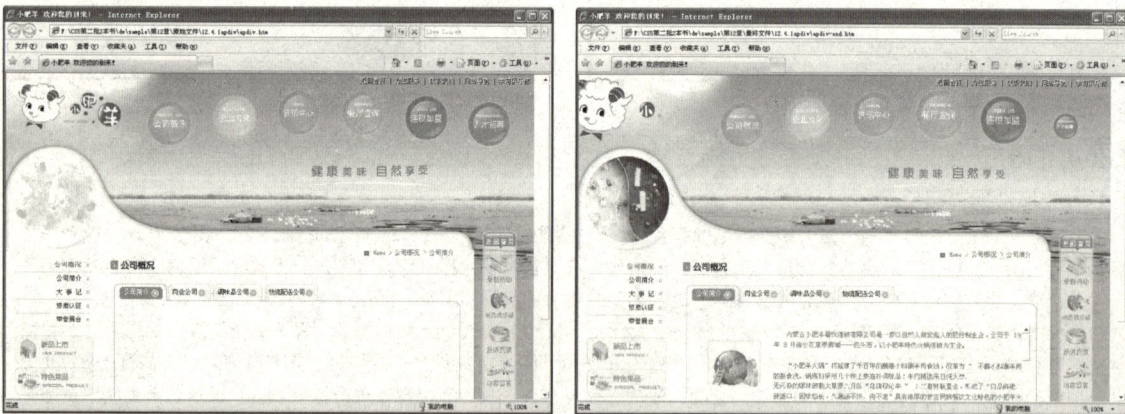

图12-32 原始页面和最终页面效果

Step 01 打开附书光盘中的"Sample\第12章\原始文件\12.4.1apdiv\apdiv.htm"页面，将插入点定位在网页中间的空白位置，如图12-33所示。

Step 02 单击"插入"面板"布局"分类的"绘制AP Div"按钮，拖动鼠标在空白位置绘制出一个AP Div元素，如图12-34所示。

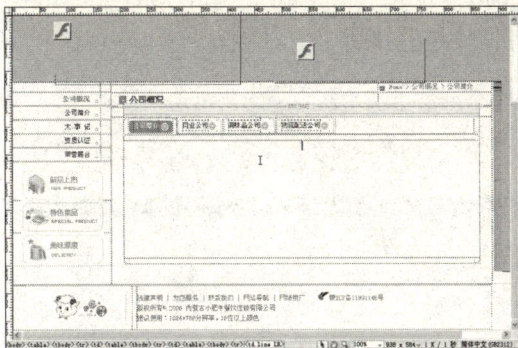

图 12-33 定位插入点

图 12-34 绘制 AP Div 元素

Step 03 将插入点放在AP Div元素内部，单击"插入"面板"常用"分类的"表格"按钮，打开"表格"对话框，在其中设置表格的行数和列数均为1，再将宽度设置为640像素。单击"确定"按钮后，表格即被插入AP Div元素内，如图12-35所示。

Step 04 在表格内部输入文字，并插入images_files文件夹下的200621615575623.jpg图片，和文字混排，如图12-36所示。

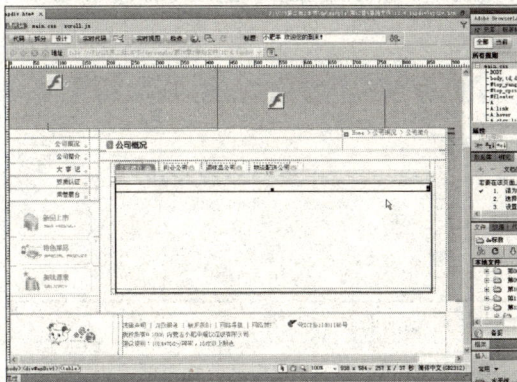

图 12-35 插入表格

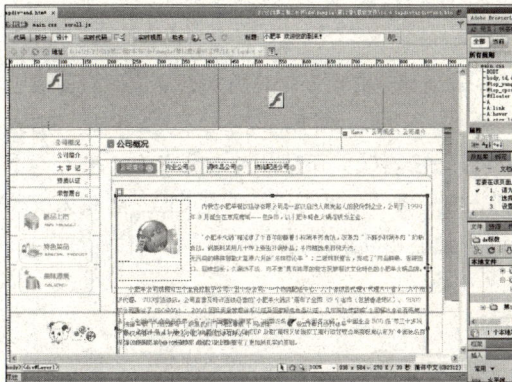

图 12-36 插入文字和图像

Step 05 在AP Div元素的"属性"面板中，设置其距左侧216px、距上部454px、宽度为637px、高度为194px。然后将"溢出"设置为auto，使浏览器仅在需要时才显示AP Div元素的滚动条，如图12-37所示。

Step 06 保存页面，按下F12键进行预览，用鼠标拖动滚动条，便可以查看全部内容，如图12-38所示。

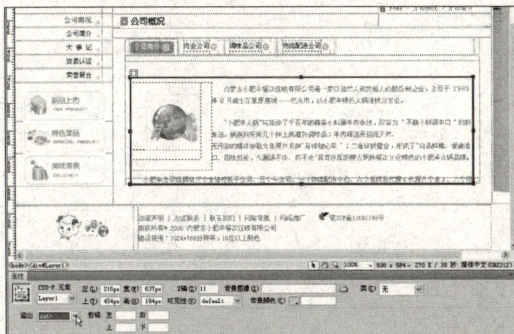

图 12-37 设置 AP Div 元素属性

图 12-38 预览效果

191

上机实践 | 使用Div+CSS布局"经典回顾"页面

最终文件：Sample\第12章\最终文件\12.4.2div\div-end.htm
实训目的：学会在页面中使用Div+CSS进行布局
应用范围：网页设计制作

下面制作一个整体采用上下布局，内容部分采用左右布局的页面，整个页面通过 Div+CSS 技术进行制作。最终页面的效果如图 12-39 所示。

页面主要分成头部部分和主体部分，其中主体部分包括页面内容和右部区域。

经过以上分析，设计出以下布局，Div 结构如下。

```
body{} \\HTML 文档主体标记
 └ #container \\ 主体页面
   ├ #header \\ 页面标题
 ├ #content \\ 页面内容
   ├ #rightbox \\ 右部区域
```

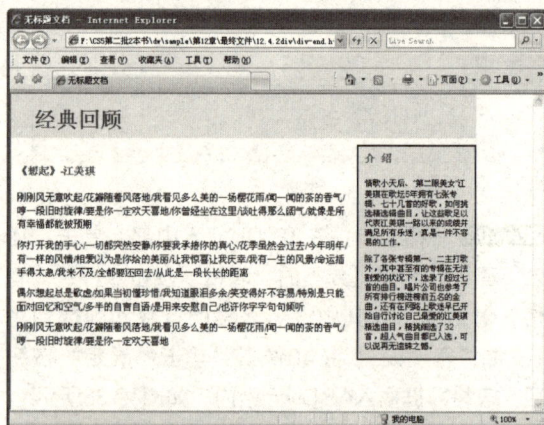

图 12-39 最终页面效果

Step 01 新建空白页面，将插入点定位到页面最上方，单击"插入"面板"布局"分类中的"插入Div标签"按钮，在打开对话框中的"插入"下拉列表中选择"在插入点"，在"ID"中输入container，如图12-40所示。

图 12-40 "插入 Div 标签"对话框

Step 02 单击"新建CSS规则"按钮后，打开"新建CSS规则"对话框，使用默认设置即可，如图12-41所示。

Step 03 单击"确定"按钮后，进入"规则定义"对话框，选中左侧的"方框"分类，设置Width（宽度）为700px，如图12-42所示。

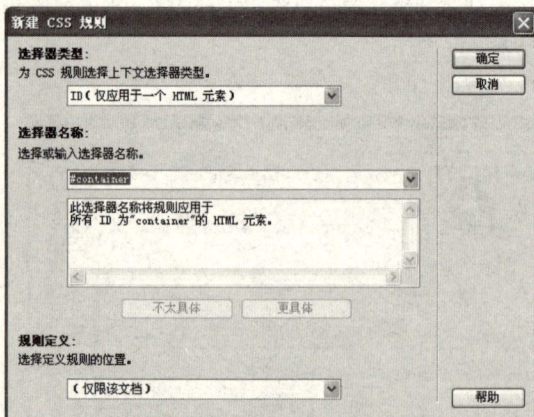

图 12-41 "新建 CSS 规则"对话框

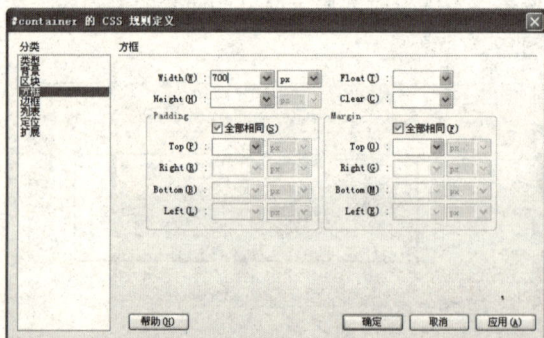

图 12-42 "规则定义"对话框

Step 04 单击"确定"按钮，回到图12-40所示的对话框，然后再次单击"确定"按钮，插入点位置出现了"此处显示 id "header" 的内容"的文字，容纳在 id 为 container 的 div 区块中，如图12-43所示。

图 12-43　插入的 Div 区块

Step 06 单击"确定"按钮后，插入点位置出现了"此处显示 id "header" 的内容"的文字，如图12-45所示。

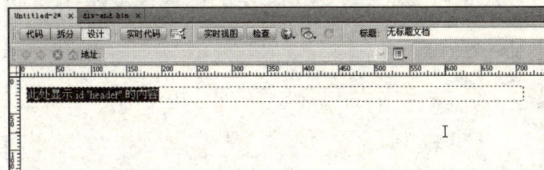

图 12-45　插入的 Div 区块

Step 08 单击"属性"面板 CSS 方式中的"编辑规则"按钮，在打开的对话框中将"选择器名称"设置为"#header h1"，然后单击"确定"按钮，如图 12-47 所示。

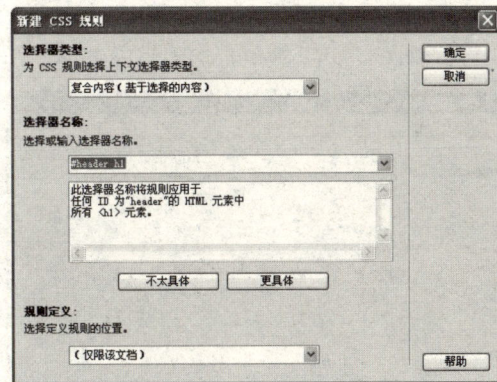

图 12-47　"新建 CSS 规则"对话框

Step 10 在"规则定义"对话框的"背景"选项面板中设置Background-color（背景颜色）为#EEEEEE，如图12-49所示。

Step 05 删除文字内容，继续单击"插入"面板"布局"分类中的"插入Div标签"按钮▤，在打开对话框中的"插入"中选择"在插入点"，在"ID"中输入header，如图12-44所示。

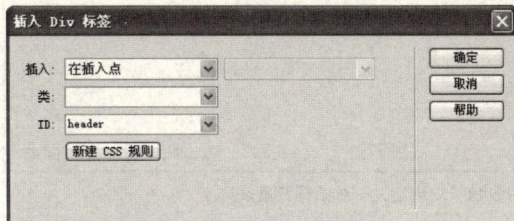

图 12-44　"插入 Div 标签"对话框

Step 07 将文字内容改为"经典回顾"，并在"属性"面板的HTML方式中将"格式"项设置为"标题1"，如图12-46所示。

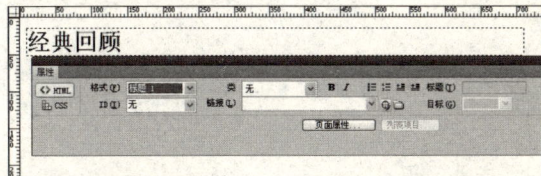

图 12-46　输入标题字

Step 09 在弹出的"规则定义"对话框的"类型"选项面板中设置 Line-height（行高）为 80px，Color（颜色）为 #3B4041，如图 12-48 所示。

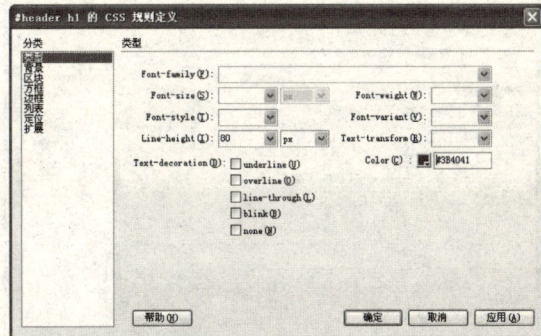

图 12-48　"规则定义"对话框类型设置

Step 11 在"规则定义"对话框的"方框"选项面板中设置元素的Height（高度）为65px、Padding（边界）中Left（左）为35px、Margin（边距）中Top（顶）为0，如图12-50所示。

Dreamweaver CS5中文版标准教程

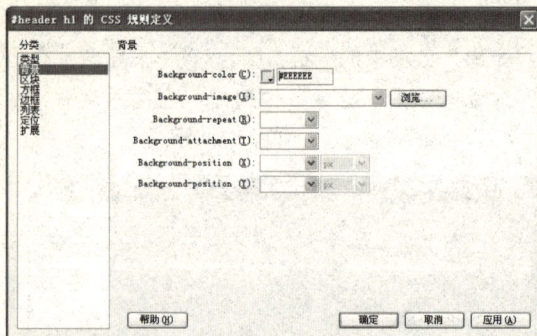

图 12-49 "规则定义"对话框背景设置

Step 12 单击"确定"按钮后,"经典回顾"标题就设置完成了,如图 12-51 所示。

图 12-51 设置好的标题

Step 14 单击"新建 CSS 规则"按钮打开"新建 CSS 规则"对话框,使用默认设置即可,如图 12-53 所示,直接单击"确定"按钮。

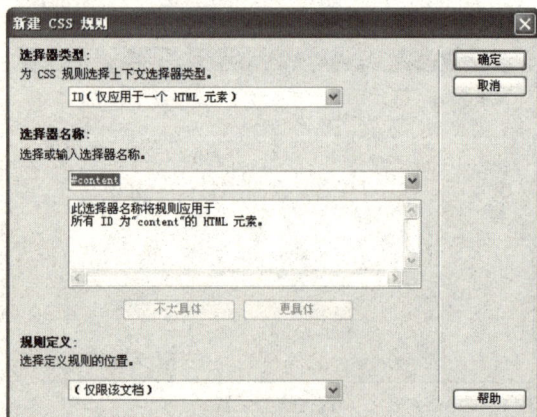

图 12-53 "新建 CSS 规则"对话框

Step 16 单击"确定"按钮后,在插入点位置出现了"此处显示 id "content" 的内容"的文字,如图12-55所示。

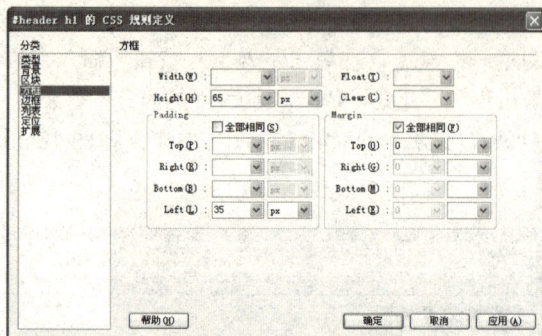

图 12-50 "规则定义"对话框方框设置

Step 13 将插入点放在插入区的最后,再次单击"插入"面板"布局"分类中的"插入Div标签"按钮 。在打开对话框的"插入"中选择"在插入点",在"ID"中输入content,如图12-52所示。

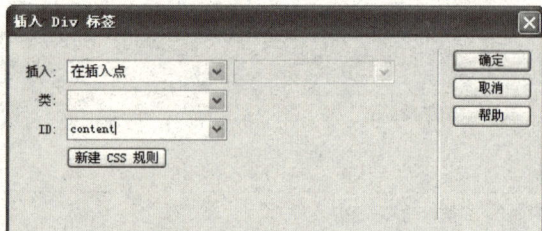

图 12-52 "插入 Div 标签"对话框

Step 15 在弹出的"规则定义"对话框的"方框"选项面板中设置 Width(宽度)为 520px、Float(浮动)为 left(左)、Padding(边距)中的 Top(顶)为 30px,如图 12-54 所示。

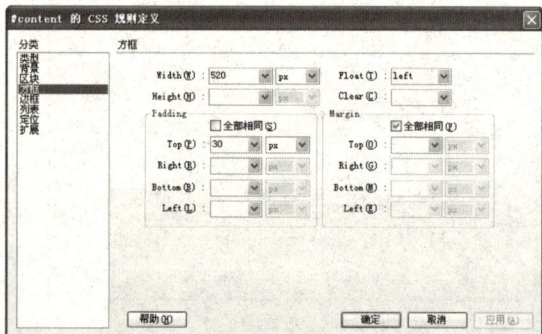

图 12-54 "规则定义"对话框方框设置

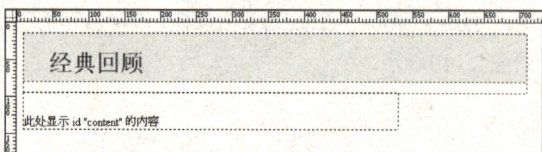

图 12-55 插入的 Div 区块

Step 17 输入页面的具体内容，其中《想起》- 江美琪"文字使用 h2 标题，其他文字使用段落文字，如图 12-56 所示。

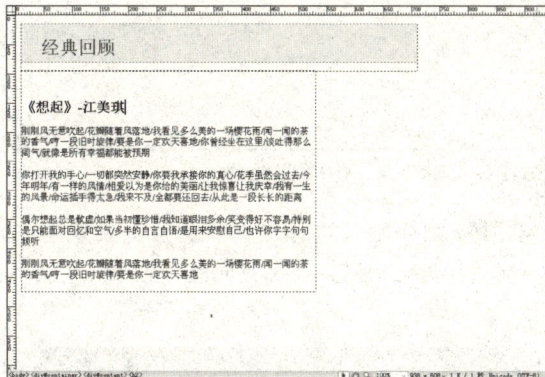

图 12-56 页面的具体内容

Step 19 在弹出的"规则定义"对话框的"类型"选项面板中设置 Font-size（字号）为 14px、Line-height（行高）为 1.4，如图 12-58 所示。

图 12-58 "规则定义"对话框类型设置

Step 21 将插入点放在左侧内容插入区的最后，再次单击"插入"面板"布局"分类中的"插入Div标签"按钮。在打开对话框的"插入"中选择"在插入点"，在"ID"中输入rightbox，如图12-60所示。

Step 22 单击"新建CSS规则"按钮后，打开"新建CSS规则"对话框，使用默认设置即可，如图12-61所示，直接单击"确定"按钮。

Step 18 选中正文的任何一段段落文字，单击"属性"面板 CSS 方式中的"编辑规则"按钮，在打开的对话框中将"选择器名称"设置为"#content p"，然后单击"确定"按钮，如图 12-57 所示。

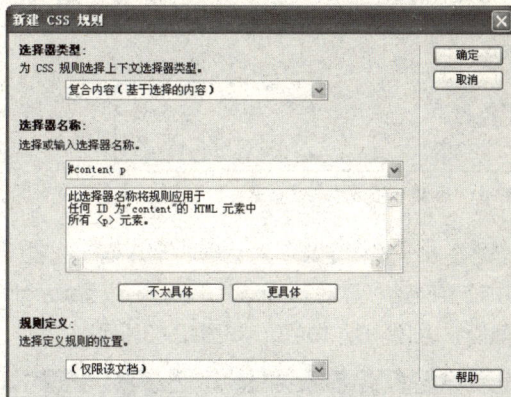

图 12-57 "新建 CSS 规则"对话框

Step 20 单击"确定"按钮后，内容的段落样式效果就设置完成了，如图 12-59 所示。

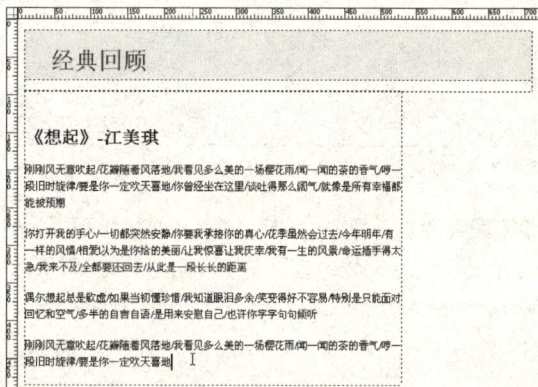

图 12-59 内容的段落样式效果

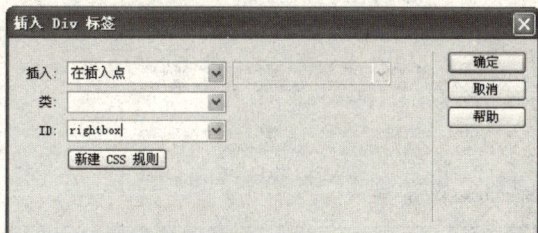

图 12-60 "插入 Div 标签"对话框

Step 23 在打开的"规则定义"对话框的"背景"选项面板中设置Background-color（背景颜色）为#EEEEEE，如图12-62所示。

Dreamweaver CS5中文版标准教程

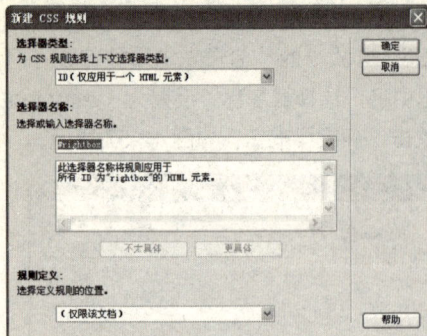

图 12-61 "新建 CSS 规则"对话框

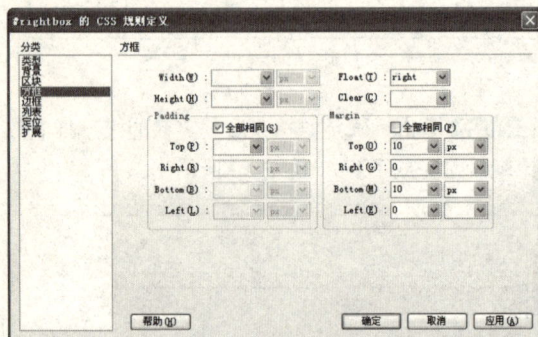

图 12-62 "规则定义"对话框背景设置

Step 24 在"规则定义"对话框的"方框"选项面板中设置Float（浮动）为right（右），设置Margin（间距）为10、0、10、0，如图12-63所示。

Step 25 切换到"边框"选项面板，设置Style（样式）为solid（实线）、Width（宽度）为2px、Color（颜色）为黑色，如图12-64所示。

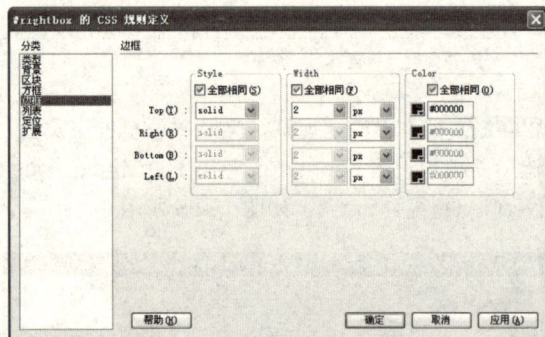

图 12-63 "规则定义"对话框方框设置

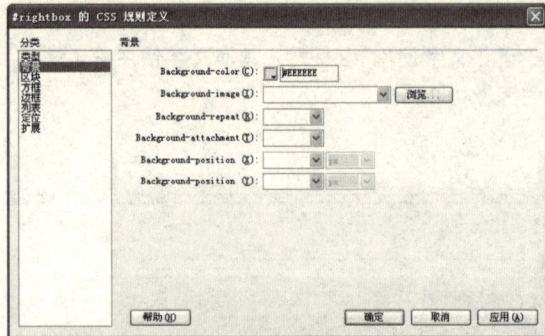

图 12-64 "规则定义"对话框边框设置

Step 26 单击"确定"按钮，插入点位置出现"此处显示 id"rightbox"的内容"文字，如图12-65所示。

Step 27 删除原有文字，输入页面的具体内容，其中"介绍"文字使用 h2 标题，如图 12-66 所示。

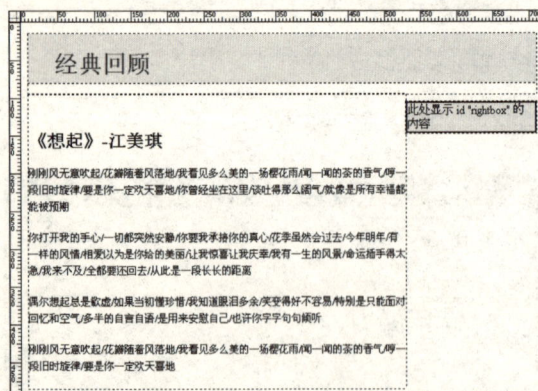

图 12-65 插入的 Div 区块

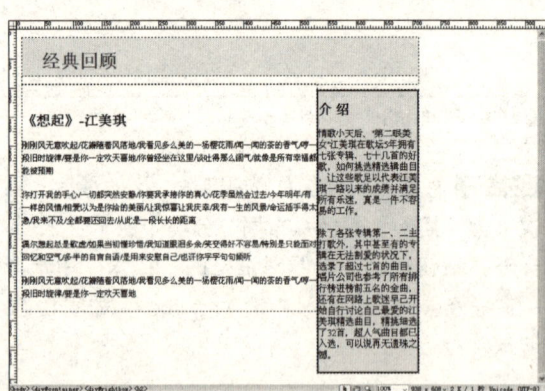

图 12-66 输入内容

Step 28 下面要设置页面的几个整体样式效果，主要包括 body{}、p{}、h2{} 三个样式。通过单击"CSS样式"面板中"新建规则"按钮，将"选择器类型"设为"标签"来进行。body 中设置"类型"的Font-family（字体）为宋体、Font-size（字号）为12px，"方框"的 margin（间距）为 0，如图 12-67 和图 12-68 所示。

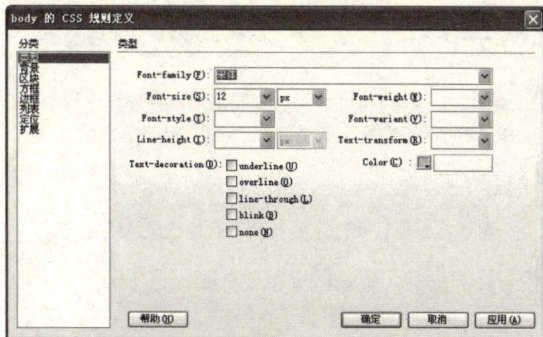

图 12-67 body 样式类型设置

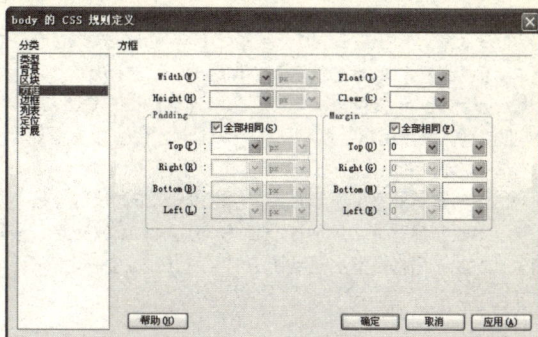

图 12-68 body 样式方框设置

Step 29 在 h2 样式中分别设置"类型"选项面板中的 Font-size（字号）为 15px、Color（颜色）为 #666666，"方框"选项面板中的 Padding（边距）为 10、0、0、10，如图 12-69 和图 12-70 所示。

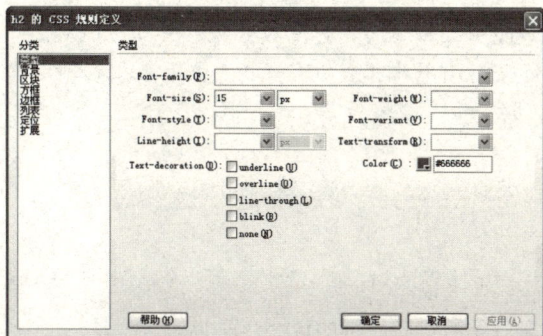

图 12-69 h2 样式类型设置

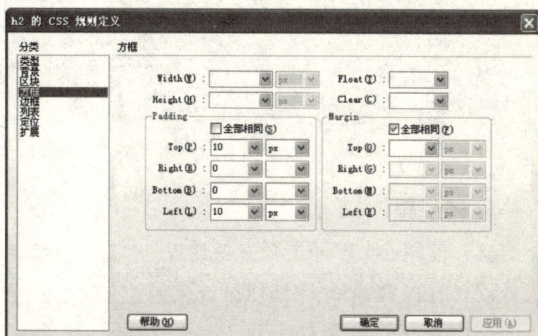

图 12-70 h2 样式方框设置

Step 30 在 p 样式中设置"方框"的 Margin（间距）为 0、10、10、10，如图 12-71 所示。

Step 31 这些样式都设置完成后，整个页面的 Div+CSS 排版布局就制作完成了，如图 12-72 所示。

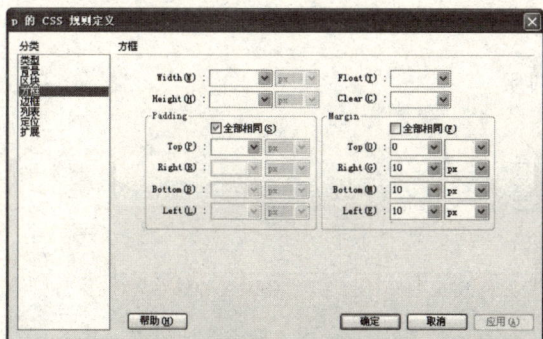

图 12-71 "规则定义"对话框方框设置

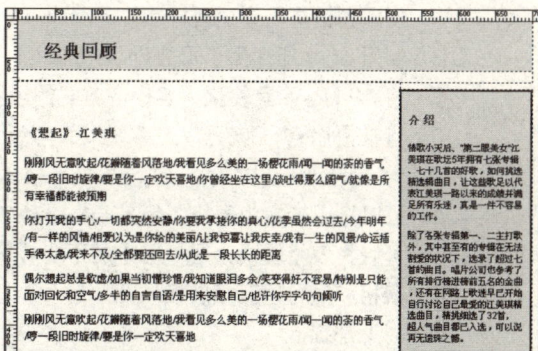

图 12-72 整个页面的 Div+CSS 排版布局

教学提示 关于Div+CSS可视化布局块

Div 标签以一个框的形式出现在文档中，鼠标指针移到该框边缘，Dreamweaver 会高亮显示该框，如图12-73所示。

图 12-73 Div 框

在"设计"视图中工作时，可以使 CSS 布局块可视化。CSS 布局块是一个 HTML 页面元素，用户可以将它定位在页面上的任意位置。Div标签就是一个标准的CSS布局块。

Dreamweaver 提供了多个可视化助理，供用户查看 CSS 布局块。例如，在设计时可以为 CSS 布局块启用外框、背景和框模型。将鼠标指针移动到布局块上时，也可以查看显示有选定 CSS 布局块属性的工具提示。

在"查看>可视化助理"子菜单中，描述了 Dreamweaver 为每个助理呈现的可视化内容。

● **CSS 布局外框**：显示页面上所有 CSS 布局块的外框。
● **CSS 布局背景**：显示各个 CSS 布局块的临时指定背景颜色，并隐藏通常出现在页面上的其他所有背景颜色或图像。
● **CSS 布局框模型**：显示所选 CSS 布局块的框模型（即填充和边距）。

思考与练习

　　Dreamweaver 中通过层主要可以完成如简单排版、利用层溢出属性制作内嵌页面、通过 Spry 技术制作层特效，以及使用 Div 标记进行页面布局。使用层布局的关键技术主要包括 Div 标签和 CSS 层叠样式表的使用，其中 Div 负责结构布局，而 CSS 层叠样式表负责样式的美化。思考与练习的知识点涵盖了这几方面的内容。

1. 填空题

（1）使用 Div 布局页面主要通过_____技术实现。

（2）Spry Widget 部件包括_____、_____、_____、_____、_____。

（3）Div+CSS 布局中的_____和_____的分离对于所见即所得的传统表格编辑方式是一个很大冲击。

2. 选择题

（1）在 Dreamweaver 中，下面的方法不可以实现页面排版的是（　　）。

　A．使用表格应用于页面排版
　B．使用 Spry 部件用于页面排版
　C．将 AP Div 元素转化为表格的方式用于页面排版
　D．直接使用 AP Div 元素来实现页面排版

（2）在 Dreamweaver 中，关于层与表格转换的正确说法是（　　）。

　A．可以将层转换为表格，但是表格不能转换为层
　B．可以将表格转换为层，但是层不能转换为表格
　C．表格和层可以互相转换
　D．以上都错

（3）在 Dreamweaver 中，保持层处于被选择状态，用键盘进行微调，按住 Ctrl 键加四个方向键，其表示（　　）。

　A．可以对层做 10 个像素的移动
　B．可以对层进行一个像素的大小改变
　C．可以对层做 10 个像素为单位的大小改变
　D．可以对层做一个像素的移动

3. 上机操作题

（1）参考附书光盘中的"Exercise\第 12 章\最终文件\1\练习 1.htm"文件，使用 AP Div 元素排版

制作一个如图 12-74 所示的 "TCL" 页面。

要求：先绘制出页面简图，再按照简图进行排版，最后转换为表格页面。

(2) 参考附书光盘中的 "Exercise\ 第 12 章 \ 最终文件 \2\ 练习 2.htm" 文件，请使用 Div+CSS 排版出如图 12-75 所示的 "诗歌" 页面。

要求：将页面布局分为标题、正文、右侧方框等多个 Div 区块，并进行 CSS 的样式处理。

图 12-74 "TCL" 页面

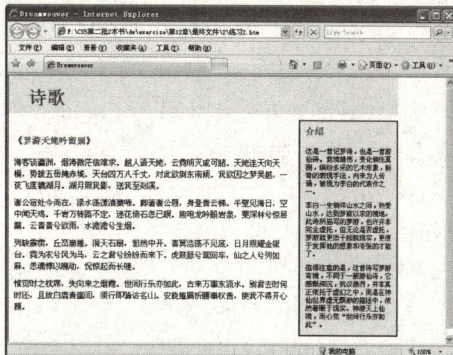
图 12-75 "诗歌" 页面

◀))) 知识延展 Div+CSS布局结构中的CSS命名规则

1. 常用的 CSS 命名规则

头：header
内容：content\container
尾：footer
导航：nav
侧栏：sidebar
栏目：column
页面外围控制整体布局宽度：wrapper
左右中：leftrightcenter
登录条：loginbar
标志：logo
广告：banner
页面主体：main
热点：hot
新闻：news
下载：download
子导航：subnav
菜单：menu
子菜单：submenu
搜索：search
友情链接：friendlink

页脚：footer
版权：copyright
滚动：scroll
内容：content
标签页：tab
文章列表：list
提示信息：msg
小技巧：tips
栏目标题：title
加入：joinus
指南：guide
服务：service
注册：register
状态：status
投票：vote
合作伙伴：partner

2. 注释的写法

Footer\ 内容区 *EndFooter*\

3. id 的命名

(1) 页面结构

199

容器：container

页头：header

内容：content\container

页面主体：main

页尾：footer

导航：nav

侧栏：sidenar

栏目：column

页面外围控制整体布局宽度：wrapper

左右中：leftrightcenter

（2）导航

导航：nav

主导航：mainnav

子导航：subnav

顶导航：topnav

边导航：sidebar

左导航：leftsidebar

右导航：rightsidebar

菜单：menu

子菜单：submenu

标题：title

摘要：summary

（3）功能

标志：logo

广告：banner

登录：login

登录条：loginbar

注册：register

搜索：search

功能区：shop

标题：title

加入：joinus

状态：status

按钮：btn

滚动：scroll

标签页：tab

文章列表：list

提示信息：msg

当前的：current

小技巧：tips

图标：icon

注释：note

指南：guide

服务：service

热点：hot

新闻：news

下载：download

投票：vote

合作伙伴：partner

友情链接：link

版权：copyright

4. class 的命名

（1）表示颜色时使用颜色的名称或者十六进制值。

```
.red{color:red;}
.f60{color:#f60;}
.ff8600{color:#ff8600;}
```

（2）字体大小可使用"font+字体大小"的形式作为名称。

```
.font12px{font-size:12px;}
.font9pt{font-size:9pt;}
```

（3）对齐样式用对齐目标的英文名称。

```
.left{float:left;}
.bottom{float:bottom;}
```

（4）标题栏样式用"类别 + 功能"的方式命名。

```
.barnews{}
.barproduct{}
```

5. CSS 文件命名

主要的：master.css

模块：module.css

基本共用：base.css

布局、版面：layout.css

主题：themes.css

专栏：columns.css

文字：font.css

表单：forms.css

补丁：mend.css

打印：print.css

Chapter

13

使用行为

课题概述 使用行为，可以使网页具有一些动态效果，这些动态效果是在客户端实现的。利用Dreamweaver CS5插入客户端行为，实际上是Dreamweaver自动给网页添加了一些JavaScript代码，这些代码能实现动态网页的效果。

教学目标 本章重点介绍了 Dreamweaver CS5 中的行为应用。读者要能够灵活运用行为在页面中制作出各种特效，并了解其实现的基本原理。

★ 章节重点

★★★☆☆ 添加并编辑行为
★★★★★ 交换图像行为
★★★★☆ 打开浏览器窗口行为
★★★★☆ 显示隐藏元素行为

★ 光盘路径

上机实践：Sample\第13章\
课后练习：Exercise\第13章\最终文件
电子教案：PPT电子教案\DW_lesson13.ppt

13.1 行为基础

Dreamweaver 行为是一种运行在浏览器中的 JavaScript 代码，设计者可以将其放置在网页文档中，以允许浏览者与网页进行交互，从而以多种方式更改页面或引起某些任务的执行。

13.1.1 关于行为

行为是指能够简单运用制作动态网页的 JavaScript 的功能，它提高了网站的可交互性。行为是由动作和事件组成的。例如，当鼠标指针指向一张图片，图片发生轮替，此时鼠标指针指向被称为事件，图片发生的变化称之为动作。一般的动作都需要事件来激活。事实上，动作是预先写好的能够执行某种任务的 JavaScript 代码，而事件则与浏览器前用户的操作相关，如鼠标的滚动等。

事件就是选择在特定情况下发生选定行为动作的功能。例如，如果运用了单击图片后跳转到特定站点上的行为，这是因为跳转动作被指定了 onClick 事件，所以在单击图片的一瞬间就激发了跳转到其他站点的动作。

动作是由预先编写的 JavaScript 代码组成的，这些代码执行特定的任务，例如打开浏览器窗口、显示或隐藏层、播放声音或停止 Shockwave 影片。Dreamweaver 能提供最大的跨浏览器兼容性的动作。

图 13-1 所示即为当光标移动到不同栏目图片上时，图片本身显示发生变化的效果。在这个页面中，每一个表示栏目的图像可以称之为一个对象，光标移动到图像上方的时候，形成一个鼠标事件而引起按钮图像的变化，这些效果被称为动作。

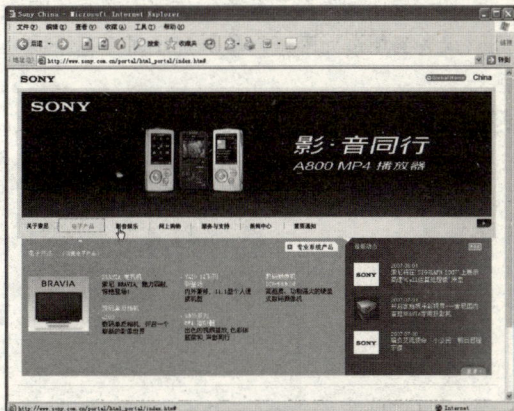

图 13-1 图片效果

学习注意 了解"行为"和"动作"的含义

"行为"和"动作"这两个术语是Dreamweaver术语,而不是HTML术语。从浏览器的角度看,动作与其他任何一段JavaScript代码完全相同。

13.1.2 添加和编辑行为

在Dreamweaver CS5中,进行附加行为和编辑行为的操作都将使用到"行为"面板,在其中用户可以进行添加、删除行为等操作,如图13-2所示。

用户不能单击菜单中呈灰色显示的动作,这些动作呈灰色显示的原因可能是当前文件中不存在所需要的对象。单击一个动作后,会弹出该动作的设置对话框,可以对这个动作的参数进行设置。参数设置完毕后,单击对话框中的"确定"按钮,"行为"面板中就会多出添加的动作。

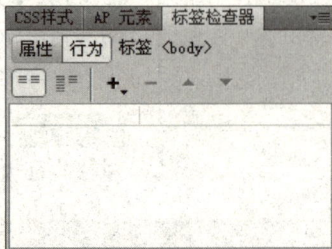

图 13-2 "行为"面板

添加行为的任何时候都要遵循三个步骤:选择对象、添加动作、调整事件。

为页面中的对象添加行为的具体操作步骤如下。

Step 01 在文档窗口中,选择需要为其附加行为的对象,如图像或链接等。

Step 02 单击"行为"面板中的"+"按钮,从打开的"动作"菜单选择一个需要的动作。

Step 03 选择动作后,会弹出一个参数设置对话框,设置完参数后单击"确定"按钮。

Step 04 这时,在"行为"面板的列表中将显示添加的动作及对应的事件。如果该事件不是希望的事件,可单击事件右侧的下拉按钮,打开"事件"下拉列表,从中选择一个需要的事件。至此,一个行为就添加完毕了。

编辑行为的具体操作步骤如下。

Step 01 在文档窗口中选择已添加行为的某个元素或对象,在"行为"面板中可以显示所有已附加到该元素或对象的行为。

Step 02 选择要编辑的行为。如果要更改该行为的事件,则单击事件右侧的下拉按钮,在弹出的事件下拉列表中选择更改为的事件。

如果要编辑该行为的动作,则双击该行为,可以看到对应的行为参数设置对话框,然后在对话框中根据需要进行修改。

如果要改变该行为在多个行为中的发生顺序,只需在选中该行为后,单击"行为"面板中的 ▲ 或 ▼ 按钮(只有当所选元素或对象添加了多个基于同一事件的不同或相同动作时,才可以使用)即可,如图13-3所示。

Step 03 如果要删除行为,只需在选中行为后单击"行为"面板中的"−"按钮即可,如图 13-4 所示。

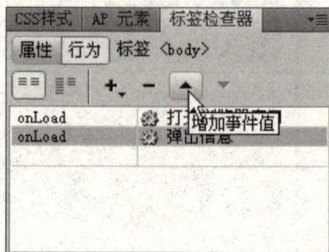

图 13-3 调整行为的顺序

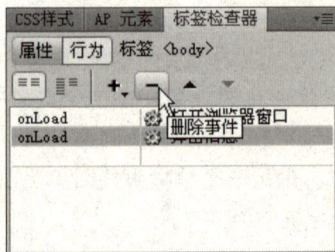

图 13-4 删除行为

Chapter 13
使用行为

Chapter 14
站点维护及上传

Chapter 15
个人网站页面制作

Chapter 16
仿韩国风格网站页面制作

行为是事件与动作的联合，事件用于指明执行某项动作的条件，如鼠标移到对象上方、离开对象、单击对象、双击对象、定时等，都是事件；动作实际上是一段执行特定任务、预先写好的JavaScript代码，如打开窗口、播放声言、停止Shockwave电影等，都是动作。

在列表中选择一个行为，单击该项左侧的事件名称栏，将显示一个下拉按钮，单击该按钮，将展开下拉菜单，如图13-5所示，菜单中列出了所选行为所有可以使用的触发事件，读者可以根据实际网页需要的情况进行设置，有关各种事件的用途后面会具体介绍。在"行为"面板中，读者还可以设置事件的显示方式。面板的左上角有两个按钮，分别为"显示设置事件"按钮和"显示所有事件"按钮，图13-6所示的是显示所有事件后的"行为"面板。

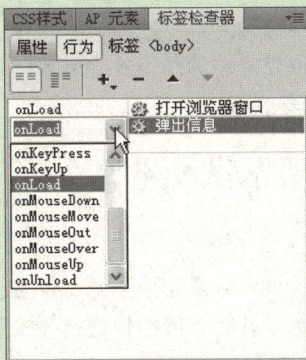

图 13-5 触发事件选择　　　　图 13-6 显示所有事件

下面是一些常用的事件。

1. 关于窗口的事件
- onAbort：在浏览器窗口中，停止加载网页文档操作时发生的事件。
- onMove：移动窗口或者停顿时发生的事件。
- onLoad：选定的对象出现在浏览器上时发生的事件。
- onResize：访问者改变窗口或帧的大小时发生的事件。
- onLoad：访问者退出网页文档时发生的事件。

2. 关于鼠标和键盘的事件
- onClick：用鼠标单击选定元素的一瞬间发生的事件。
- onBlur：鼠标指针移动到窗口或帧外部，即在这种非激活状态下发生的事件。
- onDragDrop：拖动并放置选定元素的那一瞬间发生的事件。
- onDragStart：拖动选定元素的那一瞬间发生的事件。
- onFocus：鼠标指针移动到窗口或帧上，即激活之后发生的事件。
- onMouseDown：单击鼠标右键一瞬间发生的事件。
- onMouseMove：鼠标指针经过选定元素时发生的事件。
- onMouseOut：鼠标指针经过选定元素之外时发生的事件。
- onMouseOver：鼠标指针经过选定元素上方时发生的事件。
- onMouseUp：单击鼠标右键，然后释放时发生的事件。
- onScroll：访问者在浏览器上移动滚动条时发生的事件。
- onKeyDown：在键盘上按住特定键时发生的事件。
- onKeyPress：在键盘上按特定键时发生的事件。
- onKeyUp：在键盘上按下特定键并释放时发生的事件。

3. 关于表单的事件
- onAfterUpdate：更新表单文档内容时发生的事件。
- onBeforeUpdate：改变表单文档项目时发生的事件。
- onChange：访问者修改表单文档的初始值时发生的事件。
- onReset：将表单文档重置为初始值时发生的事件。
- onSubmit：访问者传送表单文档时发生的事件。
- onSelect：访问者选定文本字段中内容时发生的事件。

4. 其他事件

- onError：在加载文档的过程中，出现错误时发生的事件。
- onFilterChange：运用于选定元素的字段发生变化时发生的事件。
- Onfinish：用功能来显示的内容结束时发生的事件。
- Onstart：开始应用功能时发生的事件。

13.2　使用常见行为

在上一节中，读者了解了如何为对象添加行为，但是介绍的操作步骤只是一个基本的流程。本节将对"行为"菜单中所有常用的内置行为一一进行详细讲解。

13.2.1　交换图像、恢复交换图像和预先载入图像

1. 交换图像

在 Dreamweaver CS5 中可以应用"交换图像"行为和"恢复交换图像"行为。

那么，怎样才可以把鼠标经过的图像或导航条菜单以外的一般图像进行替换呢？这种情况下，用户应该应用"交换图像"行为和"恢复交换图像"行为。但需要注意的是，在插入到文档的多个图像中，要区分出替换的图像，因此应该给这些替换的图像指定名称。

"交换图像"行为和"恢复交换图像"行为并不是只有在 onMouseOver 事件中使用的。如果单击菜单时需要替换其他图像，则可以使用 onClick 事件。同样，也可以使用其他多种事件。添加"交换图像"动作的操作步骤如下。

■ **课堂范例：** Sample\第13章\原始文件\13.2.1swapimg\swapimg.htm
Sample\第13章\最终文件\13.2.1swapimg\swapimg.htm\swapimg-end.htm

Step 01 打开附书光盘中的"Sample\第13章\原始文件\13.2.1swapimg\swapimg.htm"页面，在文档窗口中选择应用行为的对象，这里选择swap-img_files文件夹下的txt.PNG，如图13-7所示。

Step 02 打开"行为"面板，在"行为"菜单中选择"交换图像"命令，打开如图13-8所示的对话框。在"设定原始档为"文本框中输入imgbhv_files\b.jpg。

图 13-7 选择图像

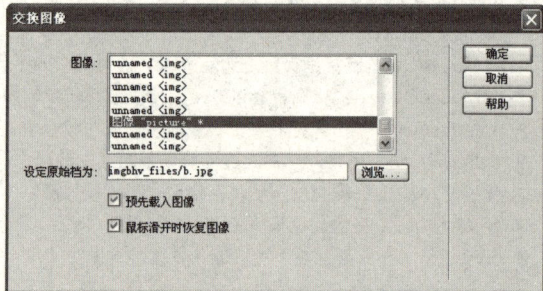

图 13-8 "交换图像"对话框

- **图像**：在列表中选择要更改其源的图像。
- **设定原始档为**：单击"浏览"按钮选择图像文件，文本框中将显示新图像的路径和文件名。
- **预先载入图像**：勾选该复选框，在载入网页时，新图像将载入到浏览器的缓存中，防止当图像该出现时由于下载而导致的延迟。

Step 03 设置完毕后，单击"确定"按钮。按下 F12 快捷键预览页面，可以看到交换图像设置的效果，如图 13-9 所示。

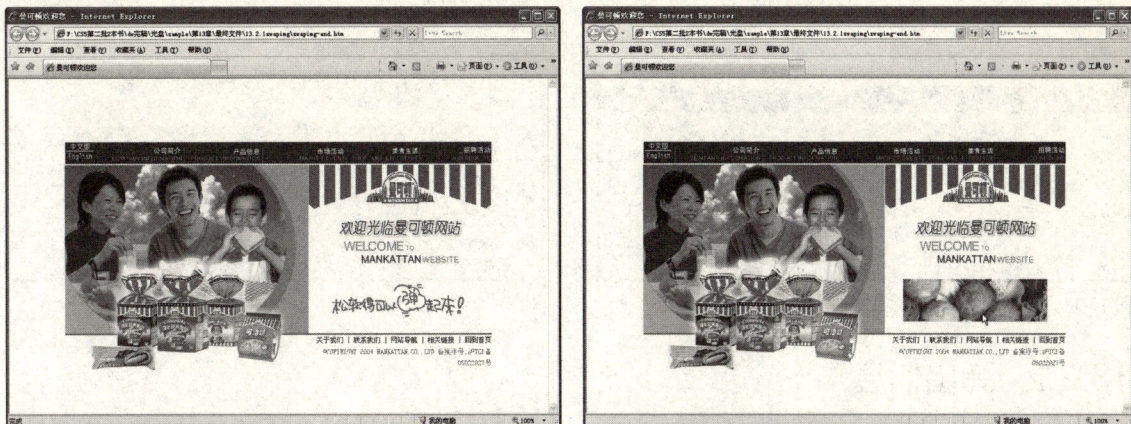

图 13-9　预览效果

2. 恢复交换图像

利用"恢复交换图像"行为，可以将所有被替换显示的图像恢复为原始图像，具体操作步骤如下。

Step 01 选中页面中附加了"交换图像"行为的对象。

Step 02 单击"行为"面板中的 + 按钮，并从弹出的菜单中选择"恢复交换图像"，随后弹出"恢复交换图像"对话框，如图 13-10 所示。

Step 03 在该对话框上没有可以设置的选项，直接单击"确定"按钮，即可为对象附加"恢复交换图像"行为。

Step 04 在"行为"面板中选择需要的事件。

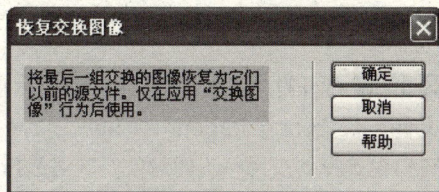

图 13-10　"恢复交换图像"对话框

3. 预先载入图像

"预先载入图像"行为是将图像预先加载的功能。为什么需要预先载入图像呢？虽然图像不会立即出现在浏览器画面上，但使用 JavaScript 或行为来交替图像时，为了更快地显示图像，一般预先载入图像。

例如，在实现将光标移动到 a.gif 图像上方时替换成 b.gif 图像效果时，假设在使用了轮换图像而没有使用预先载入图像行为的情况下，光标移动到 a.gif 图像上方时，浏览器要到网页服务器读取 b.gif 图像；如果利用预先载入图像行为来预先载入了 b.gif 图像，就可以在光标移动到 a.gif 图像上方时即时更换图像。使用"交换图像"行为的时候，只要勾选"预先载入图像"复选框，就不需要再另外应用预先载入图像行为。使用"预先载入图像"行为的具体操作步骤如下。

Step 01 在文档窗口中选择需要应用行为的对象。

Step 02 打开"行为"面板，在行为菜单中选择"预先载入图像"命令，打开如图 13-11 所示的对话框。

- **预先载入图像**：列表中列出了所有需要预先载入的图像。
- **图像源文件**：直接在文本框中输入图像的路径和文件名。单击"浏览"按钮可以在如图 13-12 所示的对话框中查找文件。

Step 03 设置完毕后，单击"确定"按钮即可。

图 13-11 "预先载入图像"对话框

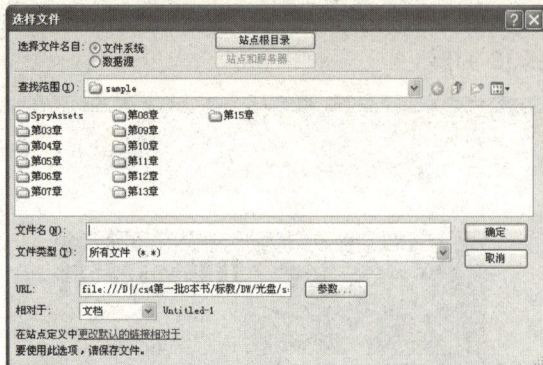

图 13-12 选择文件

13.2.2 弹出信息

从一个文档切换到另一个文档或单击特定链接时，若想给用户传达简单的内容，就可以使用"弹出信息"行为实现弹出消息框的效果。消息框是具有文本消息的小窗口，给用户传达信息时会经常使用到这些消息框。添加"弹出信息"行为的步骤如下。

■ **课堂范例：** Sample\第13章\原始文件\13.2.2popmsg\popmsg.htm
Sample\第13章\最终文件\13.2.2popmsg\popmsg-end.htm

Step 01 打开附书光盘中的"Sample\第13章\原始文件\13.3.2popmsg\popmsg.htm"页面，在文档窗口中选择要应用行为的对象，这里选择<body>标签，如图13-13所示。

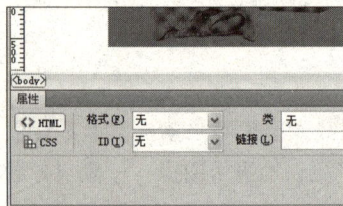

图 13-13 选择 <body> 标签

Step 03 设置完毕后，单击"确定"按钮即可。在"行为"面板中可以看到添加的动作和事件，将事件设为onLoad，如图13-15所示。

图 13-15 设置事件

Step 02 打开"行为"面板，在"行为"菜单中选择"弹出信息"命令，打开如图13-14所示的对话框，只要在"弹出信息"对话框中指定弹出信息的内容即可。

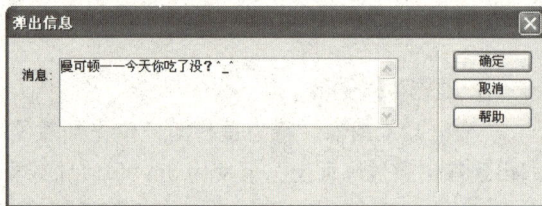

图 13-14 "弹出信息"对话框

Step 04 按下 F12 快捷键预览页面，可以看到弹出信息设置的效果，如图 13-16 所示。

图 13-16 预览效果

13.2.3 打开浏览器窗口

创建链接时，若把目标属性设置为 _blank，则可以把链接文档显示在新窗口中，但是不可以设置新窗口的脚本。此时，利用"打开浏览器窗口"行为，不仅可以调节新窗口的大小，而且还可以设置导航工具栏或滚动条是否显示。添加"打开浏览器窗口"动作的步骤如下。

■ **课堂范例：** Sample\第13章\原始文件\13.2.3openwin\openwin.htm
Sample\第13章\最终文件\13.2.3openwin\openwin-end.htm

Step 01 打开附书光盘中的"Sample\第13章\原始文件\13.2.3openwin\openwin.htm"页面，在文档窗口中选择要应用行为的对象，这里选择<body>标签，如图13-17所示。

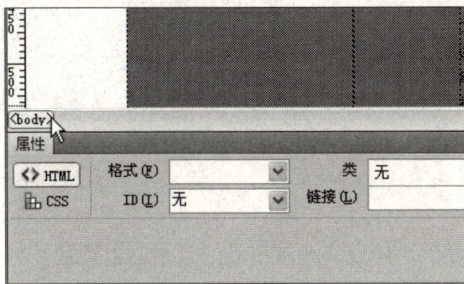

图 13-17 选择 <body> 标签

Step 02 打开"行为"面板，在"行为"菜单中选择"打开浏览器窗口"命令，打开如图 13-18 所示的对话框。

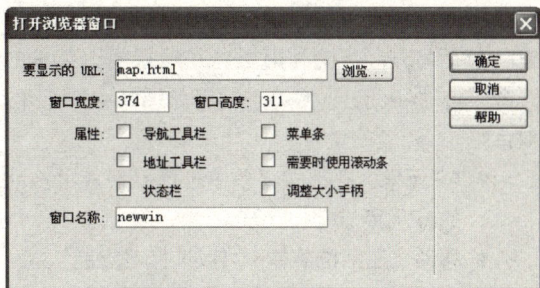

图 13-18 "打开浏览器窗口" 对话框

● **要显示的URL：** 单击"浏览"按钮选择要显示的网页文件，文本框中将显示该网页的路径和名称。
● **窗口宽度、窗口高度：** 指定打开窗口的宽度和高度，单位为像素。
● **属性：** 选择是否在弹出的窗口中显示导航工具栏（浏览器按钮"后退"、"前进"、"主页"和"重新载入"所在的行）、地址工具栏、状态栏（位于浏览器窗口底部的区域，可以显示载入时间和链接地址等信息）、菜单条（浏览器窗口显示菜单的区域）。另外，"需要时使用滚动条"用于指定如果内容超出可视区域应该显示滚动条。"调整大小手柄"指定是否允许浏览者调整窗口的大小。
● **窗口名称：** 在文本框中键入新窗口的名称。

Step 03 设置完毕后，单击"确定"按钮即可。在"行为"面板中可以看到添加的动作和事件，将事件设为onLoad，如图13-19所示。

图 13-19 设置事件

Step 04 按下F12快捷键，预览页面，可看到打开浏览器窗口设置的效果，如图13-20所示。

图 13-20 预览效果

207

13.2.4 拖动AP元素

使用"拖动 AP 元素"行为,可以在浏览器上通过拖动鼠标,把图层移动到所需的位置上。这些功能也可以用 Flash 来实现。例如,最近在网络中流行的"穿衣"游戏中,模特图像是固定的,但可以把衣服图像拖动到模特图像上,给模特穿衣。

使用"拖动 AP 元素"行为时,为了区分可拖动的图层和不能拖动的图层,一定要指定图层名称。不移动的图层只有一两个的时候,只要记住这些图层名称即可。添加"拖动 AP 元素"动作的步骤如下。

> ■ **课堂范例:** Sample\第13章\原始文件\13.2.4drag\drag.htm
> Sample\第13章\最终文件\13.2.4drag\drag-end.htm

Step 01 打开附书光盘中的"Sample\第13章\原始文件\13.2.4drag\drag.htm"页面,在文档窗口中选择要应用行为的对象,这里选择<body>标签。然后打开"行为"面板,在"行为"菜单中选择"拖动AP元素"命令,打开如图13-21所示的对话框。

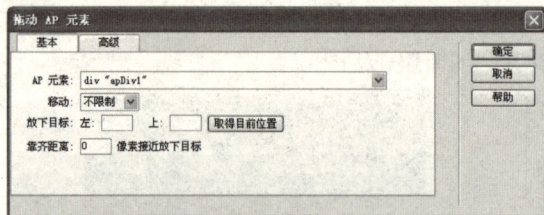

图 13-21 "拖动 AP 元素"对话框

- **AP元素**:在下拉菜单中选择要使其可拖动的AP元素。
- **移动**:在下拉菜单中可以选择"限制"或"不限制"。对于滑块控件和可移动的布景,可选择"限制"移动,并且在选择该项后显示的"上"、"下"、"左"、"右"文本框中输入值,单位为像素。
- **放下目标**:在"左"和"上"文本框中为拖放目标输入值,单位为像素。拖放目标是一个点,用户需要将层拖动到该点上。当层的左坐标和上坐标与在"左"和"上"文本框中输入的值匹配时便认为AP元素已经到达拖放目标。这些值是与浏览器窗口的左上角相对的。单击"取得目前位置"按钮,AP元素的当前位置将自动填入这些文本框。
- **靠齐距离**:在文本框中输入一个值,单位为像素,用以确定用户拖动的层必须靠近目标多近,才能将其贴齐到目标。较大的值可以使用户更容易将层贴齐到目标。

Step 02 要定义 AP 元素的拖动控制点,在拖动 AP 元素时跟踪其移动,以及当放下 AP 元素时触发一个动作,请切换到"拖动 AP 元素"对话框中的"高级"选项卡,如图 13-22 所示。

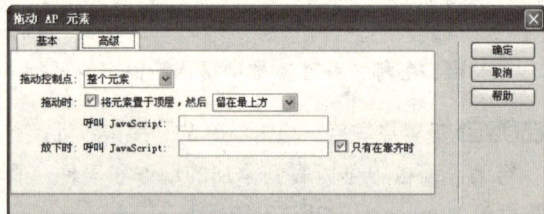

图 13-22 "拖动 AP 元素"对话框"高级"选项卡

- **拖动控制点**:在下拉菜单中可以选择"整个元素"或"元素内区域"。如果要让浏览者单击AP元素的任何位置都可以拖动AP元素,则选择"整个元素"。如果要指定浏览者必须单击AP元素的特定区域才能拖动AP元素,则选择"元素内区域",然后输入左坐标和上坐标以及拖动控制点的宽度和高度。此选项用于AP元素中的图像具有提示拖动元素的情况,例如一个标题栏或抽屉把手。
- **拖动时**:如果AP元素在被拖动时应该移动到堆叠顺序的顶部,请勾选"将元素置于顶层"复选框。然后在下拉菜单中选择是否将AP元素保留在最前面("留在最上方")还是将其恢复到它在堆叠顺序中的原位置("恢复Z轴")。
- **呼叫JavaScript**:可输入JavaScript代码或函数名,以在拖动AP元素时反复执行。
- **放下时**:在此处的"呼叫JavaScript"文本框中输入JavaScript代码或函数名称,可以在放下AP元素时执行。如果只有在AP元素到达拖放目标时才执行,则勾选"只有在靠齐时"复选框。

Step 03 设置完毕后，单击"确定"按钮即可。按下 F12 快捷键预览页面，可看到拖动 AP 元素设置的效果，如图 13-23 所示。

图 13-23　预览效果

13.2.5　改变属性

　　利用"改变属性"动作，可以动态改变对象的属性值。例如，可以改变 AP 元素的背景颜色，或是改变图像的大小等。这些改变实际上是改变对象对应标签的相应属性值。是否允许改变属性值，取决于浏览器的类型。添加"改变属性"动作的步骤如下。

■ **课堂范例：** Sample\第13章\原始文件\13.2.5changeproperty\changeproperty.htm
　　　　　　　　Sample\第13章\最终文件\13.2.5changeproperty\changeproperty-end.htm

Step 01 打开附书光盘中的"Sample\第13章\原始文件\13.2.5changeproperty\changeproperty.htm"页面，选中页面左下角的图像，如图13-24所示，再在"属性"面板中，定义图像名称为flowers。

Step 02 打开"行为"面板，在"行为"菜单中选择"改变属性"命令，打开如图13-25所示的对话框。

图 13-24　选择图像

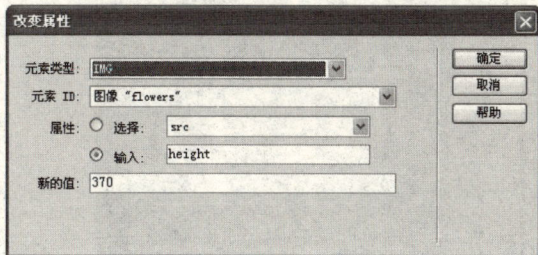

图 13-25　"改变属性"对话框

● **元素类型**：从下拉菜单中选择要更改其属性的对象类型。
● **元素 ID**：下拉菜单中列出了所有所选类型的命名对象，从中选择要改变的对象名称。
● **属性**：从下拉菜单中选择一个属性，或在文本框中输入该属性的名称。若要查看每个浏览器中可以更改的属性，请从浏览器弹出菜单中选择不同的浏览器或浏览器版本。输入属性名称时一定要使用该属性准确的 JavaScript 名称，并记住 JavaScript 属性是区分大小写的。
● **新的值**：在文本框中为该属性输入一个新值。

209

Step 03 设置完毕后，单击"确定"按钮即可。按下 F12 快捷键预览页面，可以看到改变属性设置的效果，如图 13-26 所示。

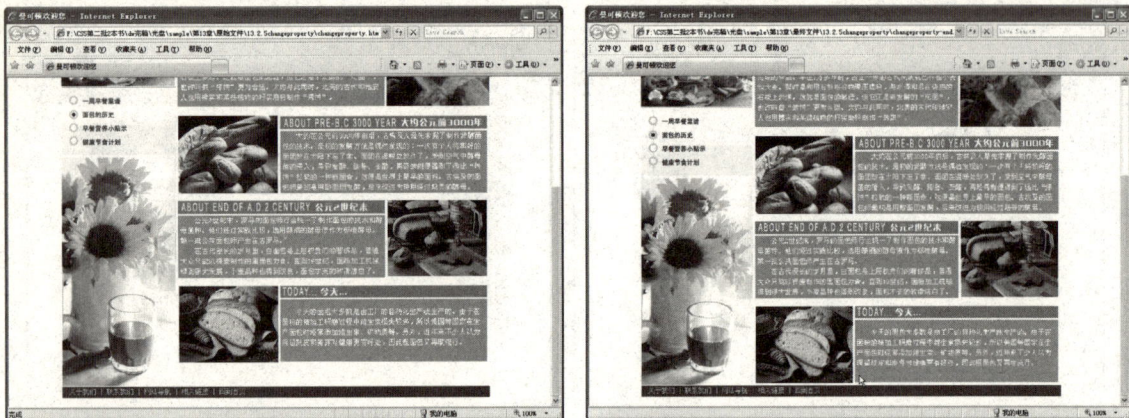

图 13-26 预览效果

13.2.6 显示-隐藏元素

"显示 - 隐藏元素"动作可以显示、隐藏或恢复一个或多个 AP 元素的默认可见性。此动作用于在浏览者与网页进行交互时显示信息。例如，当浏览者将鼠标指针滑过栏目图像时，可以显示一个 AP 元素给出有关该栏目的说明、图像、内容等信息。添加"显示 - 隐藏元素"动作的步骤如下。

■ **课堂范例**：Sample\第13章\原始文件\13.2.6layer\showhidelayer.htm
　　　　　　　Sample\第13章\最终文件\13.2.6layer\showhidelayer-end.htm

Step 01 打开附书光盘中的"Sample\第13章\原始文件\13.2.6layer\showhidelayer.htm"页面，在文档窗口中选择要应用行为的对象，这里选择覆盖在"莱茵堡"图片上的热点，如图13-27所示。

Step 02 打开"行为"面板，在"行为"菜单中选择"显示-隐藏元素"命令，打开如图13-28所示的对话框。

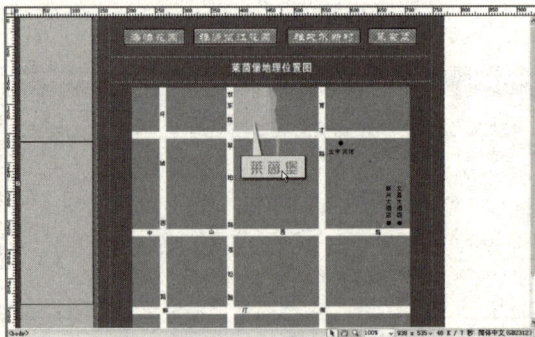

图 13-27 选择热点

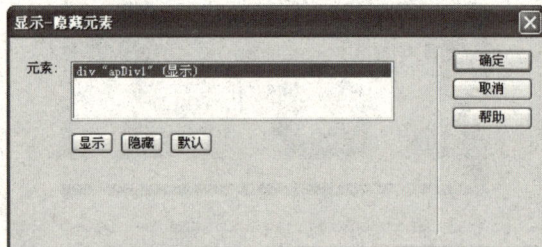

图 13-28 "显示 - 隐藏元素"对话框

● **元素**：列表中列出了当前文档中所有存在的 AP 元素的名称。
● **显示、隐藏、默认**：选择对列表中选中的 AP 元素进行哪种控制。

Step 03 设置完毕后，单击"确定"按钮即可。按下 F12 快捷键预览页面，可以看到"显示 - 隐藏元素"设置的效果，如图 13-29 所示。

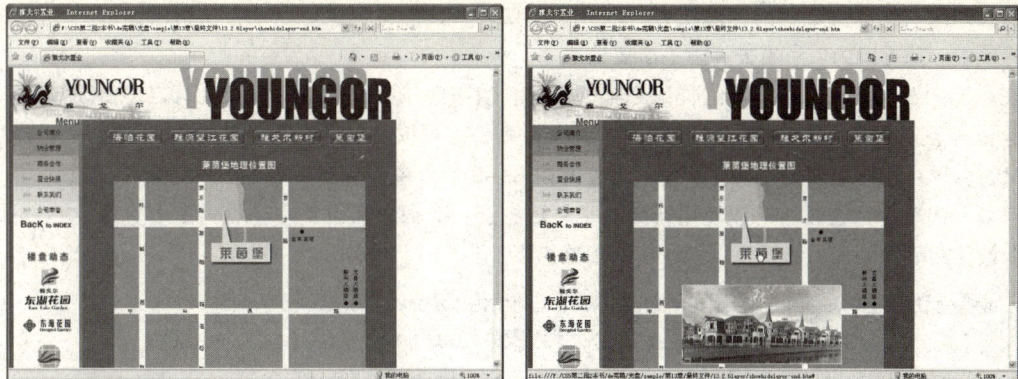

图 13-29 预览效果

13.2.7 检查插件

插件程序是为了实现IE自身不能支持的功能而直接与IE连接起来使用的软件，通常也简称为插件。具有代表性的插件程序是Flash 播放器。IE没有播放Flash 动画的功能，初次进入含有Flash 动画的网页时，会出现需要安装Flash 播放软件的警告消息。可以通过为网页添加"检查插件"行为来检查用户是否安装了播放Flash 动画的插件，如果访问者安装了该插件，就可以显示带有Flash 动画对象的网页；如果访问者没有安装该插件，则可以显示一幅仅包含图像的替代网页。

安装好Flash 播放器后，每当在网页中遇到Flash 动画时，IE 就会运行Flash 播放软件。IE 的插件除了Flash 播放软件以外，还有Shockwave 播放软件、QuickTime 播放软件等。在网络中遇到IE不能显示的多媒体时，可以查找适当的插件来进行播放。

要确认是否安装了插件程序，可应用"检查插件"行为。利用该行为可以确认的插件程序有Shockwave、Flash、Windows Media Player、QuickTime等。添加"检查插件"动作的步骤如下。

Step 01 在文档窗口中选择要应用行为的对象。

Step 02 打开"行为"面板，在"行为"菜单中选择"检查插件"命令，打开如图13-30所示的对话框。

- **插件**：选中其中的"选择"单选按钮，可以从右方的下拉列表框中选择插件类型。选中"输入"单选按钮，可以直接在其右侧的文本框中输入要检查的插件类型。

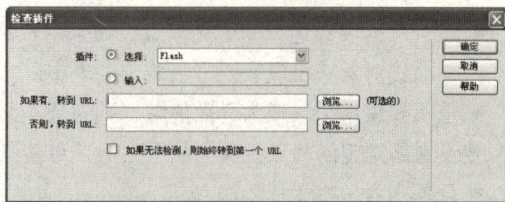

图 13-30 "检查插件"对话框

- **如果有，转到URL**：可以设置当检查到浏览器中安装了该插件时，跳转到的URL地址。也可以单击"浏览"按钮，选择目标文档。
- **否则，转到URL**：可以设置当检查到浏览器中未安装该插件时，跳转到的URL地址。也可以单击"浏览"按钮，选择目标文档。
- **如果无法检测，则始终转到第一个URL**：勾选该复选框时，如果浏览器不支持对该插件的检查特性，则直接跳转到上面设置的第一个URL地址上。大多数情况下，浏览器会提示下载并安装该插件。

Step 03 设置完毕后，单击"确定"按钮即可。

13.2.8 检查表单

用户在填写表单的时候，由于不慎可能会漏填、误填一些信息，这样会造成接收与处理信息时的许多麻烦。如果我们能对表单的信息在客户端做一些处理，提醒用户及时改错，使得发送的表单都能符合我们的要求，就可以为以后省去许多不必要的麻烦。

在网上浏览时，经常会填写这样或那样的表单，填写完毕提交后，一般都会有程序自动校验表单的内容是否合法。使用"检查表单"动作配以 onBlur 事件，可以在用户填完表单的每一项之后，立刻检验该项是否合理。也可以使用"检查表单"动作配以 onSubmit 事件，当用户单击"提交"按钮后，一次校验所有填写内容的合法性。可以使用行为对表单数据进行有效性验证，包括设置是否可以空栏以及某个值的有效范围等。添加"检查表单"动作的步骤如下。

■ **课堂范例：** Sample\第13章\原始文件\13.2.8checkform\checkform.htm
Sample\第13章\最终文件\13.2.8checkform\checkform-end.htm

Step 01 打开附书光盘中的"Sample\第13章\原始文件\13.2.8checkform\checkform.htm"页面，在文档窗口中选择要应用行为的对象，这里选择"登录"按钮，如图13-31所示。

Step 02 打开"行为"面板，在"行为"菜单中选择"检查表单"命令，打开如图13-32所示的对话框。

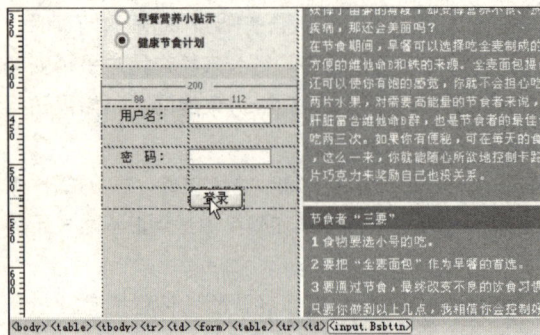
图 13-31 选择"登录"按钮

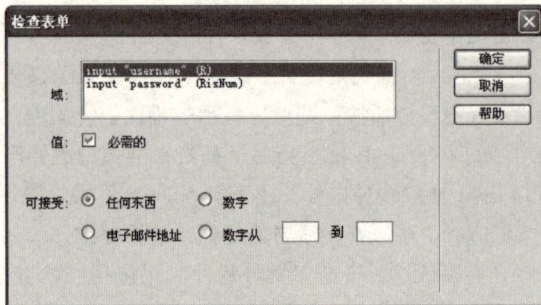
图 13-32 "检查表单"对话框

- **域**：从列表中选择一个文本域。如果用户想要验证单个的区域，那么选取用户所需要的表单对象，然后该对象将出现在"命名域"列表中。
- **值**：要使某个域成为必需的域，则勾选"必需的"复选框。

要设置所期望的输入种类，从下面的"可接受"选项组中选择一个。

- **任何东西**：接受任何输入。
- **数字**：允许任何类型的数值输入，例如一个电话号码。但是，不能将文本和数字相混合。
- **电子邮件地址**：查找一个带有 @ 标志的电子邮件地址。
- **数字从…到…**：在两个数值框中分别输入相应的值，并定义取值范围。

Step 03 设置完毕后，单击"确定"按钮即可。在"行为"面板中可以看到添加的动作和事件，将事件设为onClick，如图13-33所示。

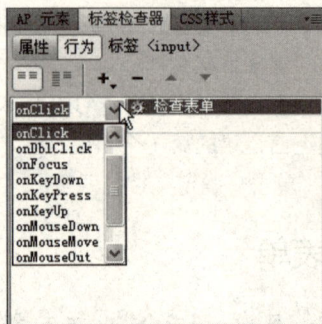
图 13-33 设置事件

Step 04 按下F12快捷键预览页面，可以看到检查表单设置的效果，如图13-34所示。表单检查的提示内容为英文，如果需要将提示内容更改为中文，可打开源文件进行修改。

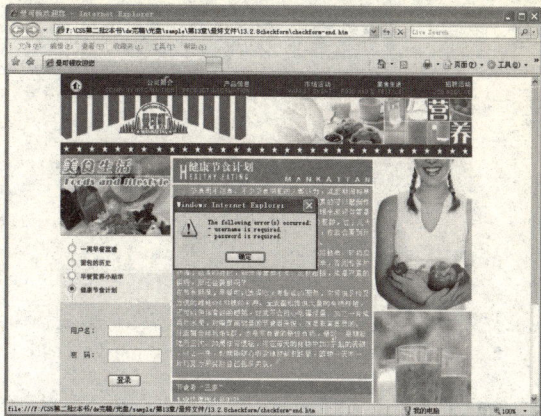

图 13-34　预览效果

13.2.9　设置文本

文本作为网页文件中最为基本的因素，比图像或其他多媒体因素具有更快的传送速度，因此网页文件中的大部分信息都是用文本来表示的。下面讲述的并不是一般的文本显示方法，而是在特殊位置上的文本显示方法。

1. 设置容器的文本

"设置容器的文本"动作将使用用户指定的内容替换网页上现有层的内容和格式设置。该内容可以包括任何有效的 HTML 源代码。添加"设置容器的文本"动作的步骤如下。

Step 01 在文档窗口中选择要应用行为的对象。

Step 02 打开"行为"面板，在"行为"菜单中选择"设置文本 > 设置容器的文本"命令，打开如图 13-35 所示的对话框。

- **容器**：下拉菜单中列出了页面中所有的层，在其中选择要进行操作的层。
- **新建 HTML**：在文本框中输入要替换成的内容的 HTML 代码。

Step 03 设置完毕后，单击"确定"按钮即可。

图 13-35　"设置容器的文本"对话框

2. 设置状态栏文本

浏览器上的状态栏作为传达文档状态的空间，用户可以直接指定画面中的状态栏是否显示。为了在浏览器上显示状态栏，在浏览器窗口中执行"查看 > 状态栏"命令。"设置状态栏文本"动作可以在浏览器窗口底部左侧的状态栏中显示消息。添加"设置状态栏文本"动作的步骤如下。

■ **课堂范例：** Sample\第13章\原始文件\13.2.9setstatus\setstatus.htm
　　　　　　 Sample\第13章\最终文件\13.2.9setstatus\setstatus-end.htm

Step 01 打开附书光盘中的"Sample\第13章\原始文件\13.2.9setstatus\setstatus.htm"页面，在文档窗口中选择要应用行为的对象，这里选择 <body>标签，如图13-36所示。

Step 02 打开"行为"面板，在"行为"菜单中选择"设置文本 > 设置状态栏文本"命令，打开如图 13-37 所示的对话框。在"消息"文本框中输入要在状态栏中显示的文本。

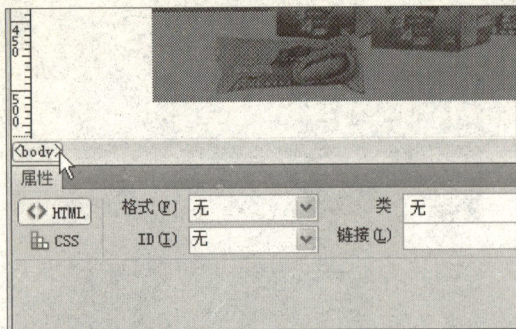

图 13-36 选择 <body> 标签

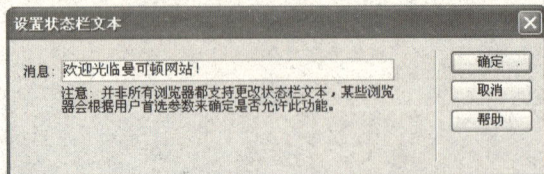

图 13-37 设置状态栏文本

Step 03 设置完毕后，单击"确定"按钮即可。在"行为"面板中可以看到添加的动作和事件，将事件设为 onLoad，如图 13-38 所示。

Step 04 按下 F12 快捷键预览页面，可以看到设置状态栏文本的效果，如图 13-39 所示。

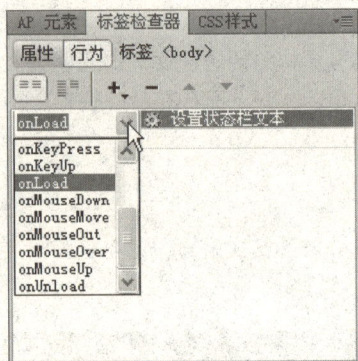

图 13-38 设置事件

图 13-39 预览效果

3. 设置文本域文字

"设置文本域文字"行为能够使用户更新任何文本或文本区域，并且是动态的。"设置文本域文字"行为接受任何文本或 JavaScript 输入，该行为所作用的文本区域必须位于当前页面中。添加"设置文本域文字"动作的步骤如下。

Step 01 在文档窗口中选择要应用行为的对象。

Step 02 打开"行为"面板，在"行为"菜单中选择"设置文本 > 设置文本域文字"命令，打开如图 13-33 所示的对话框。

- **文本域**：选择要改变内容的文本域的名称。
- **新建文本**：输入将显示在文本域中的文字。

Step 03 设置完毕后，单击"确定"按钮即可。

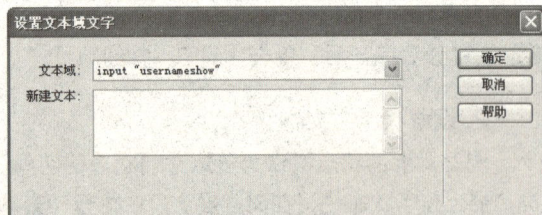

图 13-40 "设置文本域文字"对话框

4. 设置框架文本

"设置框架文本"行为可使用户动态改写任何框架的全部代码。"设置框架文本"动作可替换所有位于一个框架的<body>标签中的内容。Dreamweaver提供了一个简便好用的"获取当前HTML"按钮，通过它，用户可以轻易地保留想要的代码，并只更改一个标题或其他元素。添加"设置框架文本"动作的步骤如下。

Step 01 在文档窗口中选择要应用行为的对象。

Step 02 打开"行为"面板，在"行为"菜单中选择
"设置文本>设置框架文本"命令，打开如图13-41
所示的对话框。

图 13-41 "设置框架文本"对话框

- **框架**：选择要设置文本的框架。
- **新建 HTML**：设置在选定框架中显示的 HTML
  代码。
- **获取当前 HTML**：单击该按钮，可以复制目标框架的 body 部分的当前内容。
- **保留背景色**：勾选该复选框，可以保留原来框架中的背景色。

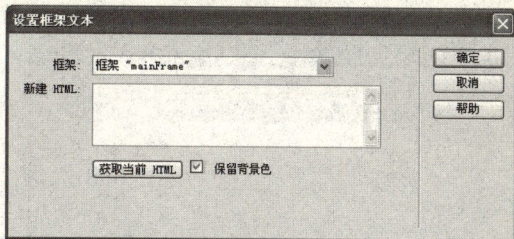

Step 03 设置完毕后，单击"确定"按钮即可。

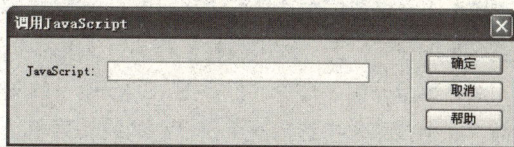

13.2.10　调用JavaScript

"调用 JavaScript"动作允许用户使用"行为"面板指定当发生某个事件时应该执行的自定义函数或 JavaScript 代码行。添加"调用 JavaScript"动作的步骤如下。

Step 01 在文档窗口中选择要应用行为的对象。

Step 02 打开"行为"面板，在"行为"菜单中选择"调用JavaScript"命令，打开如图13-42所示的对话框。

图 13-42 "调用 JavaScript"对话框

- **JavaScript**：在文本框中准确输入要执行的 JavaScript代码行，或输入函数的名称。

Step 03 设置完毕后，单击"确定"按钮即可。

13.2.11　跳转菜单和跳转菜单开始

"跳转菜单"行为用于编辑跳转菜单对象，"跳转菜单开始"动作与"跳转菜单"动作密切关联，"跳转菜单开始"允许用户将一个按钮和一个跳转菜单关联起来。

1. 跳转菜单

通常情况下，跳转菜单不需要一个执行的按钮，从跳转菜单中选择一项通常会引起 URL 的载入，不需要任何进一步的其他操作。但是，如果浏览者选择已在跳转菜单中选择的同一项，则不会发生跳转。添加"跳转菜单"动作的步骤如下。

Step 01 在文档窗口中选择要应用行为的对象。

Step 02 打开"行为"面板，在"行为"菜单中选择"跳转菜单"命令，打开如图 13-43 所示的对话框。

- **菜单项**：根据"文本"栏和"选择时，转到URL"栏的输入内容，显示菜单项目。
- **文本**：输入显示在跳转菜单中的菜单名称。可以使用中文或空格。
- **选择时，转到URL**：输入连接到菜单项目的文件路径。输入本地站点的文件或网页地址即可，单击"浏览"按钮可以在如图13-44所示的对话框中查找文件。
- **打开URL于**：以框架来组成文档时，选择显示连接文件的框架名称。若没有使用框架，则只能使用"主窗口"。
- **更改URL 后选择第一个项目**：即使在跳转菜单中单击菜单移动到连接网页，跳转菜单上也依然显示指定为基本项目的菜单。

Step 03 设置完毕后，单击"确定"按钮即可。

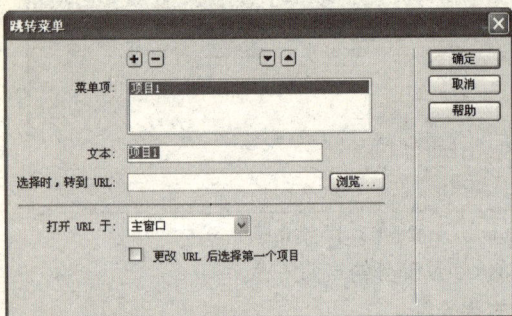

图 13-43 "跳转菜单" 对话框

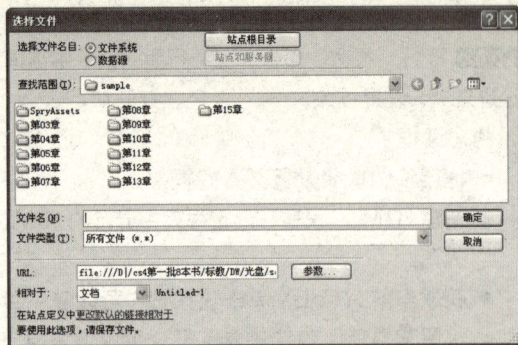

图 13-44 "选择文件" 对话框

2. 跳转菜单开始

如果跳转菜单出现在一个框架中，而跳转菜单项链接到其他框架中的网页，则通常需要使用这种跳转菜单开始按钮，以允许浏览者重新选择已在跳转菜单中选择的项。当单击跳转菜单开始按钮时则打开在该跳转菜单中选择的链接。添加 "跳转菜单开始" 动作的步骤如下。

Step 01 在文档窗口中选择要应用行为的对象。

Step 02 打开 "行为" 面板，在 "行为" 菜单中选择 "跳转菜单开始" 命令，打开图 13-45 所示的对话框。在下拉菜单中选择一个要控制的跳转菜单。

Step 03 设置完毕后，单击 "确定" 按钮即可。

图 13-45 "跳转菜单开始" 对话框

13.2.12 转到URL

使用 "转到 URL" 动作可以在当前窗口或指定的框架中打开一个新页面。此操作尤其适用于通过一次单击更改两个或多个框架的内容。添加 "转到 URL" 动作的步骤如下。

Step 01 在文档窗口中选择要应用行为的对象。

Step 02 打开 "行为" 面板，在 "行为" 菜单中选择 "转到 URL" 命令，打开图 13-46 所示的对话框。设置完毕后，单击 "确定" 按钮即可。

- **打开在**：从列表中选择 URL 的目标。列表中自动列出当前框架集中所有框架的名称以及主窗口，如果没有任何框架，则主窗口是惟一的选项。
- **URL**：直接在文本框中输入该文档的路径和文件名，单击 "浏览" 按钮可以在图 13-47 所示的对话框中查找文件。

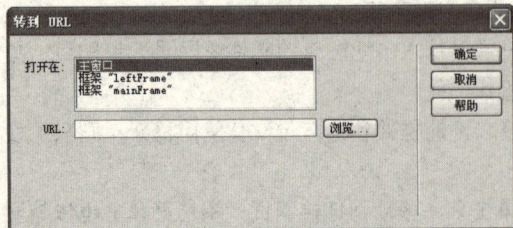

图 13-46 "转到 URL" 对话框

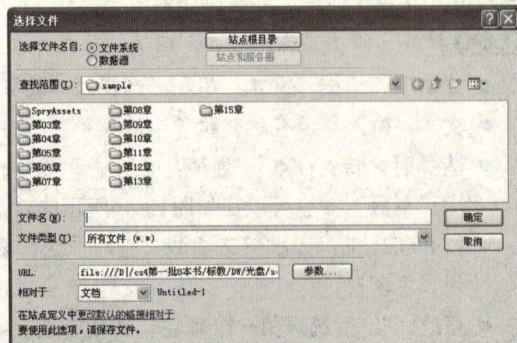

图 13-47 "选择文件" 对话框

13.2.13　Spry效果

Spry效果几乎可以应用于HTML页面中的任何元素，使用这些特效可以使网页元素发光、缩小、淡化等。Spry特效的行为包括显示\渐隐、遮帘、增大\收缩、高亮颜色、晃动、滑动、挤压等。

1. 显示 \ 渐隐

顾名思义，显示\渐隐行为可以使对象产生逐渐显示或隐藏的效果。添加"显示\渐隐"动作的步骤如下。

Step 01 在文档窗口中选择要应用行为的对象，打开"行为"面板，在"行为"菜单中选择"效果 > 显示 > 渐隐"命令，打开图13-48所示的对话框。

- **目标元素**：设置产生特效的目标元素。
- **效果持续时间**：设置产生特效的延迟时间，单位为毫秒。
- **效果**：设置产生的特效为"显示"或"隐藏"。
- **显示自**：设置显示起始的不透明度。
- **显示到**：设置显示结束的不透明度。
- **切换效果**：勾选后，将切换效果。

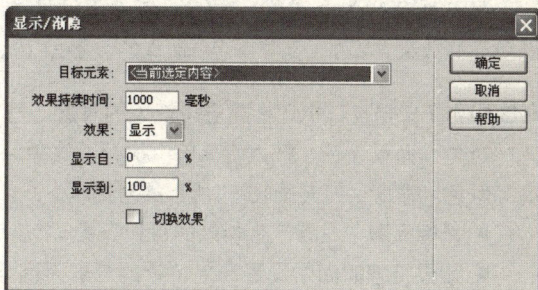

Step 02 设置完毕后，单击"确定"按钮即可。

图 13-48 "显示 \ 渐隐"对话框

2. 遮帘

顾名思义，遮帘行为使对象产生向上或向下的百叶窗效果。添加"遮帘"动作的步骤如下。

Step 01 在文档窗口中选择要应用行为的对象，打开"行为"面板，在"行为"菜单中执行"效果> 遮帘"命令，打开图13-49所示的对话框。

- **效果持续时间**：设置产生特效的延迟时间，单位为毫秒。
- **效果**：设置产生的特效为"向上遮帘"或"向下遮帘"。
- **向上遮帘自**：设置向上遮帘的起始百分比。
- **向上遮帘到**：设置向上遮帘的结束百分比。
- **切换效果**：勾选后，将切换效果。
- **目标元素**：设置产生特效的目标元素。

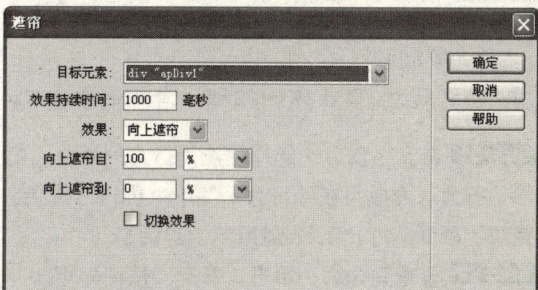

Step 02 设置完毕后，单击"确定"按钮即可。

图 13-49 "遮帘"对话框

3. 增大 \ 收缩

顾名思义，增大\收缩行为使对象产生伸展或收缩的效果。添加"增大\收缩"动作的步骤如下。

Step 01 在文档窗口中选择要应用行为的对象，打开"行为"面板，在"行为"菜单中执行"效果>伸展> 收缩"命令，打开图13-50所示的对话框。

- **目标元素**：设置产生特效的目标元素。
- **效果持续时间**：设置产生特效的延迟时间，单位为毫秒。
- **效果**：设置产生的特效为"伸展"或"收缩"。

- **收缩自**：设置收缩的起始百分比。
- **收缩到**：设置收缩的结束百分比，如选"像素"为单位，可选"宽度"或"高度"。
- **收缩到**：设置收缩到的位置。
- **切换效果**：勾选后，将切换效果。

Step 02 设置完毕后，单击"确定"按钮即可。

4. 高亮颜色

高亮颜色行为使对象产生不同事件下触发的颜色高亮效果。添加"高亮颜色"动作的步骤如下。

Step 01 在文档窗口中选择要应用行为的对象，打开"行为"面板，在"行为"菜单中执行"效果>高亮颜色"命令，打开图13-51所示的对话框。

- **目标元素**：设置产生特效的目标元素。
- **效果持续时间**：设置产生特效的延迟时间，单位为毫秒。
- **起始颜色**：设置特效起始的颜色。
- **结束颜色**：设置特效结束的颜色。
- **应用效果后的颜色**：设置最终特效完成后的颜色。
- **切换效果**：勾选后，将切换效果。

Step 02 设置完毕后，单击"确定"按钮即可。

图 13-50 "增大\收缩"对话框

图 13-51 "高亮颜色"对话框

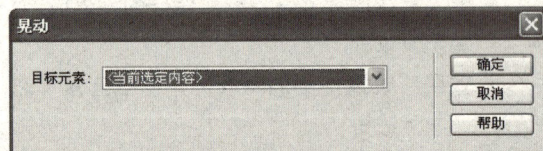

5. 晃动

顾名思义，晃动行为使对象产生不同事件下触发的晃动效果。添加"晃动"动作的步骤如下。

Step 01 在文档窗口中选择要应用行为的对象，打开"行为"面板，在"行为"菜单中执行"效果>晃动"命令，打开图13-52所示的对话框。

Step 02 设置完毕后，单击"确定"按钮即可。

图 13-52 "晃动"对话框

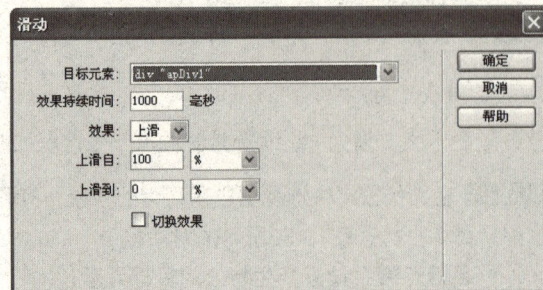

6. 滑动

滑动行为使对象产生不同事件下触发的向上滑动或向下滑动效果。添加"滑动"动作的步骤如下。

Step 01 在文档窗口中选择要应用行为的对象，打开"行为"面板，在"行为"菜单中执行"效果>滑动"命令，打开图13-53所示的对话框。

- **目标元素**：设置产生特效的目标元素。
- **效果持续时间**：设置产生特效的延迟时间，单位为毫秒。

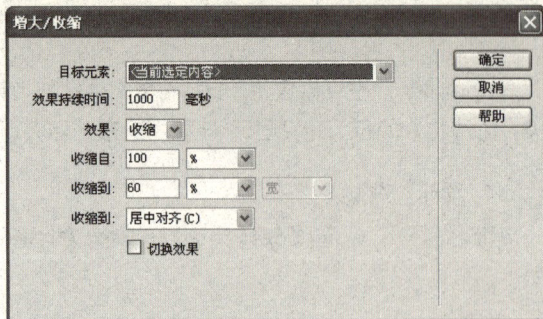

图 13-53 "滑动"对话框

- **效果**：设置产生的特效为"上滑"或"下滑"。
- **上滑自**：设置向上滑动的起始不透明度。
- **上滑到**：设置向上滑动的结束不透明度。
- **切换效果**：勾选后，将切换效果。

Step 02 设置完毕后，单击"确定"按钮即可。

7. 挤压

顾名思义，挤压行为使对象产生不同事件下触发的挤压效果。添加"挤压"动作的步骤如下。

Step 01 在文档窗口中选择要应用行为的对象，打开"行为"面板，在"行为"菜单中执行"效果 > 挤压"命令，打开如图 13-54 所示的对话框。在下拉列表中选择要产生特效的目标元素。

Step 02 设置完毕后，单击"确定"按钮即可。

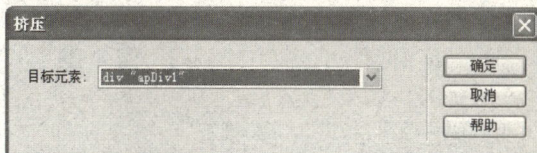

图 13-54 "挤压"对话框

上机实践 | 制作"园物语"页面行为特效

原始文件：Sample\第13章\原始文件\13.3behavior\behavior.htm
最终文件：Sample\第13章\最终文件\13.3behavior\behavior-end.htm
实训目的：学会添加各种常用行为
应用范围：网页设计制作

下面为页面添加交换图像、恢复交换图像、打开浏览器窗口、弹出信息等行为，原始页面和最终页面的效果如图 13-55 所示。

图 13-55 原始页面和最终页面效果

Step 01 打开附书光盘中的"Sample\第13章\原始文件\13.3behavior\behavior.htm"页面，在"属性"面板中为页面的相机图片输入一个名称，这里输入tu1，如图13-56所示。

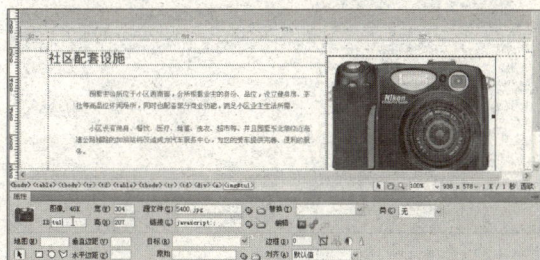

图 13-56 为图像命名

Dreamweaver CS5中文版标准教程

Step 02 打开"行为"面板，单击面板中的"添加行为"按钮，从弹出菜单中选择"交换图像"。随后弹出"交换图像"对话框。单击"设定原始档为"文本框右侧的"浏览"按钮，选择新图像文件，这里选择a80.jpg，如图13-57所示。

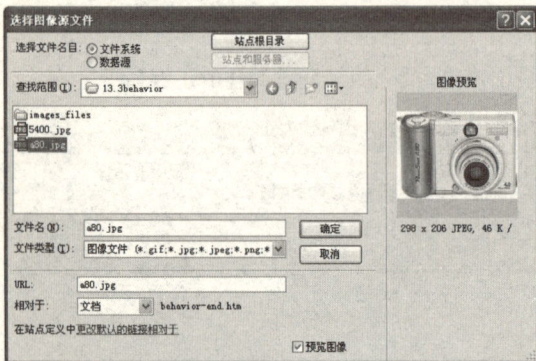

图 13-57 "选择图像源文件"对话框

Step 04 单击"确定"按钮完成设置，页面中的图像在显示上并没有什么变化，但是"行为"面板列表中会出现两项对图像附加的行为，即"交换图像"和"恢复交换图像"，如图 13-59 所示。

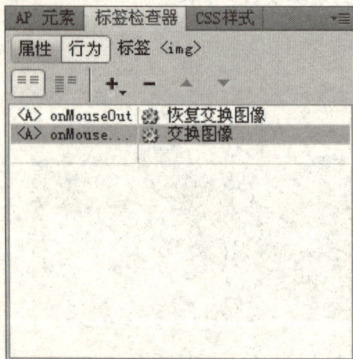

图 13-59 添加的"交换图像"和"恢复交换图像"行为

Step 06 下面添加弹出信息行为。选中要附加行为的对象，这里选择标签选择器中的 <body> 标签，如图 13-61 所示。

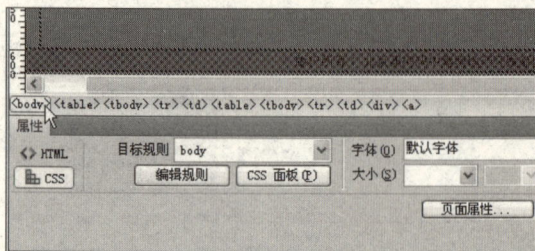

图 13-61 选择 <body> 标签

Step 03 单击"确定"按钮后，勾选"预先载入图像"和"鼠标滑开时恢复图像"复选框，如图13-58所示。

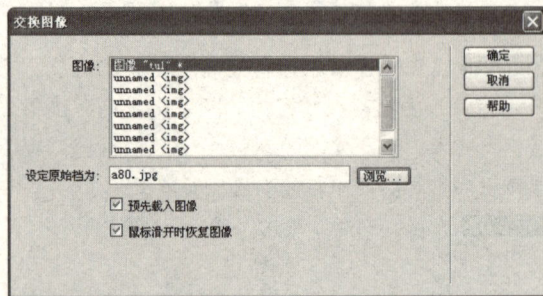

图 13-58 "交互图像"对话框

Step 05 单击页面的 <body> 标签，列表中会出现一项对整个文档附加的行为，用于"预先载入图像"，如图 13-60 所示。

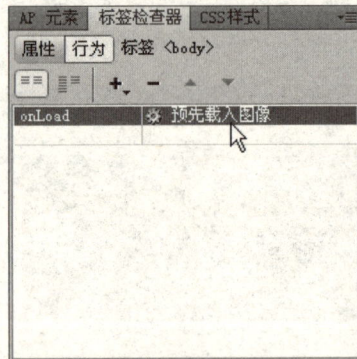

图 13-60 添加的"预先载入图像"行为

Step 07 回到"行为"面板，单击面板中的"添加行为"按钮，在弹出菜单中选择"弹出信息"选项。在弹出的"弹出信息"对话框中输入要显示的信息，这里输入"欢迎光临"，如图13-62所示。

图 13-62 输入信息内容

Step 08 回到"行为"面板，可以看到面板列表中出现"弹出信息"行为，将鼠标事件设置为onLoad，表示载入网页时，弹出信息，如图13-63所示。

图 13-63 设置事件

Step 10 单击"确定"按钮后，插入的 Flash 动画并不会在"文档窗口"中显示内容，而是以一个带有字母 F 的灰色框来表示，如图 13-65 所示。

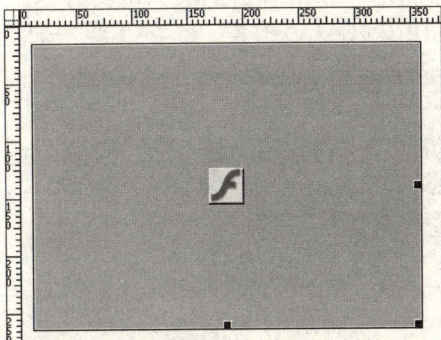

图 13-65 插入的 Flash 动画

Step 12 单击"确定"按钮后，页面的左上边距就被去掉了。这是因为新窗口与该 Flash 动画大小要保持一致，默认边距是多余的，如图13-67 所示。

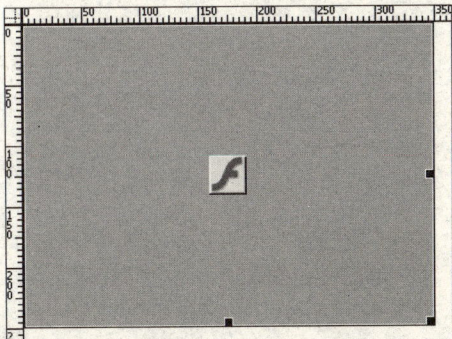

图 13-67 去掉页面边距

Step 09 新建一个 pop.htm 页面，用于显示弹出窗口的页面，双击这个页面准备进行编辑。单击"插入"面板"常用"分类内"媒体"菜单的 SWF 按钮 ，在弹出的对话框选择要插入的 SWF 文件 ad.swf，如图 13-64 所示。

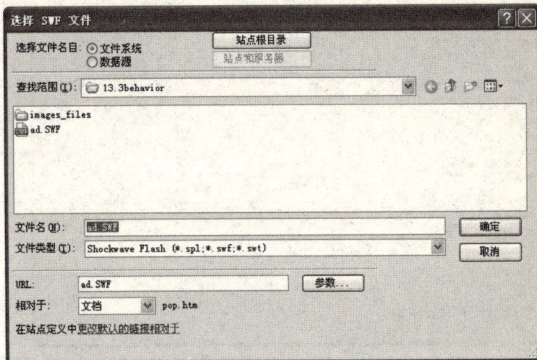

图 13-64 选择 SWF 文件

Step 11 执行"修改>页面属性"命令，打开"页面属性"对话框。在对话框中将"左边距"和"上边距"设置为0，如图13-66所示。

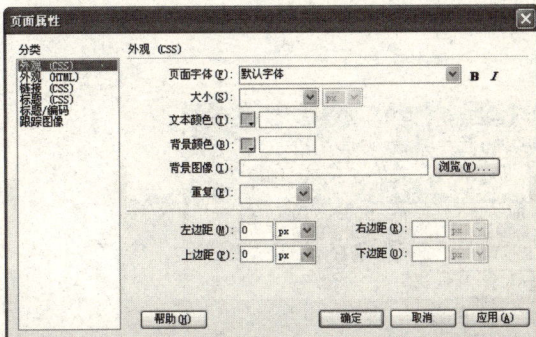

图 13-66 设置页面属性

Step 13 回到behavior.htm页面，选中要添加行为的对象，这里选择<body>标签，如图13-68所示。

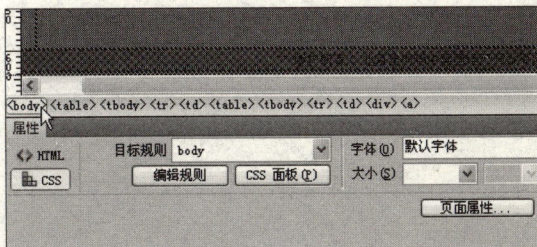

图 13-68 选择 <body> 标签

Step 14 回到"行为"面板，单击面板中的"添加行为"按钮，在弹出菜单中选择"打开浏览器窗口"选项。在弹出对话框的"要显示的URL"文本框右侧单击"浏览"按钮选择要显示的网页文件，这里选择pop.htm页面，如图13-69所示。

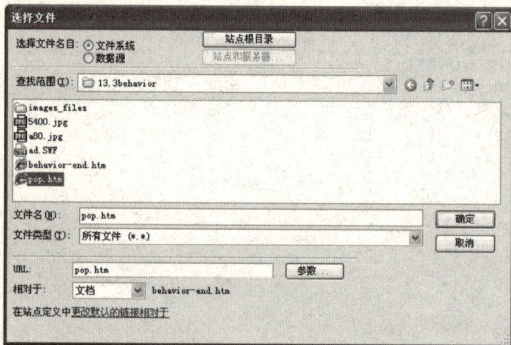

图 13-69 选择文件

Step 16 单击"确定"按钮完成设置。"行为"面板列表中会出现一项对整个文档添加的行为，事件可以设置为"onLoad"，表示载入网页时即弹出窗口，如图 13-71 所示。

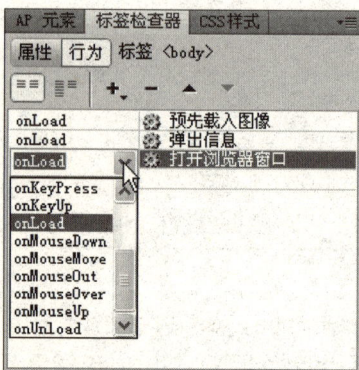

图 13-71 设置事件

Step 15 在"窗口宽度"和"窗口高度"中设置宽度和高度应该与Flash一样，即350像素×250像素。由于实例中只显示动画，因此"属性"选项组中的6项都没有选中。在"窗口名称"文本框中输入新窗口的名称，这里为newwin，如图13-70所示。

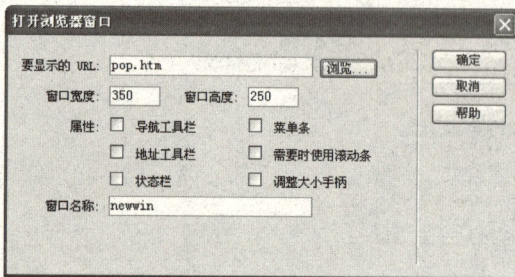

图 13-70 "打开浏览器窗口"对话框

Step 17 保存网页并预览，网页打开的同时弹出了警告消息框。单击"确定"按钮后，警告框消失，同时弹出了窗口，窗口可以随时关闭。关闭小窗口，当鼠标移动到相机图像上方时，图像发生变化，当鼠标移出图像时，图像还原，如图 13-72 所示。

图 13-72 图像还原

思考与练习

　　行为是一种运行在浏览器中的 JavaScript 代码，设计者可以将其放置在网页文档中，以允许浏览者与网页本身进行交互，从而以多种方式更改页面或引发某些任务的执行。行为由事件和该事件触发的动作组成。思考与练习的知识点涵盖了这几方面的内容。

1. 填空题

(1) 在客户端脚本语言中，最为通用的是＿＿＿＿＿。

(2) 设置文本行为包括＿＿＿＿、＿＿＿＿、＿＿＿＿、＿＿＿＿。

(3) 在浏览＿＿＿＿元素时，不用使用"检测插件"动作来检测访问者是否安装了必须的插件。

2. 选择题

(1) 下面关于行为、事件和动作的说法正确的是（　　）。

　　A. 动作的发生是在事件的发生以后　　　　B. 事件的发生是在动作的发生以后

　　C. 事件和动作是同时发生的　　　　　　　D. 以上说法都错

(2) 在 Dreamweaver 中，下面关于验证表单的说法错误的是（　　）。

　　A. 是程序执行前在网络上的验证

　　B. 会大大减少因程序处理错误事件而造成的不必要的负担

　　C. 在"检查表单"对话框中，在"值"中勾选"必需的"复选框，则指定此项内容不用填写

　　D. 以上说法都错

(3) 在 Dreamweaver 中，下面关于"行为"面板的说法错误的是（　　）。

　　A. 在"行为"面板左边的文字表示事件

　　B. 在"行为"面板右边的文字表示事件

　　C. 左上角的加号和减号表示添加和删除行为

　　D. 中间的向下的小三角形表示对行为顺序的排列

3. 上机操作题

(1) 参考附书光盘中的"Exercise\ 第 13 章 \ 最终文件 \1\ 练习 1.htm"文件，使用行为制作一个如图 13-73 所示的"无以"页面。

　　要求：制作弹出消息、打开浏览器窗口、设置状态栏文本等效果。

(2) 参考附书光盘中的"Exercise\ 第 13 章 \ 最终文件 \2\ 练习 2.htm"文件，检查如图 13-74 所示"留言簿"页面中表单提交的合法性。

　　要求：使用"检查表单"行为实现。

图 13-73　"无以"页面

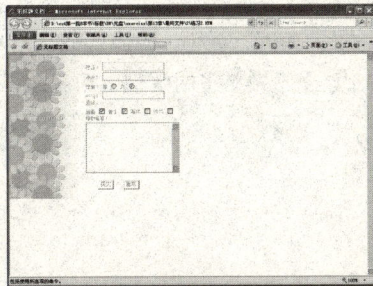

图 13-74　"留言簿"页面

◀)) 知识延展 了解JavaScript脚本与行为的关系

1. JavaScript 的基本概念

JavaScript 是一种脚本编程语言，支持 Web 应用程序的客户机和服务器方构件的开发。在客户机中，它可用于编写 Web 浏览器在 Web 页面上下文中执行的程序；在服务器中，它可用于编写用于处理 Web 浏览器提交的信息并相应地更新浏览器显示的 Web 服务器程序。

JavaScript 的脚本包括在 HTML 中，它成为 HTML 文档的一部分。与 HTML 标签相结合，构成了一个功能强大的 Internet 网上编程语言。可以直接将 JavaScript 脚本加入文档。通过标签 <script>...<\script> 指明 JavaScript 脚本源代码将放入其间。通过属性 Language ="JavaScript" 说明标签中使用的是何种语言，这里是 JavaScript 语言，表示使用的是 JavaScript 语言。

一些复杂的 JavaScript 程序往往单独放在一个后缀名为 .js 的独立文件中，HTML 只是用来调用该文件。这一点与 CSS 比较相似。

JavaScript 脚本在网页制作中应用非常广泛，例如，可以用 JavaScript 在光标经过时改变按钮的颜色。这样就可以引起访问者对按钮的注意，表示可以从这个链接进入新地方。也可以在状态栏中显示消息，让访问者对链接有更多的了解，突出显示链接可以使访问者知道链接结果将会是什么。还可以在访问者提交表单之前用 JavaScript 验证表单。例如，可以用 JavaScript 确保访问者提交表单之前确实填写了 email 字段。

2. Dreamweaver 行为与 JavaScript

以 Dreamweaver 中的"弹出信息"行为为例，这个行为产生的在 head 部分中的代码如下。这一段代码的第一句及最后一句表示该段代码为一段 JavaScript 代码，而中间的内容是对要实现功能的描述。

```
<script language="JavaScript" type="text\JavaScript">
<!--
function MM _ popupMsg(msg) { \\v1.0
  alert(msg);
}
\\-->
<\script>
```

body部分中的代码如下，其中，onLoad 表示当文件加载时；而"欢迎访问本站"则为信息框上出现的文字。

```
<body onLoad="MM _ popupMsg('欢迎访问本站')">
```

总的来说，Dreamweaver 中行为的实现基本上都是通过 JavaScript 实现的，读者在使用某种行为后，如果查看 Dreamweaver 的源代码，一般在 head 部分中添加的代码较多，涉及的语法也比较复杂，因此这里不做更多的解释，读者如果希望了解具体语句的含义，请参阅有关 JavaScript 语言的书籍。

Chapter 14 站点维护及上传

课题概述 在完成了本地站点中网页的设计工作之后，就可以将其上传到 Internet 服务器上，构成真正的网站，以供世界各地的用户浏览，这就是站点的上传。利用 Dreamweaver 可以轻松完成站点的上载操作。

教学目标 本章详细介绍了站点的上传及维护工作。由于站点管理是制作、维护一个网站的过程中非常重要的工作，无论用户制作哪类站点，都要使用到站点管理操作，所以这是必须掌握的内容。其中有些内容更是要重点掌握的，如远程站点与本地站点建立连接、文件的取出与存回、站点的测试、设计备注的应用等。

★ 章节重点

★★★☆☆｜测试本地站点
★★★★★｜站点上传
★★☆☆☆｜取出和存回
★★☆☆☆｜使用设计备注

★ 光盘路径

上机实践：Sample\第14章\
课后练习：Exercise\第14章\
电子教案：PPT电子教案\DW_lesson14.ppt

14.1　测试本地站点

　　无论是编程还是制作站点，测试工作都是必不可少的步骤。很多情况下用户都需要测试站点，例如不同浏览器能否浏览网站、不同显示分辨率的显示器能否显示网站、站点中有没有断开的链接等。

　　经常上网的用户应该非常了解，不同浏览器浏览同一网页显示的效果可能并不相同，这不能不说是一种遗憾，但对于普通浏览者来说却也是无能为力的。所以在制作网站的过程中要时刻注意网页的兼容性，如果网站有很多用户浏览，根本无法保证这些用户都使用同一版本的浏览器，所以设计者就要尽可能针对一两种主要的浏览器进行站点开发，这样虽然其他浏览器浏览网页时产生错误的情况不可避免，但可以使其尽可能少地发生错误。

　　有时候要使网页在这几个版本的浏览器中都能够正常显示，也许会有一定的难度，那所能做的就是要找一个平衡点。不过还有另外一种解决问题的方法，就是在浏览者进入浏览页面之前首先判断他们使用的是何种版本的浏览器，对于不同版本的浏览器调入不同的页面。但是这种方法也存在一个缺点，就是工作量要提高将近一倍，相当于制作了两个或多个站点。

　　在Dreamweaver CS5中，检测浏览器的兼容性非常简便易行。在工具栏上整合了一个"检查浏览器兼容性"按钮。在默认状态下，Dreamweaver会自动检测浏览器的兼容性，如果发生兼容问题，该按钮就会变成。单击此按钮，会弹出图14-1所示的菜单。

　　若需要检查整个站点文档的浏览器兼容性问题，可以按照如下方法进行操作。

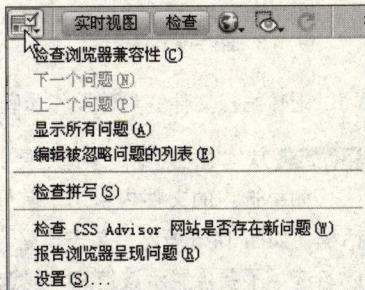

图 14-1　检测浏览器兼容性菜单

Step 01 在站点窗口中，选中要检查的目标对象，可以是文件，也可以是目录，如果选中根目录，则对整个站点进行检查。

Step 02 在"检查"面板中，单击左上角的绿色小三角，会弹出图 14-2 所示的菜单。执行"为站点中的选定文件 > 文件夹检查目标浏览器"命令，检查所有选中的文件或文件夹的浏览器兼容性；若要检查整个站点的兼容性问题，选择"为整个站点检查目标浏览器"即可。

Step 03 检查完毕后，会在窗口中显示选中文件的检查结果。

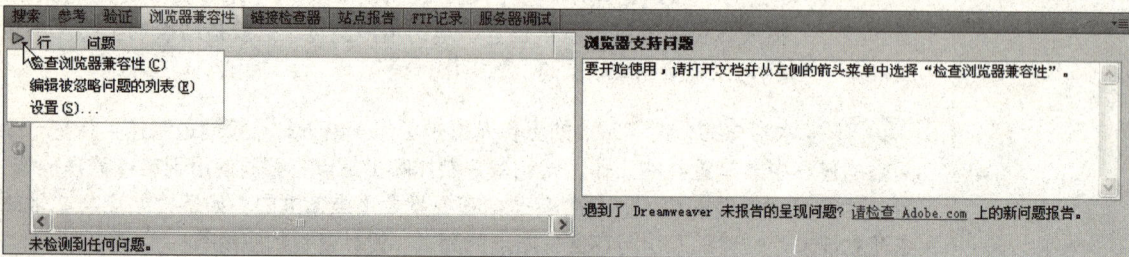

图 14-2 检查选中文件或整个站点

14.2 站点上传

网站的页面制作完毕，相关的信息也检查完毕，并且连接到远程服务器后，就可以开始上传站点了。

这里用户可以选择将整个站点上传到服务器上或只将部分内容上传到服务器上。一般来说，第一次上传需要将整个站点上传，然后当再次更新站点时，只需要上传需要更新的文件就可以了。

连接到远程服务器，只需打开站点管理窗口，单击工具栏上的"连接"按钮 🔌，如图 14-3 所示。

如果在进行站点设置时没有保存密码，则会弹出图 14-4 所示的对话框，提示用户输入密码，并且可以勾选"保存密码"复选框，以便下次连接时不再输入密码。

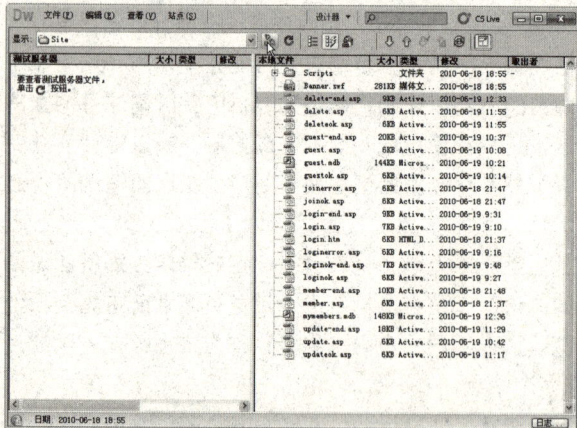

图 14-3 连接到远程服务器

图 14-4 "输入 DW 教学密码"对话框

上传站点文件的具体操作步骤如下。

Step 01 从本地站点窗口中选中要上传的文件。然后执行"站点 > 上传"命令，或单击"上传"按钮 ⬆。

如果选中的文件中引用了其他位置的内容，会出现提示用户选择是否要将这些引用内容也上传的对话框，如图 14-5 所示。单击"是"，则同时上传引用的文件。如果以后所有的文件均采用此次的设置，可以勾选"不要再显示该信息"复选框。如果选中的文件经过编辑且尚未保存，将会出现图 14-6 所示的对话框提示用户是否保存文件。选择"是"或"否"后关闭对话框。

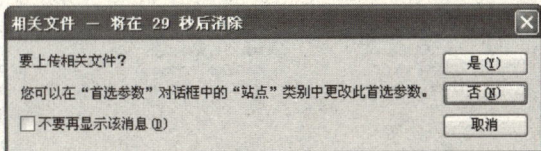

图 14-5 询问是否上传相关文件

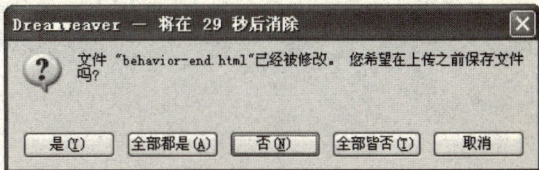

图 14-6 询问是否保存文件

Step 02 设置完毕后将会开始上传文件，如图 14-7 所示。

　　根据连接的速度不同，可能需要经过一段时间才能完成，随后在远端站点栏中会出现上传的文件。

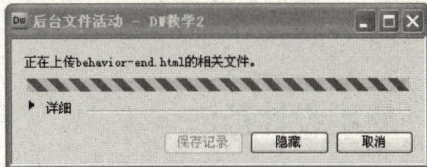

图 14-7 上传文件状态

学习注意　Dreamweaver会自动创建远端目录

在将文件从本地计算机上传到服务器上时，Dreamweaver会使本地站点和远端站点保持相同的结构，如果需要的目录在Internet服务器上不存在，则在传输文件之前Dreamweaver会自动创建。

14.3　站点维护

　　随着站点规模的扩大，对站点的维护也会变得比较困难。很多专业网站包含成千上万的文件，要想一个人维护站点几乎是不可能的，这时就需要将站点分派给多人共同维护，这就存在维护人员之间的协同合作问题。

14.3.1　取出和存回

　　对于多人共同维护站点的情况，必须设置流水化的操作过程，确保同一时刻只能由一个维护人员对网页进行修改，这时就可以使用Dreamweaver中的存回和取出功能。

　　在激活了站点的存回和取出功能之后，就可以在站点窗口中对文件进行存回和取出操作。进行取出操作的步骤如下。

　　在站点窗口中选中要取出的文件，执行"站点>取出"命令，或直接单击站点窗口中的"取出"按钮，或者单击鼠标右键，在弹出的快捷菜单中选择"取出"命令，即可将之取出，以供独立编辑。如果选中的文件中引用了其他位置的内容，会出现提示对话框，提示用户选择是否要将这些引用内容也取出，图14-8所示为文件取出后的状态。如果将一份文件取出，但是突然又不想编辑了，则可以取消取出操作，以便其他人能够编辑，具体操作方法如下：选中已取出的文件项，执行"站点>撤销取出"命令，在弹出的对话框中单击"是"按钮，这时就取消了对文件的取出。

　　在存回文件时，实际上是放弃了对文件的编辑权力，换句话说，如果存回一份文件，就不能再编辑它，直至它被其他人存回为止，被存回的文件对于用户来说是只读的。

　　在站点窗口中选中要存回的文件，执行"站点>获取"命令，或直接单击站点窗口中的"获取"按钮，即可将之存回，将文件留给其他人编辑。

　　在存回或取出时，都会出现对话框，提示用户是否要将文件中引用的其他内容也一并存回或取出。

　　图14-9所示为文件存回后的状态。因为存回者只能是用户自己，因此后面没有存回者的信息。

　　如果一份文件既没有被取出，也没有被存回，则该文件处于不被保护的状态，多个用户可以同时打开它进行编辑，这可能导致不可预料的后果。

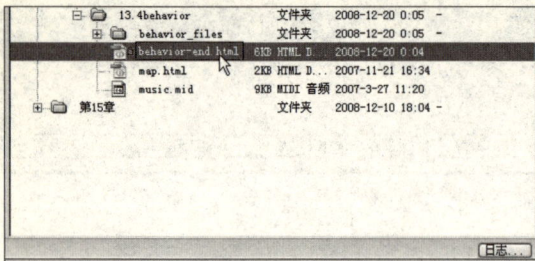

图 14-8 取出

图 14-9 存回

14.3.2 使用设计备注

设计备注为站点管理注入了新的活力。当站点中的文件越来越多时，能够准确了解文件中的内容和文件的含义就显得非常重要了，而利用设计备注就可以对整个站点或某一文件夹甚至是某一文件添加备注信息，这样用户就可以时刻跟踪、管理每一个文件，了解文件的开发信息、安全信息、状态信息等。

Dreamweaver能够支持多种文件类型使用设计备注保存设计信息，像普通的Html文档、模板、Java Applets、ActiveX控件、图片文件、Flash动画、Shockwave电影等都可以使用设计备注功能。

实际上保存在设计备注中的设计信息是以文件的形式存在的，这些文件都保存在"_notes"文件夹中，其扩展名为".mno"。使用记事本等文本编辑软件打开这类文件就可以看到用户记录的设计信息了。

Step 01 在站点面板中选中要设置设计备注的文件，单击鼠标右键，在弹出的菜单中选择"设计备注"。

Step 02 在弹出的对话框中，首先设置"基本信息"面板，如图 14-10 所示。

- **状态**：选择当前文件的状态，如"草稿"、"最终版"等。
- **备注**：填写说明文字。
- **日期**：可以插入当前的日期。
- **文件打开时显示**：在打开文件时显示此文件的设计备注。

Step 03 设置完"基本信息"面板之后，切换到"所有信息"面板，如图 14-11 所示。

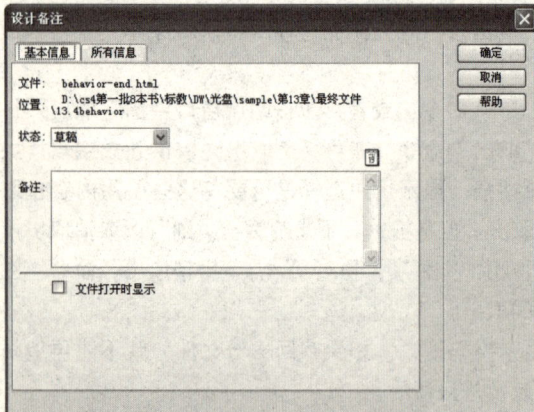

图 14-10 设计备注基本信息

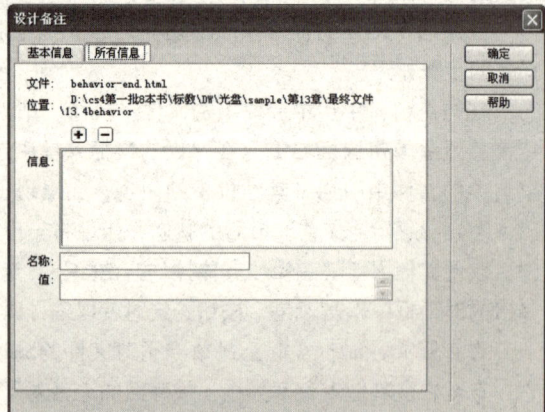

图 14-11 设计备注所有信息图

- **名称**：填写关键字。
- **值**：填写关键字对应的取值。
- **+\-**：将这一对值添加到"信息"窗口中，或删除信息。

Step 04 设置完毕后单击"确定"按钮，将结果保存。

站点的宣传是一个复杂的问题，你可以花巨额的广告费去大型网站作广告，或在google.com的搜索结果中作广告（http:\\www.google.com\intl\zh-CN\ads\）。当然也可以使用传统的方法在传统的媒体上作广告。但这里我们要谈的是合理地利用现有网络资源，使别人可以轻易找到你的网站。

很多网站的首页底端都有其他网站的链接或单独开辟一个栏目推荐一些相关网站。这种互通有无的方式可以使浏览者获得更多感兴趣的信息，当然也可以扩大我们自己网站的知名度。这种链接的形式通常是文字或88×31像素的图片，如图14-12所示。

pages.blueidea.com　　　www.rokey.net　　　www.blueidea.com

图 14-12　网站标准 Logo 的大小 88×31 像素

思考与练习

　　Dreamweaver 的功能不仅仅体现在制作网页上，它更是一个管理网站的工具，但又不同于普通的 FTP 上传软件，它对网站的管理更加科学、全面。在真正构建远端站点之前，需要在本地先对站点进行完整的测试，还应该利用浏览器实际预览一下站点中的网页，以找出其他可能存在的问题。思考与练习的知识点涵盖了这几方面的内容。

1. 填空题

（1）对于多人共同维护站点的情况，必须设置流水化的操作过程，确保同一时刻，只能由一个维护人员对网页进行修改，这时就可以使用 Dreamweaver 中的_____功能。

（2）设计信息是以文件的形式存在的，这些文件都保存在_____文件夹中。

（3）如果站点服务器支持安全套接层（SSL），那么连接到安全站点上的所有 URL 开头是_____。

2. 选择题

（1）设计备注的基本信息可以设置（　　）内容。

　　A. 状态　　　　　　　B. 备注　　　　　　　C. 日期　　　　　　　D. 文件打开时显示

（2）关于上传文件的操作步骤，下列说法错误的是（　　）。

　　A. 先定义远程信息　　　　　　　　　　B. 再连接到远程站点

　　C. 无法直接上传整个站点　　　　　　　D. 无法覆盖远程站点上已经有的文件

（3）Dreamweaver 能够支持以下（　　）文件类型使用设计备注保存设计信息。

　　A. HTML　　　　　　　　　　　　　　B. Java Applets

　　C. Flash 动画　　　　　　　　　　　　D. 图片文件

3. 上机操作题

（1）请将自己制作好的网站上传。

　　要求：使用 FTP 方式连接好远端站点，图 14-13 所示的是 Dreamweaver 中的站点管理窗口，在这里完成上传工作。

（2）请测试自己网站链接的正确性。

　　要求：检查的内容包括外部链接、断掉的链接和空链接等，图 14-14 所示的是 Dreamweaver 的链接检查器，在这里完成测试链接工作。

图 14-13 Dreamweaver 中的站点管理窗口

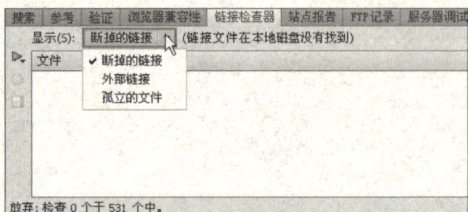

图 14-14 Dreamweaver 的链接检查器

◀)) 知识延展 使用CuteFTP上传网站

在站点上传过程的实际应用中，用户经常使用专业的上传软件来完成，CuteFTP 是使用范围相当广泛的 FTP 类软件，它的版本繁多，但如果只是用它来上传网页，各个版本的差别并不大。这里使用的版本是 CuteFTP 7 Professional。

1. FTP 站点设置

软件启动后的界面如图 14-15 所示。单击工具栏上的 New（新建）按钮 🗋，在图 14-16 所示的对话框中依次填写 Host Address（主机地址）、Username（用户名）、Password（密码）等信息。Lable（标签）是将要出现在软件左侧空白处的名称。

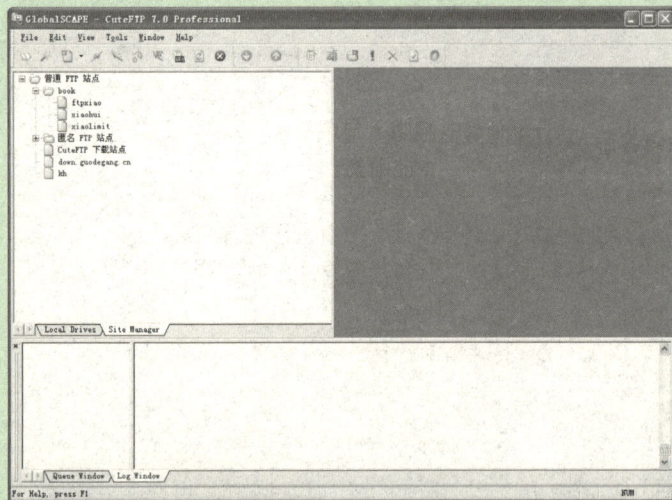

图 14-15 软件界面

图 14-16 新建站点

单击"OK"（确定）按钮后，刚刚新建的 FTP 站点名称就会出现在左侧的空白处了，如果有多个 FTP 站点，重复上面的操作即可。

2. 上传及下载

双击左侧的 FTP 站点名称，就可以与该站点建立链接。链接成功后右侧窗口的下方为链接服务器的命令及当前的状态，它的上面为服务器端的内容，左侧将变为本地计算机的目录。如果需要切换到 FTP 站点面板，单击下面的 SiteManager（站点管理）即可，如图 14-17 所示。

从左侧的本地文件目录中选择需要上传的文件或文件夹，并将其拖曳到右侧的相应位置即可实现上传。一般情况下，需要将 html 文件及图片等放到服务器端的 www 或 html 文件夹中，具体事宜请咨询该空间的提供者。

文件上传完以后，打开浏览器进行测试。如果上传的是首页文件（index.htm 或 default.htm），直接在浏览器的地址栏内敲入网址即可；如果上传的是其他页面，在地址栏内需要敲入网址和完整的文件名，如 http:\\www.yourname.com\test.htm（上传文件为 test.htm）。

文件的下载与上面的操作非常类似，选中服务器端的文件或文件夹，将其拖曳到本地相应的目录即可。

上传或下载时，在最下面的框中会显示上传或下载的文件名、大小、完成百分比等信息。上传、下载完成后通过在这些信息上单击右键，从菜单中选择 Delete（删除）选项即可将它们删除，如图 14-18 所示。

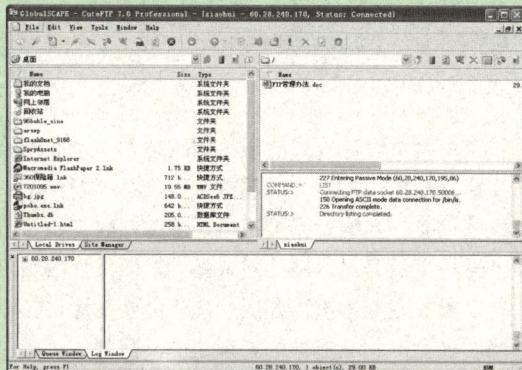

图 14-17 链接站点后的软件界面

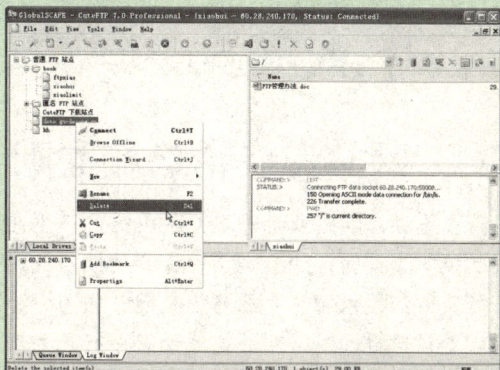

图 14-18 删除已完成的任务

Dreamweaver CS5中文版标准教程

Chapter
15
个人网站页面制作

案例分析 这个范例讲的是一个"个人艺术展"网页的制作过程，其核心操作主要是通过传统的表格排版，整合页面中的元素。由于页面较多，需要设置页面之间的链接关系。针对一些页面存在的特殊效果，需要编辑JavaScript源代码来实现。

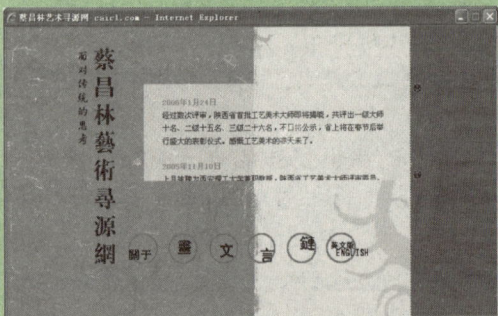

★ 核心技能

★★★★	页面整体设置
★★★☆	使用表格排版
★★☆☆	插入图文元素
★☆☆☆	设置网站链接

★ 光盘路径

案例文件：Sample\第15章\
视频教学：Video\第15章\

15.1　网站设计特点和准则

网页设计是伴随着计算机互联网络的产生而形成的视听设计新课题，网页设计者要以所处时代所能获取的技术和艺术经验为基础，依照设计目的和要求自觉地对网页的构成元素进行艺术规划的创造性思维活动，这已成为设计艺术的重要组成部分，并随着网络技术的发展而发展。表面上看，它只是关于网页版式编排的技巧与方法，实际上，它不仅是一种技能，更是艺术与技术的高度统一。

1. 网页设计特点

（1）交互性与持续性

网页不同于传统媒体之处在于信息的动态更新和即时交互性。即时的交互性是 Web 成为热点的主要原因，也是网页设计时必须考虑的问题。传统媒体（如广播、电视节目、报刊杂志等）都以线性方式提供信息，即按照信息提供者的感觉、体验和事先确定的格式来传播。而在 Web 环境下，用户不再是一个传统媒体方式的被动接受者，而是以一个主动参与者的身份加入到信息的加工处理和发布中。这种持续的交互，使网页艺术设计不像印刷品设计那样，在发表之后就意味着设计的

结束。网页设计人员必须根据网站各个阶段的经营目标，配合网站不同时期的经营策略，以及用户的反馈信息，经常对网页进行调整和修改。例如，为了保持浏览者对网站的新鲜感，很多大型网站总是定期或不定期地进行改版，这就需要设计者在保持网站视觉形象一贯性的基础上，不断创作出新的网页设计作品。

（2）多维性

多维性源于超级链接，主要体现在网页设计中对导航的设计上。由于超级链接的出现，网页的组织结构更加丰富，浏览者可以在各种主题之间自由跳转，从而打破了以前人们接收信息的线性方式。例如，可以将页面的组织结构划分为序列结构、层次结构、网状结构、复合结构等。但如果页面之间的关系过于复杂，不仅为浏览者检索和查找信息增加了难度，也为设计工作带来了更大的困难。为了让浏览者在网页上迅速找到所需信息，设计者必须考虑快捷而完善的导航设计。

作为一名网页设计者，在替浏览者考虑得很周到的网页中，导航提供了足够的、不同角度的链接，帮助读者在网页的各个部分之间跳转，并告知浏览者现在所在的位置、当前页面和其他页面之间的关系等。并且，每页都有一个返回主页的按钮或链接，

如果页面是按层次结构组织的，通常还有一个返回上级页面的链接。对于网页设计者来说，面对的不是按顺序排列的印刷页面，而是自由分散的网页，因此必须考虑更多的问题。如怎样构建合理的页面组织结构，让浏览者对你提供的巨量信息不会感到杂乱；怎样建立包括站点索引、帮助页面、查询功能在内的导航系统；以及这一切从哪儿开始，到哪儿结束。

（3）多种媒体的综合性

目前网页中使用的多媒体视听元素主要有文字、图像、声音、视频等，随着网络带宽的增加、芯片处理速度的提高以及跨平台的多媒体文件格式的推广，必将促使设计者综合运用多种媒体元素来设计网页，以满足和丰富浏览者对网络信息传输质量提出的更高要求。目前国内网页已经出现了模拟三维的操作界面，在数据压缩技术的改进和流（Stream）技术的推动下，Internet网上出现实时的音频和视频服务，典型的有在线音乐、在线广播、网上电影、网上直播等。因此，多种媒体的综合运用是网页艺术设计的特点之一，也是未来的发展方向。图15-1所示的页面就是应用了多种媒体的设计作品。

图 15-1 多媒体网页

（4）技术与艺术结合的紧密性

设计是主观和客观共同作用的结果，是在自由和不自由之间进行的，设计者不能超越自身已有经验和所处环境提供的客观条件限制，优秀的设计者正是在掌握客观规律基础上得到了完全的自由，一种想象和创造的自由。网络技术主要表现为客观因素，艺术创意主要表现为主观因素，网页设计者应该积极主动地掌握现有的各种网络技术规律，注重技术和艺术紧密结合，这样才能穷尽技术之长，实现艺术想象，满足浏览者对网页信息的高质量需求。

例如，浏览者欣赏一段音乐或电影，以前必须先将这段音乐或电影下载到本地机器，然后使用相应的程序来播放，由于音频或视频文件都比较大，所以需要较长的下载时间。流技术出现以后，网页设计者充分、巧妙地应用此技术，让浏览者在下载过程中就可以欣赏这段音乐或电影，实现了实时的网上视频直播服务和在线欣赏音乐服务，这无疑增强了页面传播信息的表现力和感染力。

网络技术与艺术创意的紧密结合，使网页的艺术设计由平面设计扩展到立体设计，由纯粹的视觉艺术扩展到空间听觉艺术，网页效果不再近似于书籍或报刊杂志等印刷媒体，而更接近于电影或电视的观赏效果。技术发展促进了技术与艺术的紧密结合，把浏览者带入一个真正现实中的虚拟世界。

2. 网页设计准则

网页作为传播信息的一种载体，同其他出版物如报纸、杂志等在设计上有许多共同之处，也要遵循一些设计的基本原则。但是，由于表现形式、运行方式和社会功能的不同，网页设计又有其自身的特殊规律。网页的艺术设计是技术与艺术的结合，是内容与形式的统一，它要求设计者必须掌握以下三个主要准则。

（1）主题鲜明

视觉设计表达的是一定的意图和要求，有明确的主题，并按照视觉心理规律和形式将主题主动地传达给观赏者。诉求的目的是使主题在适当的环境里被人们即时地理解和接受，以满足人们的实用和需求，这就要求视觉设计不但要单纯、简练、清晰和精确，而且在强调艺术性的同时，更应该注重通过独特的风格和强烈的视觉冲击力来鲜明地突出设计主题。

根据认知心理学的理论，大多数人在短期记忆中只能同时把握4~7条分立的信息，而对多于7条的分立信息或者不分立的信息容易产生记忆上的模糊或遗忘，概括起来就是较小而分立的信息要比较长而不分立的信息更为有效和容易浏览。这个规律蕴含在人们寻找信息和使用信息的实践活动中，须自觉地掌握和遵从。它要求视觉设计者的设计活动必须作为视觉设计范畴中的一种网页艺术设计，其最终目的是达到最佳的主题诉求效果。

这种效果的取得一方面是通过对网页主题思想运用逻辑规律进行条理性处理，使之符合浏览者获取信息的心理需求和逻辑方式，让浏览者快速地理解和吸收；另一方面是通过对网页构成元素运用艺术的形式美法则进行条理性处理，更好地营造符合设计目的的视觉环境，突出主题，增强浏览者对网页的注意力，增进对网页内容的理解。只有两个方面有机地统一，才能实现最佳的主题诉求效果。

优秀的网页设计必然服务于网站的主题，也就是说，什么样的网站应该有什么样的设计。例如，设计类的个人站点与商业站点性质不同，目的也不同，所以评论的标准也不同。网页艺术设计与网站主题的关系应该遵循以下准则。首先，设计是为主题服务的；其次，设计是艺术和技术结合的产物，就是说，既要"美"，又要实现"功能"；最后，"美"和"功能"都是为了更好地表达主题。当然，有些情况下，"功能"即是"主题"，还有些情况下，"美"即是主题。例如，雅虎作为一个搜索引擎，首先要实现"搜索"的"功能"。它的主题即是它的"功能"。而一个个人网站，可以只体现作者的设计思想，或者仅仅以设计出"美"的网页为目的。它的主题只有一个，就是"美"。

只注重主题思想的条理性而忽视网页构成元素空间关系的形式美组合，或者只重视网页形式上的条理而淡化主题思想的逻辑，都将削弱网页主题的最佳诉求效果，难以吸引浏览者的注意力，出现平庸的网页设计或使网页设计以失败而告终。

要使网页从形式上获得良好的诱导力，鲜明地突出诉求主题，具体可以通过对网页的空间层次、主从关系、视觉秩序及彼此间的逻辑性的把握运用来实现。如图15-2所示的页面说明了这个问题。

图 15-2 主题鲜明

（2）形式与内容统一

任何设计都有一定的内容和形式。内容是构成设计的一切内在要素的总和，是设计存在的基础，被称为"设计的灵魂"；形式是构成内容诸要素的内部结构或内容的外部表现方式。设计的内容就是指它的主题、形象、题材等要素的总和形式，就是它的结构、风格或设计语言等表现方式。内容决定形式，形式反作用于内容。一个优秀的设计必定是形式对内容的完美表现。一方面，网页设计所追求的形式美必须适合主题的需要，这是网页设计的前提。只讲花哨的表现形式以及过于强调"独特的设计风格"而脱离内容，或者只求内容而缺乏艺术的表现，网页设计都会变得空洞而无力。设计者只有将二者有机地统一起来，深入领会主题的精髓，再融合自己的思想感情，找到一个完美的表现形式，才能体现出网页设计独具的分量和特有的价值。另一方面，要确保网页上的每一个元素都有存在的必要性，不要为了炫耀而使用冗余的技术。那样得到的效果可能会适得其反。只有通过认真设计和充分的考虑来实现全面的功能并体现美感才能实现形式与内容的统一。

网页具有多屏、分页、嵌套等特性，设计者可以对其进行形式上的适当变化以达到多变性处理效果，丰富整个网页的形式美。这就要求设计者在注意单个页面形式与内容统一的同时，更不能忽视同一主题下多个分页面组成的整体网页的形式与整体内容的统一。因此，在网页设计中必须注意形式与内容的高度统一。

（3）强调整体

网页的整体性包括内容和形式上的整体性，这里主要讨论设计形式上的整体性。

网页是传播信息的载体，它要表达的是一定的内容、主题和思想，在适当的时间和空间环境里为人们所理解和接受，它以满足人们的实用和需求为目标。设计时强调其整体性，可以使浏览者更快捷、更准确、更全面地认识它、掌握它，并给人一种内部有机联系、外部和谐完整的美感。整体性也是体现一个站点独特风格的重要手段之一。

在网站建设中网页的结构形式是由各种视听要素组成的。如图 15-3 所示，为 Dior 国际网站的香水产品宣传页，该页面使用了金色作为网页的主色调，显得高贵、典雅，烘托出了产品的高格调和高品位。

从某种意义上讲，强调网页结构形式的视觉整体性必然会牺牲灵活的多变性，"物极必反"就是这个道理。因此，在强调网页整体性设计的同时必须注意过于强调整体性可能会使网页呆板、沉闷，以致影响访问者的情绪和继续浏览的欲望。"整体"是在"多变"基础上的整体。

图 15-3　根据网站整体确定配色与版式

15.2　制作"个人艺术展"网页

　　下面要制作的实例网站分为中文版和英文版两个版本，在这个范例中我们讲解的是中文版的制作。中文版分为多个栏目，包括关于、介绍、照片、评价、画廊、文章、留言簿、链接等。

15.2.1　制作引导页和首页

Step 01　先制作 index.htm 引导页，执行"修改 > 页面属性"命令，将背景图像设置为 images\bg.png，如图 15-4 所示。

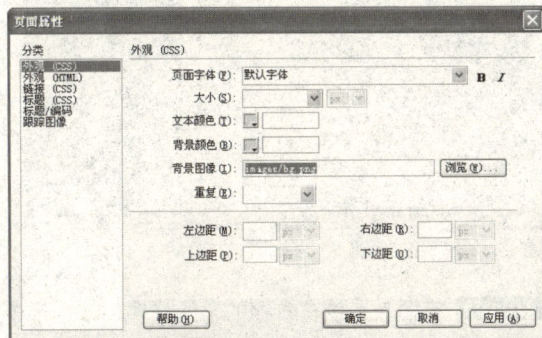

图 15-4　设置页面属性

Step 02　设置完成后单击"确定"按钮，页面中即设置了背景图像效果，如图 15-5 所示。

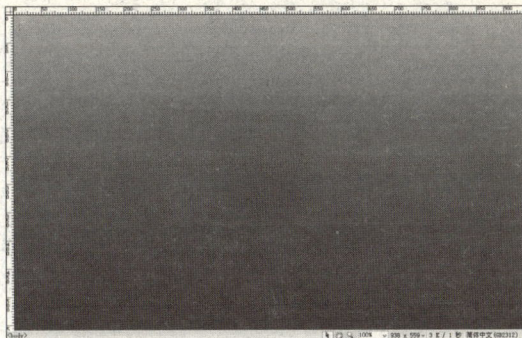

图 15-5　背景图像效果

Step 03　插入一个 1 行 3 列、"宽度"为 700 像素的表格，在"属性"面板中设置表格的"对齐"方式为"居中"对齐，如图 15-6 所示。

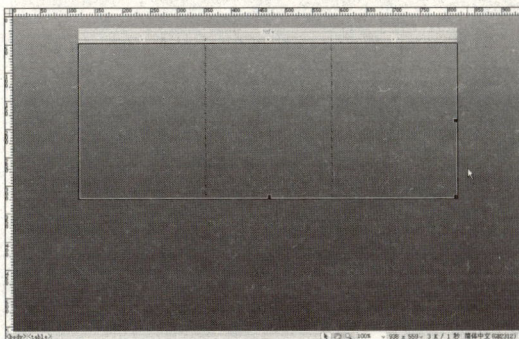

图 15-6　插入表格并设置对齐方式

Step 04　在中间的单元格插入图片 images\index-center.gif，在左侧及右侧的单元格内分别插入 images\index-left.gif 及 images\index-right.gif，如图 15-7 所示。

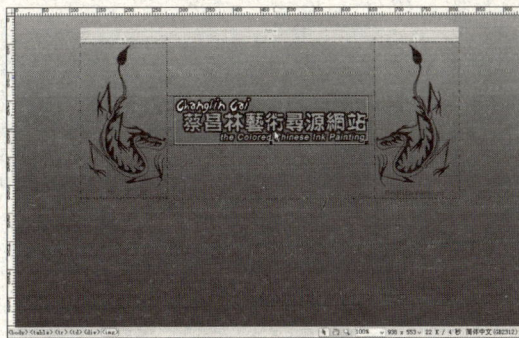

图 15-7　插入图片

Step 05　选中左侧的图片，打开"行为"面板，添加"打开浏览器窗口"动作，将"要显示的URL"设置为index-cn.htm、"窗口宽度"设置为790、"窗口高度"设置为450，如图15-8所示。

235

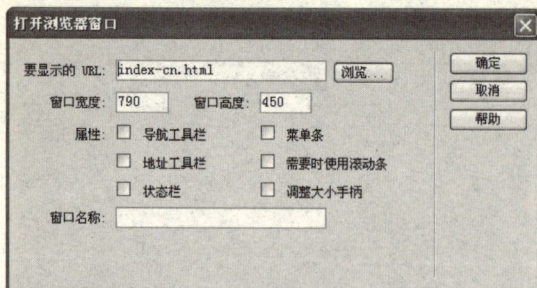

图 15-8 "打开浏览器窗口"对话框

Step 06 设置完成后单击"确定"按钮，在"行为"面板中将事件设置为onClick，如图15-9所示。这样，引导页就基本制作完成了。

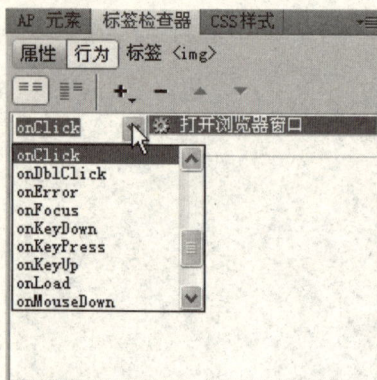

图 15-9 设置事件

Step 07 下面制作index-cn.htm首页面，执行"修改>页面属性"命令，将背景图像设置为images\index-bg.gif，如图15-10所示。

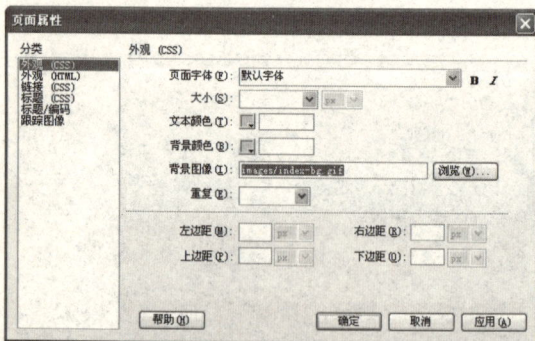

图 15-10 设置页面属性

Step 08 设置完成后单击"确定"按钮，页面中即设置了背景图像效果，如图15-11所示。

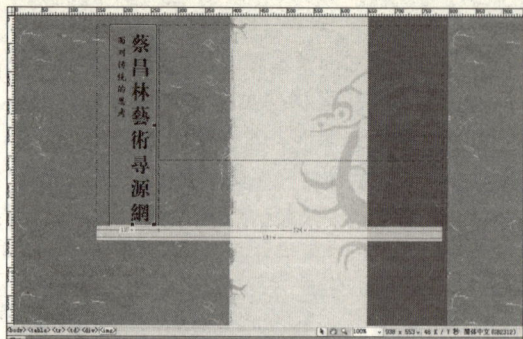

图 15-11 背景图像效果

Step 09 插入一个 2 行 2 列、"宽度"为 639 像素的表格，选中左侧的两个单元格，将它们合并。然后在"属性"面板中设置表格的"对齐"方式为居中对齐，如图 15-12 所示。

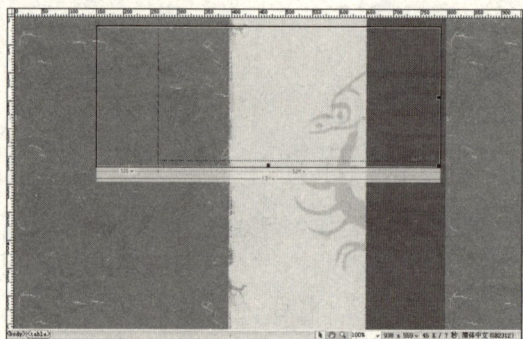

图 15-12 插入表格并调整结构

Step 10 在左侧的单元格内单击，插入图片 images\cn-title.gif，如图 15-13 所示。

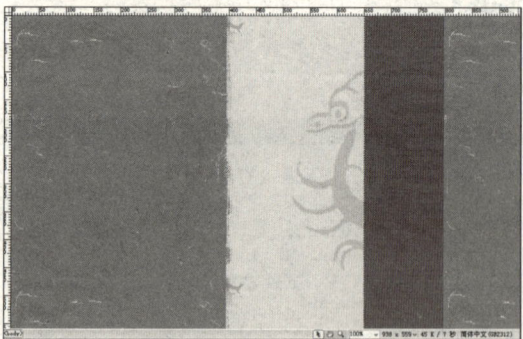

图 15-13 插入图片

Step 11 将插入点放在右侧的单元格中，插入一个 2 行 2 列、"宽度"为 475 像素的表格，选中左侧的两个单元格，将它们合并。然后在"属性"面板中设置表格的"对齐"方式为居中对齐，如图 15-14 所示。

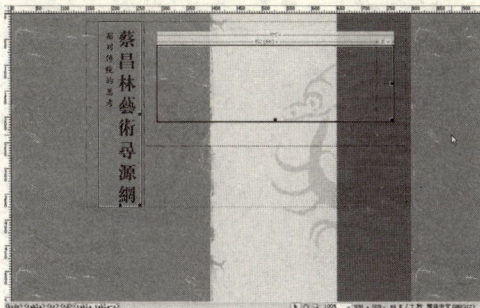

图 15-14 插入表格并调整结构

Step 12 切换到拆分视图，在左侧的单元格中输入如下代码，插入一个名称为"new_date"、"宽度"为 98%、"高度"为 150 像素、"边缘宽度"和"边缘高度"均为 0、边框为 0、禁止改变大小的内联框架，并应用 date.htm 页面，如图 15-15 所示。

```
<iframe src="data.htm" name="new _
date" width="98%" marginwidth="0" height
="150" marginheight="0" scrolling="No"
frameborder="0" id="new _date" border= "0"
framespacing="0" noresize="noResize">
<\iframe>
```

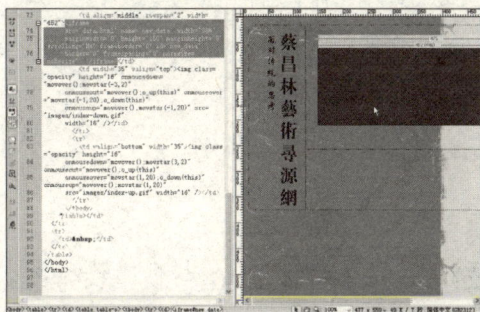

图 15-15 输入代码

Step 13 在右侧的单元格中分别插入 images\index-down.gif 和 images\index-up.gif 图片文件，如图 15-16 所示。

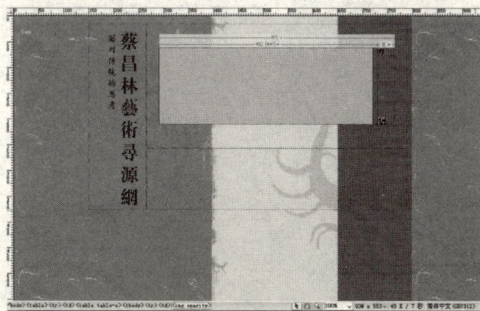

图 15-16 插入图片文件

Step 14 将插入点放在下方空白的单元格中，插入一个 1 行 6 列、"宽度"为 394 像素的表格，在"属性"面板中设置表格的"对齐"方式为左对齐，如图 15-17 所示。

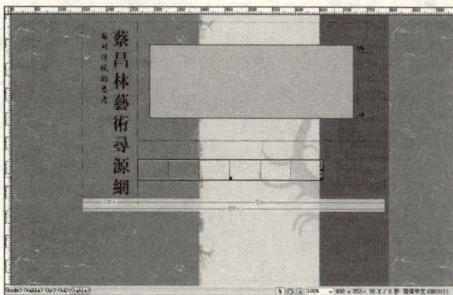

图 15-17 插入表格

Step 15 在插入表格的每一个单元格中依次插入导航图片，分别为 images\index-bar2_r1_c1.gif、images\index-bar2_r1_c2.gif、images\index-bar2_r1_c3.gif、images\index-bar2_r1_c4.gif、images\index-bar2_r1_c5.gif 和 images\index-bar2_r1_c6.gif，如图 15-18 所示。

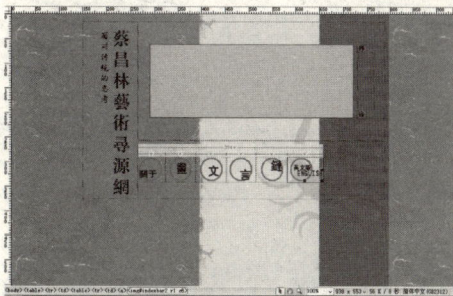

图 15-18 插入图片

Step 16 依次在"属性"面板中为插入的 6 张图片设置"边框"为 0，然后依次添加到内页的链接，分别为 about.htm、painting.htm、article.htm、#、link.htm 和 #。其中 # 链接为用于讲解案例的空链接，不链接到实际的网页地址，如图 15-19 所示。

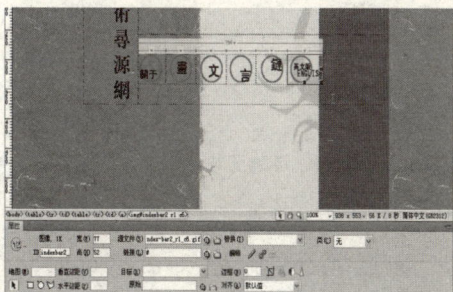

图 15-19 设置链接

Step 17 在"CSS样式"面板新建名为"table-o"的类样式,设置半透明的滤镜效果,如图15-20所示。

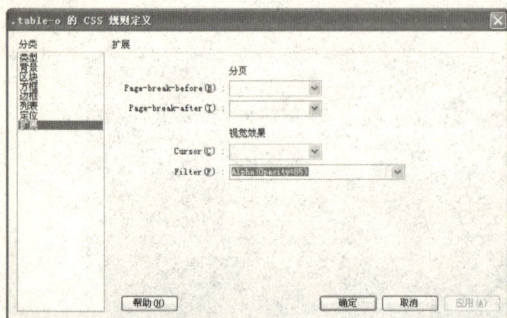

图 15-20 "table-o"类样式的滤镜设置

Step 18 选中内联框架所在的表格,在"属性"面板中设置"类"为"table-o",如图 15-21 所示。

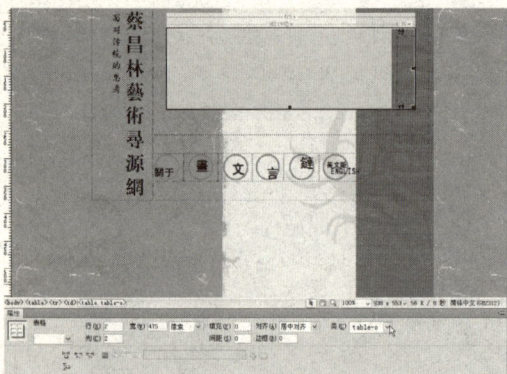

图 15-21 设置表格类样式

Step 19 在"CSS样式"面板中新建名为"opacity"的类样式,设置不透明的滤镜效果,如图15-22所示。

图 15-22 "opacity"类样式的滤镜设置

Step 20 选中内联框架所在表格右侧单元格的两张图片,在"属性"面板中设置"类"为"opacity",如图 15-23 所示。

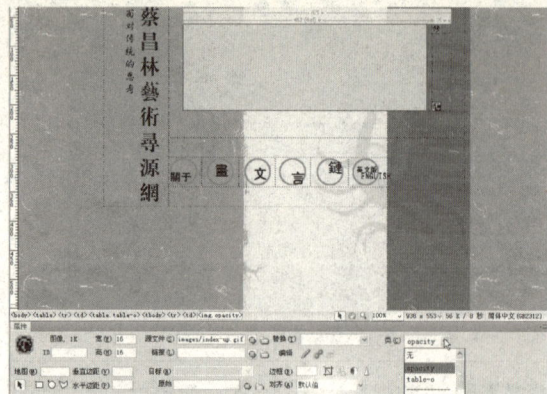

图 15-23 设置图片类样式

Step 21 要在内联框架中应用data.htm页面,因此进入data.htm页面的制作。插入一个1行2列、"宽度"为402像素、填充为10的表格,然后输入文字内容,设置页面的背景色即可。读者可参考光盘源文件自行完成,如图15-24所示。

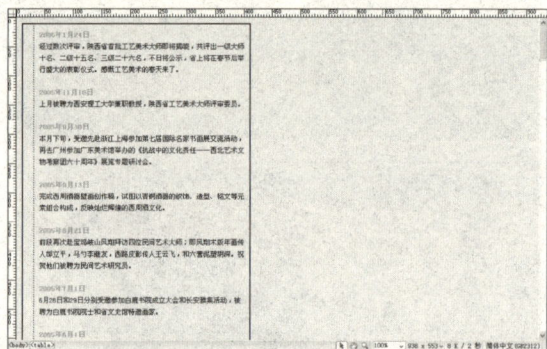

图 15-24 data.htm 页面内容

Step 22 因为data.htm页面内容较长,要在index-cn.htm页面中较小的内联框架内显示,希望制作上下翻页效果。进入拆分视图,在<head>区域内编写如下JavaScript脚本,如图15-25所示。

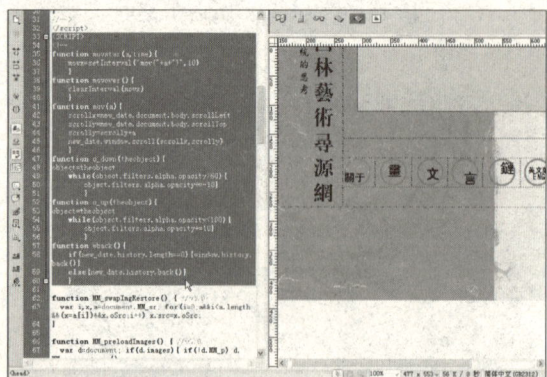

图 15-25 编写脚本

```
<SCRIPT>
<!--
function movstar(a,time){
      movx=setInterval("mov("+a+")",10)
      }
function movover(){
      clearInterval(movx)
      }
function mov(a){
      scrollx=new_date.document.body.
scrollLeft
      scrolly=new_date.document.body.
scrollTop
      scrolly=scrolly+a
      new_date.window.scroll(scrollx,
scrolly)
      }
function o_down(theobject){
object=theobject
      while(object.filters.alpha.
opacity>60){
            object.filters.alpha.
opacity+=-10}
            }
function o_up(theobject){
object=theobject
      while(object.filters.alpha.
opacity<100){
            object.filters.alpha.
opacity+=10}
            }
function wback(){
      if(new_date.history.length==0)
{window.history.back()}
      else{new_date.history.back()}
      }
<\Script>
```

Step 23 在内联框架所在表格右侧单元格的两张图片上修改代码调用脚本，实现光标经过、光标离开、鼠标按下和鼠标松开后不同速度上下翻页的功能，如图15-26所示。

```
<img class="opacity" height="16" onm-
ousedown="movover();movstar(-3,2)"
onmouseout="movover();o_up(this)"
onmouseover="movstar(-1,20);o_down
```

```
(this)" onmouseup="movover();movstar(-
1,20)" src="images\index-down.gif"
width="16" \>
<img class="opacity" height="16"  o
nmousedown="movover();movstar(3,2)"
onmouseout="movover();o_up(this)"
onmouseover="movstar(1,20);o_
down(this)" onmouseup="movover();mov
star(1,20)" src="images\index-up.gif"
width="16" \>
```

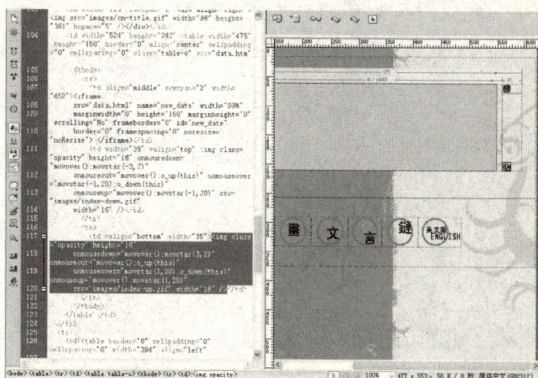
图 15-26 修改代码

Step 24 依次选中导航条的6张图片，在"行为"面板中添加交换图像行为，设置交换的图像为images\index-bar2_r1_c1_f2.gif、images\index-bar2_r1_c2_f2.gif、images\index-bar2_r1_c3_f2.gif、images\index-bar2_r1_c4_f2.gif、images\index-bar2_r1_c5_f2.gif 和 images\index-bar2_r1_c6_f2.gif，实现光标经过后改变图像，如图 15-27所示。

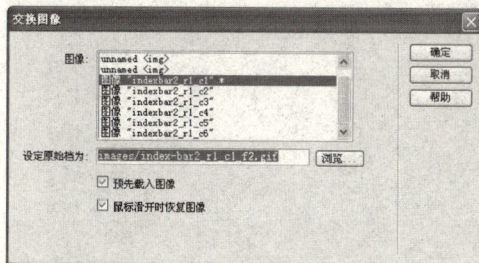
图 15-27 "交换图像"对话框

Step 25 至此，引导页和首页制作完成，在引导页中按下F12键预览页面，单击左侧图像后将以打开浏览器窗口的形式访问首页面，首页面中可以实现交换图像、上下翻页等效果，如图15-28 和 15-29所示。

图 15-28 引导页

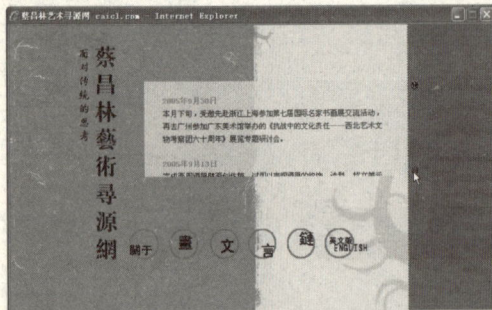

图 15-29 首页

15.2.2 制作内页

1. 制作 about.htm 页面

Step 01 下面制作about.htm页面，设置页面的背景图像为images\about-bg.jpg，然后插入一个1行3列、"宽度"为510像素的表格，并在"属性"面板中设置表格"对齐"方式为居中对齐，如图15-30所示。

图 15-30 设置背景图像并插入表格

Step 02 在左侧单元格中插入images\cn-title.gif图片，在中间单元格中设置垂直底部对齐，插入一个6行1列、"宽度"为52像素的表格，如图15-31所示。

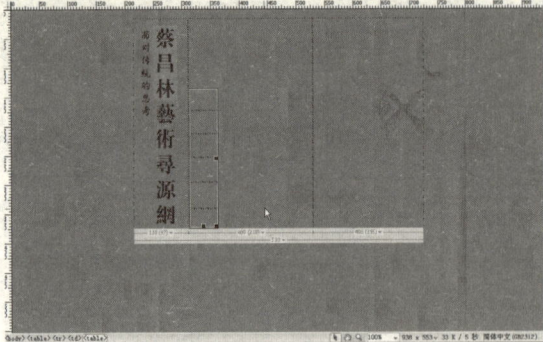

图 15-31 插入图片及表格

Step 03 在表格中插入导航图片images\about-bar_r1_c1.gif、images\about-bar_r2_c1.gif、images\about-bar_r3_c1.gif、images\about-bar_r4_c1.gif、images\about-bar_r5_c1.gif和images\about-bar_r6_c1.gif，并设置边框属性为0，然后依次制作到about.htm、painting.htm、article.htm、#、link.htm和#的链接关系，如图15-32所示。

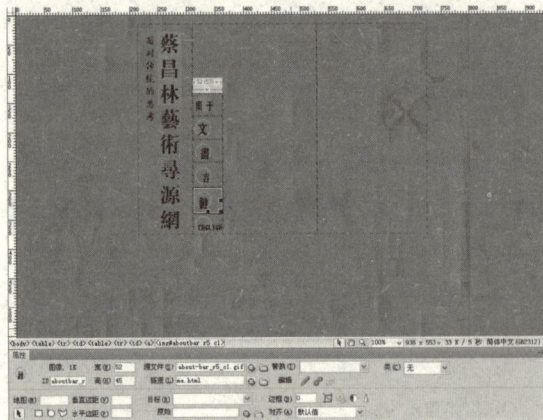

图 15-32 插入图片并制作链接

Step 04 在右侧空白的单元格中插入一个2行1列、"宽度"为550像素的表格，如图15-33所示。

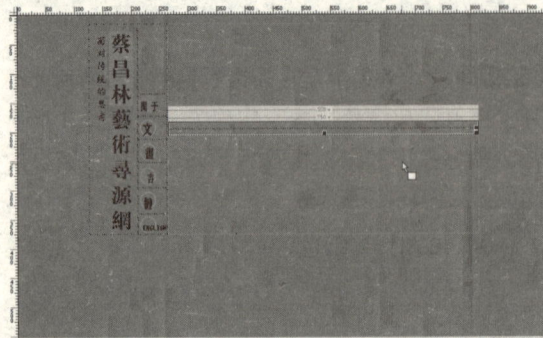

图 15-33 插入表格

240

Step 05 进入拆分视图，在第一行中输入内联框架代码，插入内联框架，显示 me.htm 页面，如图 15-34 所示。

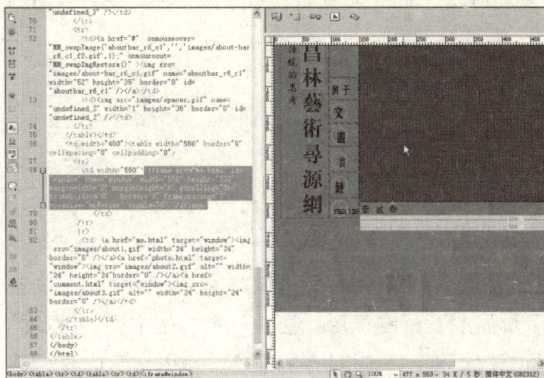

图 15-34 插入内联框架

```
<iframe src="me.htm" id="window"
name="window" width="550" height="330"
marginwidth="0" marginheight="0"
scrolling="Yes" frameborder="0"
border="0" framespacing="0" noresize=
"noResize" vspale="0"><\iframe>
```

Step 06 由于内联框架的名称为"window"，下面在表格的第二行插入三张图片images\about1.gif、images\about2.gif和images\about3.gif，作为内联框架内容的切换按钮，并依次链接到me.htm、photo.htm和comment.htm页面，将"边框"设置为0、目标统一设置为"window"，如图15-35所示。

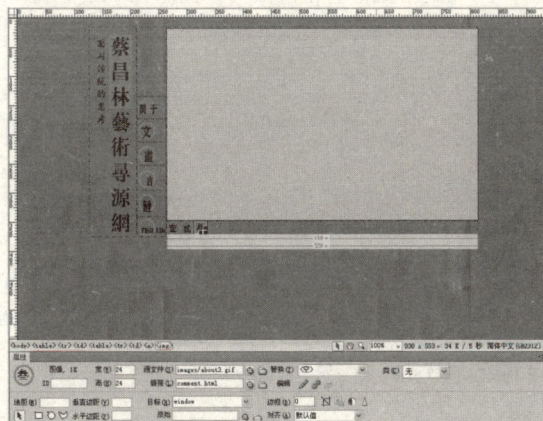

图 15-35 插入图片并设置链接

Step 07 下面制作内联框架的内容页面me.htm。这个页面的制作过程相对也比较简单，插入一个1行1列、"宽度"为96%的表格，设置对齐方式为居中对齐，然后输入文字内容，插入左对齐的images\about.jpg图片，并设置页面的背景图像即可。读者可参考光盘源文件自行完成，如图15-36所示。

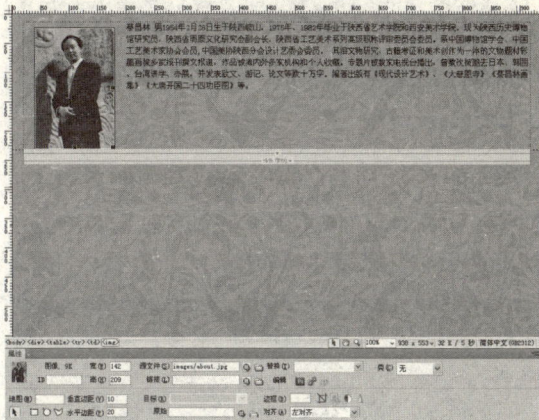

图 15-36 me.htm 页面

Step 08 下面制作内联框架的内容页面 photo.htm。插入一个 5 行 2 列、"宽度"为 95% 的表格，然后将左侧的单元格合并成两行，在左右两列不同的单元格中输入文字内容并插入相关照片，设置页面的背景图像，并通过"CSS 样式"面板创建好样式效果即可。读者可参考光盘源文件自行完成，如图 15-37 所示。

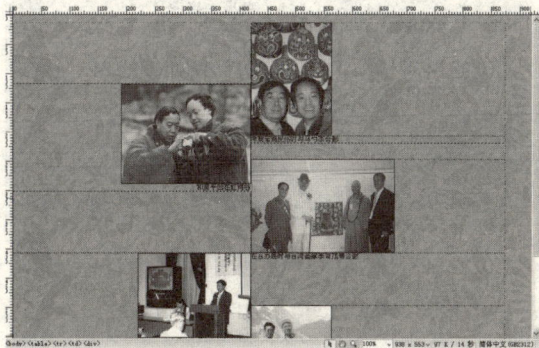

图 15-37 photo.htm 页面

Step 09 下面制作内联框架的内容页面comment.htm。插入一个1行1列、"宽度"为93%的表格，在单元格中输入文字内容，设置页面的背景图像，并通过"CSS样式"面板创建好样式效果即可。读者可参考光盘源文件自行完成，如图15-38所示。

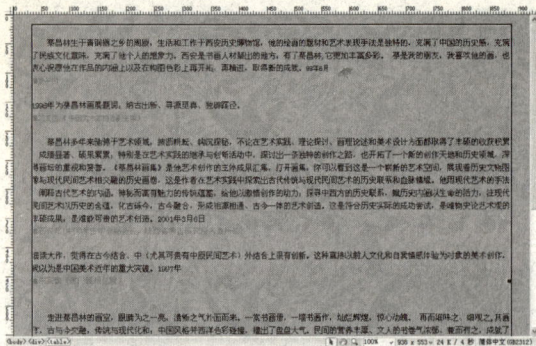

图 15-38 comment.htm 页面

Step 10 至此，about.htm页面制作完成，按下F12键预览页面，单击链接后可以在内联框架中显示页面栏目内容，如图15-39所示。

图 15-39 预览效果

2. 制作 article.htm 页面

Step 01 下面制作article.htm页面，这个页面使用框架结构制作，因此，首先制作左侧框架的article-left.htm。插入一个1行2列、"宽度"为150像素的表格，然后在左侧的单元格中插入images\cn-title.gif图片，在右侧的单元格中插入一个6行1列、"宽度"为54像素的表格，按照前面介绍的方法插入导航栏图片，如图15-40所示。

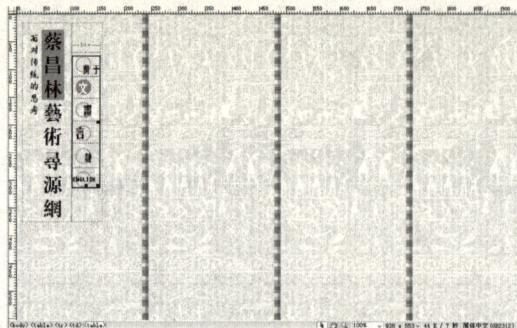

图 15-40 article-left.htm 页面

Step 02 下面制作右侧框架的 article-list.htm，设置了页面的背景图像后，插入一个1行1列、"宽度"为265像素、居中对齐的表格，输入文字内容后通过"CSS 样式"面板创建好样式效果即可。读者可参考光盘源文件自行完成，如图 15-41 所示。

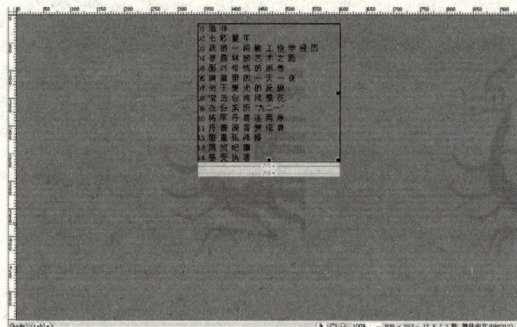

图 15-41 article-list.htm 页面

Step 03 返回到article.htm页面，打开"框架"面板，执行"插入>HTML>框架>左对齐"命令，制作一个左右结构的框架页面，如图15-42所示。

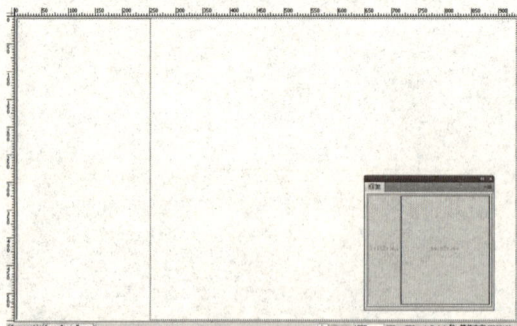

图 15-42 框架页面

Step 04 单击"框架"面板左侧的框架，在"属性"面板中设置"源文件"为article-left.htm，"滚动"为"否"，选中"不能调整大小"复选框，如图15-43所示。

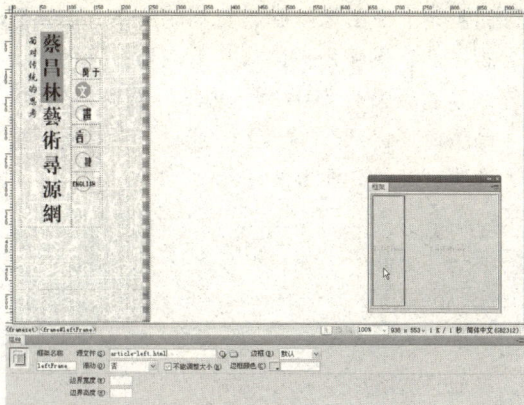

图 15-43 设置左侧框架

Step 05 单击"框架"面板右侧的框架，在"属性"面板中设置"源文件"为article-list.htm，"滚动"为"默认"，如图15-44所示。

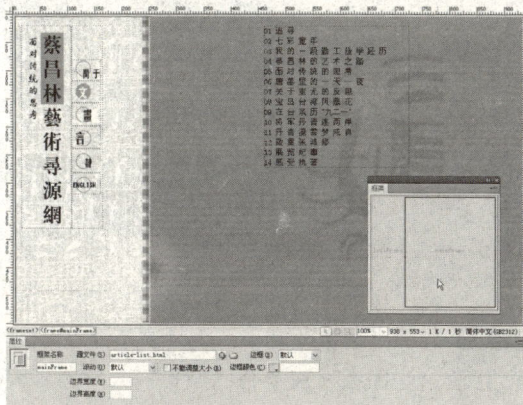

图 15-44 设置右侧框架

Step 06 单击"框架"面板中的总框架集，在"属性"面板中设置"边框"为"否"、"边框宽度"为0，然后选中左侧框架，设置"列宽"为245像素，选中右侧框架，设置"列宽"为"相对"，如图15-45所示。

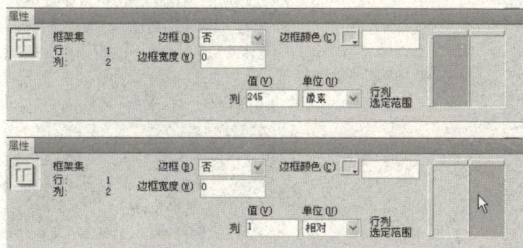

图 15-45 设置框架集属性

Step 07 保存整个框架集页面，然后按下 F12 键预览页面，整体框架的效果如图 15-46 所示。

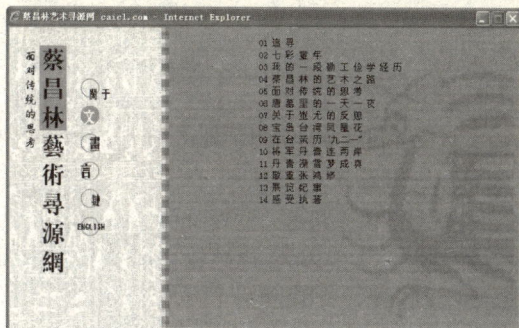

图 15-46 预览效果

3. 制作 painting.htm 页面和 link.htm 页面

Step 01 下面制作 painting.htm 页面，和前面介绍的页面相似，首先设置页面的背景图像，然后通过一个 2 行 2 列、"宽度"为 531 像素、居中对齐的表格布局内容。左侧的两行单元格被合并后插入 images\cn-title.gif 图片，右侧第 1 行单元格中插入 1 行 6 列的表格，如图 15-47 所示。

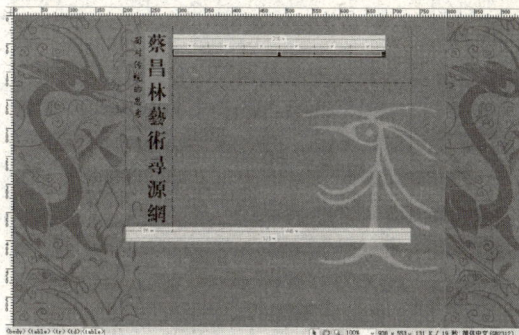

图 15-47 插入表格及图像

Step 02 在右侧的表格中插入导航栏图片，依次为 images\painting-bar_r1_c1.gif、images\painting-bar_r1_c2.gif、images\painting-bar_r1_c3.gif、images\painting-bar_r1_c4.gif、images\painting-bar_r1_c5.gif 和 images\painting-bar_r1_c6.gif 图片。

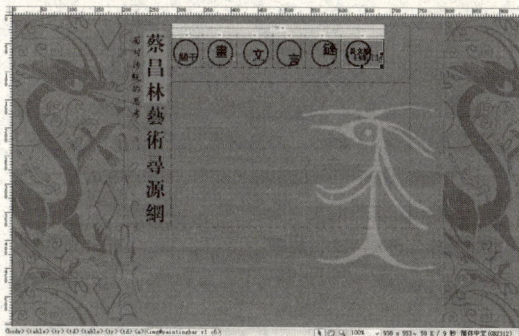

图 15-48 插入图片

243

Step 03 依次选中导航条的6张图片，在"行为"面板中添加交换图像行为，分别设置交换的图像为images\painting-bar_r1_c1_f2.gif、images\painting-bar_r1_c2_f2.gif、images\painting-bar_r1_c3_f2.gif、images\painting-bar_r1_c4_f2.gif、images\painting-bar_r1_c5_f2.gif 和 images\painting-bar_r1_c6_f2.gif，实现光标经过后改变图像的效果，如图 15-49 所示。

图 15-49 "交换图像"对话框

Step 04 设置图像的"边框属性"为0，依次制作到about.htm、painting.htm、article.htm、#、link.htm和#的链接关系，如图15-50所示。

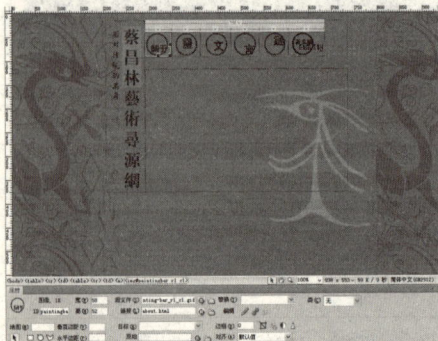

图 15-50 制作链接

Step 05 在空白的单元格中插入一个1行11列、填充为10的表格，插入多张画廊图像，具体的图片文件路径请读者参考光盘文件，如图15-51所示。

图 15-51 插入表格及图像

Step 06 为了使图像画廊具有滚动效果，切换到拆分视图，在图像所在的表格前增加如下代码，制作滚动速度为3、滚动延迟为80、宽度为400像素、高度为150像素、光标经过停止、光标离开继续的滚动效果，如图15-52所示。

```
<MARQUEE onmouseover=this.stop()
onmouseout=this.start() scrollAmount=3
scrollDelay=80 direction=hor width=400
height=150>
```

在表格后增加结束代码如下。

```
<\marquee>
```

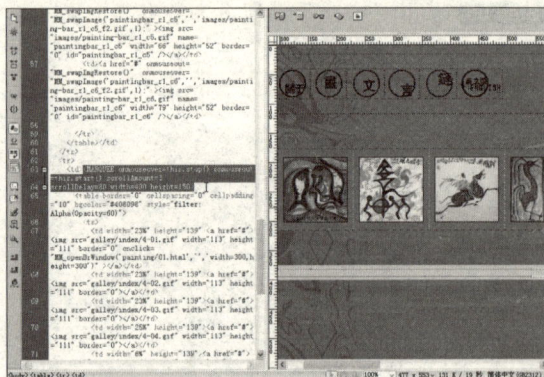

图 15-52 编辑代码

Step 07 为了使图像画廊中的图片具有半透明效果，修改这些图像所在表格的源代码，增加了内联样式，产生半透明效果，如图 15-53 所示。

```
<table border="0" cellspacing="0"
cellpadding="10" bgcolor="#408098"
style="filter: Alpha(Opacity=60)">
```

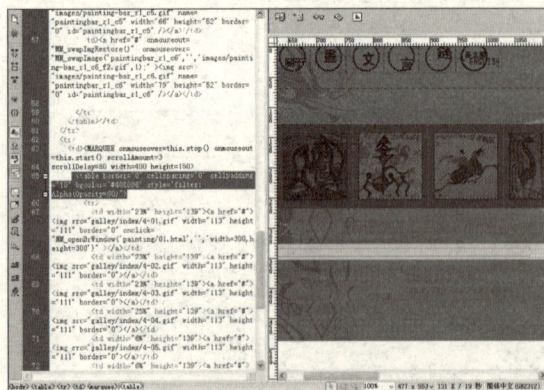

图 15-53 修改代码

Step 08 按下 F12 键预览页面效果。最后制作 link. htm 页面，这个页面的结构与制作方法和前面介绍的页面非常相似，首先设置页面的背景图像，然后通过表格布局页面内容。请读者参考光盘文件自行完成，如图 15-54 所示。

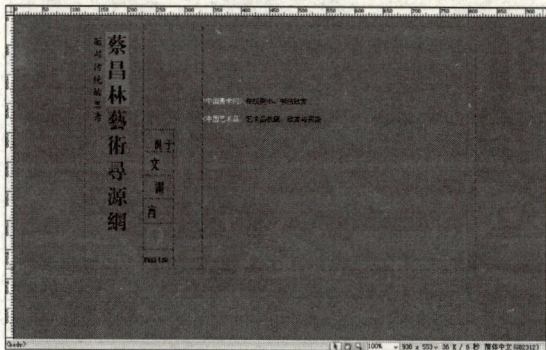

图 15-54　link.htm 页面

Step 09 按下 F12 键预览页面，可以看到 link.htm 页面的效果，如图 15-55 所示。至此，整个个人网站的页面就制作完成了。

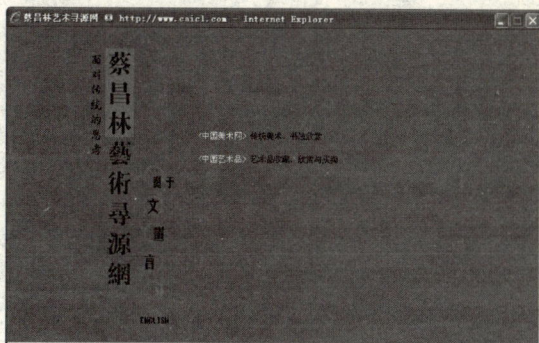

图 15-55　预览效果

Chapter
16 仿韩国风格网站页面制作

案例分析 本章要制作的游戏网页是一个模仿韩国风格的页面，游戏本身也是出自于韩国，因此，在网站的界面中充满了注重图像、注重细节的特色。本章制作的网页是这款韩国游戏的国内官方网站，读者可以通过下面的制作学习到仿韩国风格网站的制作特点。

★ 核心技能

★★★★ | 表格排版布局
★★★☆ | 内联框架集成
★★☆☆ | CSS样式设置
★☆☆☆ | 插入基本元素

★ 光盘路径

案例文件：Sample\第16章\
视频教学：Video\第16章\

16.1 韩国风格网页特点

韩国风的网页比较前卫，注重对色彩的运用，下面从几个方面分析一下这类风格的特点。

1. 页面结构

韩国网站的页面结构相对来说比较简单，可以说几乎是统一的风格，顶部的左边是网站的logo，右边就是它的导航栏，和国内网站不一样的地方在于它很少采用下拉菜单的样式，而是把各级栏目的下级内容放在导航栏的下面。然后下面是个大大的 Flash 条，再往下就是各个小栏目的主要内容，如图 16-1 所示的网页页面。

2. 色彩运用

韩国设计师很多都是科班出身，对色彩的运用非常准确，在我们看来有些非常难看的颜色到了他们的手里很轻易的就搭配出一种很另类或和谐的美感，给人的感觉要么淡雅迷人，要么另类大胆，让人觉得欣赏他们的网站是一个非常愉悦的过程。韩国设计师对渐变色以及透明水晶效果用得非常恰当，而不像很多网站动不动就滥用仿苹果按钮，

与整体风格不协调，看起来显得很突兀。

韩国网站的各个栏目一般都比较喜欢采用不同的色调来表达不同栏目的主题，灰色和蓝色是他们比较爱用的颜色，较容易和其他色彩搭配，大大地改变色彩的韵味，使对比更强烈，正文文字大都采用灰色或深色。而局部则喜欢用色彩绚丽的色条或色块来区分不同的栏目，如图16-2所示的页面，网站采用蓝色作为主色，反映出淡如止水、清爽洁净的感觉。

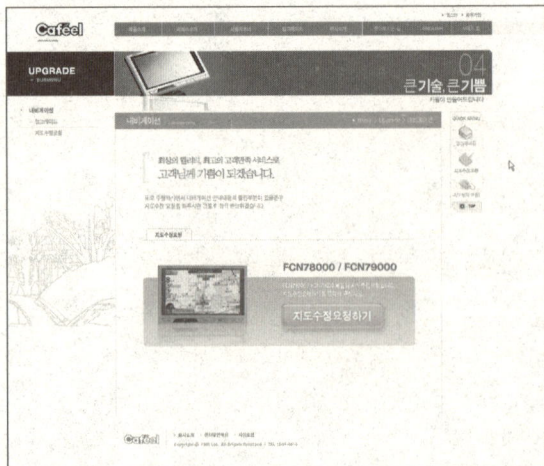

图 16-1 页面

3. Flash 动画及图片的运用

　　韩国的宽带普及率很高，所以设计师在设计页面时完全毫无顾忌，大量的图片、Flash 都得到了很好的运用，网站里的图片动不动就是 40K、50K 的大图。页面大小通常都是几百 K，这在国内是根本不敢想象的。韩国的 Flash banner 大都以横幅广告条出现在页面的导航栏下面，采用的都是精美的图片或者手绘风格的矢量插图。国内很多网站也采用大幅的 Flash 广告条，但是通常都是着眼于如何去表现 Flash 动画的酷、炫的感觉，使得浏览者过于关注 Flash 而忽视了页面的其他内容。而韩国的 Flash 则更好地服务于网站的主题，和整个页面搭配得很舒服而不抢眼，关键就在于整个 Flash 不是全部变化，而只是局部在动，再配以文字和背景的巧妙组合。韩国网页设计师的手绘能力很强，页面中大量采用手绘的矢量图片，使得整个网站显得精致而与众不同，如图 16-3 所示。

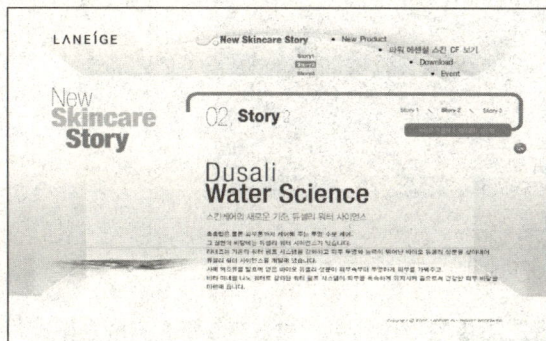

图 16-2 页面

图 16-3 页面

4. 页面的立体感及细节处理

　　韩国网站还有个令人称道的地方就是它的网站看起来很有层次感，而这个层次感不是靠作几个立体字来体现的，其实靠的也不过是添加简单的图片或文字阴影效果和巧妙地利用构图来形成视觉上的差异，但就是这种设计上的不拘泥于形式使网站的立体效果呼之欲出。韩国设计师的每一个按钮、图片的处理都极其讲究，其实一些细微的部分不仔细看是容易发现的，但是如果少了这些细节的地方，整个网站的整体形象就要大打折扣了。如图 16-4 所示的页面，页面中每一个细节都值得称道。

图 16-4 页面

16.2 制作"跑跑卡丁车网游"页面

本节介绍的这个网站的例子非常典型，一方面在设计上体现了韩国风格网站的特点，另一方面在技术上由点及面，从每一个子页面的制作，到一个总页面的合成，思路都非常清晰，而且，这样的结构更便于网页的更新与修改，读者应从本案例中理解这方面的含义，能够将其用于日后的页面应用中。这个页面的制作是由一个主页面和多个内联子页面构成的，首先介绍这些内联子页面的实现。主页面的制作过程不是很复杂，需要使用表格搭建页面，并引用刚刚创建好的子页面。

16.2.1 制作内联子页面

1. 制作 login02.htm

Step 01 从login02.htm的页面开始，首先建立一个3行3列、"宽度"为196像素的表格，将表格的第1行和第3行的单元格合并，然后分别插入images\Login02\login0306_8.jpg和images\Login02\login0306_43.jpg图像，在第2行的第1列和第3列分别插入images\Login02\login0306_10.jpg和images\Login02\login0306_15.jpg图像，第2行的第2列设置背景色为"#eb0100"，形成如图16-5所示的效果。

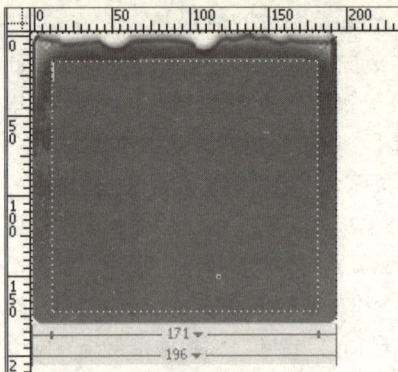

图 16-5 建立表格并插入图像

Step 02 在表格的中间大单元格中插入一个2行1列的表格，设置第2行的背景色为白色，如图16-6所示。

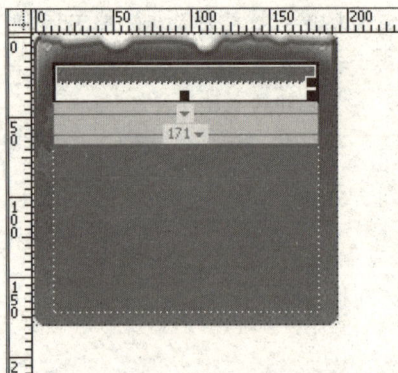

图 16-6 插入表格并设置背景色

Step 03 在第1行中再次嵌套5行1列的表格，并插入相关图片和表单元素，如图16-7所示。

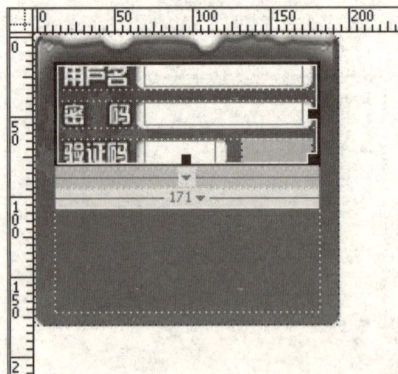

图 16-7 插入图片及表单

Step 04 在嵌套表格的后面再次嵌套一个3行1列的表格，并插入登录图片images\Login02\login0306_31.jpg，如图16-8所示。

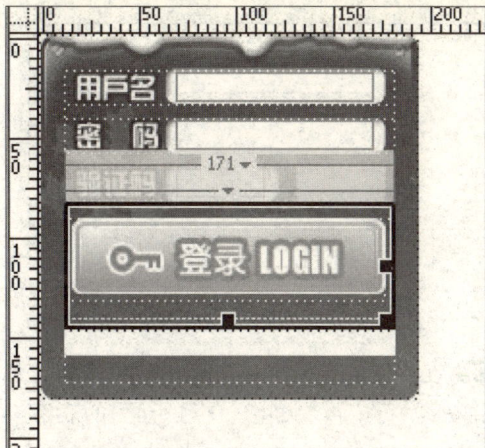

图 16-8　嵌套表格并插入图片

Step 05 在步骤2所建表格的第2行插入一个1行2列的表格，并分别插入图片images\Login02\login0306_37.jpg和images\Login02\login0306_39.jpg，如图16-9所示。至此，login02.htm页面制作完成。

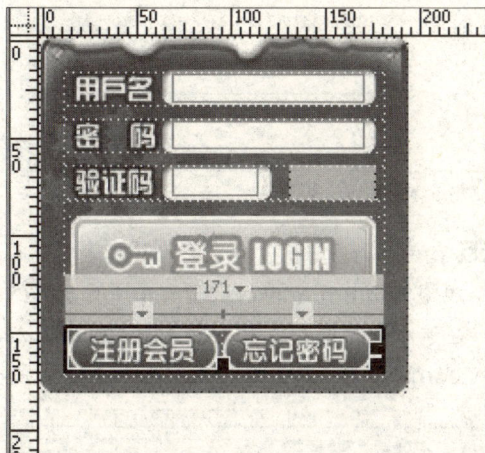

图 16-9　插入表格和图片

2. 制作 quick.htm

Step 01 下面制作quick.htm，网页中的"快速通道"内容。首先建立一个3行3列、"宽度"为196像素的表格，将表格的第1行和第3行的单元格合并，然后分别插入images\quick\qucik_2br_9.jpg和images\quick\qucik_2br_22.jpg图像，在第2行的第1列和第3列分别设置images\quick\qucik_2br_11.jpg和images\quick\qucik_2br_13.jpg图像作为背景，形成如图16-10所示的效果。

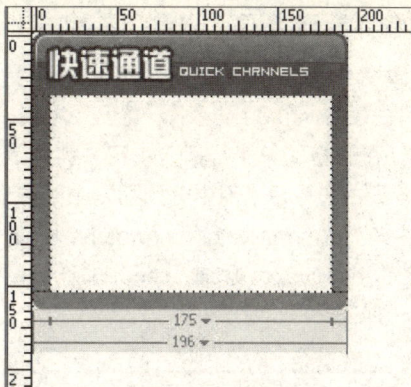

图 16-10　制作表格并插入图像

Step 02 在中间的大单元格内嵌套一个3行3列的表格，用外面的行列制作灰色的边框效果，如图16-11 所示。

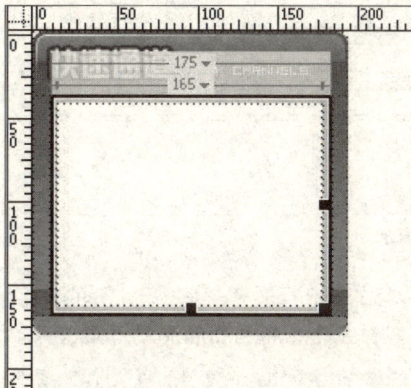

图 16-11　嵌套表格

Step 03 在中间白色的单元格中再次嵌套一个3行1列的表格，分别插入 images\quick\index_63.jpg、images\quick\index_66.jpg 和 images\quick\index_67.jpg 图像，如图 16-12 所示。至此，quick.htm 页面制作完成。

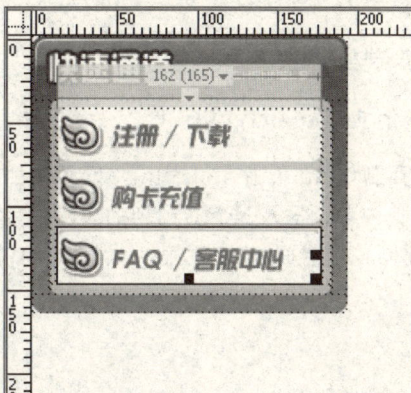

图 16-12　再次嵌套表格和内容

3. 制作 index_all.htm

Step 01 下面制作 index_all.htm，网页中的"新闻"内容。首先建立一个 3 行 1 列、"宽度"为 476 像素的表格，在表格的第 1 行插入 1 行 6 列的表格，并在前 4 列中和最后 1 列中分别插入 images\index_all 文件夹下的 newall_a.gif、newgame_b.gif、newevent_b.gif、newsystem_b.gif、new_35.gif 的图像，如图 16-13 所示。

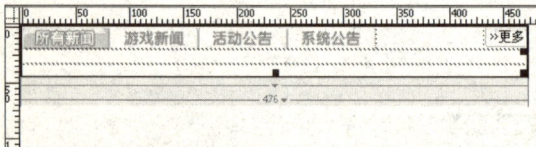

图 16-13 插入表格及图像

Step 02 在表格的第 2 行插入 images\indexall\new_39.gif 图像，如图 16-14 所示。

图 16-14 插入图像

Step 03 在表格的第 3 行嵌套一个 5 行 1 列的表格，并在每行中嵌套一个 1 行 3 列的表格，单元格中分别插入 images\index_all\new_43.gif 图像、新闻内容及时间，如图 16-15 所示。至此，index_all.htm 页面制作完成。

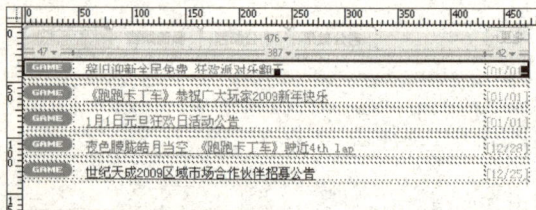

图 16-15 嵌套表格并插入内容

4. 制作 index_match.htm

Step 01 下面制作index_match.htm，网页中的"赛事新闻"内容。插入一个3行3列的表格，用外面的行列制作灰色的边框效果，如图16-16所示。

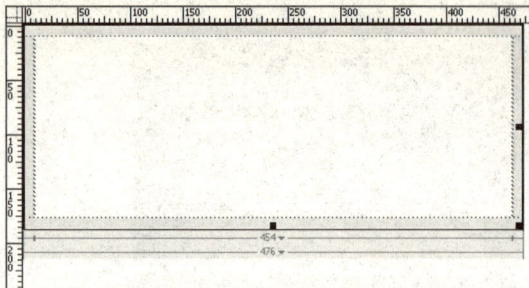

图 16-16 插入表格

Step 02 在中间的单元格中嵌套一个2行1列的表格，并在第1行中再次嵌套一个1行4列的表格，插入images\index_match\newmatch_68.gif、images\index_match\newmatch_69.gif、images\index_match\newmatch_70.gif和images\index_all\new_35.gif图片，如图16-17所示。

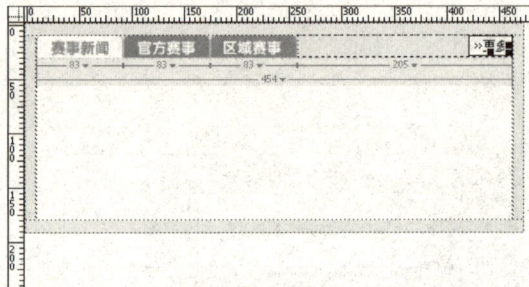

图 16-17 嵌套表格并插入内容

Step 03 在第 2 行中嵌套一个 3 行 1 列的表格，并在这个表格的第 2 行中再次嵌套一个 1 行 3 列的表格，在这个表格的第 1 列中插入 images\index_match\newmatch_87.gif 图像，如图 16-18 所示。

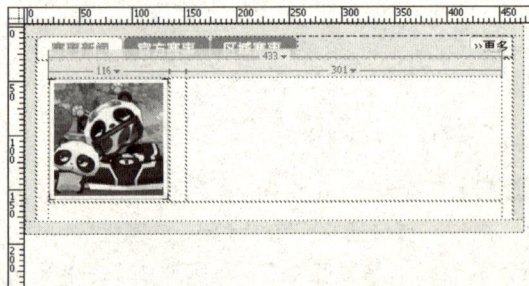

图 16-18 嵌套表格并插入内容

Step 04 在表格的第3列嵌套一个6行1列的表格，并在每行中嵌套一个1行3列的表格，单元格中分别插入images\index_match\newmatch_85.gif图像、新闻内容及时间，如图16-19所示。至此，index_match.htm页面制作完成。

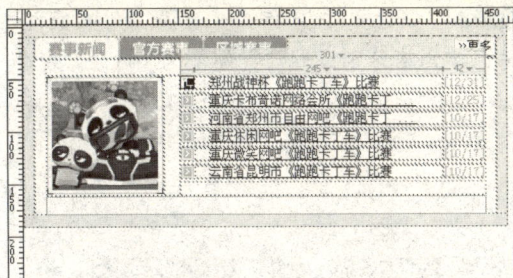

图 16-19　嵌套表格并插入内容

5. 制作 hot.htm

Step 01　下面制作hot.htm，网页中的"一周热门道具和车队活动"内容。插入一个1行2列、"宽度"为251像素的表格，在第1行中嵌套一个3行3列的表格，将表格的第1行和第3行的单元格合并，然后分别插入images\hot\hot_2br_3.jpg和images\hot\hot_2br_8.jpg图像，在第2行的第1列和第3列分别设置images\hot\hot_2br_5.jpg和images\hot\hot_2br_7.jpg图像作为背景，形成如图16-20所示的效果。

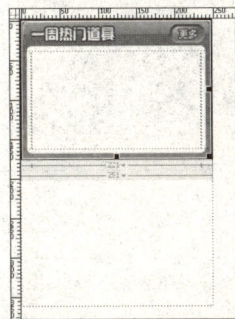

图 16-20　插入表格和图像

Step 02　在中间的空白单元格中嵌套一个 1 行 2 列的表格，第 1 列插入 images\hot\dj_xm.jpg 图像，第 2 列插入 5 行 1 列的表格，并插入相关内容，如图 16-21 所示。

图 16-21　嵌套表格并插入内容

Step 03　按照同样的方法制作下方的表格，中间插入 images\hot\guild.jpg 图像，如图 16-22 所示。

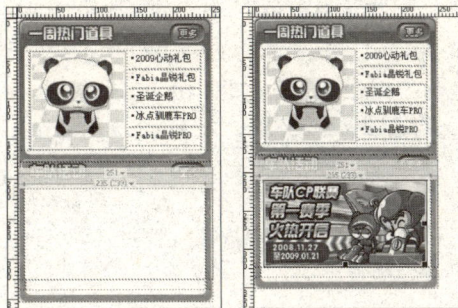

图 16-22　制作下方的嵌套表格

16.2.2　制作主页面

Step 01　下面制作index.htm页面，在空白处单击鼠标右键，在弹出的快捷菜单中选择"页面属性"，打开"页面属性"对话框设置页面的基本属性。在"外观（CSS）"分类中将页面的左边距、上边距、边界宽度、边界高度都设置为0，设置文本颜色为"#666666"、大小为12px，背景颜色为"#e2eaec"，如图16-23所示。

图 16-23　设置页面属性

Step 02　在"页面属性"对话框左侧的"链接（CSS）"分类中设置大小为12px，链接颜色、已访问链接、变换图像链接设置为"#575757"，活动链接设置为"#FF0000"，下划线样式设置为"仅在变换图像时显示下划线"，如图16-24所示。

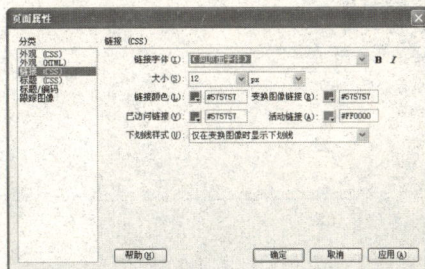

图 16-24　设置页面链接属性

Dreamweaver CS5中文版标准教程

Step 03 设置完成后，插入一个4行2列、"宽度"为976像素的表格，将后3行的单元格合并，在第1行的第1个单元格中插入 images\logo_china1.swf 的 Flash 动画，在第1行的第2个单元格中设置背景色为"#E2EAEC"，如图16-25所示。

图 16-25 插入表格和内容

Step 04 在第1行的第2个单元格中插入 images\menu_xmas.swf 的 Flash 动画，如图16-26所示。

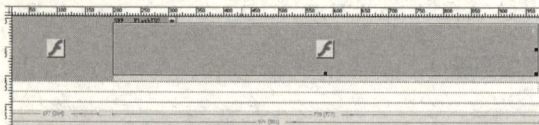

图 16-26 插入 Flash 动画

Step 05 在第2行插入一个1行3列的表格，并在每一个单元格中分别插入 images\head_xmas_3.jpg、images\head_xmas_4.jpg、images\head_xmas_5.jpg 图片文件，如图16-27所示。

图 16-27 插入嵌套表格和内容

Step 06 在第3行中插入一个1行3列的表格，在第1列中嵌套一个6行3列、"宽度"为430像素的表格，在每个单元格中插入已经准备好的图像文件，形成如图16-28所示的效果。

图 16-28 插入嵌套表格和内容

Step 07 在第2列中嵌套一个3行1列的表格，为每个单元格分别设置背景图像为 images\head_xmas_11.jpg、images\head_xmas_16.jpg、images\head_xmas_29.jpg，形成如图16-29所示的效果。

图 16-29 插入嵌套表格并设置背景

Step 08 将光标放在页面下方空白的位置，插入一个1行4列、"宽度"为976像素的表格，并调整单元格的宽度，如图16-30所示。

图 16-30 插入表格并调整

Step 09 在第2列中插入一个2行1列的表格，在第1行中嵌套一个2行1列的表格，并在第1行中输入源代码：

```
<iframe src="Login0 2.htm" frameborder="0" height="185" scrolling="no" width="196"><\iframe>
```

代表插入一个内联框架，"宽度"为196、"高度"为185、不显示滚动条、边框为0、页面为Login02.htm，如图16-31所示。

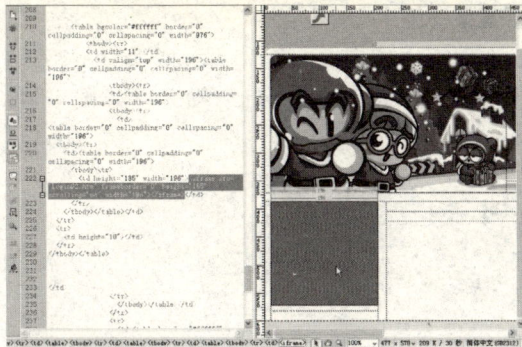

图 16-31 插入内联框架

Step 10 在嵌套表格的第 2 行再次嵌套一个 2 行 1 列的表格，并在第 1 行中再次嵌套一个 2 行 1 列的表格，然后在第 1 行插入 images\index_china_1a.jpg 图片，如图 16-32 所示。

图 16-32 插入嵌套表格及图片

Step 11 在上一级表格的第 2 行中输入源代码：

```
<iframe src="quick.htm" frameborder="0"
height="166" scrolling="no" width="196"><\
iframe>
```

代表插入一个内联框架，"宽度"为196、"高度"为166、不显示滚动条、边框为0、页面为quick.htm，如图16-33所示。

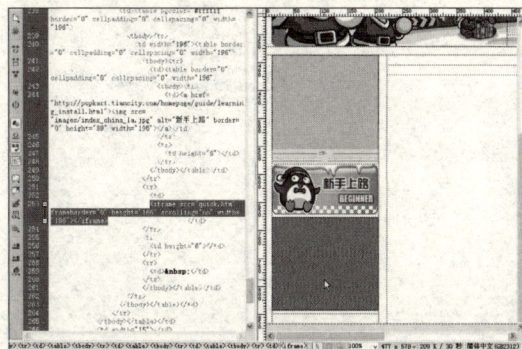

图 16-33 插入内联框架

Step 12 将光标定位在右侧空白的单元格内，插入一个1行3列的表格，并调整列宽如图16-34所示。

图 16-34 插入表格并调整

Step 13 在这个表格的第1列中嵌套一个5行1列的表格，并调整行高，如图16-35所示。

图 16-35 插入嵌套表格并调整

Step 14 在这个嵌套表格的第1行插入图片 images\pic.jpg，如图16-36所示。

图 16-36 插入图片

Step 15 在表格的第3行中输入源代码：

```
<iframe src="index _ all.htm" frameborder="0"
height="151" scrolling="no" width="476"><\
iframe>
```

253

代表插入一个内联框架，"宽度"为476、"高度"为151、不显示滚动条、边框为0、页面为index_all.htm，如图16-37所示。

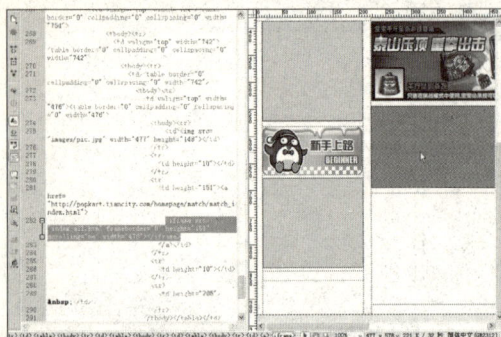

图16-37 插入内联框架

Step 16 在表格的第5行中输入源代码：

```
<iframe src="index _ match.htm" frameborder="0" height="223" scrolling="no" width="476">
<\iframe>
```

代表插入一个内联框架，"宽度"为476、"高度"为223、不显示滚动条、边框为0、页面为index_match.htm，如图16-38所示。

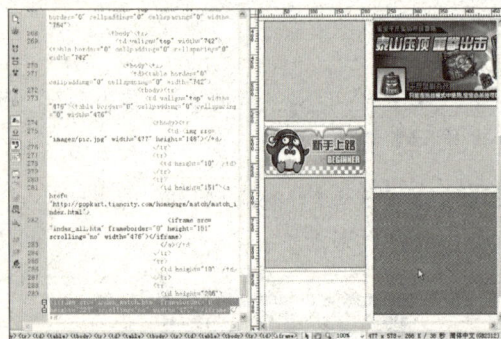

图16-38 插入内联框架

Step 17 将光标定位在右侧空白的单元格内，插入一个2行1列的表格，并调整行高如图16-39所示。

图16-39 插入表格并调整

Step 18 在第1行中嵌套一个4行1列的表格，在第1行和第3行中插入 images\index_china_3a.jpg 和 images\index_chinar_2a.jpg 图片，如图16-40所示。

index_china_3a.jpg

index_chinar_2a.jpg

图16-40 插入嵌套表格及内容

Step 19 在表格的第2行中输入源代码：

```
<iframe src="hot.htm" frameborder="0" height="340" scrolling="no" width="251"><\iframe>
```

代表插入一个内联框架，"宽度"为251、"高度"为340、不显示滚动条、边框为0、页面为hot.htm，如图16-41所示。

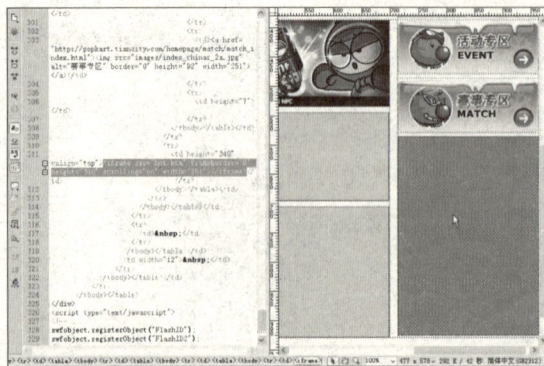

图16-41 插入内联框架

Step 20 将光标放在整个表格的下方，插入一个 1 行 2 列、"宽度"为 976 像素的表格，在第 1 列插入 images\nexonlogo.gif 图片，第 2 列中输入版权文字，如图 16-42 所示。

nexonlogo.gif

版权文字

图 16-42 插入表格及内容

Step 21 该页面就基本完成了，保存并预览网页，其浏览器中的最终效果如图 16-43 所示。

图 16-43 最终效果

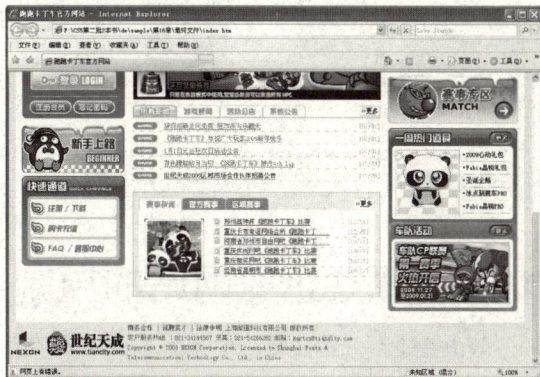

Dreamweaver CS5中文版标准教程

Chapter

17

企业网站页面制作

案例分析 本章介绍了几个企业网站页面的整体制作过程，主要强调了在网站制作中的几方面内容，一是基本元素的插入，二是表格排版，三是页面中的脚本编辑。这是任何网站制作中最基础的核心，读者通过这个案例务必要重点掌握。希望读者通过这个案例能举一反三，使网页制作的技术得到提高与完善。

★ 核心技能

★★★★	插入基本元素
★★★☆	表格排版布局
★★☆☆	脚本编程
★☆☆☆	添加行为特效

★ 光盘路径

案例文件：Sample\第17章\
视频教学：Video\第17章\

17.1 建立企业网站的原则

建立企业网站的主要目的是为了让外界了解企业、树立良好企业形象，并适当提供一定的网站服务。根据行业特性的差别，以及企业建站目的和主要目标群体的不同，大致可以把企业网站分为如下几种类型。

- 基本信息型：主要面向客户、业界人士或者普通浏览者，以介绍企业的基本资料、帮助树立企业形象为主；也可以适当提供行业内的新闻或者知识信息，如图 17-1 所示。

图 17-1 基本信息型企业网站

- 电子商务型：主要面向供应商、客户或者企业产品（服务）的消费群体，以提供某种直属于企业业务范围的服务或交易，或者为业务服务的服务或交易。

这样的网站可以说是正处于电子商务化的一个中间阶段，由于行业特色和企业投入的深度和广度的不同，其电子商务化程度可能处于从比较初级的服务支持、产品列表到比较高级的网上支付的其中某一阶段。例如，网上银行、网上酒店等，如图 17-2 所示。

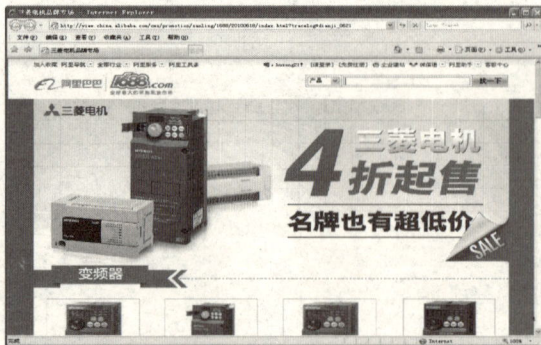

图 17-2 电子商务型企业网站

- 多媒体广告型：主要面向客户或者企业产品

（服务）的消费群体，以宣传企业的核心品牌形象或者主要产品（服务）为主。这种类型无论从目的上还是实际表现手法上，相对于普通网站而言更像一个平面广告或者电视广告，如图 17-3 所示。

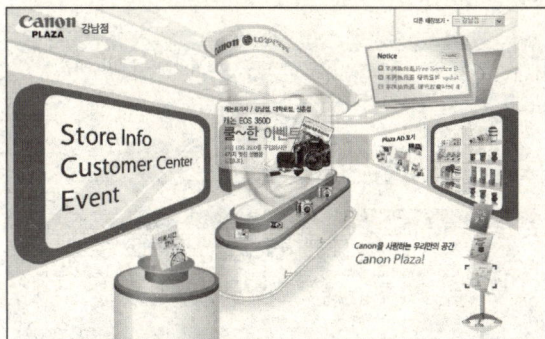

图 17-3 多媒体广告型企业网站

在实际应用中，很多网站往往不能简单地归为某一种类型，无论是建站目的还是表现形式都可能涵盖了两种或两种以上类型。对于这种企业网站，可以按上述类型的区别划分为不同的部分，每一个部分都基本上可以认为是一个较为完整的网站类型。无论是哪种类型的企业网站，都要遵循下列原则。

1. 目的性——必须有明确合理的建站目的和目标群体

任何一个网站，首先必须具有明确的目的和目标群体。网站是面对客户、供应商、消费者还是全部？主要目的是为了介绍企业、宣传某种产品还是为了试验电子商务？如果目的不是惟一的，还应该清楚地列出不同目的的轻重关系。其中网站类型的选择、内容功能的筹备、界面设计等因素都会受到建站目的的直接影响，因此目的性是一切原则的基础。

建站的目的应该是经过成熟考虑的，包含以下几大要素。

目的应该是定义明确的，而不是笼统地说要做一个平台或要搞电子商务，应该清楚希望谁来浏览，具体要包含哪些内容，提供怎样的服务，达到什么效果。在当前的资源环境下能够实现，不能脱离了自身的人力、物力、互联网基础以及整个外部环境等因素盲目制订目标，尤其是对外部环境的考量通常容易被忽略。如果目标比较庞大，

应该充分考虑各部分的轻重关系和实现的难易度，要分清主次循序渐进。在充分考虑了目的和目标群体的特点以后，再选择建站类型，并相应安排适当的信息内容和功能服务。

2. 专业性——信息内容应该充分展现企业的专业特性

对外介绍企业自身，最主要的目的是向外界介绍企业的业务范围、性质和实力，从而创造更多的商机。主要包括应该完整无误地表述企业的业务范围（产品、服务）及主次关系，应该齐备地介绍企业的地址、性质、联系方式，提供企业的年度报表将有助于浏览者了解企业的经营状况、方针和实力，如果是上市企业，提供企业的股票市值或到专门财经网站的链接将有助于浏览者了解企业的实力。

3. 实用性——功能服务应该是切合实际需求的

网站提供的功能服务应该是切合浏览者实际需求且符合企业特点的。例如，如果网上银行提供免费电子邮件和个人主页空间，这既不符合浏览者对网上银行网站的需求也不是银行的优势，这样的功能提供不但会削弱浏览者对网站的整体印象，还浪费了企业的资源投入，有弊无利。

网站提供的功能服务必须保证质量，包括每个服务必须有清晰的流程，每个步骤需要什么条件、产生什么结果、由谁来操作、如何实现等都应该是清晰无误的。实现功能服务的程序必须是正确的、能够及时响应的，并能应付预想的同时请求服务数的峰值。需要人工操作的功能服务应该设有专人管理和相应责权制度。

4. 艺术性——网页创作本身已经成了一种独特的艺术

要达到吸引眼球的目的，形成一种独特的艺术，企业网站的设计应该遵循基本的图形设计原则，符合基本美学原理和排版原则。对于主题和次要对象的处理符合排版原理。全站的设计作为一个整体，应该具有整体的一致性。整体视觉效果特点鲜明，整体设计应该很好地体现企业 CI，整体风格与企业形象相符合，适于目标对象的特点，如图 17-4 所示。

图 17-4 页面的艺术性

17.2 制作"TCL集团"网页

本节讲解了 Blog 网站从设置数据库、搭建环境到设置整个网站直至浏览的全过程，掌握对数据库源的链接，以及 Blog 的配置方法。由于博客网站整体上需要使用 ASP 等技术搭建，读者可以参考这类方面的书籍了解更为详细的制作过程。

17.2.1 制作引导页和首页

Step 01 在站点根目录下首先建立 index.htm 页面，考虑到后面首页将分为多个语言版本的引导页，因此，在 index.htm 页面中，没有进行具体页面的制作，而是使用了一个 JavaScript 脚本，打开 china 文件夹下的 index.jsp.htm 页面。这个脚本的代码如图 17-5 所示。

```
<script language=JavaScript>
<!--
window.location.href="china\index.jsp.
htm"
\\-->
<\script>
```

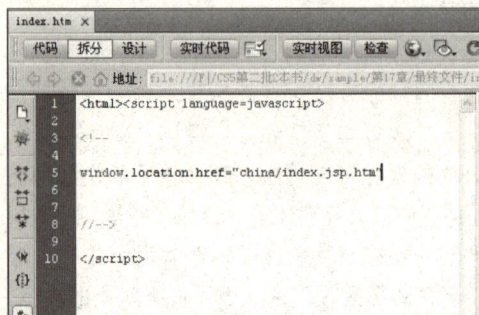

图 17-5 引导页脚本

这样，当 index.htm 页面直接打开后，将直接跳转到 china\index.jsp.htm 页面。

Step 02 下面编辑 china 目录下的 index.jsp.htm 页面，首先在页面的头部设置页面的关键字和说明语句，如图 17-6 所示。

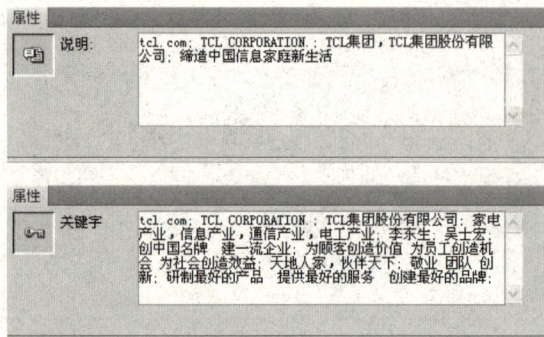

图 17-6 设置说明和关键字

Step 03 搭建表格结构，首先插入一个 1 行 1 列的表格，内容为空，这个表格的作用主要是让页面在上方出现一些空间，然后将这个表格水平居中。紧接着插入 1 行 2 列的表格，在左面的单元格放置 TCL 的 Logo 图片，如图 17-7 所示。

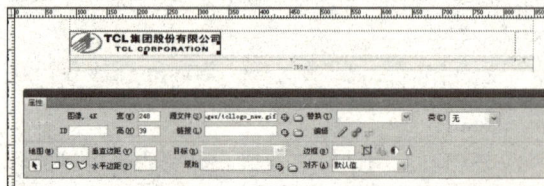

图 17-7 插入表格及图片

Step 04 继续插入一个 1 行 2 列的表格，设置单元格背景色为红色，然后插入制作好的图片文件，如图 17-8 所示。

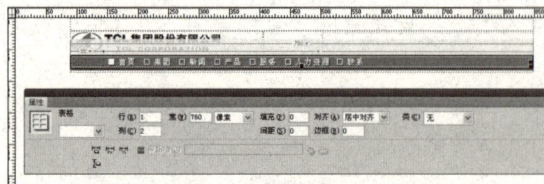

图 17-8 插入表格及图片

Step 05 插入一个 2 行 3 列的表格，如图 17-9 所示，准备放置具体的内容。

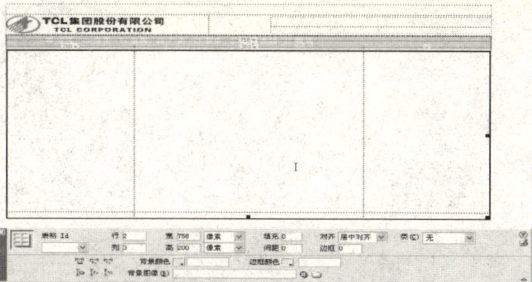

图 17-9 插入 2 行 3 列的表格

Step 06 在左侧单元格内插入一个3行2列的表格，背景色为"#EEEEEE"（灰色），如图17-10所示。

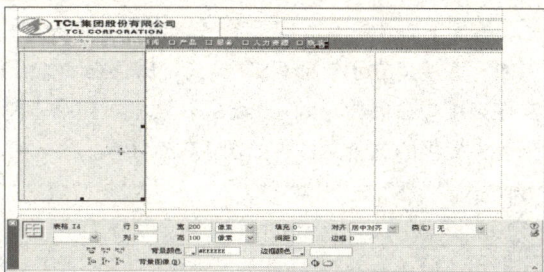

图 17-10 左侧插入嵌套的表格

Step 07 在左上角的单元格放置 images\c4.gif 制作好的图片，如图 17-11 所示。

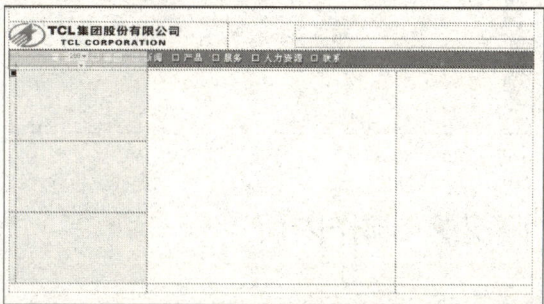

图 17-11 插入图片

Step 08 在右侧的 3 个单元格中分别放置制作好的标题图片，如图 17-12 所示。

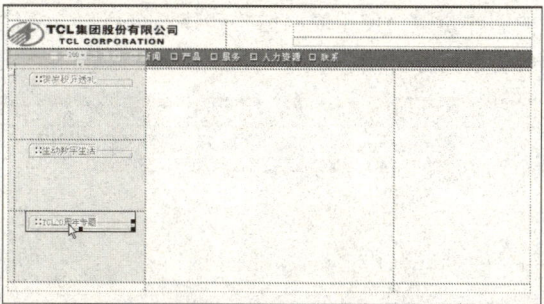

图 17-12 插入标题图片

Step 09 然后在每一幅标题图片的下方建立一个 1 行 1 列的表格，分别放置制作好的 Flash 动画和 Gif 图片，如图 17-13 所示。

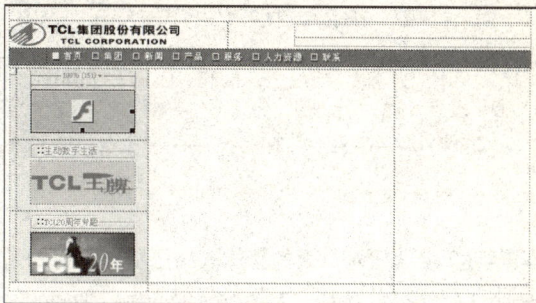

图 17-13 插入表格及内容

Step 10 在中间的单元格插入一个3行1列、"宽度"为90%的表格，第1行和第3行分别用来放置新闻的文字和新闻检索的表单，如图17-14所示。

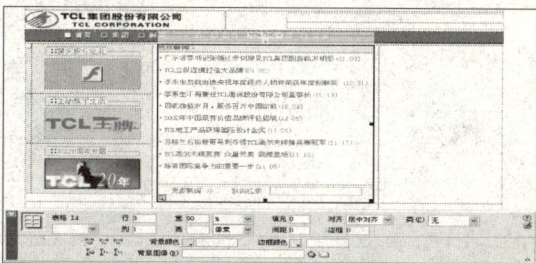

图 17-14 插入表格及内容

Step 11 在右侧的单元格插入一个12行2列的表格，使用 images\productpic_home2.gif 作为表格的背景图像，如图 17-15 所示。

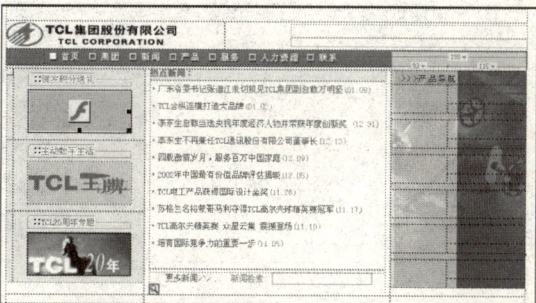

图 17-15 插入表格及背景图像

Step 12 然后制作 6 个下拉菜单。以第一个菜单为例，选框中列出了各种产品和链接地址，如图 17-16 所示。

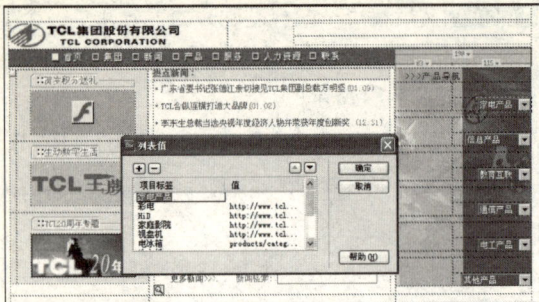

图 17-16 插入下拉菜单

Step 13 继续插入页面的整体表格结构，下面的是一个 1 行 1 列的表格，放入 images\new_products.gif 图片，如图 17-17 所示。

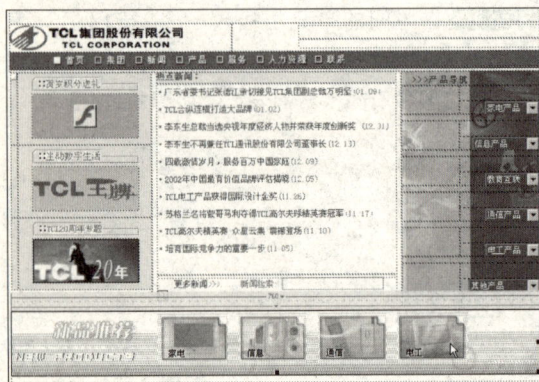

图 17-17 插入表格和图片

Step 14 因为是一张整体的图片，需要在图片上的四个栏目的位置制作热点链接，如图 17-18 所示。

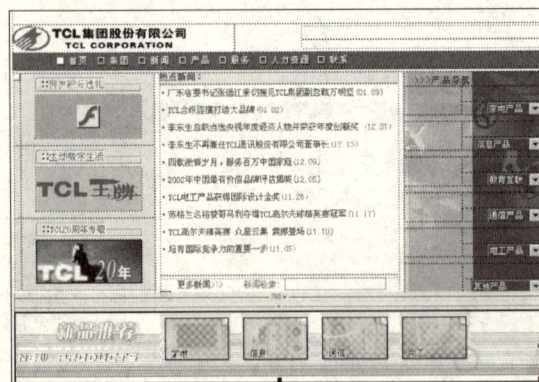

图 17-18 制作热点链接

Step 15 页面的最下方是工商的标志，插入表格放置图片即可，如图 17-19 所示。

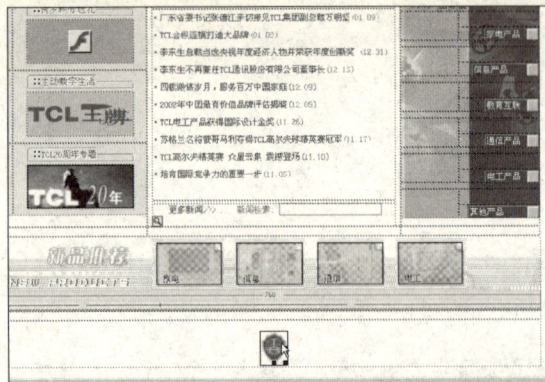

图 17-19 插入表格及图片

Step 16 下面开始应用 CSS 样式，为整个网站使用方便，直接建立了外部 CSS 样式，保存在 include 文件夹中，命名为"tcl_cn.css"。读者可详细查阅光盘中提供的这个文件，如图 17-20 所示。

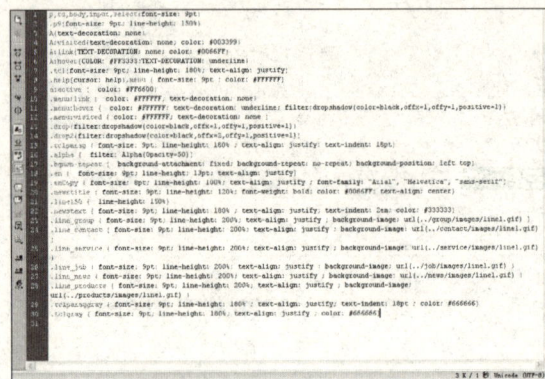

图 17-20 tcl_cn.css

17.2.2 制作内页

1. 搭建表格结构

Step 01 下面以"集团"栏目下的"总裁寄语"栏目（group\index.jsp.htm）为例讲解内页的制作过程。由于和首页的制作方法相似，这里给出概要的制作步骤，使用表格结构搭建整个页面，搭建的流程如图 17-21 所示。

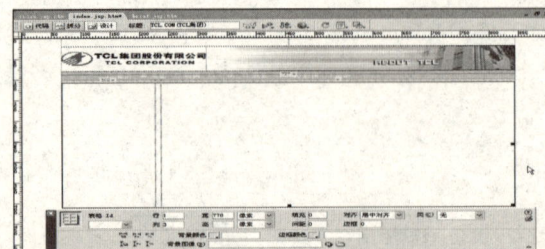

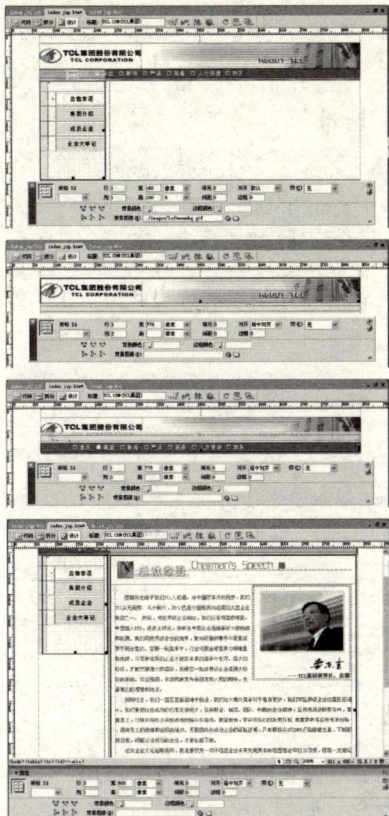

图 17-21 搭建表格的流程

Step 02 按照同样的方法，可以制作"集团"栏目下的"集团介绍"、"成员企业"、"企业大事记"等页面，这些页面中特别需要美工提供的是每个栏目的标题图片，如图 17-22 所示。

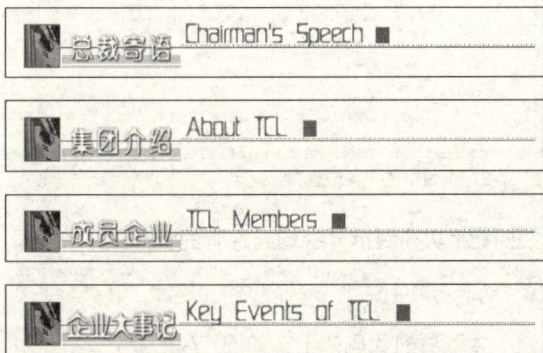

图 17-22 栏目的标题图片

Step 03 需要注意的是，group\events.jsp.htm 的企业大事记页面，因为以年代制作了导航，因此需要在这个页面制作锚点链接，将每个年代的文字链接到每个年代文字内容所在的位置，如图 17-23 所示。

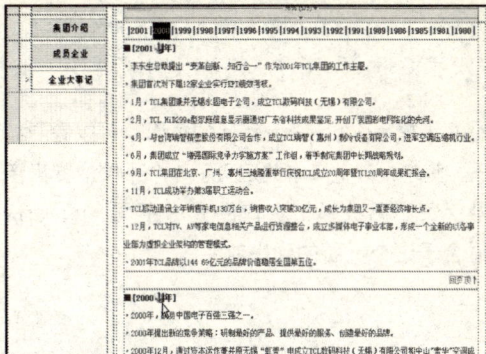

图 17-23 页面中的锚点链接

2.弹出窗口链接

Step 01 下面制作页面中"新闻"栏目中的"最新新闻"页面（news\index.jsp.htm）的弹出窗口链接。以页面中的"TCL合纵连横打造大品牌"文字为例，已经制作好了相关的链接页面newsshow.jsp-id=462.htm，如图17-24所示，文字链接也已经做好，下面需要做的是弹出窗口显示的效果。

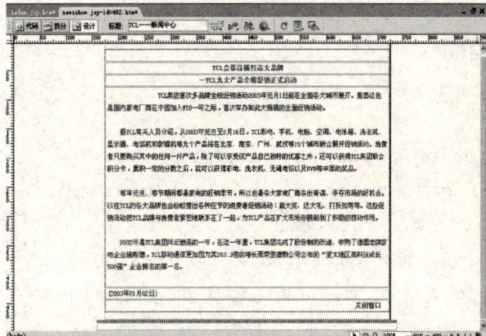

图 17-24 页面中的锚点链接

Step 02 返回到news\index.jsp.htm页面，在<head>和<\head>中添加如下语句，如图17-25所示。

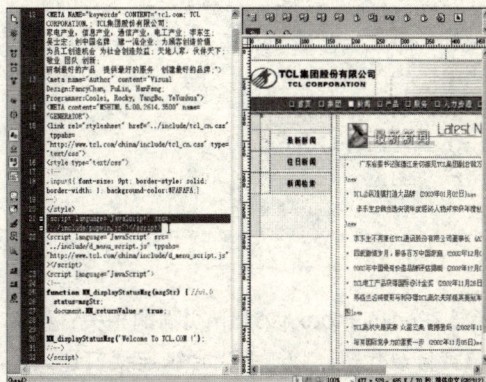

图 17-25 添加代码

261

```
<script language="JavaScript" src="..\
include\popwin.js"><\script>
```

Step 03 编辑 include\popwin.js 的页面, 可以看到如下代码。其中, 这个脚本共定义了 4 个不同的弹出窗口函数, 每个函数弹出窗口的大小不同, newspw 函数适合于这个页面的弹出效果。

```
<!--
function popwin1(htmlurl)
{var newwin=window.open(htmlurl,"","to
olbar=no,location=no,directories=no,st
atus=no,menubar=no,scrollbars=yes,res
izable=yes,top=45,left=60,width=640,hei
ght=430");
return false;
}
function newspw(htmlurl)
{var newwin=window.open(htmlurl,"","to
olbar=no,location=no,directories=no,st
atus=no,menubar=no,scrollbars=yes,res
izable=no,top=45,left=60,width=640,heig
ht=400");
return false;
}
function popwindow(htmlurl)
{var newwin=window.open(htmlurl,"","to
olbar=no,location=no,directories=no,st
atus=no,menubar=no,scrollbars=no,resi
zable=no,top=1,left=1,width=400,height=
260");
return false;
}
function popwin0(htmlurl,win,w,h)
{
var set="toolbar=no,location=no,direc
tories=no,status=no,menubar=no,scroll
bars=no,resizable=no,top=6,left=71,wid
th="+w+",height="+h;
var newwin=window.
open(htmlurl,win,set);
return false;
}
\\-->
```

Step 04 在news\index.jsp.htm页面的相关链接文字的位置修改代码, 以"TCL合纵连横打造大品牌"文字为例, 原有的代码如下。

```
<A href="newsshow.jsp-id=462.htm">TCL
合纵连横打造大品牌 <\A>
```

修改后的代码如下。

```
<A href="newsshow.jsp-id=462.htm"
onclick="newspw(this.href); return
false;">TCL 合纵连横打造大品牌 <\A>
```

这样, 就可以在单击链接时弹出新窗口了, 如图 17-26 所示。

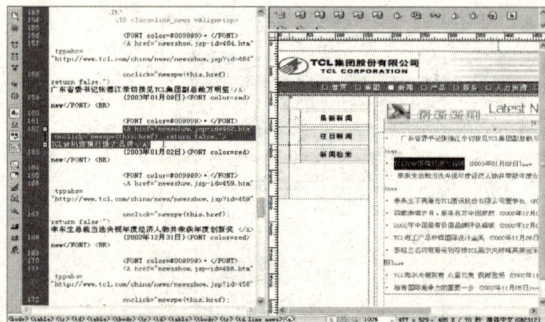

图 17-26 修改代码

Step 05 在弹出窗口所在的页面, 希望添加"关闭窗口"的链接文字, 如图 17-27 所示, 下面制作这个文字的脚本链接。

图 17-27 页面中的"关闭窗口"文字

Step 06 切换到拆分视图, 原有的代码如下。

```
<b> 关闭窗口 <\b>
```

修改后的代码如下, 如图 17-28 所示。

```
<a href="JavaScript:window.
close();"><b> 关闭窗口 <\b><\a>
```

这样, 单击链接后, 弹出的窗口就自动关闭了。

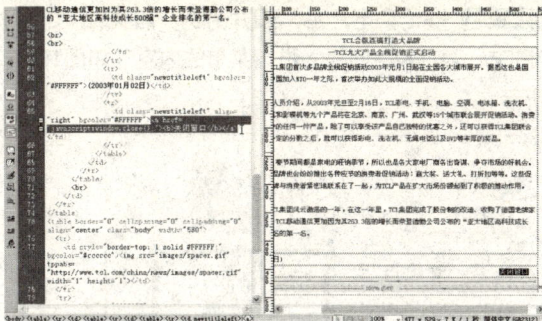

图 17-28 修改代码

3. 图片的交换效果

Step 01 下面制作"产品"栏目（products\index.jsp.htm）中的图片交换效果，排版好的页面如图17-29 所示。

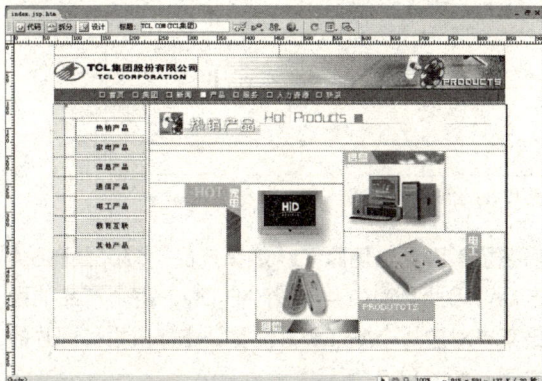

图 17-29 排版好的页面

Step 02 以页面中如图 17-30 所示的"通信"图片为例，制作好了光标指向这张图片后，原始通信图片变化为另一张通信图片。

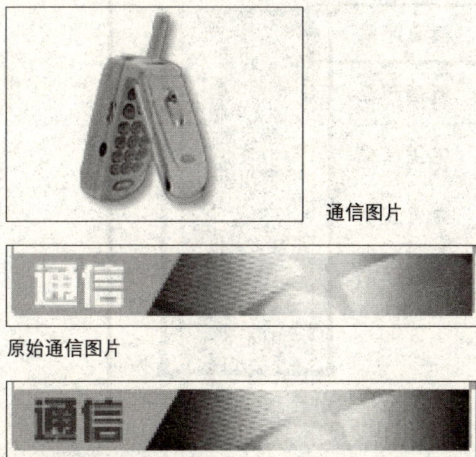

通信图片

原始通信图片

变换的通信图片
图 17-30 多张图片

Step 03 选择页面中的"通信"文字的图片，在属性面板中将其命名为"ima29"，如图 17-31 所示。

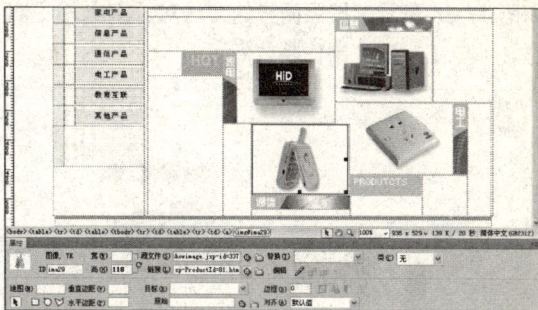

图 17-31 命名图片

Step 04 选择手机的图像，单击"行为"面板中的"+"按钮，并从弹出菜单中选择"交换图像"，随后弹出"交换图像"对话框，如图 17-32 所示。

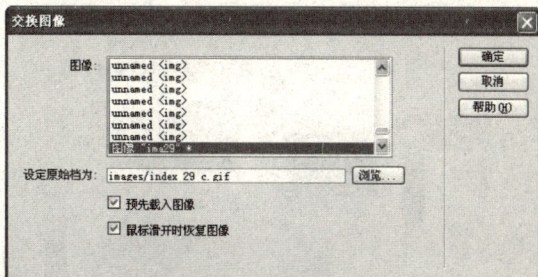

图 17-32 "交换图像"对话框

Step 05 在"图像"列表中选择要更改源的图像。这个实例中是"图像'ima29'"。单击"浏览"按钮选择新图像文件，文本框中将显示新图像的路径和文件名。这里选择images文件夹下的index_29_c.gif。勾选"预先载入图像"项，这样在载入网页时新图像将载入到浏览器的缓存中，防止当图像出现时由于下载而导致的延迟。勾选"鼠标滑开时恢复图像"项，然后单击"确定"按钮完成设置。页面中的图像在显示上并没有变化，但是单击该图像，"行为"面板列表中会出现两项对图像附加的行为，用于"交换"和"恢复交换"图像，如图17-33所示。

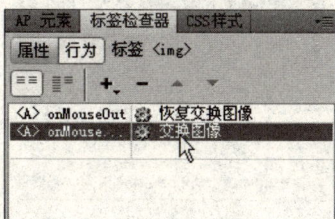

图 17-33 添加的行为

Dreamweaver CS5中文版标准教程

Step 06 预览页面可以看到，当光标指向手机图片时，下面"通信"文字的图片发生了变化，效果如图17-34所示。按照同样的方法对"家电"、"信息"、"电工"图片制作特效即可。

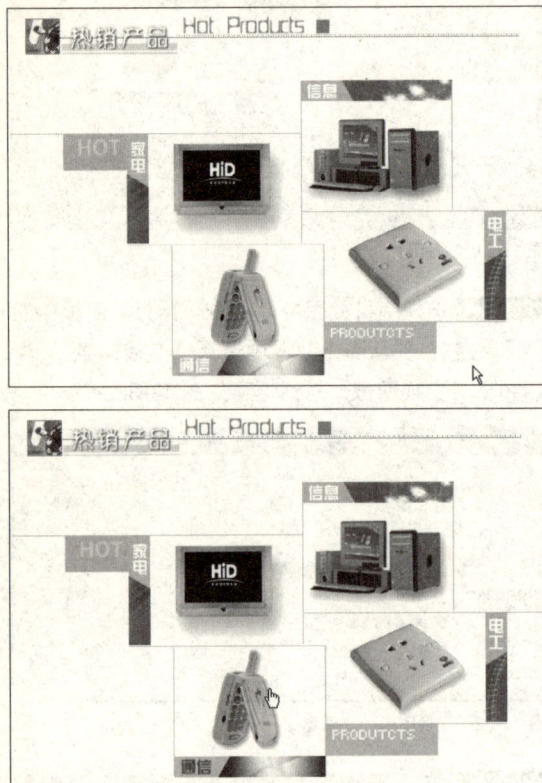

图17-34 光标指向前后"通信"图片的变化

4. 制作弹出菜单效果

Step 01 下面制作"产品"栏目（products\index.jsp.htm）页面的弹出菜单效果，制作好的效果如图17-35所示。

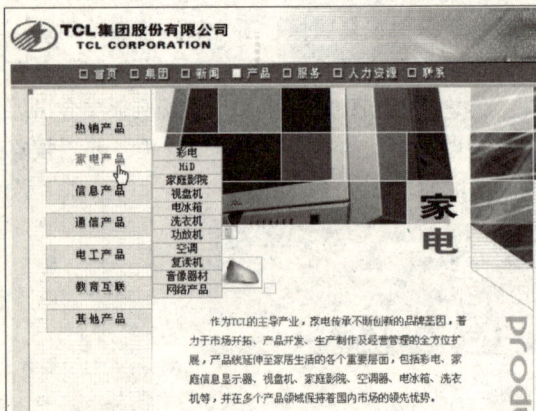

图17-35 弹出菜单效果

Step 02 以"家电产品"图片为例，首先绘制一个AP Div，AP Div中间插入弹出菜单的内容，如图17-36所示。

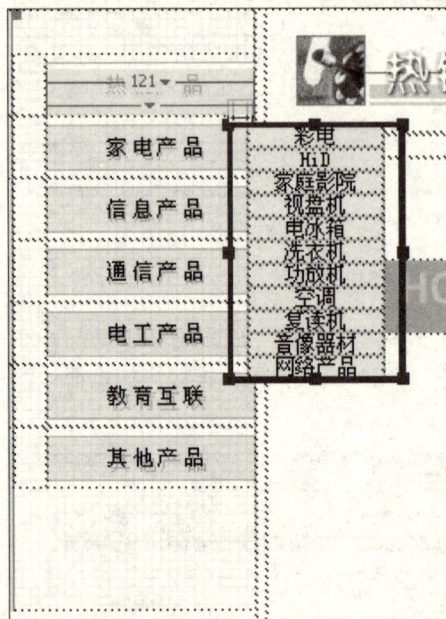

图17-36 绘制的AP Div

Step 03 因为左侧除了"热销产品"外，共有6类产品，因此页面中共有6个AP Div，每个产品的弹出菜单对应一个AP Div，位置放在相应栏目图片的右侧，如图17-37所示。

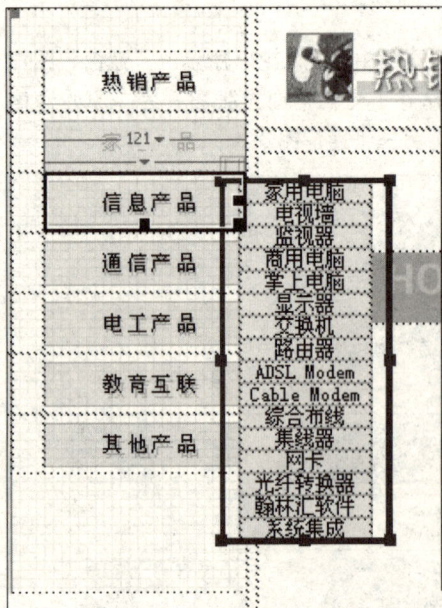

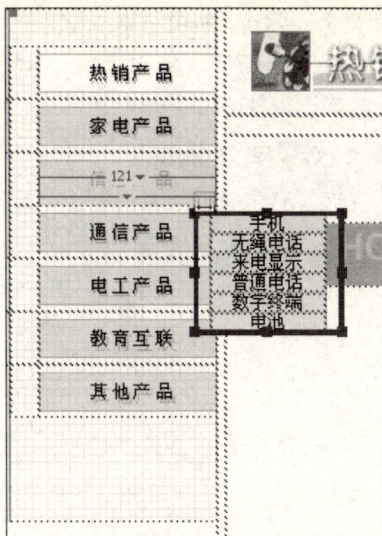

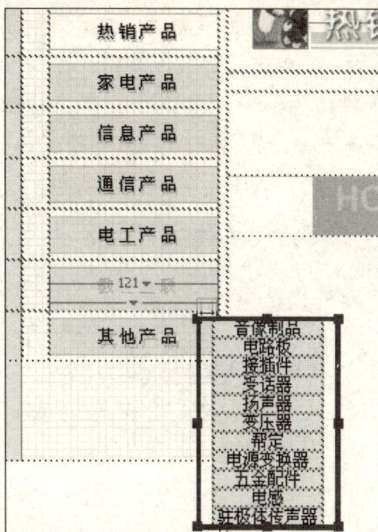

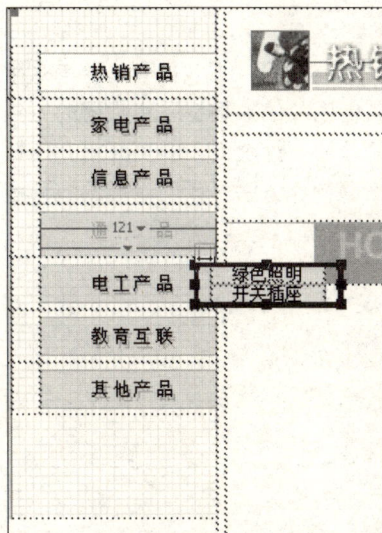

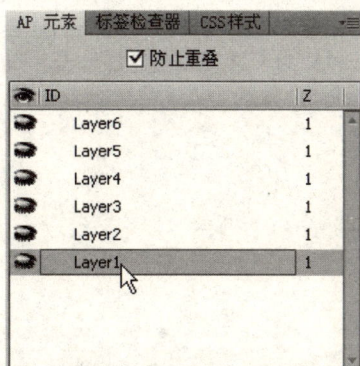

图 17-37 绘制另外 5 个 AP Div

Step 04 在"AP元素"面板中将所有的AP Div隐藏，因为这些AP Div在页面中默认是看不到的，如图17-38所示。

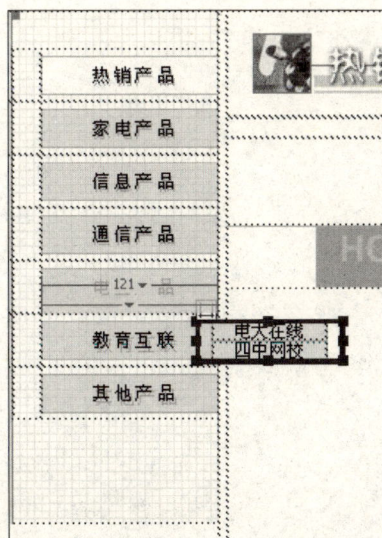

图 17-38 隐藏 AP Div

Step 05 选中页面中对应栏目的链接图像，以"家电产品"图片为例，单击"行为"面板中的"+"按钮，并从弹出菜单中选择"显示 - 隐藏元素"，随后弹出"显示 - 隐藏元素"对话框，如图17-39所示。

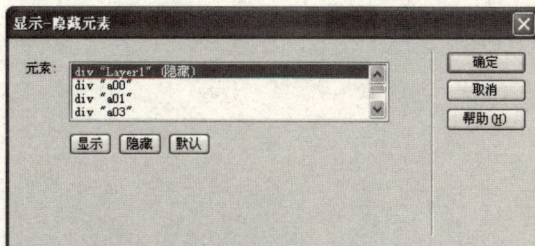

图 17-39 "显示 - 隐藏元素"对话框

Dreamweaver CS5中文版标准教程

Step 06 在对话框中将Layer1设置为"显示"，其他层设置为"隐藏"，单击"确定"按钮，在"行为"面板中将事件设为onMouseOver，意味着当光标上滚到"家电产品"图片上方时显示图层1，如图17-40所示。

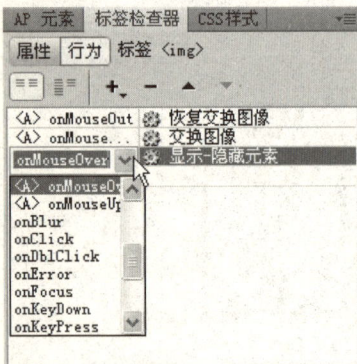

图 17-40 设置事件

Step 07 选中Layer1，单击"行为"面板中的"+"按钮，并从弹出菜单中选择"显示-隐藏元素"，随后弹出"显示-隐藏层"对话框，在这里设置所有AP Div都为"隐藏"，然后单击"确定"按钮。在"行为"浮动面板中将事件设为onMouseOut，意味着当光标离开"家电产品"图片时隐藏所有图层，如图17-41所示。

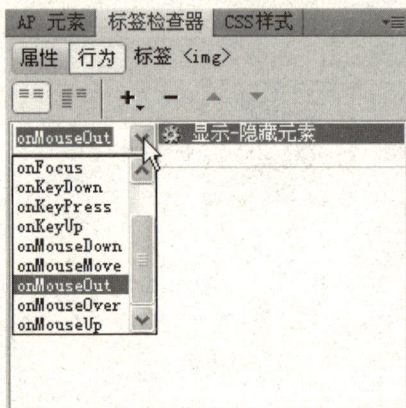

图 17-41 设置事件

Step 08 至此，"家电产品"图片的弹出菜单效果就制作好了，其他图片的效果都采用相同的方法制作。由于篇幅原因，这个例子的页面就介绍这些了，更多页面的制作方法是大同小异的，读者可通过参考光盘源文件自行尝试制作。

Chapter 18 博客网站页面制作及管理

案例分析 本章通过一个博客网页的制作和管理，介绍一些博客网站建设的思路与方法，希望读者能够在学习完本章的内容后，建立独立的博客网站页面。大致流程为搭建博客网站环境、设置博客网站和管理博客网站。

★ **核心技能**

★★★★ ｜ 搭建网站环境
★★★☆ ｜ 制作数据库
★★☆☆ ｜ 创建数据库连接
★☆☆☆ ｜ 管理博客后台

★ **光盘路径**

案例文件：Sample\第18章\
视频教学：Video\第18章\

18.1 关于博客网站

博客的英文名词就是"Blog"，是又一个典型的网络新事物，该词来源于"Web Log（网络日志）"的缩写，特指一种特别的网络个人出版形式，内容按照时间顺序排列，并且会不断更新。

一个博客就是一个网页，它通常是由简短且经常更新的Post所构成，里面张贴的文章按照年份和日期排列。博客的内容和目的有很大的不同，从对其他网站的超级链接和评论，有关公司、个人、构想的新闻，到日记、照片、诗歌、散文，甚至科幻小说的发表或张贴都有，涉及各行各业。许多博客是对个人心中所想之事的发表，倾向于个人情感的体现活动。其他博客则是一群人基于某个特定主题或共同利益领域的集体创作。博客是对网络传达的实时讯息，撰写这些Weblog或博客的人就叫做 Blogger或Blog writer。

具体说来，博客这个概念可简单解释为使用特定的软件在网络上出版、发表和张贴个人文章的人。其实对博客的定义和认识并没有统一的说法，可以说博客是一种新的生活方式、新的工作方式、新的学习方式和交流方式，是"互联网的第四块里程牌"。

在网络上发表博客的构想使于1998年，但到了2003年才真正开始流行。起初，Bloggers将其每天浏览网站的心得和意见记录下来，并予以公开，以供其他人参考和遵循。

但随着博客快速扩张，它的目的与最初已相去甚远。目前网络上数以千计的 Bloggers发表和张贴博客的目的有很大的差异。不过，由于沟通方式比电子邮件、讨论群组更简单和容易，博客已成为家庭、公司、部门和团队之间越来越盛行的沟通工具，因此它也逐渐被应用在企业内部网络（Intranet）。如图18-1所示的就是新浪的个人博客。

图 18-1 新浪的个人博客

18.2 "湖心鱼"网站 博客制作及管理

本节讲解了 Blog 网站从设置数据库、搭建环境到设置整个网站直至浏览的全过程，掌握对数据库源的链接，以及 Blog 的配置方法。由于博客网站整体上需要使用 ASP 等技术搭建，读者可以参考这类方面的书籍了解更为详细的制作过程。

18.2.1 搭建环境

Step 01 将光盘提供的本章的站点拷贝到 C:\Inetpub\wwwroot 目录下建立的 blog 文件夹下。打开 Internet 信息服务管理器，可以看到 blog 出现在了"网站"下，如图 18-2 所示。

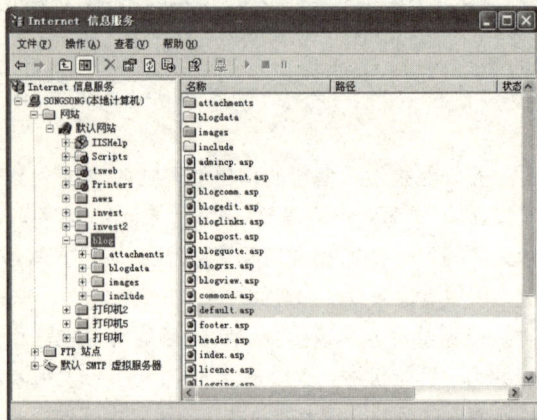

图 18-2 定义的 blog 网站

Step 02 下面介绍网站数据库的创建过程。进入 Access，执行"文件>新建"命令，单击任务窗口中"新建文件"选项中的"空数据库"命令，即可打开"文件新建数据库"对话框，如图18-3所示。

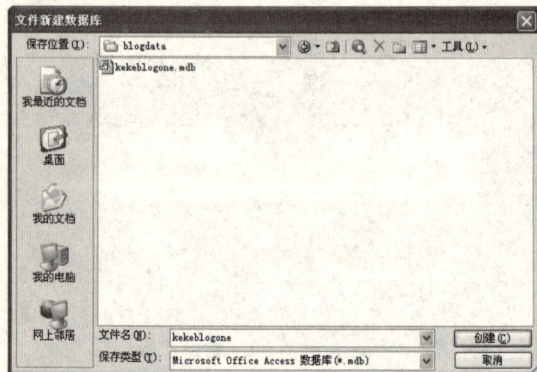

图 18-3 新建数据库

Step 03 在"文件新建数据库"对话框的"文件名"选项中，找到数据库文件所要保存的文件夹位置，并在"文件名"选项中输入所指定的名称"keke-blogone"，保存到站点根目录下面的 blogdata 目录下，并单击"创建"按钮，即可在 Access主窗口中显示刚创建的"kekeblogone：数据库"窗口，如图18-4所示。

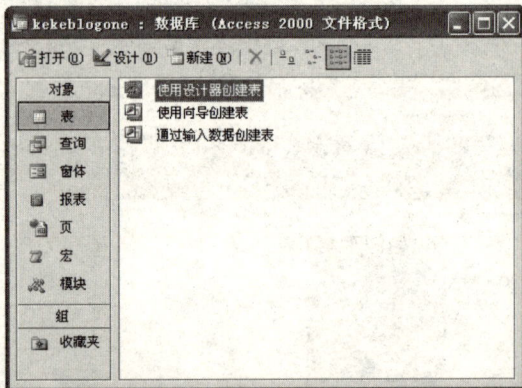

图 18-4 建立的数据库

Step 04 选择"使用设计器创建表"选项，再单击"打开"按钮或者"设计"按钮，即可打开数据表设计视图窗口页面，如图 18-5 所示。

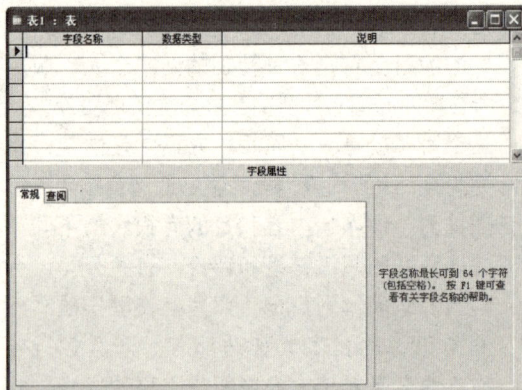

图 18-5 设计表

学习注意 理解HTML标题的含义

HTML的标题一共有6个级别，可以调整文档的结构使其变得更易读，而且更容易管理。这6个标题标签分别表示的是标题在文档中从最高到最低的优先顺序。

Step 05 下面要创建数据表字段结构，首先编辑字段名称，在"字段名称"输入字段名"cate_id"，并按下"Tab"键转到下一个字段中，如图18-6所示。

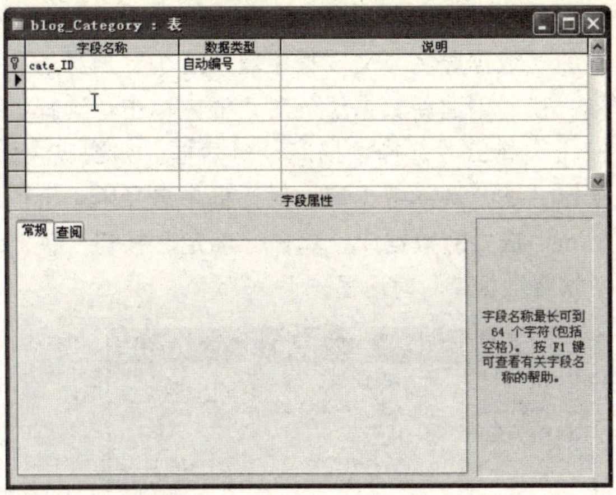

blog_Category : 表

字段名称	数据类型	说明
cate_ID	自动编号	

字段属性

常规 查阅

字段名称最长可到64个字符(包括空格)。按 F1 键可查看有关字段名称的帮助。

图 18-6 编辑字段

Step 06 按照这种方式，一一将数据输入数据表设计视图窗口中，完成这个表的字段结构，如图 18-7 所示。然后关闭这个窗口，并将这个表保存为“blog_Category”。

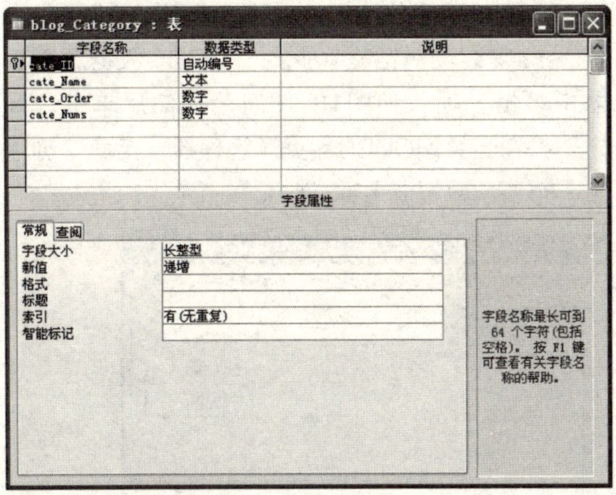

blog_Category : 表

字段名称	数据类型	说明
cate_ID	自动编号	
cate_Name	文本	
cate_Order	数字	
cate_Nums	数字	

字段属性

常规 查阅

字段大小	长整型
新值	递增
格式	
标题	
索引	有(无重复)
智能标记	

字段名称最长可到64个字符(包括空格)。按 F1 键可查看有关字段名称的帮助。

图 18-7 表的字段结构

Step 07 按照同样的方法，创建多个表，分别为 blog_Comment、blog_Content、blog_Counter、blog_Info、blog_Member、blog_Smilies、blog_Trackback，每个表详细的字段结构如图 18-8 至 18-14 所示。

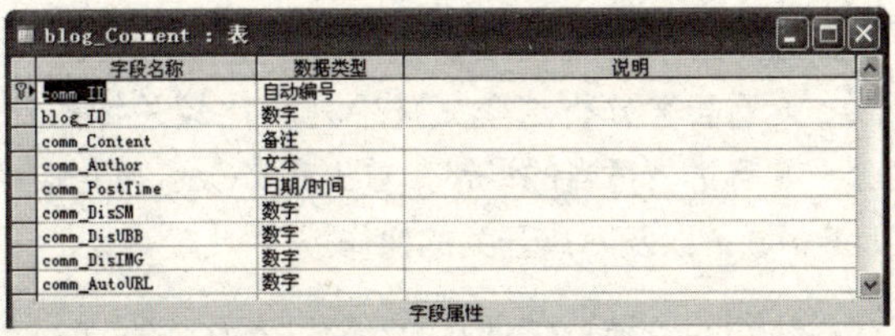

blog_Comment : 表

字段名称	数据类型	说明
comm_ID	自动编号	
blog_ID	数字	
comm_Content	备注	
comm_Author	文本	
comm_PostTime	日期/时间	
comm_DisSM	数字	
comm_DisUBB	数字	
comm_DisIMG	数字	
comm_AutoURL	数字	

字段属性

图 18-8 blog_Comment 表

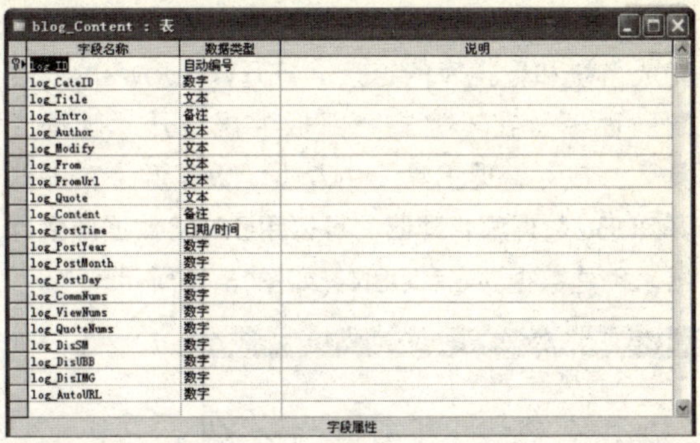

blog_Content : 表

字段名称	数据类型	说明
log_ID	自动编号	
log_CateID	数字	
log_Title	文本	
log_Intro	备注	
log_Author	文本	
log_Modify	文本	
log_From	文本	
log_FromUrl	文本	
log_Quote	文本	
log_Content	备注	
log_PostTime	日期/时间	
log_PostYear	数字	
log_PostMonth	数字	
log_PostDay	数字	
log_CommNums	数字	
log_ViewNums	数字	
log_QuoteNums	数字	
log_DisSM	数字	
log_DisUBB	数字	
log_DisIMG	数字	
log_AutoURL	数字	

字段属性

图 18-9 blog_Content 表

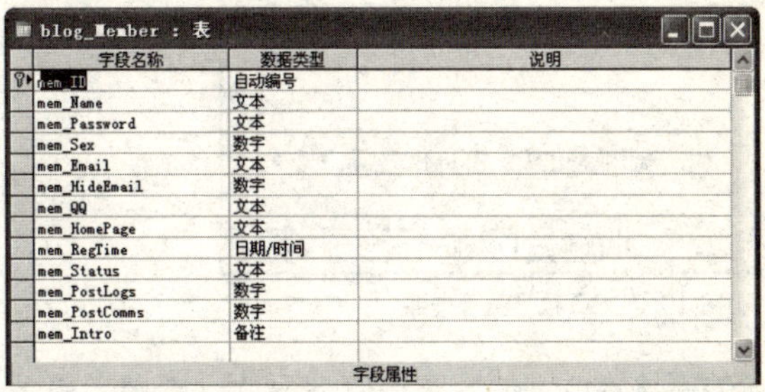

blog_Member : 表

字段名称	数据类型	说明
mem_ID	自动编号	
mem_Name	文本	
mem_Password	文本	
mem_Sex	数字	
mem_Email	文本	
mem_HideEmail	数字	
mem_QQ	文本	
mem_HomePage	文本	
mem_RegTime	日期/时间	
mem_Status	文本	
mem_PostLogs	数字	
mem_PostComms	数字	
mem_Intro	备注	

字段属性

图 18-10 blog_Member 表

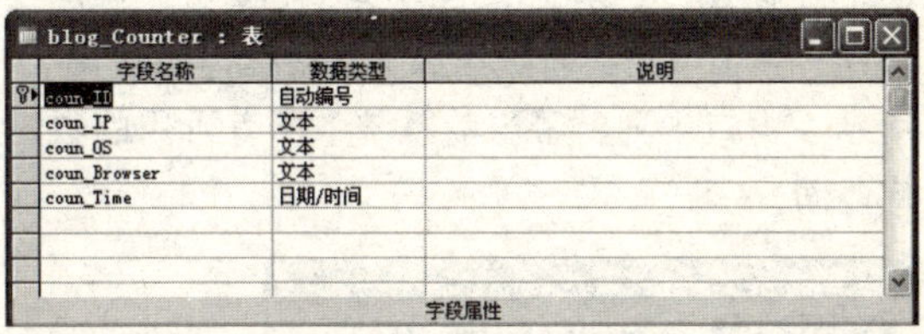

blog_Counter : 表

字段名称	数据类型	说明
coun_ID	自动编号	
coun_IP	文本	
coun_OS	文本	
coun_Browser	文本	
coun_Time	日期/时间	

字段属性

图 18-11 blog_Counter 表

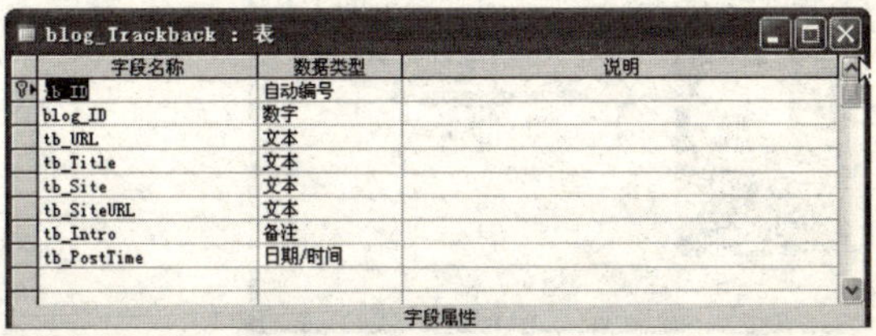

blog_Trackback : 表

字段名称	数据类型	说明
tb_ID	自动编号	
blog_ID	数字	
tb_URL	文本	
tb_Title	文本	
tb_Site	文本	
tb_SiteURL	文本	
tb_Intro	备注	
tb_PostTime	日期/时间	

字段属性

图 18-12 blog_Trackback 表

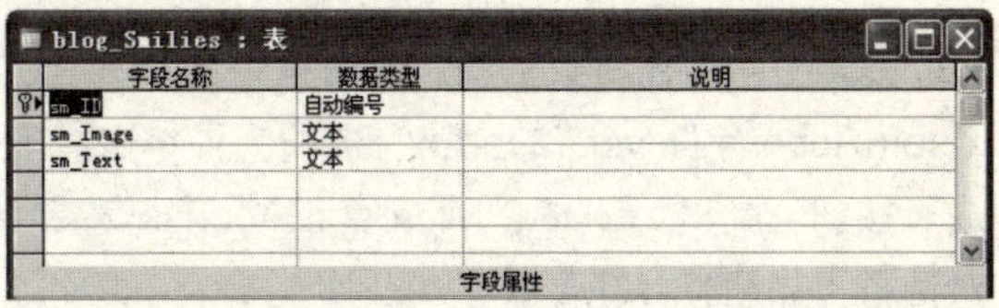

blog_Smilies : 表

字段名称	数据类型	说明
sm_ID	自动编号	
sm_Image	文本	
sm_Text	文本	

字段属性

图 18-13 blog_Smilies 表

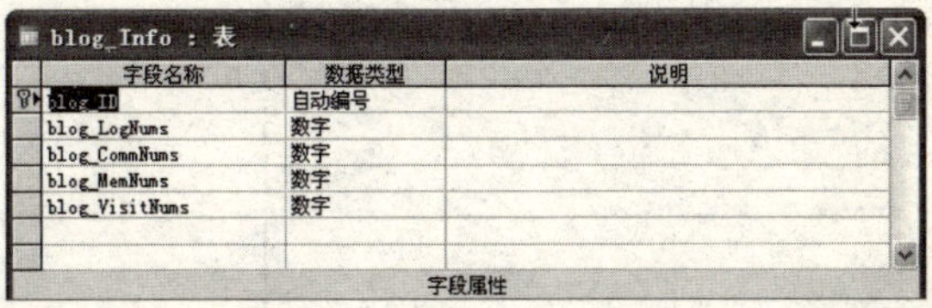

blog_Info : 表

字段名称	数据类型	说明
blog_ID	自动编号	
blog_LogNums	数字	
blog_CommNums	数字	
blog_MemNums	数字	
blog_VisitNums	数字	

字段属性

图 18-14 blog_Info 表

Dreamweaver CS5中文版标准教程

Step 08 至此，数据库表结构建设完成，下面继续完成系统和数据库的链接。打开Windows的"控制"面板，在"控制"面板中再打开"管理工具"，在"管理工具"中双击"数据源"，即打开ODBC数据源管理器，可以用ODBC数据源管理器来创建数据源名称DSN，如图18-15所示。

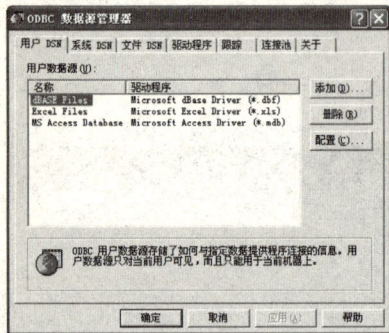

图 18-15 ODBC 数据源管理器

Step 09 在ODBC数据源管理器中，选择"系统DSN"标签。在系统DSN选项卡中单击"添加"按钮，弹出"创建新数据源"对话框，如图18-16所示。窗口中列出了当前系统中所有可用的数据库驱动。

图 18-16 创建新数据源

Step 10 在"创建新数据源"对话框中选择"Microsoft Access Driver (*.mdb)"选项，再单击"完成"按钮，弹出"ODBC Microsoft Access安装"对话框，如图18-17所示。

图 18-17 ODBC Microsoft Access 安装

Step 11 在"ODBC Microsoft Access安装"对话框的"数据源名"文本框中填入这个数据源的名称。在"创建新数据源"对话框中单击"选择"按钮，弹出"选择数据库"对话框，如图18-18所示，在"选择数据库"对话框中选择网站下的*.mdb格式的数据库，单击"确定"按钮，关闭"选择数据库"对话框。

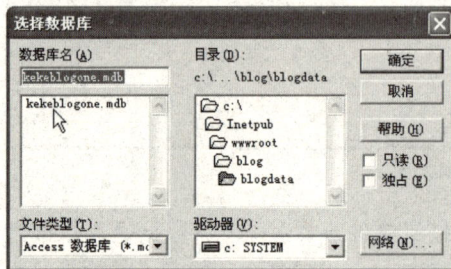

图 18-18 选择数据库

Step 12 在"ODBC Microsoft Access安装"对话框中单击"确定"按钮，关闭"ODBC Microsoft Access安装"对话框，此时，ODBC数据源管理器中多出一项，如图18-19所示。然后单击"确定"按钮，关闭ODBC数据源管理器。至此，创建了一个新的数据源名称"blog"。

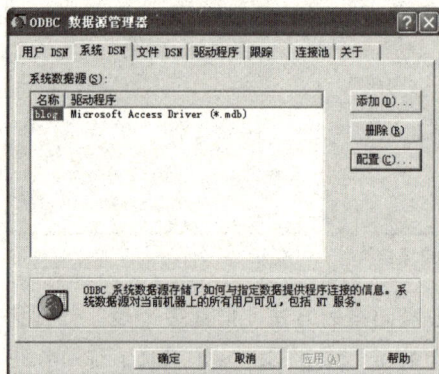

图 18-19 "ODBC 数据源管理器"对话框

18.2.2 设置ASP文件

Step 01 这个博客网站的设置文件是commond.asp，下面来分析这个文件中几个比较关键的部分，并且进行适当的设置。首先定义Cookie,Application域，以及站点开关的操作。

```
<%@LANGUAGE="VBSCRIPT" CODEPAGE="936"%>
<%
Option Explicit
```

```
Response.Buffer=True
'定义 Cookie,Application 域
Const CookieName="KeKe"
'站点开关操作
IF Not isNumeric(Application(CookieNa
me & "_SiteEnable")) Then
    Application.Lock
    Application(CookieName & "_
    SiteEnable") = 1
    Application.UnLock
End IF
IF Application(CookieName & "_SiteEna
ble") = 0 AND Application(CookieName
& "_SiteDisbleWhy")<>"" AND inStr
(Replace(Lcase(Request.ServerVariables
("URL")),"\","\"),"\admincp.asp") = 0  AND
inStr(Replace(Lcase(Request.ServerVariables
("URL")),"\","\"),"\logging.asp") = 0 Then
    Response.Write(Application(CookieName
    & "_SiteDisbleWhy"))
    Response.End
End IF
Dim StartTime
StartTime=Timer()
```

Step 02 接下来定义站点名称和地址。

```
Const SiteName=" 湖心鱼 "
Const SiteUrl="http:\\www.huxinyu.cn"
```

Step 03 下面定义数据库链接文件。

```
Const AccessFile="blogdata\kekeblogone.
mdb"
```

Step 04 下面定义数据库链接。

```
Dim Conn
IF Not IsObject(Application(CookieName
&"_blog_Conn")) Then
    Set Conn= Server.CreateObject("ADODB.
Connection")
    Conn.ConnectionString="Provider=
Microsoft.Jet.OLEDB.4.0;Data Source=" &
Server.MapPath(AccessFile)Conn.Open
    Application.Lock
    Set Application(CookieName&"_
blog_Conn")=Conn
    Application.UnLock
```

```
Else
Set Conn=Application(CookieName&"_
blog_Conn")
End IF
Dim memName,memPassword,memStatus
memName=CheckStr(Request.Cookies
(CookieName)("memName"))
memPassword=CheckStr(Request.Cookies
(CookieName)("memPassword"))
memStatus=CheckStr(Request.Cookies
(CookieName)("memStatus"))
IF memName<>Empty AND Session("GuestIP")
=Empty Then
    Dim CheckCookie
    Set CheckCookie=Conn.ExeCute("SELECT
mem_Name,mem_Password,mem_Status FROM
blog_Member WHERE mem_Name='"&memName&"'
AND mem_Password='"&memPassword&"' AND
mem_Status='"&memStatus&"'")
    IF CheckCookie.EOF ANDCheckCookie.
BOF Then
Response.Cookies(CookieName)("memName")=""
Response.Cookies(CookieName)("memPassword")=""
Response.Cookies(CookieName)("memStatus")=""
    End IF
    Set CheckCookie=Nothing
End IF
Dim SQL,TempVar
```

Step 05 下面定义上传文件的大小以及后缀名限制。目前上传文件的大小是 512K，用户可以根据需要设置这个值。

```
Const UP_FileSize ="512000"
Const UP_FileTypes="RAR,ZIP,SWF,JPG,P
NG,GIF,DOC,TXT,CHM,PDF,ACE,JPG,MP3,WMA,W
MV,MIDI,AVI,RM,RA,RMVB,MOV"
Dim UP_FileType
UP_FileType=Split(UP_FileTypes,","
```

Step 06 下面通过代码进行站点的统计。

```
Dim Guest_IP
Guest_IP=Request.ServerVariables("REM
OTE_ADDR")
IF Session("GuestIP")=Empty Then
  Dim Guest_Soft,Guest_Browser,Guest_OS
  Guest_Soft=Request.ServerVariables
```

271

```
("HTTP _ USER _ AGENT")
    '浏览器
    IF Instr(Guest _ Soft,"NetCaptor")
>0 then
          Guest _ Browser="NetCaptor"
    ElseIF Instr(Guest _ Soft,"MSIE
6")>0 then
          Guest _ Browser="Microsoft
Internet Explorer 6.x"
    ElseIF Instr(Guest _ Soft,"MSIE
5")>0 then
          Guest _ Browser="Microsoft
Internet Explorer 5.x"
ElseIF Instr(Guest _ Soft,"MSIE 4")>0 then
          Guest _ Browser="Microsoft
Internet Explorer 4.x"
    ElseIF Instr(Guest _ Soft,"Nets
cape")>0 then
          Guest _ Browser="Netscape"
    ElseIF Instr(Guest_Soft,"Opera")
>0 then
          Guest _ Browser="Opera"
    Else
          Guest _ Browser=" 其他浏览器 "
    End IF
    '操作系统
IF Instr(Guest _ Soft,"Windows NT
5.0")>0 Then
          Guest _ OS="Windows 2000"
    ElseIF Instr(Guest _ Soft,"Windows
NT 5.2")>0 Then
          Guest _ OS="Windows 2003"
    ElseIF Instr(Guest _ Soft,"Windows
NT 5.1")>0 Then
          Guest _ OS="Windows XP"
    ElseIF Instr(Guest _ Soft,"Windows
NT")>0 Then
          Guest _ OS="Windows NT"
    ElseIF Instr(Guest _ Soft,"Windows
9")>0 Then
          Guest _ OS="Windows 9x"
    ElseIF Instr(Guest_Soft,"unix")
or Instr(Guest_Soft,"linux") or Instr
(Guest_Soft,"SunOS") or Instr(Guest_
Soft,"BSD") Then
Guest _ OS=" 类 Unix 操作系统 "
    ElseIF Instr(Guest _ Soft,"Mac") then
```

```
Guest _ OS="Mac"
Else
Guest _ OS=" 其他操作系统 "
End IF
    Conn.ExeCute("INSERT INTO
blog _ Counter(coun _ IP,coun _
OS,coun _ Browser) VALUES ('"&Guest _
IP&"','"&Guest _ OS&"','"&Guest _
Browser&"')")
    Conn.ExeCute("UPDATE blog _
Info SET blog _ VisitNums=blog _
VisitNums+1")
    Session("GuestIP")=Guest _ IP
End IF
```

Step 07 下面通过代码进行站点的统计。

```
Dim Arr _ Category
IF Not IsArray(Application(CookieName&
" _ blog _ Category")) Then
    Dim log _ Category,log _ CategoryList
    TempVar=""
Set log _ CategoryList=Conn.Execute
("SELECT cate _ ID,cate _ Name,cate _
Order FROM blog _ Category ORDER BY
cate _ Order ASC")
    Do While Not log _ CategoryList.
EOF
    log _ Category=log _ Cate
gory&TempVar&log _ CategoryList("cate _
ID")&"|"&log _ CategoryList("cate _
Name")&"|"&log _ CategoryList("cate _
Order")
    TempVar=","
    log _ CategoryList.Move Next
    Loop
    Set log _ CategoryList=Nothing
    Arr _ Category=Split(log _ Cate-
gory,",")
    Application.Lock
    Application(CookieName&" _ blog _
Category")=Arr _ Category
    Application.UnLock
Else
    Arr _ Category=Application(Cookie
Name&" _ blog _ Category")
End IF
```

Step 08 接下来定义站点名称和地址。

```
Dim Arr_Smilies
IF Not IsArray(Application(CookieName&
"_blog_Smilies")) Then
    Dim log_Smilies,log_SmiliesList
    Set log_Smilies=Conn.Execute("SELECT
sm_ID,sm_Image,sm_Text FROM blog_
Smilies ORDER BY sm_ID ASC")
    TempVar=""
    Do While Not log_Smilies.EOF
        log_SmiliesList=log_
SmiliesList&TempVar&log_Smilies("sm_
ID")&"|"&log_Smilies("sm_Image")&"|"&log_
Smilies("sm_Text")
        TempVar=","
        log_Smilies.MoveNext
    Loop
Set log_Smilies=Nothing
    Arr_Smilies=Split(log_SmiliesList,",")
    Application.Lock
Application(CookieName&"_blog_S
```

18.2.3 管理博客

Step 01 下面将在博客中注册一个用户，然后用这个用户登录 blog。单击首页左侧的"注册"按钮，然后单击"我已阅读并同意以上条款"按钮，输入要注册的用户名和密码，如图 18-20 所示。

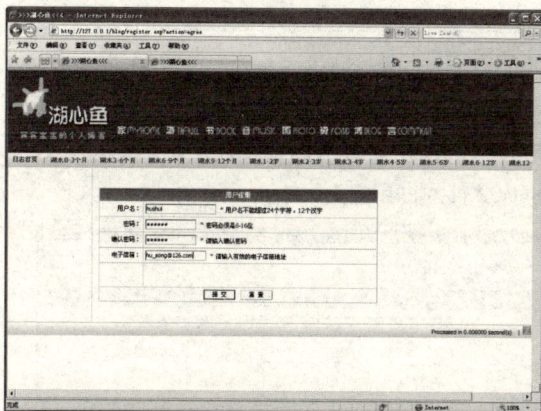

图 18-20 输入注册名和密码

Step 02 然后单击"提交"按钮，此时，用户注册成功，如图 18-21 所示。

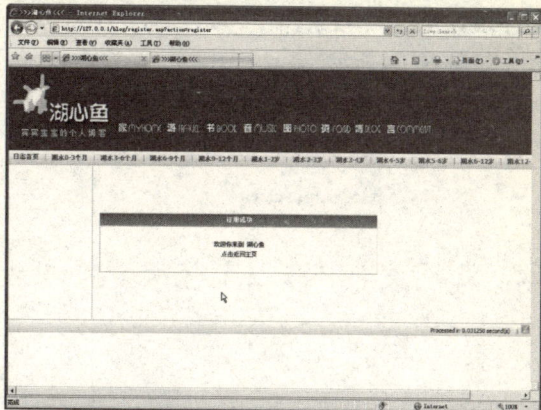

图 18-21 用户注册成功

Step 03 将数据库中的 blog_Member 表中用户记录的 mem_Status 字段改为 SupAdmin 后，这个用户就成为超级管理员了，如图 18-22 所示。

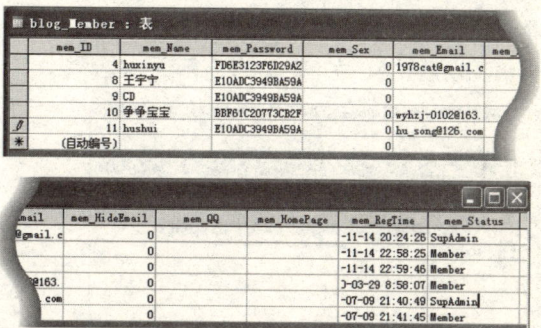

图 18-22 修改数据库

Step 04 回到网站首页，重新使用这个用户登录，登陆后可以看到左侧登陆位置出现了"系统管理"、"发表日志"、"修改资料"等项目，如图18-23所示。

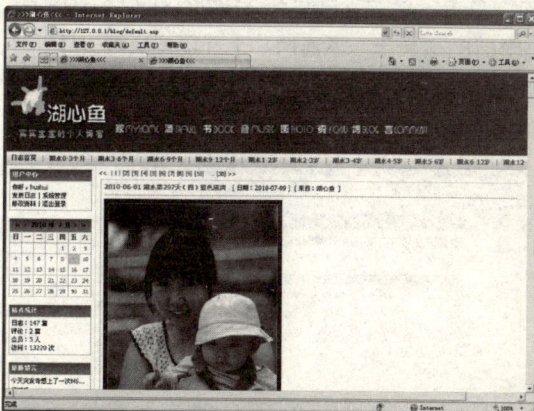

图 18-23 登录后的信息

Step 05 单击"系统管理",进入对整个 Blog 的设置,如图 18-24 所示。

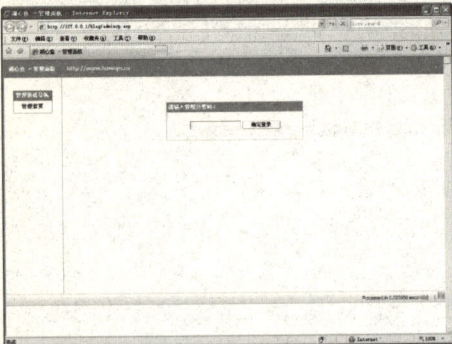

图 18-24 管理员登录

Step 06 输入注册的用户的密码,然后单击"确定登陆"按钮,进入 Blog 的界面。在该界面中,列出了服务器的基本时间,以及服务器组件的安装情况。单击左侧的"一般设置",进入 Blog 的整体情况设置界面,如图 18-25 所示。

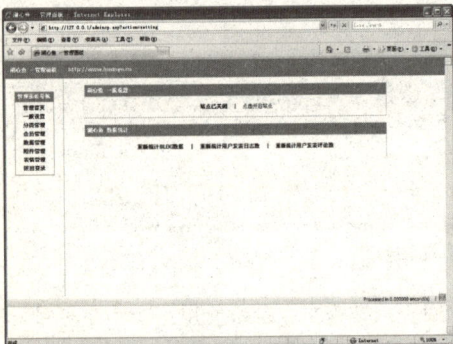

图 18-25 Blog 一般设置

Step 07 在这个界面中,可以控制站点的关闭和开启。单击"单击开启站点"按钮,可以开启站点,如图 18-26 所示。下面的 3 个选项依次可以重新统计 Blog 数据、重新统计用户发表日志数、重新统计用户发表评论,单击后系统会提示统计已成功。

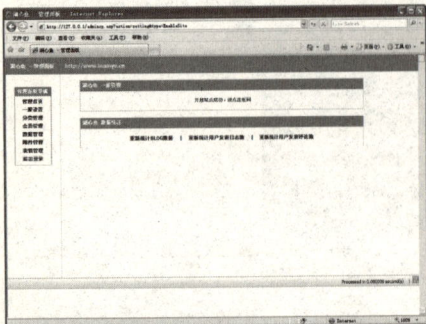

图 18-26 开启站点与关闭站点

Step 08 单击左侧的"分类管理",可以设置 Blog 的一级栏目名称及次序,如图 18-27 所示。

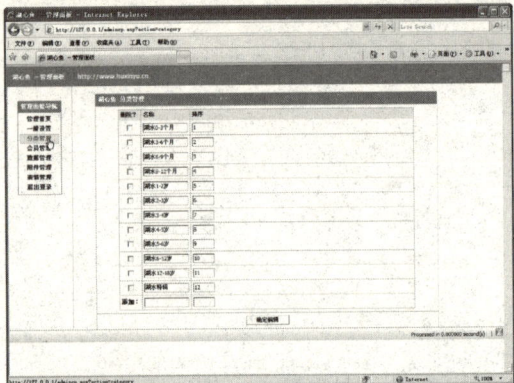

图 18-27 分类管理

Step 09 单击左侧的"会员管理",可以删除会员、或者将用户设置为一般会员、一般管理员或超级管理员,如图 18-28 所示。

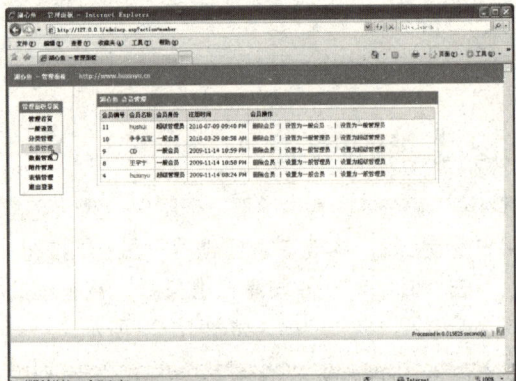

图 18-28 会员管理

Step 10 单击左侧的"数据管理",在如图 18-29 所示的界面中可以看到数据库文件的路径一级数据库文件的占用空间大小。

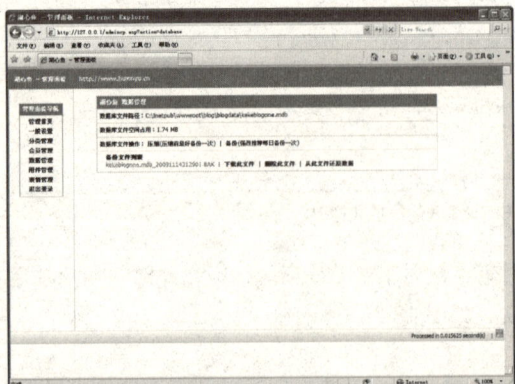

图 18-29 数据管理

274

Step 11 单击"备份"，可以备份数据库，单击"压缩"，可以压缩数据库，分别如图 18-30、18-31 所示。

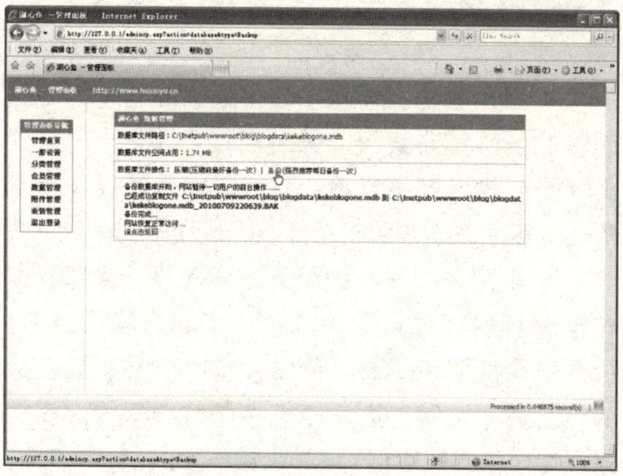

图 18-30　备份数据库

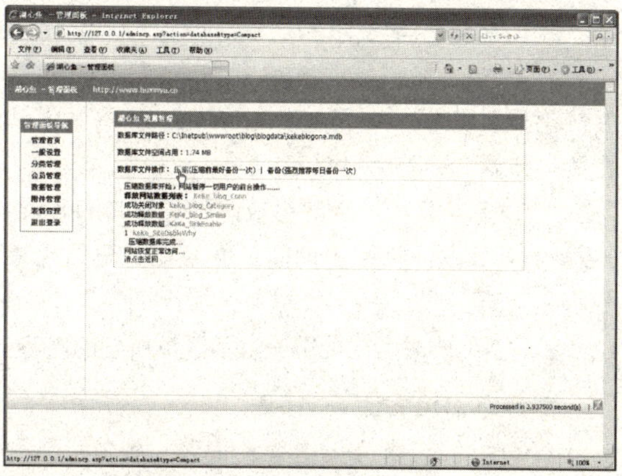

图 18-31　压缩数据库

Step 12 单击左侧的"附件管理"，可以浏览日志中的附件，如图 18-32 所示。

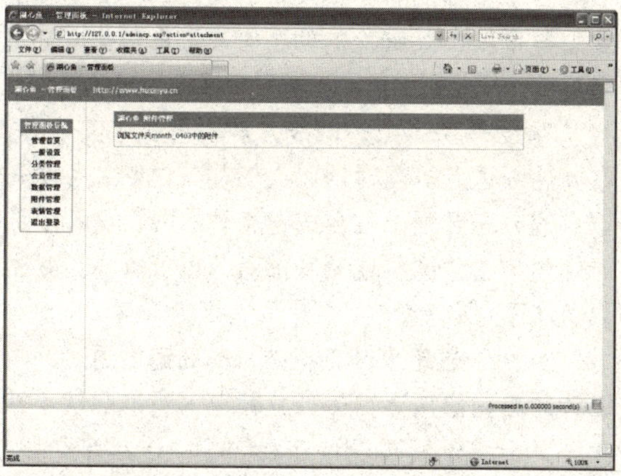

图 18-32　附件管理

Step 13 单击左侧的"表情管理"，可以控制表情的代码和图片，如图 18-33 所示。

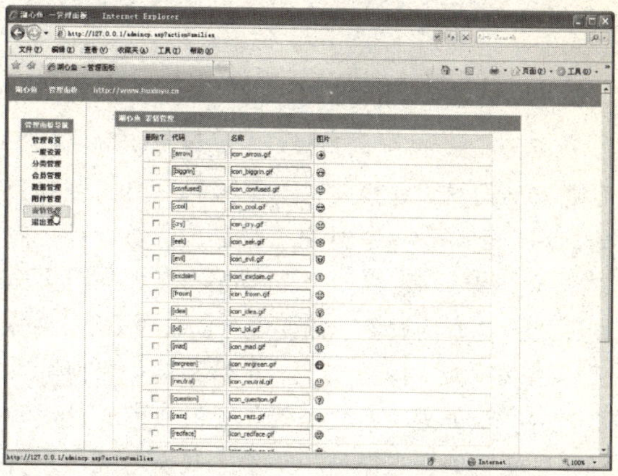

图 18-33　表情管理

Step 14 Blog 管理设置工作完成，下面可使用博客记录丰富多彩的日志，如图 18-34 所示。

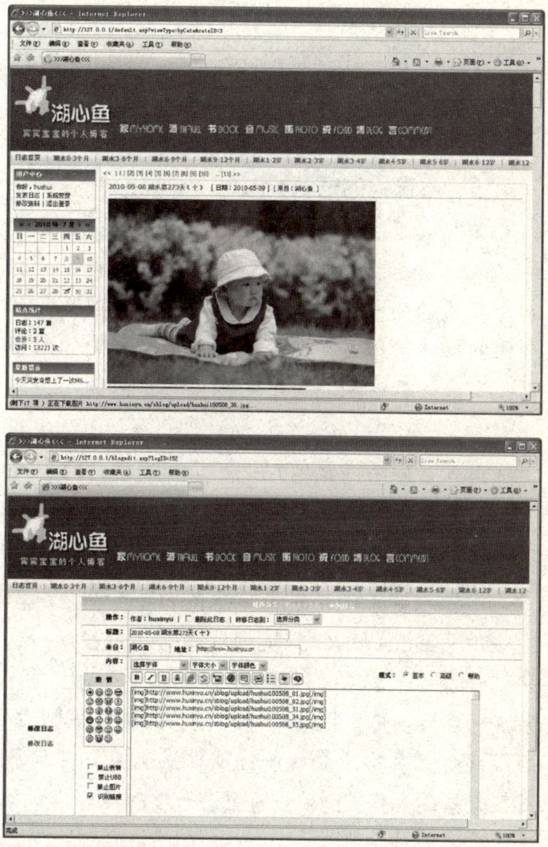

图 18-34　使用博客

275

Appendix 01   Dreamweaver培训大纲与考试大纲

一、本课程的性质和内容

"Dreamweaver 网页设计"是计算机网络技术专业的一门统设必修课。本课程的主要任务是介绍利用 Dreamweaver 开发工具进行网页设计，包括新建、编辑和设置一个 Web 站点；如何对页面属性进行基本的设置；如何设置、编辑 CSS 层叠式样式表；如何排版文字、表格和层；如何进行基本的图像处理；建立框架；模板和库的使用和编辑；网站的发布与维护等基本知识与应用。目的是通过本课程的学习，培养学生的实际动手能力和计算机的操作能力，能够运用所学知识进行网页设计。

二、与相关课程的衔接、配合、分工

先修课程：计算机应用基础、Photoshop 图像处理等。

后续课程：Flash 动画制作等。

三、本课程的任务

本课程以目前国际上最为流行的网页制作软件 Dreamweaver 为基础，全面介绍与网页设计和制作有关的知识，向学生阐明网页设计以及网页制作的基本过程，并使学生能够完成一般的网页页面设计，具有解决设计中常见问题的能力。与此同时，通过对 Dreamweaver 的学习，使学生对于网页设计中所涉及的相关知识和简单原理有一个较为全面的了解。

四、课程的教学基本要求

本课程要求学生掌握基本的 HTML 语言。学会使用 Dreamweaver 开发工具进行网页设计。这是一门重在实践的科目，因此需要学生多上机、多进行实际操作，把老师所教授的各种网页制作、版面设计以及程序熟练制作或调试出来，并且能够在此基础上有所创造、有更进一步的发挥。

五、教法说明

1. 教学设计的宗旨：以学到实用技能、提高职业能力为出发点，注重提高学生综合应用和多媒体课件分析、设计的能力。在教学过程中注意情感交流、教书育人，并实施分层次教学、因材施教。

2. 采用案例教学法：使用以实际需求为题材制作的各种经典案例，采用启发式教学——从提出问题，找出解决方案，到解决问题的操作步骤的任务驱动教学法组织全部教学过程。

3. 采用多种方法的组合教学手段：全部教学在电脑机房上课，理论教学和实训操作相结合。授课采用投影＋课件、网络＋交流讨论，以及边讲、边看、边做、边讨论等多种教学手段。实训采用专门设计的案例，以学生操作为主，精讲多练，注重培养学生的自主学习能力。

六、课程教学要求的层次

1. 掌握：要求学生能够全面掌握所学内容，并能够用其分析、应用与 Dreamweaver 网页设计相关的问题，能够举一反三。

2. 理解：要求学生能够较好地理解与 Dreamweaver 网页设计相关的问题，并且能够进行简单分析和判断。

3. 了解：要求学生能够一般地了解所学的内容。

七、本书适合的读者群

1. 全书知识点介绍全面、细致、到位。所列举的实例可以帮助初学者快速掌握一些重点、难点，并能够帮助从事网页设计工作的人员解决在工作中所遇到实际问题。此外，本书还在每一章节列出了多种提高工作效率的技巧。因此，本书首先是 Dreamweaver 的初学者或者希望快速进入网页设计行业的工作人员学习和提高的自学教程。

2. 全书知识结构由浅入深，语言平实简练，在阐述知识点的同时辅以实例补充说明。各章知识点的分布合理，适合各种类型的网页设计培训专修学校选作教材或参考书籍，也可以作为学生自学辅导的参考资料。

3. 由于近年来计算机技术的高速发展，网页设计的应用已成为很多行业就业人员的职能考核之一。但由于网页设计在我国刚处于起步阶段，大多数大中院校所开设相关课程有限，使得学生毕业后找工作困难。因此，对于即将毕业走向工作岗位的学生们来说，本书将成为您完善自我的良师益友。

八、课时分配表

全书共分为 18 章，由于每一章的内容以及重点、难点的数量都不尽相同，因此每一章所需的课时也不一样，具体每一章的学时分配如下表所示。表格中的数字表示需要的时间，以分钟为单位。

章号	课前预习	正式课堂	随堂练习	课程总结	合计
第1章	5	20	5	5	35
第2章	15	30	5	5	55
第3章	20	90	20	10	140
第4章	15	60	15	15	105
第5章	10	50	10	10	80
第6章	15	60	20	15	110
第7章	15	90	15	15	135
第8章	15	75	20	10	120
第9章	25	120	20	10	175
第10章	25	120	25	10	180
第11章	10	70	20	10	110
第12章	20	80	20	15	135
第13章	15	125	30	10	180
第14章	15	125	30	10	180
第15章	15	125	30	10	180
第16章	15	125	30	10	180
合计					2100

九、考试大纲

Dreamweaver 是 WEB 站点开发的中心环节。它使得用户可以迅速完成页面以及站点的设计。Roundtrip HTML\Javascript 行为库以及可视化编辑环境大大减少了程序代码的编写，同时也保证了网页的专业性和兼容性。通过 Dreamweaver 与 Adobe 其他产品的配合使用以及众多第三方支持，可以轻松完成整个个人网站、企业网站以及电子商务网站的构建过程。

考题数量：共 60 题
考试时间：90 分钟
试题种类：单选题和多选题

1. 网页基础（2 道题）
● 掌握网页设计的基本工作流程，了解 Dreamweaver 在流程中的重要性

● 了解 HTML 的基本语法，熟悉并且会修改常用的 HTML\XHTML 标签
● 掌握基本使用原则（建立站点、存盘、使用字母开头文件名等）
● 掌握建立一个网站并生成网页的基本流程

2. 站点和整体设置（3 道题）
● 资源的收藏、归类、添加和删除，查看和刷新
● 创建资源别名、使用资源面板应用颜色和链接
● 新建并设置一个站点，本地和远程信息的设置，站点地图查看模式
● Index.htm 文件和 Images 文件夹
● 连接远端主机，上传本地文件到服务器，下载文件到本地
● 比较和同步本地文件与远端文件
● 查找断开的、外部的和孤立的链接
● 编辑文件头内容，定义 Meta 元数据、关键字、说明、自动刷新、跳转、页面缓冲等

3. 文本和图像页面（6 道题）
● 可用于网站的四种中文字体
● 修改文档的页面属性、边距、链接、标题
● 设置段落的凸出、缩进、段落、对齐
● 设置段落的列表样式（项目、编号、自定义）
● 拼写检查，查找与替换
● 输入空格、回车的特殊要求和方法
● 清除 Word 生成的 HTML 以及为什么要清除
● 与 Photoshop 和 Flash 交换十六进制颜色值
● 了解常用于网站的图像格式 GIF、JPG、PNG 等
● 图像的插入、编辑，图像热点的设置
● 图像处理的选项，编辑、优化、裁剪、重新取样、亮度和对比度、锐化
● 插入图像占位符、鼠标经过图像、Fireworks Html 和导航条，创建网站像册
● 图文混排、图文间距
● 跟踪图像的概念和使用方法

4. 制作多媒体页面（5 道题）
● 插入Flash、Flash 按钮、Flash 文本、Flash 视频、Flash Paper，设置Flash 属性
● 插入Director Shockwave 影片、Applet、ActiveX 对象
● 使用插件播放背景音乐

5. 网页中的链接关系（5 道题）

- 建立链接，链接的多种设置方法
- 链接四种状态的颜色与下划线设置
- 设置下载文件的链接、设置电子邮件链接，为电子邮件链接加入主题、抄送等信息
- 插入日期、存储时自动更新设置、插入注释
- 命名锚记，在外部网页中设置锚链接

6. 网页中的表格排版（6 道题）

- 设置网页的配色方案
- 标尺和网格的使用方法及快捷键
- 选取、手形和缩放工具的使用
- 插入和编辑水平线、控制水平线的颜色、粗细
- 新建并设置表格属性，单元格边距、间距、页眉等
- 选择、插入、删除、合并、拆分、嵌套表格
- 格式化表、排序表、导入导出表格数据
- 标准模式、扩展表格模式和布局模式的应用

7. 网页中的框架结构（3 道题）

- 使用框架，框架的创建、应用、设置和存储
- 使用链接在框架间跳转，控制框架内容，框架面板的使用
- 设置框架样式
- IFRAME 框架的制作

8. 使用 CSS 样式表制作页面（8 道题）

- 附加外部样式表，链接方式和导入方式
- 新建样式，类、标签和高级，新建样式表文件和仅对该文档
- 修改文字和链接样式、修改背景图片的位置和重复，固定和滚动
- 设置区块，中文文字间距、对齐和缩进
- 设置表格边框的粗细、颜色，制作五彩表格
- 设置项目列表，自定义项目符号
- 设置视觉效果滤镜，如鼠标指针形状、翻转网页、彩色网页边缘、文字阴影和发光等

9. 使用模板和库制作网站（6 道题）

- 创建、插入、编辑库项目
- 库和模板文档所在的文件夹位置
- 创建和设置模板、定义可编辑区和锁定区域
- 应用模板、分离模板创建基于现存模板的文档

- 创建嵌套模板、管理模板
- 模板的可选区域和重复区域
- 创建可编辑的可选区域、重复表格

10. 使用 AP Div（3 道题）

- AP Div 的基本操作
- 如何绘制 AP Div 和嵌套 AP Div
- AP 元素面板的使用
- 什么是 AP Div 的 Z 轴
- AP Div 的剪辑
- 使用 AP Div 排版
- 利用 AP Div 溢出属性排版
- 转换 AP Div 为表格

11. 使用行为制作特效（6 道题）

- 行为的基本概念
- 交换图像、恢复交换图像与预先载入图像
- 弹出信息，打开浏览器窗口
- 控制 Shockwave 或 Flash
- 播放声音，改变属性
- 显示弹出式菜单
- 检查插件，检查浏览器
- 调用 JavaScript
- 转到 URL
- 设置文本
- 拖动 AP 元素，显示 - 隐藏元素

12. 制作交互页面（5 道题）

- 安装、设置 IIS、创建 ASP 环境
- 数据库基础及使用
- 设置测试服务器、设置数据源
- 数据库绑定、服务器行为
- 制作表单会员注册页面
- 制作跳转菜单
- 制作带按钮的跳转菜单
- 检验表单的合法性
- 了解并使用基本的 Spry 组件
- 使用 Spry 菜单栏、Spry 选项卡式面板、Spry 折叠式、Spry 可折叠面板

13. 使用插件丰富页面（2 道题）

- 使用添加到收藏夹插件
- 使用禁止使用鼠标右键插件

Appendix 02 Dreamweaver认证考试介绍

Adobe网页设计产品Dreamweaver、Flash、Photoshop，早已被广大用户所接受，到目前为止，全世界网页设计开发领域中超过80%的专业网页设计师都在使用Adobe公司的这三种产品。

在Adobe教育合作伙伴的共同努力下，Adobe教育认证品牌近年来已经成为市场的首选，在合法的ACTC（Adobe授权培训中心）参加认证培训，只有经过ACTC 培训的学员，才有资格申请参加ACEC（Adobe授权考试中心）的考试，并在考试合格后获得ACCD/ACPE证书。

面向国内广大的ACTC/AACC培训学员、数码艺术类学生、社会从业人士，Adobe公司北京代表处主持举办专业Adobe认证考试。并在考试合格后获得ACCD/ACPE证书。通过Adobe中国授权教育机构（ACTC/ADAC）报名参加相应的考试。

通过Adobe某一软件产品的认证考试者，即可获得如下针对该产品的Adobe中国产品专家（ACPE）称号，如下图所示。

ACPE 认证证书

- Adobe中国认证产品专家（ACPE）－Adobe Dreamweaver
- Adobe中国认证产品专家（ACPE）－Adobe Flash
- Adobe中国认证产品专家（ACPE）－Adobe Photoshop

一年之内通过以下Adobe软件产品认证考试组合，即可获得相应的Adobe中国认证设计师（ACCD）证书和称号，如下图所示。

ACCD 认证证书

这两种证书都可以证明拥有者具有优秀的平面设计师和网页设计能力。目前的考试内容采用以客观题为主的测试方式，题型分为单项选择、多项选择题，主要对学员的理论知识进行考核；单科考试时间为90分钟，满分100分，60分为通过考试。考试均为在线考试。考试费全国是统一的。Adobe中国认证产品专家（ACPE）标准考试费用为450元/科，通过学员的证书工本费10元/张，Adobe中国认证设计师（ACCD）四科的标准考试费用总共为1500元，通过学员的证书工本费10元/每种（对于通过ACCD认证考试的学员，可以根据其要求同时颁发ACCD和ACPE单科证书）。补考课程每门课程收取的标准考试费为100元/科，补考必须在一个月内完成，超过一个月按标准考试费用即200元收取。

已获得ACPE认证证书再次参加相应科目的升级考试的，升级考试费用为60元/科。在Adobe中国认证培训中心培训后发给的结业证书费用已包含在培训费里，不单收费。

总体看来，Adobe ACCD/ACPE认证是国际通行的技术认证证书，是世界范围内识别人才的重要依据。技术等级、素质等级的培训与认证是世界潮流，是人类进步和社会发展的需要，是技术人才的个人资本，是实现价值的重要参考依据。通过认证的高技术人才，有明确的择业优先权和职业选择权。

Appendix 03　Dreamweaver快捷键列表

文件基本操作

功能	快捷键
新建文档	Ctrl+N
打开一个	HTML文件Ctrl+O
在框架中打开	Ctrl+Shift+O
关闭	Ctrl+W
保存	Ctrl+S
另存为	Ctrl+Shift+S
检查链接	Shift+F8
退出	Ctrl+Q

编辑操作

功能	快捷键
撤销	Ctrl+Z
重复	Ctrl+Y或Ctrl+Shift+Z
剪切	Ctrl+X或Shift+Del
拷贝	Ctrl+C或Ctrl+Ins
粘贴	Ctrl+V或Shift+Ins
清除	Delete
全选	Ctrl+A
选择父标签	Ctrl+Shift+<
选择子标签	Ctrl+Shift+>
查找和替换	Ctrl+F
查找下一个	F3
缩进代码	Ctrl+Shift+]
左缩进代码	Ctrl+Shift+[
平衡大括弧	Ctrl+'
启动外部编辑器	Ctrl+E
参数选择	Ctrl+U

页面视图

功能	快捷键
标准视图	Ctrl+Shift+F6
布局视图	Ctrl+F6
工具条	Ctrl+Shift+T

查看页面元素

功能	快捷键
可视化助理	Ctrl+Shift+I
标尺	Ctrl+Alt+R
显示网格	Ctrl+Alt+G
靠齐到网格	Ctrl+Alt+Shift+G
头内容	Ctrl+Shift+W

代码编辑

功能	快捷键
切换到下一个设计页面	Ctrl+Tab
打开快速标签编辑器	Ctrl+T
选择父标签	Ctrl+Shift+<
平衡大括弧	Ctrl+'
全选	Ctrl+A
拷贝	Ctrl+C
查找和替换	Ctrl+F
查找下一个	F3
替换	Ctrl+H
粘贴	Ctrl+V
剪切	Ctrl+X
重复	Ctrl+Y
撤销	Ctrl+Z
切换断点	Ctrl+Alt+B
向上选择一行	Shift+Up
向下选择一行	Shift+Down
选择左边字符	Shift+Left
选择右边字符	Shift+Right
向上翻页	PageUp
向下翻页	PageDown
向上选择一页	Shift+PageUp
向下选择一页	Shift+PageDown
选择左边单词	Ctrl+Shift+Left
选择右边单词	Ctrl+Shift+Right
移到行首	Home
移到行尾	End
移动到代码顶部	Ctrl+Home
移动到代码尾部	Ctrl+End
向上选择到代码顶部	Ctrl+Shift+Home
向下选择到代码顶部	Ctrl+Shift+End

编辑文本

功能	快捷键
创建新段落	Enter
插入换行	Shift+Enter
插入不换行空格	Ctrl+Shift+Spacebar
将选定项目添加到库	Ctrl+Shift+B
在设计视图和代码编辑器之间切换	Ctrl+Tab
打开和关闭属性面板	Ctrl+Shift+J
检查拼写	Shift+F7

缩进	Ctrl+]
左缩进	Ctrl+[
格式>无	Ctrl+0
段落格式	Ctrl+Shift+P
应用标题1到6到段落	Ctrl+1到6
对齐>左对齐	Ctrl+Shift+Alt+L
对齐>居中	Ctrl+Shift+Alt+C
对齐>右对齐	Ctrl+Shift+Alt+R
加粗选定文本	Ctrl+B
倾斜选定文本	Ctrl+I
编辑样式表	Ctrl+Shift+E
查找	Ctrl+F
查找下一个\再查找	F3
替换	Ctrl+H

处理表格

功能	快捷键
选择表格（光标在表格中）	Ctrl+A
移动到下一单元格	Tab
移动到上一单元格	Shift+Tab
插入行（在当前行之前）	Ctrl+M
在表格末插入一行 在最后一个单元格	Tab
删除当前行	Ctrl+Shift+M
插入列	Ctrl+Shift+A
删除列	Ctrl+Shift+-
合并单元格	Ctrl+Alt+M
拆分单元格	Ctrl+Alt+S
更新表格布局	Ctrl+Spacebar

处理框架

功能	快捷键
选择框架框架中	Alt+点击
选择下一框架或框架页	Alt+右方向键
选择上一框架或框架页	Alt+左方向键
选择父框架	Alt+上方向键
选择子框架或框架页	Alt+下方向键
添加新框架到框架页	Alt+从框架边界拖动

处理AP Div

功能	快捷键
选择AP Div	Ctrl+Shift+点击
选择并移动AP Div	Shift+Ctrl+拖动
从选择中添加或删除AP Div	Shift+点击层
以像素为单位移动所选AP Div	上方向键
按靠齐增量移动所选AP Div	Shift+方向键
以像素为单位调整AP Div大小	Ctrl+方向键

统一所选AP Div宽度	Ctrl+Shift+[
统一所选AP Div高度	Ctrl+Shift+]
创建AP Div时切换嵌套设置	Ctrl+拖动
切换网格显示	Ctrl+Shift+Alt+G
靠齐到网格	Ctrl+Alt+G

管理超链接

功能	快捷键
创建超链接（选定文本）	Ctrl+L
删除超链接	Ctrl+Shift+L
打开链接文档	Ctrl+双击链接
检查选定链接	Shift+F8
检查整个站点中的链接	Ctrl+F8

在浏览器中定位、预览、调试

功能	快捷键
在主浏览器中预览	F12
在次要浏览器中预览	Ctrl+F12
在主浏览器中调试	Alt+F12
在次要浏览器中调试	Ctrl+Alt+F12

站点管理和FTP

功能	快捷键
创建新文件	Ctrl+Shift+N
创建新文件夹	Ctrl+Shift+Alt+N
打开选定	Ctrl+Shift+Alt+O
从远程FTP站点下载	Ctrl+Shift+D
上载到远程FTP站点	Ctrl+Shift+U
取出	Ctrl+Shift+Alt+D
存回	Ctrl+Shift+Alt+U
查看站点地图	Alt+F8
刷新远端站点	Alt+F5
查看站点文件	F8
刷新本地栏	Shift+F5
链接到现存文件	Ctrl+Shift+K
改变链接	Ctrl+L
删除链接	Delete
显示\隐藏链接	Ctrl+Shift+Y
显示页面标题	Ctrl+Shift+T
重命名文件	F2
放大站点地图	Ctrl+ +
缩小站点地图	Ctrl+ -

播放插件

功能	快捷键
播放插件	Ctrl+Alt+P

停止插件	Ctrl+Alt+X
播放所有插件	Ctrl+Shift+Alt+P
停止所有插件	Ctrl+Shift+Alt+X

处理模板

功能	快捷键
创建新的可编辑区域	Ctrl+Alt+V

插入对象

功能	快捷键
图像	Ctrl+Alt+I
表格	Ctrl+Alt+T
Flash影片	Ctrl+Alt+F
Shockwave影片	Ctrl+Alt+D
命名锚记	Ctrl+Alt+A

打开和关闭面板

功能	快捷键
属性	Ctrl+F3
站点文件	F5
资源	F11
CSS样式	Shift+F11
行为	Shift+F3
框架	Shift+F2
AP Div	F2
参考	Ctrl+Shift+F1
显示\隐藏浮动面板	F4
最小化所有窗口	Shift+F4
最大化所有窗口	Alt+Shift+F4

Appendix 04　Dreamweaver期终考试试题及答案

1. 在HTML语言中BASE中定义的目标框架可以被给出的（　）属性所覆盖。
   A. LINK
   B. BASE
   C. META
   D. TARGET

2. 设置链接颜色使用（　）标记。
   A. `<body bgcolor= ? >`
   B. `<body text= ? >`
   C. `<body link= ? >`
   D. `<body vlink= ? >`

3. "内定选项"的语法是下列（　）项。
   A. `<IMG SRC="URL" BORDER=?>`
   B. `<OPTION SELECTED>`
   C. `<ISINDEX PROMPT="***">`
   D. `<TEXTAREAWRAP=OFF|VIRTUAL|PHYSICAL><\TEXTAREA>`

4. 在Dreamweaver的"文件"菜单中，使用（　）项能打开您已经建立的站点库。
   A. 在框架中打开
   B. 打开
   C. 关闭
   D. 保存

5. 下列有关从浏览器、服务器、脚本到程序的表述正确的是（　）。
   A. 一个 URL 指向一个 CGI 脚本，一个 CGI 脚本的 URL 能如普通的 URL 一样在任何地方出现
   B. 服务器接收请求，按照 URL 指向的脚本文件（注意文件的位置和扩展名）执行脚本
   C. 脚本执行基于输入数据的操作，包括查询数据库、计算数值或调用系统中其他程序
   D. 脚本不能产生某种 Web 服务器能理解的输出结果

6. HTML的颜色属性值中Black的代码是（　）。
   A. "#000000
   B. "#008000"
   C. "#C0C0C0"
   D. "#00FF00"

7. Dreamweaver检索当前文档快捷操作是（　）。
   A. Ctrl+Shift+C
   B. Ctrl+Shift+V
   C. Ctrl+F
   D. F3

8. Dreamweaver打开帧面板的快捷操作是（　）。
   A. F11
   B. Shift +F2
   C. Ctrl+F11
   D. F4

9. 动态 HTML 中随机水平线条的转换特效类型是（　）。
   A. Strips right up
   B. Random bars horizontal
   C. Random bars vertical.
   D. Random

10. CGI脚本语言环境变量CONTENT_TYPE的意义是下列（　）项。
    A. 用 POST 递交的表单，标准输入口的字节数
    B. 值是 application\x-www-form-urlencoded
    C. 值是 application\x-www-form
    D. 递交脚本的用户名

11. 动态HTML中向左上分解的转换特效类型是（　）。
    A. Split horizontal out
    B. Strips left down
    C. Strips left up
    D. Strips right down

12. 在CSS语言中下列（　）项是"上边框"语法。
    A. letter-spacing: <值>
    B. border-top: <值>
    C. border-top-width: <值>
    D. text-transform: <值>

13. HTML 语言中，设置链接颜色的代码是（　）。
    A. `<body bgcolor=?>`
    B. `<body text=?>`
    C. `<body link=?>`
    D. `<body vlink=?>`

14. （ ） 在 Dreamweaver 中给按钮加声音。

    A. 不能

    B. 要加入 Flash 插件才可以

    C. 可以直接加

    D. 不能确定

15. 设置围绕一个图像的边框的大小的标记的是（ ）项。

    A. \<img src="name" border=？ \>\<img\>

    B. \<img src="name" heigh=？ \>

    C. \<img src="name" border=？ \>

    D. \<img src="name" bordersize=？ \>

16. 设置水平线高度的HTML代码的是（ ）。

    A. \<hr\>

    B. \<hr size=?\>

    C. \<hr width=?\>

    D. \<hr noshade\>

17. 动态 HTML 向右上分解的转换特效类型是（ ）。

    A. Strips right up

    B. Random bars

    C. Random bars vertical

    D. Random

18. CSS语言中下列（ ）项是"漂浮"的语法。

    A. border: ＜值＞

    B. float: ＜值＞

    C. width: ＜值＞

    D. list-style-image: ＜值〉

19. Dreamweaver的"插入"菜单中，插入插件的选项是（ ）。

    A. Applet

    B. ActiveX

    C. 插件

    D. Flash

20. Dreamweaver 打开行为面板的快捷键是（ ）。

    A. F7

    B. Shift + F3

    C. F9

    D. F10

21. 动态 HTML 设定路径移动时间的属性是（ ）。

    A. Bounce

    B. Duration

    C. Repeat

    D. Target

22. HTML语言定义上下分割框架大小的是（ ）。

    A. Rows

    B. cols

    C. widths

    D. heights

23. Dreamweaver的"修改"菜单命令中，"转换>表格到层"表示（ ）。

    A. 插入一个 XML 文件来创建一个新文档

    B. 把模板中的可编辑区域作为一个 XML 文件

    C. 创建一个基于 CSS 的外部样式表单

    D. 创建一个新网页，将所有表格转换为层

24. HTML语言中"\<NOFRAMES\>\<\NOFRAMES\>"的具体含义是下列（ ）项。

    A. 无框架时的内容

    B. 相关性

    C. 基本视窗名称

    D. 文件形态

25. 代码 \<a name="NAME"\>\<\a\> 表示（ ）。

    A. 创建一个超链接

    B. 创建一个位于文档内部的连接点

    C. 创建一个自动发送电子邮件的链接

    D. 创建一个指向位于文档内部的连接点

26. Dreamweaver将选定文本与页面、表格或层的右边对齐的快捷操作是（ ）。

    A. Ctrl+T

    B. Ctrl+Alt+L

    C. Ctrl+Alt+C

    D. Ctrl+Alt+R

27. Dreamweaver 删除当前行的快捷键是（ ）。

    A. Ctrl+Alt+S

    B. Ctrl+M

    C. Ctrl+Shift+A

    D. Ctrl+Shift+M

28. （ ） 在 Dreamweaver 中给按钮加声音。

    A. 不能实现

    B. 用"播放声音"动作

    C. 用 Flash 插件

    D. 通过外部插件来实现

29. "编辑"菜单命令中"清除"表示（ ）。

    A. 将剪贴板拷贝至当前光标位置

    B. 选取当前文档中所有元素

    C. 从文档中删除当前选区

D. 使用 HTML 代码将当前选区拷贝到剪贴板

30. HTML代码<select name="NAME"><\select>表示（　）。
   A. 创建表格
   B. 创建一个滚动菜单
   C. 设置每个表单项的内容
   D. 创建一个下拉菜单

31. Dreamweaver将选定文本变为粗体的快捷操作是（　）。
   A. Ctrl+B
   B. Ctrl+I
   C. Ctrl+Shift+E
   D. Ctrl+F2

32. Dreamweaver的"文本"菜单中"样式>变量"表示（　）。
   A. 使用 HTML 代码描述选定文的本程序编码
   B. 使用 HTML 代码描述选定文本程序中的变量
   C. 使用 HTML 代码描述选定文本的等宽字体
   D. 使用 HTML 代码描述选定文本的引用文本

33. 要制作将鼠标指针放在文字上会出现解释文字的效果，必须要执行的操作有（　）。
   A. 文字必须一个层上
   B. 文字解释必须放在一个层上
   C. 要使用"onMouseover"和"onMouseout"动作
   D. 对文字应该设置行为中"显示隐藏层"动作

34. 关于在网页中加入书签来实现跳转的说法，正确的是（　）。
   A. 可以实现页面间的跳转
   B. 可以实现同一页面中不同位置的跳转
   C. 在页面编辑时，需要使用"插入 > 命名锚记"
   D. 只能跳转到其它页面的页首

35. 下列选项中，关于时间链与层关系的说法正确的是（　）。
   A. 只能改变层的位置
   B. 只能改变层的大小
   C. 只能改变层的位置和可见度
   D. 可以改变层的位置、大小和可见度

36. 通过（　）方法，可以选中一个帧。
   A. 单击所要选中的帧。
   B. 单击"框架"面板中的代表图像。

C. 按下"Alt"键并用鼠标在所要选中的帧上单击。
D. 单击所要选中的帧的左上角。

37. 帧分为（　）和（　）两部分。
   A. 帧
   B. 分帧文档
   C. 帧头
   D. 帧尾

38. 可以通过在时间线属性检测器中设置（　）来改变一个动画的长度。
   A. 选择起始关键帧并将其向右拖动到一个新的帧上
   B. 选择结束关键帧并将其向左拖动到一个新的帧上
   C. 选择结束关键帧来覆盖附加帧
   D. 改变"Fps"中的帧速率

39. 应用了模板的文档可以使用（　）。
   A. 模板的样式表
   B. 模板的行为
   C. 自己的样式表
   D. 自己的行为

40. 关于"命令"菜单，说法正确的是（　）。
   A. 创建新命令可以在"命令"下拉菜单中的"编辑命令列表"中编辑
   B. 创建新命令可以通过在"历史记录"面板中选择已使用过的命令，将其重新保存而成
   C. 使用"命令"下拉菜单中的"开始录制"命令可以将目前所有操作都逐一记录进去
   D. 删除自定义的命令，可以在"命令"菜单下的"编辑命令列表"中设置

41. html事件中，OnDataSetChanged表示（　）。
   A. 设定取得资料时触发事件执行
   B. 设定改变资料时触发事件执行
   C. 设定放置资料完成时触发事件执行
   D. 设定鼠标左键按两下标记时触发事件执行

42. HTML的颜色属性值中，Yellow的代码是（　）。
   A. "#808080"
   B. "#808000"
   C. "#FFFFFF"
   D. "#FFFF00"

43. Dreamweaver 新建文件的快捷操作是（　）。
   A. Ctrl+N

285

Dreamweaver CS5中文版标准教程

B. Ctrl+O

C. Ctrl+Shift+O

D. Ctrl+W

44. html语言中，<td nowrap>的含义是（ ）。

    A. 允许表格格子内的内容自动断行回卷

    B. 禁止表格格子内的内容自动断行回卷

    C. 将表格里的内容竖排

    D. 禁止表格里的内容变换字体

45. 全球都能接受的图像文件格式是（ ）格式。

    A. GIF 和 JPEG 格式

    B. GIF 和 PSD 格式

    C. JPEG 和 PSD 格式

    D. PSD 和 PDF 格式

46. （ ）在 Dreamweaver 中给按钮加声音。

    A. 不能

    B. 要加入 Flash 插件才可以

    C. 可以直接加

    D. 不能确定

47. 下面用来设置图像垂直方向的分隔距离的HTML属性是（ ）。

    A. HSpace

B. SSpace

C. LSpace

D. VSpace

48. Dreamweaver的"修改"菜单中"表格>删除列"表示（ ）。

    A. 删除当前行

    B. 删除当前列

    C. 删除整个选定表格指定行的高度值

    D. 删除整个选定表格指定列的宽度值

49. 在 HTML 语言中 "<FRAME MARGINHEIGHT=?>" 的具体含义是（ ）项。

    A. 边缘高度

    B. 定义个别框架

    C. 边缘宽度

    D. 框架栏宽度分配

50. Dreamweaver 的"站点"视图中"查看 > 刷新"表示（ ）。

    A. 在当前站点中创建一个新的 HTML 文件

    B. 重读并显示当前的本地文件夹

    C. 重读并显示当前的远程文件夹

    D. 突出已修改但没有传输上去的文件夹

题号	答案	题号	答案	题号	答案	题号	答案
1	B	2	C	3	A	4	B
5	A	6	C	7	D	8	B
9	C	10	C	11	C	12	C
13	C	14	A	15	A	16	A
17	C	18	A	19	B	20	B
21	A	22	B	23	A	24	B
25	B	26	B	27	A	28	D
29	B	30	A	31	A	32	A
33	CD	34	AC	35	ABCD	36	BC
37	ABCD	38	ABC	39	AC	40	AC
41	B	42	C	43	A	44	B
45	A	46	C	47	D	48	B
49	C	50	C				

思考与练习答案

第1章

1. 填空题

（1）JPG、GIF

（2）网站标志（Logo）

（3）静态网站、纯 Flash 网站、动态网站

2. 选择题

（1）C　　（2）ABCD　　（3）D

第2章

1. 填空题

（1）Adobe BrowserLab（一种新的 CS Live 在线服务）

（2）SVN 服务器

（3）Adobe Business Catalyst

2. 选择题

（1）B　　（2）A　　（3）A

第3章

1. 填空题

（1）JavaScript　　（2）ASP、JSP 或 PHP

（3）代码片断

2. 选择题

（1）A　　（2）B　　（3）D

第4章

1. 填空题

（1）查看＞文件头内容

（2）默认链接、变换图像链接、已访问链接、活动链接

（3）Meta、关键字、描述、刷新、基础、链接、标题、样式、JavaScript 脚本等

2. 选择题

（1）A　　（2）ABCD　　（3）AB

第5章

1. 填空题

（1）<embed>　　（2）图像占位符

（3）鼠标经过图像

2. 选择题

（1）A　　（2）AB　　（3）ABCD

第6章

1. 填空题

（1）扩展表格模式　　（2）表格　　（3）表格导入

2. 选择题

（1）ABC　　（2）A　　（3）D

第7章

1. 填空题

（1）4　　　（2）mailto:+E-mail　　　（3）锚点链接

2. 选择题

（1）D　　（2）A　　（3）A

第8章

1. 填空题

（1）表单、表单　　（2）文件域　　　（3）GET

2. 选择题

（1）C　　（2）B　　（3）D

第9章

1. 填空题

（1）内联样式表、文档样式表、外部样式表

（2）类、标签、复合内容、ID

（3）检查模式、实时视图

2. 选择题

（1）D　　　（2）D　　　（3）ABCD

第10章

1. 填空题

（1）模板、库项目　　（2）库项目

（3）可编辑区、锁定区

2. 选择题

（1）ABC　　　（2）ABCD　　　（3）A

第11章

1. 填空题

（1）框架集、框架

（2）命名

（3）auto

2. 选择题

（1）D　　　（2）D　　　（3）C

第12章

1. 填空题

（1）DIV+CSS

（2）Spry 菜单栏、Spry 选项卡式面板、Spry 折叠式、Spry 可折叠面板、Spry 工具提示

（3）结构、表现

2. 选择题

（1）B　　（2）C　　（3）B

第13章

1. 填空题

（1）JavaScript

（2）设置容器的文本、设置状态栏文本、设置框架文本、设置文本域文字

（3）图片

2. 选择题

（1）A　　　（2）C　　　（3）B

第14章

1. 填空题

（1）存回和取出　　（2）notes　　　（3）https:\\

2. 选择题

（1）ABCD　　（2）AB　　　（3）ABCD